职业教育“十四五”规划教材
职业教育课程改革规划创新教材

视频制作

田云芳　邵　新　主编

中国石化出版社
HTTP://WWW.SINOPEC-PRESS.COM
中国经济出版社
CHINA ECONOMIC PUBLISHING HOUSE

内 容 提 要

本书按照系统、实用、易学、易用的原则介绍了 Premiere Pro 的基本操作方法及影视编辑技巧，内容涵盖软件基础知识、素材的导入与管理、视频编辑、视频切换、视频特效、视频合成与抠图、字幕制作、编辑音频、输出影片、综合应用实战等。本书以案例为引导，同时又兼顾学习的系统性。本书在讲解各节内容时，首先通过“任务描述”让读者快速上手相关操作，然后通过“知识准备”让读者系统地学习软件的相关功能，接着通过“任务实施”让读者练习和巩固所学知识，在每章的最后还安排了“巩固提高”，让读者进一步练习所学知识。

本书可作为职业院校电子商务专业学生学习视频剪辑的专用教材，以及各类计算机相关专业或者教育培训机构的专用教材，也可供广大电脑爱好者自学使用。

图书在版编目(CIP)数据

视频制作 / 田云芳, 邵新主编. — 北京 : 中国石化出版社, 2025. 8. — ISBN 978-7-5114-8069-9
Ⅰ. TN948.4
中国国家版本馆 CIP 数据核字第 20251WW952 号

中国石化出版社出版发行
地址：北京市东城区安定门外大街 58 号
邮编：100011　电话：(010)57512500
发行部电话：(010)57512575
http://www. sinopec-press. com
E-mail：press@ sinopec. com
北京艾普海德印刷有限公司印刷
全国各地新华书店经销
*
787 毫米×1092 毫米 16 开本 18. 25 印张 446 千字
2025 年 8 月第 1 版　2025 年 8 月第 1 次印刷
定价：65. 00 元

《视 频 制 作》
编委会

FOREWORD | 前言

在这个影像与信息高速传播的时代，视频创作已成为表达思想、传递情感、传播文化的重要媒介。无论是专业影视制作，还是自媒体内容产出，掌握一款强大的视频编辑软件都是创作者的必修课。Premiere Pro 作为 Adobe 家族中功能全面、应用广泛的专业视频编辑工具，以其高度的灵活性和专业性，成为全球视频工作者的首选。本书以此为核心，旨在为学习者搭建从入门到进阶的系统学习路径，助力大家在视频创作领域扬帆起航。

本书开篇从 Premiere Pro 的基础工作流程讲起，带领读者从新建项目入手，逐步拆解软件的各个功能模块。项目面板对素材的高效管理、监视器面板对素材的精准预览、时间轴面板对剪辑的精细操作……每一个环节的细致讲解，都为读者构建起对软件架构的清晰认知。正如盖楼需先打牢地基，扎实掌握这些基础操作，是后续开展复杂视频创作的必要前提。

随着学习的深入，本书进一步探索效果控件面板中的关键帧动画、视频特效、音频剪辑等核心功能。关键帧动画让静态画面“动”起来，视频特效赋予作品独特的视觉风格，音频剪辑则为视频注入灵魂——这些内容的深度解析，帮助读者解锁 Premiere Pro 强大的创意表达能力。无论是制作动态海报、广告宣传片，还是剪辑剧情短片，这些技能都能让作品更具感染力与专业性。

值得一提的是，本书不仅聚焦软件操作，还延伸至实际创作场景。从商品拍摄的技巧优化，到声画的精准对接；从转场效果的灵活运用，到 Lumetri 调色工具对画面氛围的塑造，每一个知识点都紧密联系实践，帮助读者将理论转化为作品。例如，学习商品拍摄章节后，读者能够通过调整拍摄手法和后期处理，有效解决画面畸变、光线不均等问题，让商品视频更具吸引力。

此外，本书还融入了三脚架使用、绿幕抠图等进阶拍摄与剪辑技巧，以及 Arctime 等辅助软件的应用，拓展读者的创作边界。既满足初学者夯实基础的需求，也为有一定经验的创作者提供进阶指导，实现“一站式”学习体验。

学习视频编辑，不仅是掌握软件操作技巧，更是培养审美能力、逻辑思维与创意表达的过程。希望本书能成为读者探索视频创作世界的向导，帮助大家在 Premiere Pro 平台上，将灵感转化为精彩作品，用影像传递价值与温度。让我们共同开启这场充满创意与挑战的视频编辑之旅！

CONTENTS | 目录

第 1 章　初识 Pr 界面布局和工作流程

【知识框图】

图 1-1　初识 Pr 界面布局和工作流程

【项目简介】

本章以 Adobe Premiere Pro(Pr)专业视频编辑软件为核心，将系统全面地深入讲解其基础工作流程，从新建项目的操作流程入手，详细阐述每一个步骤及注意事项，先让同学们清晰掌握如何开启一个全新的项目创作，继而深入各个功能面板的解析，逐一剖析不同面板在视频编辑中的作用与操作方式，使同学们对软件的架构有清晰认识，同时细致介绍序列的创建步骤(这是构建视频逻辑结构的关键环节)。全面涵盖了素材的导入方式，包括多种格式素材的处理技巧。最后对常用快捷键的运用进行总结归纳，帮助学生提升操作效率。通过对本章内容的学习，学生能够对 Pr 软件形成全面的认知，为后续深入开展视频剪辑与制作工作筑牢坚实基础。

【学习目标】

知识目标

了解 Pr 软件操作基础、熟悉面板功能、掌握项目与序列创建方法及素材导入的方法；了解各面板作用、新建项目序列流程及不同格式的素材导入技巧。

能力目标

能熟练通过菜单或快捷键新建项目，能够按“主题+日期”对项目进行规范命名；能导入不同格式的文件，熟练掌握 psd 格式的文件以及图像序列的导入。

素养目标

理解非线性编辑流程，建立素材导入、剪辑、输出规范意识，培养高效协作职业素养；体验 Pr 软件强大功能，激发学习热情，助力掌握剪辑技术，追求高品质视频创作。

【任务描述】

当今数字媒体蓬勃发展，Pr 作为一款行业领先的视频编辑软件，其重要性不言而喻，本章将系统且全面地介绍其基础知识。同学们在熟悉工作流程方面，要熟练掌握素材导入技巧、明确不同素材的导入方式与支持格式。学会新建序列并合理设置参数，理解参数对输出效果的影响，了解软件界面布局，清晰辨别项目、源监视器、节目监视器、时间轴及工具面板等，并了解各工具面板的核心功能。本章项目实训为“霓虹律动，街景卡点视界”，先使用项目面板导入素材，选择音频并使用快捷键在时间轴面板中打标记，使用自动匹配序列制作卡点效果，彰显 Pr 强大效能。

案例一　Pr 软件避免脱机文件的方法是什么?

1. 情景设计

笔尖流转四季芳华，鼠标勾勒星河璀璨，校园美工双星彬彬与子博凭借严谨的态度与精湛的设计功底，在 XW 公司的网店兼职美工领域早已赢得“黄金搭档”的美誉。当公司负责人得知这对搭档正值修习 Pr 视频制作课程之际，立即抛出橄榄枝。两位少年即刻抓住这束机遇之光——彬彬以灵动的镜头语言赋予画面呼吸，子博用精准的剪辑节奏谱写光影乐章，两人准备在数字时代的画布上，开启一段新的逐梦旅程。

2. 任务描述

两人有幸承接了 XW 公司产品展示视频的制作任务，对于首次涉足视频制作领域的他们而言，完成这个任务至关重要。一下课，他们便离弦之箭般冲向机房，迅速打开电脑并启动软件，手指在键盘与鼠标间灵动地飞舞，仿若在编织一场创意的绮梦。新建项目、新建序列，每一个操作都饱含热忱，满心期待能凭借此作品赢得公司的认可。制作过程中他们全力以赴，一面精心剪辑，一面有条不紊地整理素材。就在此时，彬彬骤然发出一声惊呼：“糟了，我的素材怎么突然冒出这么多脱机文件？这可如何是好!”子博赶忙上前，仔细查看状况，随后神色淡定地问道：“你是不是对已导入软件的文件进行重命名了?”彬彬如梦初醒，一拍脑门：“原来是这个缘故!”

3. 任务提升

提升点 1：脱机文件的含义

在 Pr 软件中，导入项目面板的素材与磁盘上的原始素材文件是一种链接关系。当这种链接出现问题，导致软件无法找到原始素材文件时，该素材在项目面板中就会显示为脱机文件，其图标通常会变成问号。

提升点 2：出现脱机文件的原因

重命名：对原始素材文件进行重命名操作，Pr 软件无法依据原有的链接信息找到文件，从而出现脱机情况。例如将“视频 01. mp4”重命名为“新视频 . mp4”，Pr 就找不到该文件了。

位置更改：移动原始素材文件的存储位置，如从一个文件夹移动到另一个文件夹，或者从一个磁盘移动到另一个磁盘，Pr 软件不能自动更新路径，导致链接失效，素材脱机。

被删除：误删或有意删除原始素材文件，Pr 软件自然无法再链接到该文件，素材就会变为脱机状态。

提升点 3：避免出现脱机文件的方法

集中存储：在开始项目前，创建一个专门的文件夹，将所有相关素材(包括视频、音频、图片等)都存储在该文件夹及其子文件夹中，便于统一管理和查找。

合理分类：根据素材的类型、场景、角色等进行分类，存放在不同的子文件夹中，如“视频素材”“音频素材”“图片素材”等，提高素材管理效率。

避免随意变动：在项目制作过程中，不要随意重命名、移动或删除素材文件。如果确实需要变动，先在 Pr 软件中更新素材的链接。

案例二 Pr 软件中素材标记与时间轴标记的区别是什么?

1. 情景设计

在视频制作课堂上，本次实训任务是制作卡点视频，笑泽与小顾全神贯注地聆听老师讲解，然后有条不紊地开启制作之旅。课堂上对基础知识的用心学习，使他们扎实掌握了这些知识，高效完成了素材整理、新建项目、新建序列以及素材导入等一系列前期准备工作。在制作过程中，两人熟练运用快捷键“M”，精准地在音频重音处添加标记，紧接着借助“自动匹配序列”功能，朝着完成卡点视频稳步迈进。当小顾这边已然大功告成提交了作业时，笑泽这边图片与音频却迟迟未能完美匹配，他一次次反复尝试，可图片始终无法依照“未编号标记”有序排列。眼见同学们都陆续制作完成并提交作业，笑泽急得满头大汗，赶忙向身旁的小顾求助：“快来帮我瞧瞧，问题究竟出在哪儿?”

2. 任务描述

在本次课堂的卡点视频制作实训中，给素材打标记极为关键，为音频重音添加标记是精准卡点的核心。这要求同学们敏锐感知音频节奏、精准捕捉重音瞬间，为后续素材匹配提供关键节点。通过添加标记，如同为音频绘制了一幅独特的“地图”，使后续的图片等素材能够依据这些标记进行有序排列与匹配，以达成卡点视频中画面与音乐节奏完美契合的效果。在小顾顺利完成这一系列操作并提交作业时，笑泽却在图片与音频匹配环节遇到了阻碍，他反复尝试，却未能让图片按照“未编号标记”正确排列。这凸显了给素材打标记这一任务的重要性与技术难度。它不仅考验同学们对标记的了解，更考验其对标记打在素材上和时间轴上区别的认知。

3. 任务提升

提升点 1：标记的基本概念

在 Pr 软件中，标记是一种用于标识特定时间点或素材关键位置的工具，方便编辑者快速定位和管理内容。

提升点 2：打在素材上的标记

(1) 含义与创建。

在项目面板中选中素材，在素材源监视器窗口播放预览，在需要标记的位置点击“标记入点”“标记出点”或添加其他类型标记；或者在时间轴中选中素材的前提下，添加的标记也会显示在素材以及源监视器面板中。

(2) 特点。

素材专属：素材上的标记仅针对该素材，不受素材在时间轴上的位置和剪辑操作影响。即使多次将同一素材拖入时间轴，或对时间轴上的素材进行剪辑、移动等操作，素材自身的标记始终保持不变。

用于素材筛选与定位：在处理大量素材时，可通过标记快速筛选出关键片段，如在采访素材中标记出重要回答部分，方便后续选择合适的内容用于项目制作。在素材源监视器中，可利用标记快速跳转，提高浏览和处理素材的效率。

(3) 应用场景。

素材初筛：前期对素材进行初步查看时，标记出可用内容，方便后续挑选。

素材整理：对复杂素材(如长视频、多机位素材)进行标记分类，使其结构更清晰。

提升点3：打在时间轴上的标记

(1) 含义与创建。

在时间轴窗口，将播放指针移至需标记处，点击时间轴面板上的“标记”按钮添加标记。时间轴标记基于项目时间线的时间点，只有在不选中素材的前提下，标记才会显示在时间轴上。

(2) 特点。

与项目时间关联：时间轴标记对应项目的具体时间位置，与时间轴上所有轨道的内容相关。当对时间轴上的素材进行整体移动、缩放时间轴比例时，标记的时间位置会相应改变。

用于项目整体管理：可用于标记项目中的重要节点，如场景转换处、音乐节奏点等，帮助编辑者把握整体节奏和结构，还能方便团队成员在协作时快速了解项目关键位置。

(3) 应用场景。

节奏把控：在剪辑音乐视频、广告等对节奏要求高的作品时，标记音乐节奏点可以使画面切换与音乐节奏相匹配。

场景划分：标记不同场景的起止位置，方便对场景进行单独调整或管理。

提升点4：两者对比总结

素材标记侧重于素材内部的管理和筛选，是对素材本身内容的标识；时间轴标记则着眼于整个项目时间线上的关键位置，用于项目的宏观把控和节奏管理。在本章的项目实训中，我们必须在不选中素材的前提下，将标记打在时间轴上。

请同学们结合案例一和案例二的资料预习课件内容。预习时，深入分析并梳理Pr软件的基础工作流程，包括新建项目的具体操作步骤，详细了解项目、时间轴、监视器等功能面板的作用，掌握素材导入后不能随意移动位置和重命名的原因，以及明确标记打在素材上和时间轴上的区别。

【知识准备】

视频创作恰似构建一座大厦，每个环节紧密相连、缺一不可。深入了解视频制作流程是开启创作大门的基石。Pr软件作为视频创作的重要工具，其基础工作流程涵盖多个关键方面。从新建项目的具体操作，到各功能面板的详细解析；从序列创建的步骤，到素材导入的方式，以及常用快捷键的运用，每一项都对后续操作理解与应用至关重要。提前掌握这些知识，不仅能为深入学习新建项目、面板操作、素材导入等流程打下基础，更能为后续高效创作视频作品提供有力支撑，助力创作者将创意转化为精彩的视频内容。

1. 工作流程

每个视频，即使是短视频，也都得一个镜头一个镜头地拍，最后再剪辑组合在一起。每一段视频的拍摄都不是简单的事情，需要付出大量的努力。要想事半功倍，就一定要在工作前搞清楚工作流程，也就是工作逻辑，这样才会让我们的学习和工作更有条理、效率更高，我们通过思维导图来了解一下工作流程，如图1-2所示。

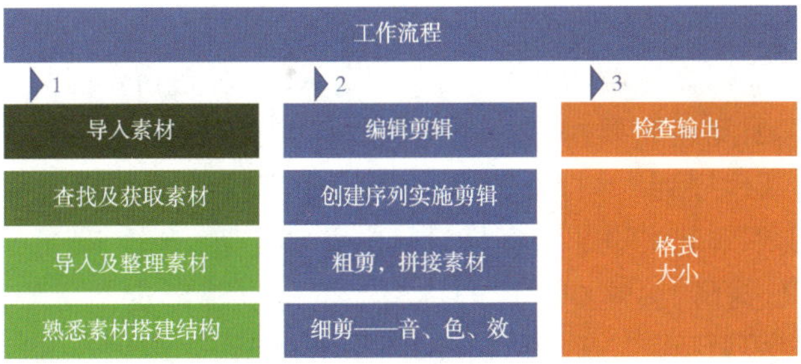

图 1-2　Pr 视频剪辑工作流程

下面讲述一个开超市的故事，让同学们用最轻松的方式学会 Pr 剪辑。假设同学们现在一无所有，想开一家超市，第一步就是盖房子，若要利用 Pr 进行剪辑，需新建一个项目，该项目就如同开超市所盖的房子。

1.1　搭建房子——新建项目

打开 Pr 软件，在弹出的主页窗口选择“新建项目”，可打开新建项目的窗口。这里需要修改几个地方，首先是项目名，也就是房子命名，如“超市工程”。名字定下来后就需要选址，也就是选择一个项目文件保存的位置。要注意的是不要保存在系统盘(C 盘)，否则电脑可能会很卡。确定项目名称和存储位置后，需考虑视频渲染与回放时是否借助显卡辅助处理，即选择渲染方式，选择第一行“Mercury Playback Engine GPU 加速(CUDA)”选项，也就是显卡加速，其他设置默认即可，如图 1-3 和图 1-4 所示。

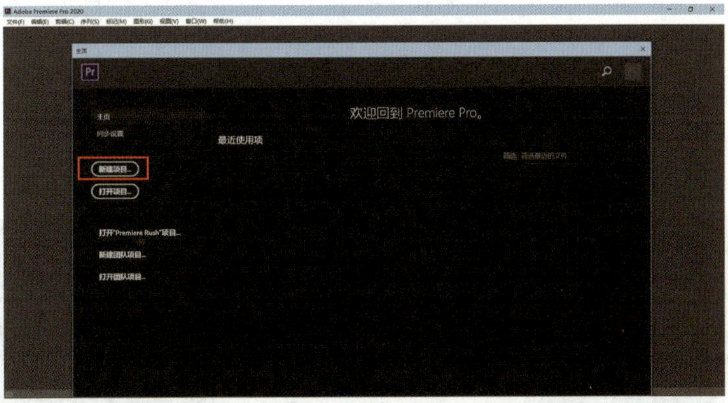

图 1-3　Pr 软件新建项目面板

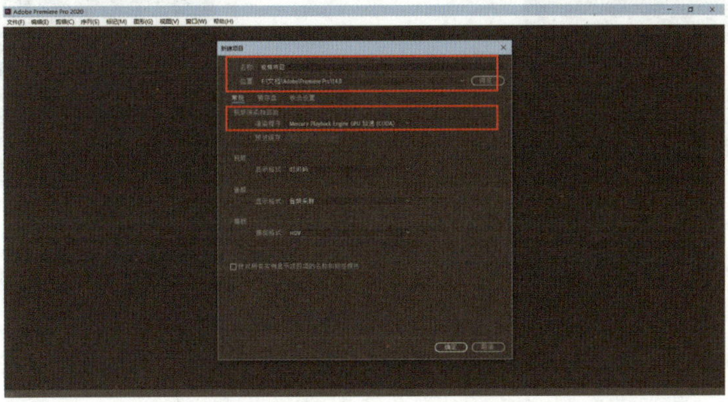

图 1-4　更改新建项目的名称和存储位置

1.2 搭建货架——新建序列

这些处理完，房子就算是盖好了，点击“确定”按钮。超市不能只有一个空房子，产品来了总不能放地上，因此还需要搭建一个货架，而货架的搭建在 Pr 里则是“新建序列”。在文件菜单中找到“新建序列”，打开“新建序列”的窗口界面。弹出来的部分虽然看上去特别复杂，但是其实理解起来也非常容易。超市需要货架，到了卖货架的商场，有很多现成的货架在卖，可以选择购买这些现成的货架，也可以选择定制货架。在 Pr 里，这些现成的货架也被称为“序列预设”，如图 1-5 和图 1-6 所示。

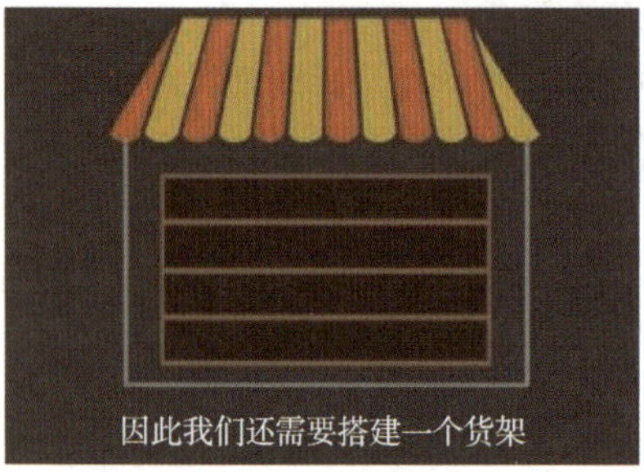

图 1-5　搭建货架

图 1-6　定制货架

如图 1-7 所示是各种各样不同尺寸规格的现成货架，可以不选用现成的，而是到设置里去定制参数、定制货架，其实不用改变所有东西，只需要定制一些重要的东西就可以，比如材质和大小。第一步，选择编辑模式，打开下拉菜单，选择“自定义模式”，设置“时基”，也就是帧速率。比如 25 帧/秒，就是在 1 秒的时间内播放了 25 张图，而 30 帧/秒就是在 1 秒的时间内播放了 30 张图，这里建议使用 25 帧/秒(图 1-8)。下一步，定制一下货架的大小，也就是帧大小，或者称为分辨率，比如全高清 1920×1080 或者 4K 分辨率，具体的大小可以根据需求来定，这里使用全高清 1920×1080 的大小。

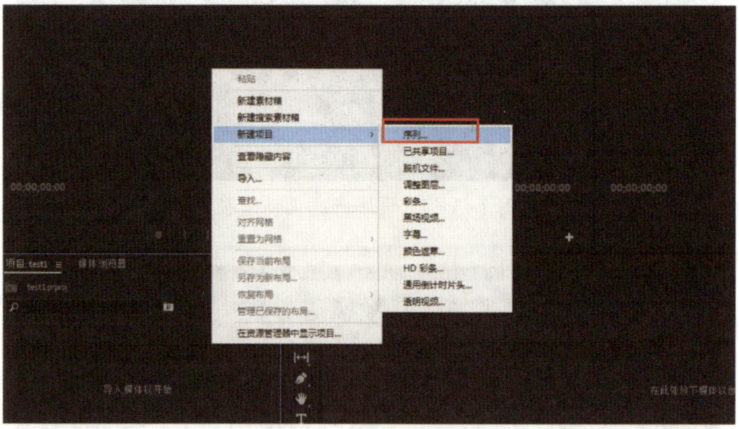

图 1-7　新建序列

接下来，再定一下货架的材质，也就是扫描方式的选择。扫描方式有两种，一种是逐行扫描，另一种是隔行扫描。隔行扫描又分为“高场优先”和“低场优先”，但是不论是什么优先，都有可能出现闪烁，因此这两个选项都不选，而选择“无场(逐行扫描)”，如图 1-9 所示。到此，货架就定制完毕。

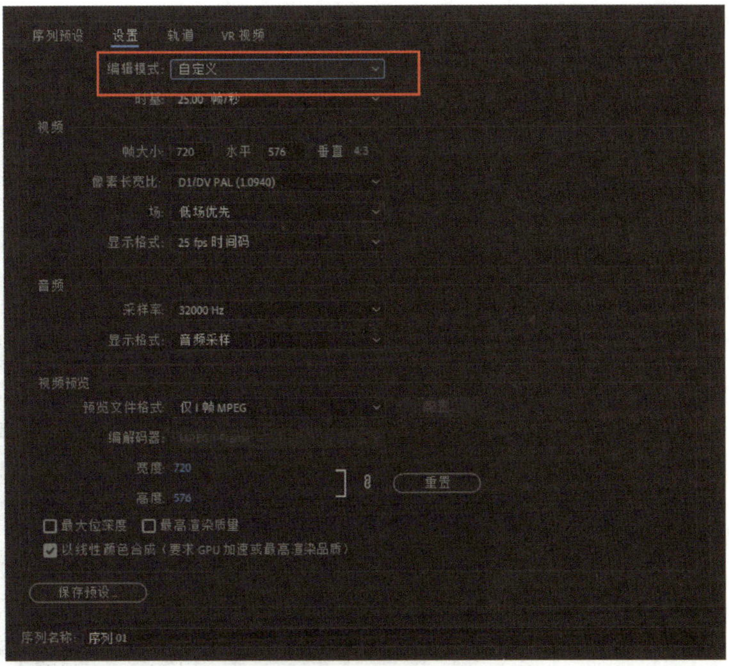

图 1-8　新建序列的具体操作

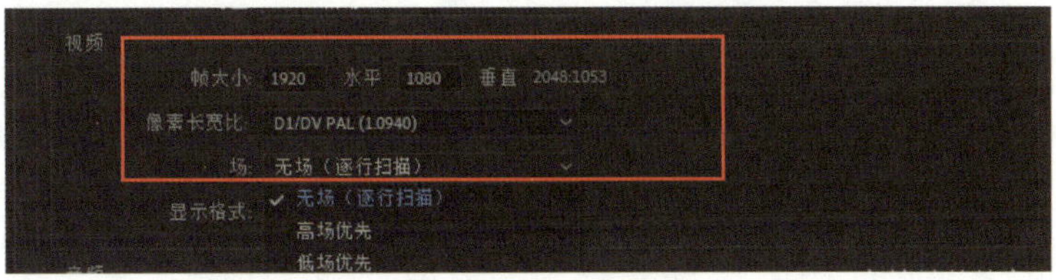

图 1-9　扫描方式的选择

1.3　超市备货——素材管理

现在就可以在时间轴上看到定制好的货架。房子和货架都准备好了，接下来就是进行备货，也就是做剪辑素材的准备。货物可以分为很多种，这里暂时分三类，分别是视频素材、图片素材和音频素材。我们分别建立三个文件夹，并且将对应的素材文件归类，如图 1-10 所示。

图 1-10　素材管理

现在返回 Pr，把货物准备好后搬到超市的仓库中，找到文件菜单栏下的导入，选择准备好的文件夹之后，点击“导入文件夹”，在项目素材面板中可以看到打包好的素材。想要导入单个素材，同样先找到文件菜单栏下的“导入”，然后选择具体需要导入的文件，点击“打开”就可以将单个文件导入。现在所有货物都入库了，检查一下这些货物，选中其中一个素材，双击，可以看到上方的源面板出现了变化，在源面板中其实就可以播放和预览素材，也就是检查仓库，若仓库的货确认没有问题，就可以考虑上架了，如图 1-11 所示。

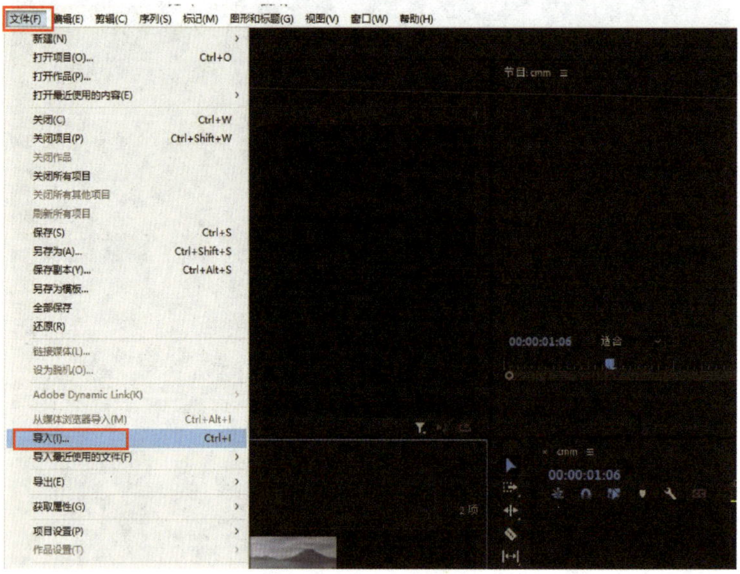

图 1-11　导入素材

小资料
卡片

在使用 Pr 进行视频创作时，需留意版本差异。高版本 Pr 创建的文件，因功能、编码等优化升级，低版本 Pr 往往无法打开。若需共享文件，可在高版本中“导出副本”，选择较低版本兼容格式；或提前统一创作软件版本，避免打不开文件的困扰。

1.4　上架货物——剪辑视频

将货物上架的时候，可以看到节目面板被点亮了，而节目面板所展示的内容其实就是正在编辑的东西，此时，还需要整理、排序，如进行检测。此时，我们需要借助工具栏来完成。想要完成最简单的工作，只需要掌握两个工具就可以，第一个是“选择”工具，可以用“选择”工具挪动素材；第二个是“剃刀”工具，可以将素材切开之后再进行拼接。如图 1-12所示，先将素材切成三段，中间这段删除，然后将头尾重新拼接起来，就完成了最简单的拼接剪辑。剪辑好画面后，在音频轨道上再放一首背景音乐，到这里一个最最简单的剪辑任务就完成 90%了。

1.5　带走货物——视频导出

接下来，就要让顾客把货物打包带走。在 Pr 里，就是视频的导出。选择“文件导出媒体”，会弹出一个对话窗口。这里需要设置两个地方，一个是格式，一个是输出名称。格式有很多种，最常用的就是 H. 264，一般情况下选择这个就足够用，导出的视频就是 MP4 格式。选好格式之后，点击“输出名称”，为产品素材取个名，并选择一个导出地址，比如桌面，再点击“确定”按钮，之后点击“导出”按钮就可以了，等进度条走完之后，我们可以看到桌面上生成了一个 MP4 文件，就是刚才剪辑好的视频。

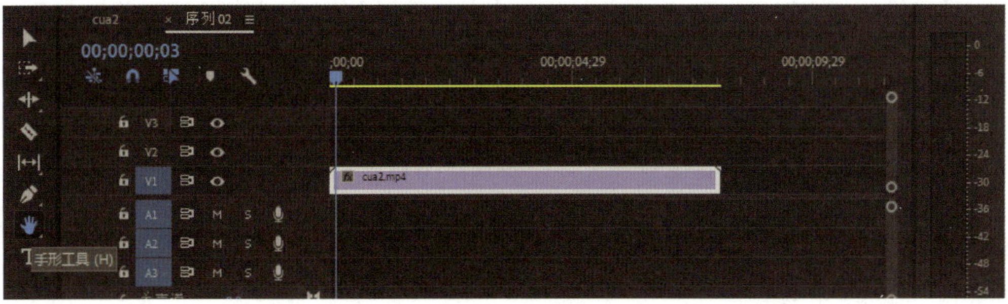

图 1-12　剪辑视频

2. 新建项目

在 Pr 2020 中制作和编辑影视作品，首先要创建新的项目文件或打开已有的项目文件。若是创建项目文件，则还需要在创建过程中新建一个序列。具体操作步骤如下。

2.1　新建项目的方法

启动 Pr 2020 后进入欢迎界面，单击“新建项目”按钮，或者在 Pr 的主操作界面中选择“文件→新建→项目”菜单，打开“新建项目”对话框，在“常规”选项卡中设置项目的保存位置，并在“名称”编辑框中输入项目名称，其他参数保持默认不变，如图 1-13 所示。

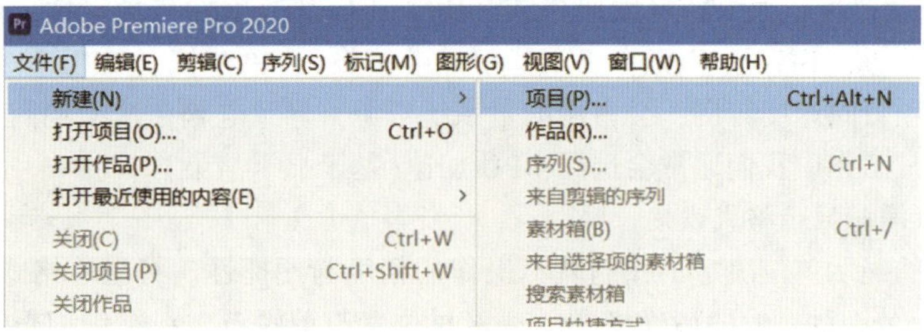

图 1-13　新建项目方法

小资料卡片

在设计工作流程中，熟练掌握各类操作快捷键能够大幅提升工作效率，新建项目这一基础操作也不例外。对于设计师而言，牢记新建项目的快捷键是开启高效工作模式的关键一步。只需同时按下键盘上的“Ctrl+Alt+N”组合键，即可瞬间弹出新建项目窗口，迅速开启创意构思与设计搭建的旅程。

2.2　新建项目的功能面板

合理的项目设置是高效创作的开端。正确命名项目、选择合适的存储位置、优化渲染方式以及精准设定各项参数，不仅能提升工作流程的顺畅度，还能避免因设置不当引发的诸如文件丢失、渲染卡顿等问题。接下来，我们深入探讨这些关键设置要点。

2.2.1　项目名称命名规范

一个清晰且具有辨识度的项目名称至关重要。例如，当我们制作一个旨在培养观众良好习惯的视频教程时，可将项目命名为“主题+日期”，这样的名称能够直观反映项目主题，方便后续在众多项目文件中快速定位与识别，尤其在团队协作或长时间的项目周期里，良好的命名如同精准的索引，为快速查找资料节省大量时间。

2.2.2 项目存储位置选择

切勿将项目保存于C盘。C盘通常承载着操作系统运行所需的大量核心文件，随着Pr项目文件的不断扩充，尤其是素材导入、缓存生成等操作，会迅速占用C盘空间，导致系统运行缓慢，甚至可能引发死机、软件崩溃等严重问题。应选择空间充裕、读写速度较快的非系统盘分区，如D盘、E盘等，专门创建一个用于存放Pr项目的文件夹，确保项目数据的稳定存储与快速读取。

2.2.3 渲染加速方式选择

渲染加速的方式有两种，可以结合实际情况选择，一种为GPU加速(基于显卡渲染)，现代显卡具备强大的并行计算能力，开启GPU加速能显著提升Pr的渲染效率。在处理复杂特效、高清视频素材以及多层嵌套序列时，GPU可以快速分担CPU的渲染压力，实现实时预览与快速输出。例如，在剪辑包含大量3D动画元素、光影特效的广告片时，GPU加速能让时间轴上的画面流畅播放、编辑过程更加顺滑，大大缩短制作周期。另一种为CPU加速(基于CPU渲染)。尽管GPU加速(基于显卡渲染)优势显著，但在某些情形下，CPU加速(基于CPU渲染)仍有作用。例如，对于兼容性欠佳的老旧显卡、特殊插件，或者对CPU指令集高度依赖的特定编码格式，CPU凭借其通用性与稳定性，可保障渲染任务顺利完成。不过，相较于GPU加速(基于显卡渲染)，单纯依靠CPU渲染在处理大规模、高复杂度项目时速度较慢，会占用大量系统资源，导致电脑在渲染期间难以进行多任务操作。在日常工作中我们通常会选用GPU加速(基于显卡渲染)。

2.2.4 时间轴显示格式设定

时间轴上的显示单位决定了我们剪辑操作的精度与便捷性。将显示格式设置为“时间码”，能以时、分、秒、帧的精确格式呈现素材位置与剪辑点。在精细剪辑节奏较快的音乐视频、需要精确到帧的动画短片时，时间码如同精准的标尺，让每一帧画面的剪辑调整都有据可依，确保视频节奏与音乐、动画节奏完美契合，避免出现画面与音频不同步的瑕疵。

2.2.5 音频采样参数设置

音频采样作为衡量音频质量的关键标准，直接影响声音的还原度与清晰度。合理的音频采样设置能捕捉到声音最细腻的细节，为视频营造身临其境的听觉体验。较高的音频采样率(如48kHz或更高)适用于专业音乐录制、电影级别的视频制作，能够精准还原乐器音色、人声的微妙变化；而对于一些对音频质量要求不那么苛刻的简单短视频、网络直播片段，适当降低采样率既能满足基本听觉需求，又能减小文件体积，便于存储与传输。

2.2.6 捕捉格式适配

捕捉格式同样有两种选择，一种为DV采集磁带，曾经作为主流的DV采集磁带格式，随着数字存储技术的飞速发展已逐渐退出历史舞台。其不仅需要专门的采集设备，而且磁带易磨损、存储容量有限、采集过程烦琐，在如今以固态硬盘、高速网络存储为主的时代，已无法满足高效便捷的视频素材获取需求。另外一种为HDV采集高清格式，HDV格式顺应高清视频潮流，能够采集1080i等高清分辨率的视频素材，具备较高的画质与较小的文件体积，适用于大多数常规高清视频项目的素材采集。无论是拍摄个人Vlog、小型纪录片，还是企业宣传短片，使用支持 HDV 格式的摄像机或采集卡，能轻松将高清素材导入 Pr，开启流畅的剪辑流程。

2.2.7　暂存盘设置要点

暂存盘要与项目保存位置一致。Pr 在剪辑过程中会产生大量临时缓存文件，如预览文件、渲染缓存等，这些文件占用空间较大。将暂存盘与项目文件存放在同一位置，一方面便于管理，在清理项目或迁移项目时能够一站式操作，避免文件散落各处；另一方面，能确保数据读写路径最短，减少因存储路径分散导致的读取延迟，提升软件运行的整体稳定性与响应速度。

2.2.8　收录设置——代理剪辑应用

代理剪辑是应对高清、超高清素材剪辑卡顿的有效手段。在收录设置中开启代理剪辑后，Pr 会自动为原始高分辨率素材生成低分辨率、低码率的代理文件，在剪辑过程中使用代理文件进行操作，能够实现流畅的时间轴拖动、实时预览，即使是配置普通的电脑也能轻松应对 4K、8K 等高规格素材。待剪辑完成，最终输出时再切换回原始高分辨率素材进行渲染，既不损失画质，又极大优化了剪辑体验，让复杂的高清视频创作不再受硬件性能的限制。

通过对以上 Pr 项目各关键设置环节的精细把控，创作者能够搭建起一个稳定、高效的视频编辑环境，为后续的创意挥洒与作品雕琢奠定坚实基础，充分释放 Pr 软件的强大潜能，让每一个视频项目都能从起点开始便踏上顺畅的创作之路。具体的操作如图 1-14 所示。

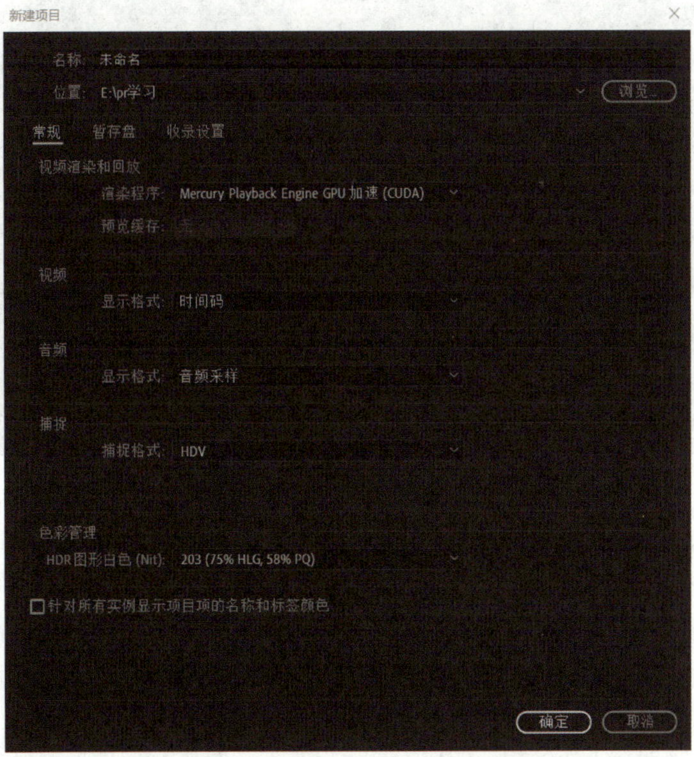

图 1-14　新建项目界面其他参数设置

小资料卡片

Pr 项目设置关乎创作效率与质量，要点如下：项目命名务必直观清晰，杜绝存于 C 盘，以防拖累系统运行。渲染环节优先启用 GPU 加速，时间轴显示格式设置为时间码，实现剪辑操作精准入微。音频采样依实际需求灵活确定，素材捕捉选用 HDV 格式。暂存盘与项目保持在同一位置，开启代理剪辑功能，优化高清素材编辑流程。各环节精细把控，为创作之旅铺就顺畅道路。

3. Pr 软件面板介绍

在 Pr 的操作界面中，面板作为承载各类功能与信息的重要载体，熟练掌握其操控技巧对于提升剪辑效率至关重要。下面将详细介绍面板的移动、显示与隐藏、恢复默认布局等关键操作方法，以及剪辑视频时常用的面板。

3.1 移动面板位置

当我们需要根据个人操作习惯或特定工作流程调整面板布局时，移动面板位置是一项常用操作。操作方法十分简单：将鼠标指针移至想要移动的面板上方，此时鼠标指针会变为四向箭头样式，表明可进行拖动操作。接着，按住鼠标左键不松手，开始拖动面板，随着面板的移动，目标位置会实时显示一个蓝色底框，这个蓝色底框就像一个“占位符”，直观地展示面板即将放置的位置。当蓝色底框出现在期望的新位置时，松开鼠标左键，面板便顺利完成位置移动，精准落位到新的布局区域，满足个性化的操作需求，如图 1-15 所示。

图 1-15　Pr 软件基础操作界面

3.2 面板显示和隐藏

Pr 提供了丰富多样的面板，以适应不同阶段的剪辑任务，但在实际工作中，并非所有面板都需要时刻显示，合理控制面板的显示与隐藏能够精简工作区，避免视觉干扰，让操作视野更加清晰。操作路径位于菜单栏中的“窗口”选项下，点击“窗口”后，会弹出下拉菜单，其中罗列着众多面板名称。若要显示某一面板，只需勾选对应的面板名称即可，勾选后，该面板会立即在工作区相应的位置显示出来，随时供我们使用；反之，若当前工作流程不再需要某个面板，则取消对其的勾选，该面板就会在工作区中隐藏，为其他关键操作腾出更多可视空间，使剪辑过程更加专注、高效，如图 1-16 所示。

3.3　恢复面板默认布局

在频繁调整面板布局或因误操作导致面板排列混乱的情况下，恢复面板默认布局能让工作区瞬间“归位”，重现熟悉的操作界面。有两种便捷的恢复方法：其一，在菜单栏点击“窗口”，在下拉菜单中选择“工作区”，接着点击“重置为保存的布局”，软件就会按照预设的初始布局重新排列各个面板，恢复到标准的工作界面状态。其二，在工作区的标签旁通常能看到三个小横线图标。点击这个图标，会弹出与工作区相关的操作选项，从中选择“重置为保存的布局”，也能快速将面板布局复位。这样，无论界面如何变化，都能一键找回熟悉、顺手的操作环境，顺利开展后续的剪辑工作，如图 1-17 和图 1-18 所示。

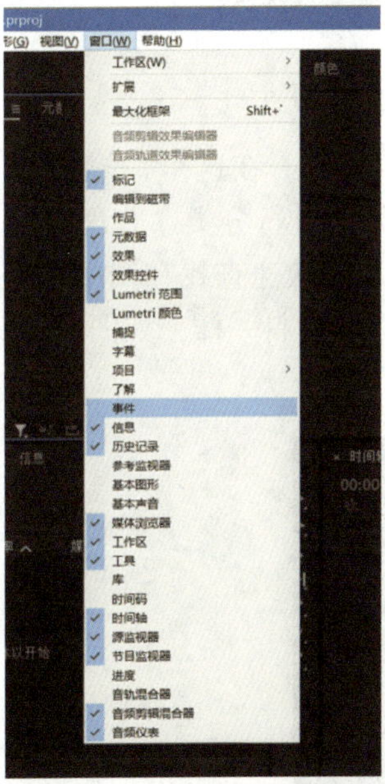

图 1-16　控制各个面板的显示和隐藏

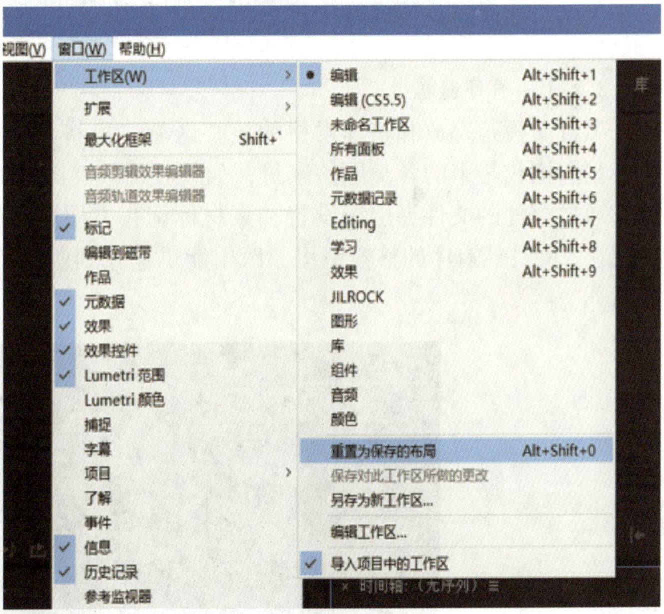

图 1-17　恢复默认面板方法一

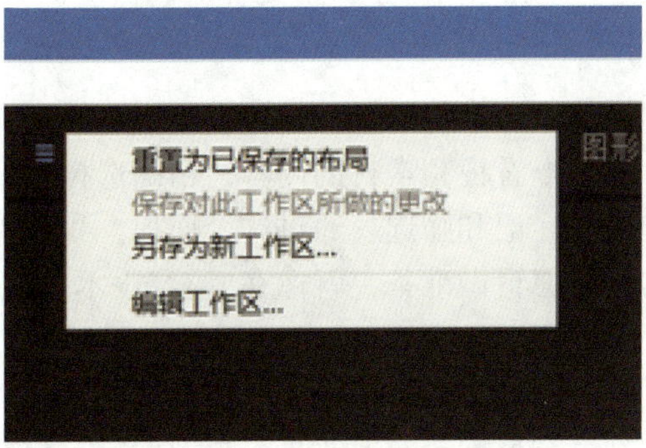

图 1-18　恢复默认面板方法二

3.4　常用面板介绍

在 Pr 这款强大的视频编辑软件中，了解各个面板的功能与用途是进行高效视频创作的基础，如图 1-19 所示。下面为大家详细介绍 5 个关键面板。

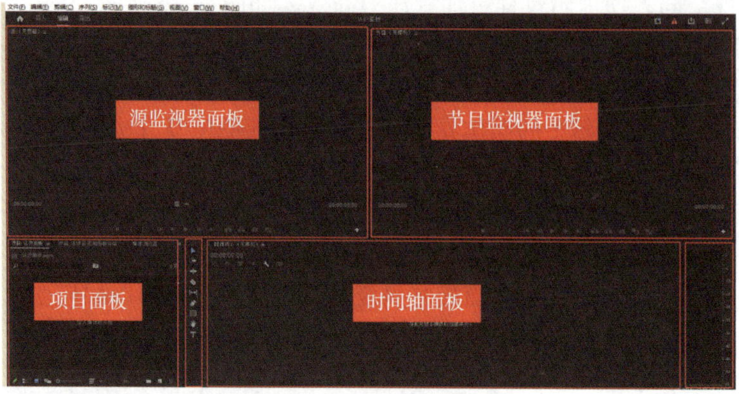

图 1-19 Pr 软件常用的基础面板

3.4.1 项目面板

项目面板是存放和整理素材的核心区域，可将其类比为"整容室"。在这个"整容室"里，我们把收集来的各类原始素材，如视频片段、图片、音频文件等进行分类、管理与存放。通过合理的文件夹层级设置和素材标记，方便后续在编辑过程中快速查找和调用，就如同在一间井然有序的整容室里，医生能迅速找到所需的整容工具和材料一样，如图 1-20 所示。

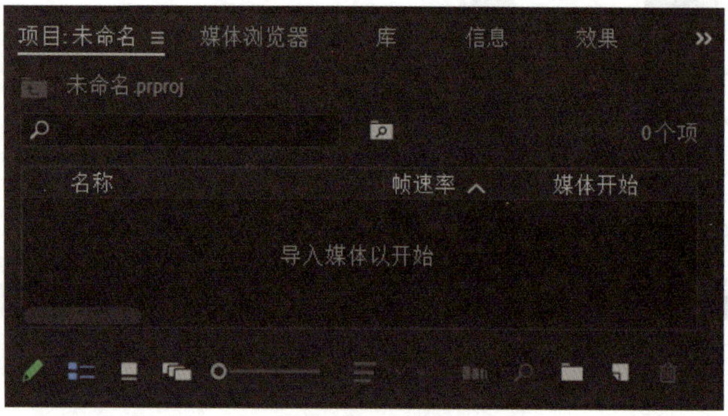

图 1-20 Pr 软件之项目面板

3.4.2 源监视器面板

源监视器面板是我们浏览原始素材的重要窗口，恰似"整容前"的状态审视环节。在源监视器面板中，我们可以逐帧查看视频素材的内容，精确选择需要使用的片段起始和结束位置，还能对素材进行初步的标记和筛选。通过这个面板，我们能充分了解原始素材的特点，为后续在时间轴上的精细剪辑做准备，就像在"整容手术"前，医生需要详细了解患者的基础状况一样，如图 1-21 所示。

3.4.3 节目监视器面板

节目监视器面板用于预览素材制作完成效果，类似于"整容后"的展示窗口。当我们在时间轴上对素材进行剪辑、添加特效、调整色彩等一系列操作后，最终的成果会在节目监视器面板中呈现出来。在这里，我们可以从整体上查看视频的流畅度、画面效果、音频与视频的同步情况等，确保最终输出的视频符合预期，如同"整容手术"后展示最终完美的效果，如图 1-22 所示。

图 1-21　Pr 软件之源监视器面板

图 1-22　Pr 软件之节目监视器面板

3.4.4　时间轴面板

时间轴无疑是剪辑视频的关键位置，形象地说就是“整容台”。在时间轴上，我们将来自项目面板的素材按照创意和叙事逻辑进行排列、剪辑、拼接。通过对素材在时间维度上的精确调整，如改变素材的时长、添加转场效果、调整素材的顺序等，实现视频内容的构建和节奏的把控，这一过程就如同医生在整容台上对患者进行精细的手术操作，塑造出理想的形态，如图 1-23 所示。

图 1-23　Pr 软件之时间轴面板

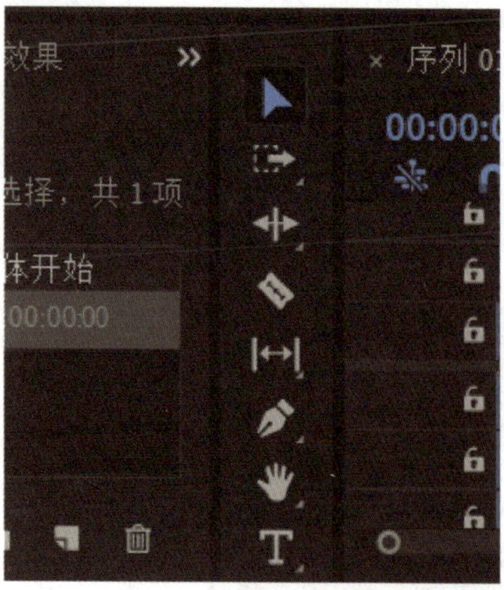

图 1-24　Pr 软件之工具面板

3.4.5　工具面板

工具面板提供了操作素材的各种工具，长按鼠标左键可打开更多隐藏工具，它可被视为“整容器械”库。这里面包含了选择工具、裁剪工具、移动工具、缩放工具等。不同的工具适用于不同的素材操作需求，比如选择工具用于选中时间轴上的素材，裁剪工具用于精确裁剪素材的长度，移动工具可调整素材在时间轴上的位置等。熟练掌握这些工具的使用，能够大大提高我们在视频剪辑过程中的操作效率，如同整容医生熟练运用各种器械进行手术一样，如图 1-24 所示。

通过熟练掌握以上关于 Pr 面板的操控技巧，设计师们能够依据实际剪辑需求灵活定制工作区，让操作流程更加顺畅，充分释放 Pr 软件的功能，为打造高品质的视频作品提供有力支持。

小资料卡片

Pr 面板使用要点，切勿随意删除项目面板中的素材，以防剪辑出现链接丢失的状况。在时间轴面板操作时，务必留意轨道锁定，避免误删关键片段。面对源面板中大型素材的预览，需耐心等待，切勿反复加载，以免造成卡顿。音频面板完成调节后，应及时进行试听，并依据效果进行精细调整。此外，建议定期整理各面板布局，以此提升操作效率。

4. 新建序列的方法

在 Pr 进行素材编辑工作时，新建序列是一项至关重要的基础操作。序列不仅是素材编辑的前提，其各项设置更直接决定了最终输出视频的诸多关键属性。

4.1　新建序列的方法

4.1.1　菜单栏操作

依次点击菜单栏中的“文件→新建→序列”，即可创建一个新序列。这一操作路径清晰明了，方便用户在初次接触软件时找到相应功能。同时，此操作存在快捷键“Ctrl+N”（在 Windows 系统下，macOS 系统对应快捷键可能有所不同），熟练使用快捷键能够大幅提高操作效率，快速开启新序列创建流程，如图 1-25 所示。

4.1.2　项目面板操作

在项目面板中，也提供了新建序列的入口。点击项目面板下方的“新建项”按钮，选择“序列”选项，同样可以完成新建序列的操作。这种方式使用户在专注于项目素材管理时，无须切换到菜单栏，即可便捷地创建新序列。

4.1.3　素材拖曳创建

将素材直接拖曳到时间轴面板，此时 Pr 会自动创建一个序列，且序列的尺寸会根据导入素材的尺寸大小进行智能匹配，这种方式操作简便直观，尤其适用于用户需以特定素材尺寸为基准构建序列的情况。

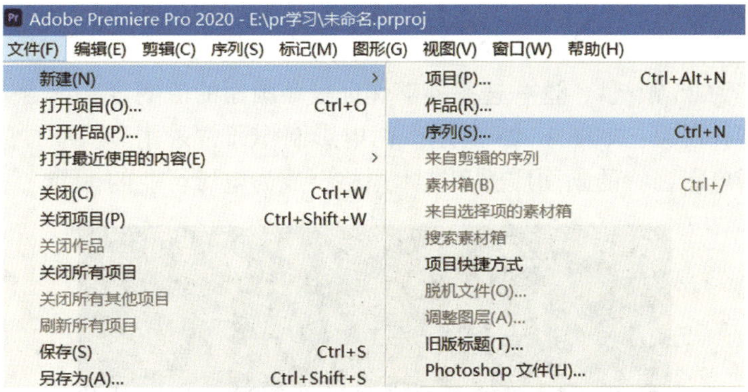

图 1-25　使用菜单栏新建序列

4.2　信号扫描方式

4.2.1　隔行扫描

隔行扫描是一种将图像的奇数行和偶数行分别进行扫描显示的方式。在早期的电视信号传输等场景中较为常见，它通过两次扫描来完成一帧画面的显示，在一定程度上节省了带宽，但可能在快速运动画面中出现闪烁或锯齿现象。

4.2.2　逐行扫描

逐行扫描则是依次对图像的每一行进行扫描，一帧画面一次性完整扫描。相较于隔行扫描，逐行扫描能提供更平滑、清晰的画面效果，尤其在处理高清视频和快速运动画面时优势明显，目前大多数现代视频设备和视频编辑都更倾向于逐行扫描方式，如图 1-26 所示。

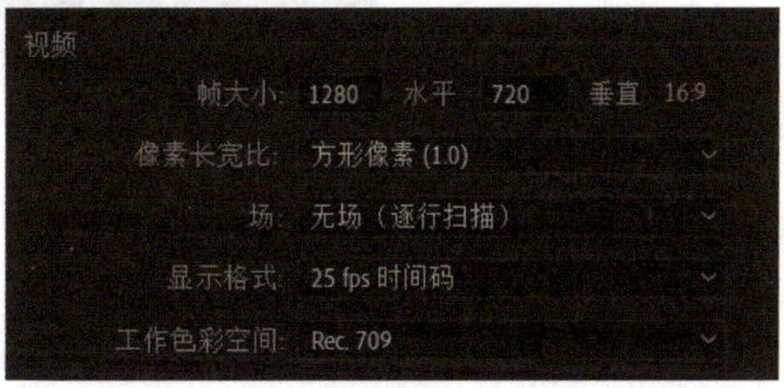

图 1-26　逐行扫描方式

4.3　帧大小

4096×2160-4K：这是当前高清视频领域的高分辨率标准，适用于对画面细节要求极高的影视制作、大型广告拍摄等场景。4K 分辨率能够呈现出极其细腻的画面，为观众带来沉浸式的视觉体验。

1920×1080-1080p 超清：1080p 是目前广泛应用的高清分辨率，在网络视频、电视节目、大多数电影制作等领域都占据主流地位。它在画面清晰度和数据量之间达到了较好的平衡，既能满足观众对高清画质的需求，又能在各类设备上流畅播放。

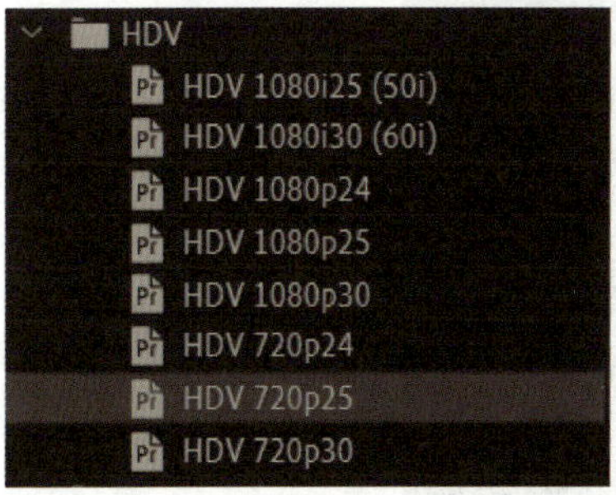

图 1-27　预设中常用的 16：9 标清序列

1280×720-720p 标清：720p 分辨率常用于一些对画质要求相对不高、存储空间有限或需要在低带宽环境下传输的视频内容，如部分网络短视频、监控视频等。虽然其清晰度不如 1080p 及以上分辨率，但在特定场景下仍有广泛应用(图 1-27)。

1024×576：这种分辨率相对较低，在过去的标清电视时代较为常见，如今主要用于一些对画质要求较低、需要输出视频小样给客户初步查看效果的场景，其数据量小，传输和预览速度较快。

4.4 帧速率

帧速率指的是1秒内能够播放的画面数量，每一帧代表一个画面。在国内，非电影视频的常见帧速率为25帧/秒，这一速率能够保证视频画面的流畅度，符合人眼视觉暂留特性，避免出现卡顿现象，如图1-28所示。而电影制作通常采用24帧/秒的帧速率，这种帧速率能够赋予电影独特的画面质感和艺术风格，成为电影行业的标准之一。

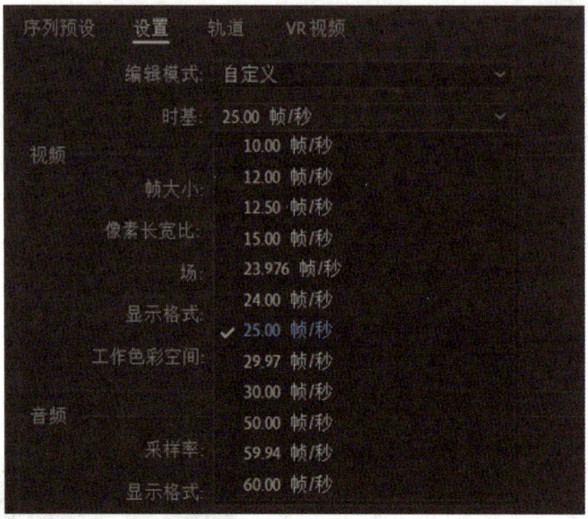

图1-28 非电影视频一般选择的帧速率

4.5 其他重要概念

4.5.1 像素长宽比

一般情况下，建议选择方形像素(1.0)。方形像素能确保图像在不同设备和平台上显示时，画面比例不失真，保持正常的视觉效果。在某些特殊的视频格式或特定的创意需求下，可能需要调整像素长宽比，但方形像素是最常用且兼容性最高的选择。

4.5.2 自定义尺寸

若预设的帧大小无法满足项目需求，可在序列预设的“设置”标签里，将编辑模式改为“自定义”，从而手动设置其他数值。这种灵活性使用户能够根据具体项目的特殊要求，精确调整序列的尺寸参数，如图1-29所示。

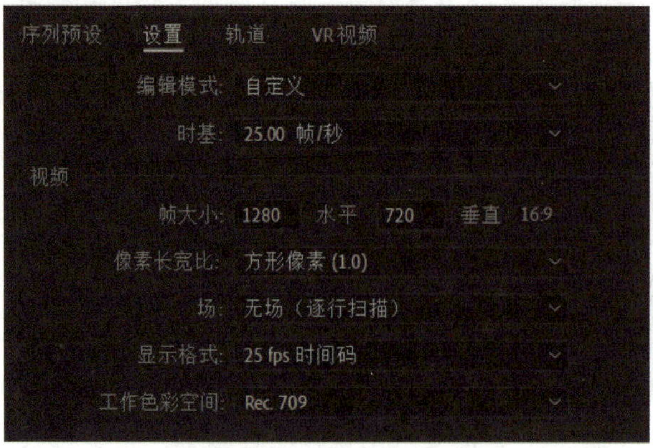

图1-29 自定义新建序列其他参数设置

4.5.3　序列名称

序列名称将直接关联到导出的文件名称，因此在创建序列时，应根据项目内容和需求为序列取一个具有明确标识性的名称，方便后续在项目管理和文件输出过程中准确识别和区分不同的序列，如图 1-30 所示。

图 1-30　更改序列名称

4.5.4　修改序列尺寸

在项目进行过程中，如果需要对已创建的序列尺寸进行调整，可通过菜单栏中的“序列→序列设置”选项，进入序列设置窗口，重新调整各项参数，包括帧大小等关键设置，以适应项目的变化和新需求。

5. 不同素材的导入方式

在 Pr 的创作舞台上，导入素材的途径丰富多样，为创作者们开辟了便捷之路。从菜单栏“文件→导入”的常规操作，到“Ctrl+I”（Windows 系统）快捷键的高效运用，再到双击项目面板空白处的快捷导入，以及从文件夹直接拖曳素材，每种方式各有特点。同时，其支持的文件格式范围广泛，涵盖常见的图片、视频和音频格式。无论是 JPG 图片、MP4 视频，还是 MP3 音频，都能顺畅导入，充分满足在不同场景下的多元创作需求。

5.1　导入素材的方法

在 Pr 中，有多种方式可导入素材，以满足不同场景下的操作需求。

菜单操作导入：通过菜单栏依次选择“文件→导入”，这是一种标准、常规的导入方式，便于新手快速熟悉软件操作流程（图 1-31）。

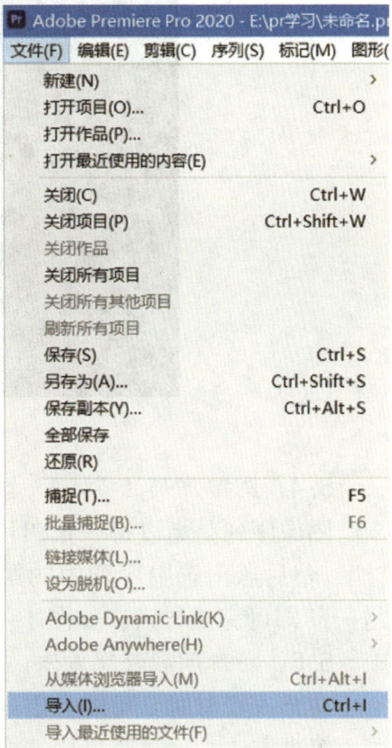

图 1-31　菜单栏导入素材方法

快捷键导入：使用快捷键“Ctrl+I”（Windows 系统），能大幅提高操作效率，尤其在需要频繁导入素材时，这种方式更加便捷。

双击项目面板导入：直接双击项目面板的空白处，即可弹出导入窗口。这是最方便快捷的导入方式，适合追求高效操作的用户。

文件夹拖曳导入：可从文件夹直接将素材拖曳到项目面板。不过，当素材数量过多时，这种方式容易造成软件卡顿，因此建议尽量少用。

5.2　支持的导入格式

图片格式，Pr 支持多种常见的图片格式，包括 JPG、PNG、GIF、TIFF、PSD 以及图片序列。这些格式能满足不同类型图片素材的导入需求，如 JPG 常用于日常照片；PNG 支持透明通道，适合制作带有透明效果的元素。

视频格式，支持的视频格式有 MP4(H.264)、AVI、MOV(QuickTime)等。其中，MP4 是目前应用最广泛的视频格式，具有良好的兼容性和压缩比；AVI 是一种较为传统的视频格式，支持多种编码方式；MOV 是苹果系统常用的视频格式。需要注意的是，Pr 不支持 FV、RMVB 等格式。

音频格式，常见的音频格式如 MP3、WAV 都能被 Pr 顺利导入。MP3 是一种压缩音频格式，占用空间小，广泛应用于网络音频；WAV 是无损音频格式，音质较好，但文件体积相对较大。而 NCM、QMCFLAC 等格式由于加密等，Pr 暂不支持直接导入。

5.3 PSD 文件的不同导入方式

当导入 PSD 文件时，Pr 提供了多种导入选项，以满足不同的编辑需求，如图 1-32 所示。

合并所有图层：选择此选项后，PSD 文件中的所有图层将合并成一张图片导入 Pr 中，适合只需要一个整体图像效果的场景。

合并的图层：用户可以勾选想要的素材图层，将其合并成一张图片导入。这种方式允许用户有选择地组合图层，灵活创建所需的图像。

各个图层：勾选需要导入的素材，每个素材将以单独的图片形式呈现。这为后续对每个图层进行独立编辑提供了便利。

序列：同样勾选想要导入的素材，每个素材以单独的图片呈现并组成一个序列。这种方式常用于制作动画或有顺序展示需求的场景。

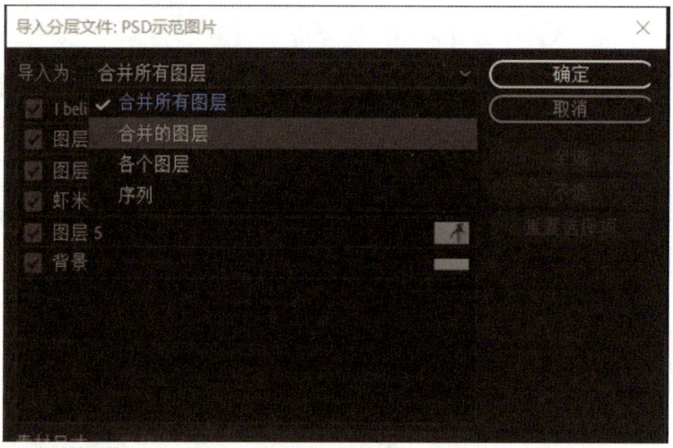

图 1-32　PSD 文件的不同导入方式

5.4 图像序列的导入

图像序列是指以每一张图片作为一帧的素材形式。导入图像序列时，先选择“导入素材”，然后点击选中序列中的第一张图片，接着勾选下方“图像序列”的选项，最后点击“打开”即可完成导入，如图 1-33 所示。

5.5 特殊问题处理方法

在导入素材时，可能会出现花屏或黑屏的情况，会影响后续的编辑工作。

解决方法：通过菜单栏选择“文件→项目设置→常规”，然后修改渲染程序。尝试不同的渲染程序，通常可以解决素材显示异常的问题，如图 1-34 和图 1-35 所示。

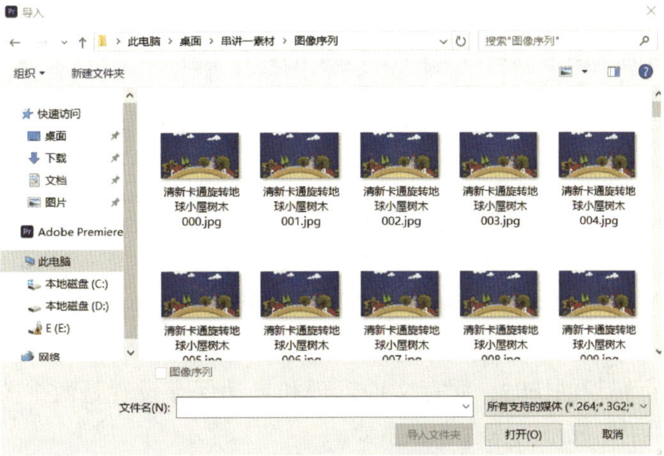

图 1-33　图像序列导入方法

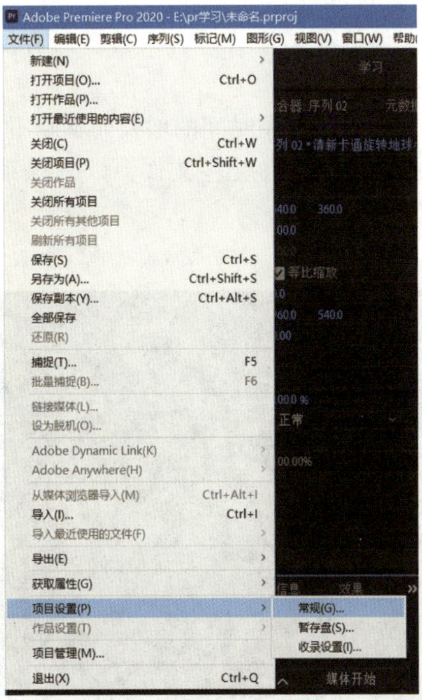

图 1-34　特殊问题处理方法一

图 1-35　特殊问题处理方法二

6. 常用快捷键

掌握一些常用的快捷键能显著提高在 Pr 中的操作效率。

6.1 撤销操作

使用“Ctrl+Z”可以快速撤销上一步的操作，方便在编辑过程中纠正错误。

6.2 放大面板

按下“~”键可以放大当前操作面板，便于更清晰地查看素材细节。

6.3 全屏显示

“Ctrl+~”组合键能让软件进入全屏模式，提供更沉浸式的编辑体验。

7. 注意事项

在使用 Pr 进行视频创作时，缓存文件管理和自动保存设置是两个关键方面，对创作流程的顺利进行和创作成果的保存非常重要。

7.1 Pr 缓存文件管理

缓存文件设置：Pr 在运行过程中会生成缓存文件，可通过菜单栏选择“编辑→首选项→媒体缓存”来修改缓存文件的存储位置。合理设置缓存文件存储位置可以优化软件性能。

缓存文件清理：缓存文件会随着使用时间的增长而不断占用大量磁盘空间，因此必须定期删除。建议每隔一段时间清理一次缓存文件，以确保系统有足够的存储空间，如图 1-36 所示。

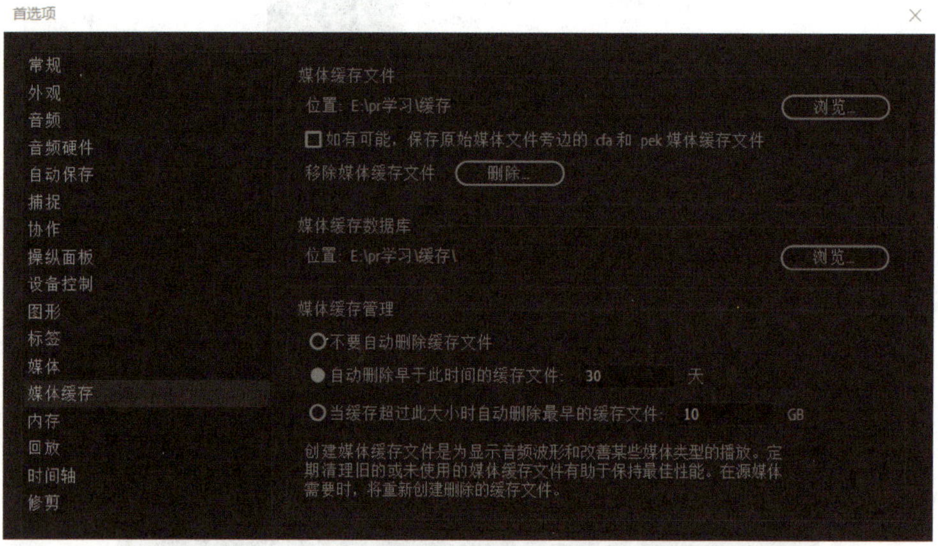

图 1-36 首选项之缓存文件管理

7.2 Pr 自动保存设置

为避免意外情况（如软件崩溃、电脑死机等）导致数据丢失，可设置 Pr 的自动保存功能，如图 1-37 所示。

保存时间设置方面，通过菜单栏选择“编辑→首选项→自动保存”，在这里可以设置自动保存的时间间隔，如每隔 10 分钟或 15 分钟保存一次。

保存位置，自动保存的文件将存储在项目保存位置的“Adobe Premiere Pro Auto-Save”

文件夹内。用户可以在该文件夹中找到不同时间点自动保存的项目文件，以便在需要时恢复到最近的编辑状态。

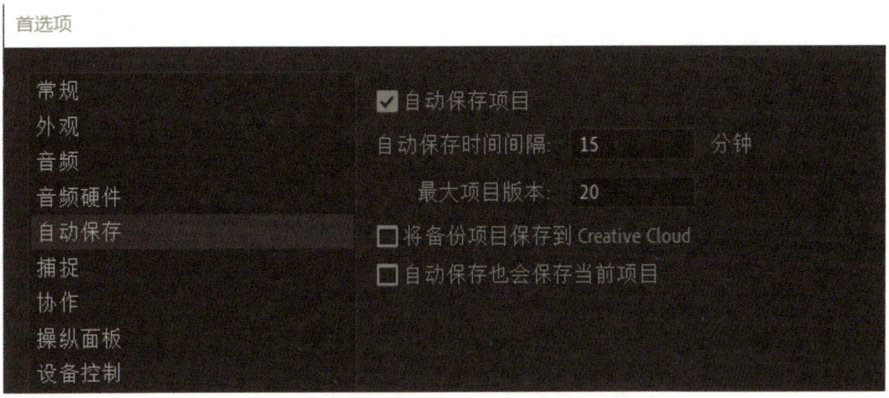

图 1-37 首选项之自动保存设置参数

【任务实施】

根据班级人数将学生分成若干实训活动小组，每组设组长 1 名，负责安排、协调、督促小组完成实训任务，同时做好实训活动记录。

项目实训：霓虹律动，街景卡点视界

根据具体要求，分析完成实训任务的操作步骤和知识要点，如图 1-38 所示。

图 1-38 “霓虹律动，街景卡点视界”剪辑制作素材

步骤一：新建项目并导入素材

（1）新建文件夹：命名为“霓虹律动，街景卡点视界-日期”，并将剪辑所需素材分类整理后放入该文件夹。

（2）新建项目：将项目名称设定为“霓虹律动，街景卡点视界”，并将项目存储位置指定为“霓虹律动，街景卡点视界-日期”文件夹。

（3）新建序列：尺寸为 1920px×1080px，像素长宽比为方形像素 1.0，帧速率为 25 帧/秒。

（4）导入素材：将之前分类整理好的素材文件夹，直接导入新建的项目中。

步骤二：分析样片总结剪辑要点

（1）导入样片文件，在源监视器中反复观看并总结剪辑要点。

（2）需给音乐的开头和结尾打上关键帧，通过关键帧设置音频与画面的对应关系，以使第一张图片和最后一张图片能按样片要求进行排列。

（3）当素材大小和序列尺寸不匹配时，需在时间轴上选中素材，然后执行“缩放为帧大小”操作，以使素材适配序列尺寸。

（4）图片数量比较多，对于多余的图片删除即可。

步骤三：导入音乐素材并打标记

（1）将音乐素材拖曳到时间轴上，并将输入法调整为英文状态。

（2）在不选中素材的情况下，将时间指针移到时间轴最左侧，按下“M”键添加第一个标记。

（3）如图 1-39 和图 1-40 所示，第一张图为选中素材的效果显示，素材整体发白，第二张图是没有选中素材的效果显示，素材整体偏绿，请同学们注意区分（选中素材是后期学习中很多操作的前提，选中素材和显示素材也是两个概念）。

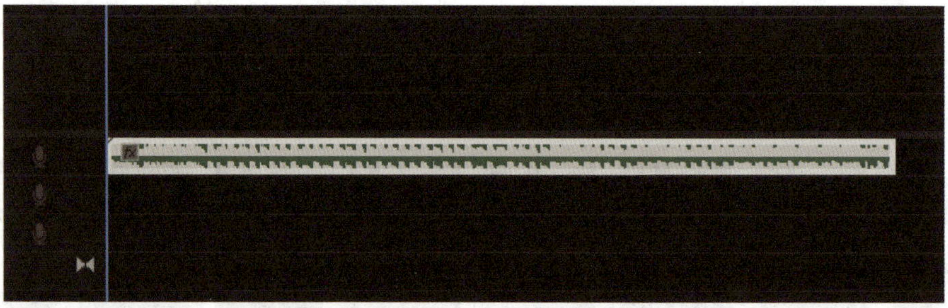

图 1-39　选中素材的效果显示

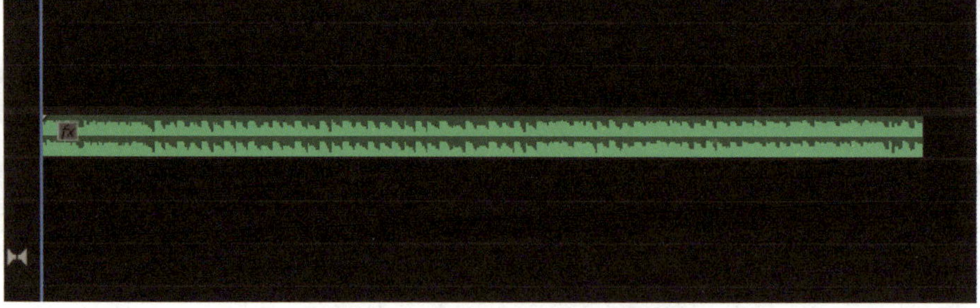

图 1-40　未选中素材的效果显示

（4）按空格键播放音频，听到重音就按下“M”键直至标记完整个音频，如图 1-41 所示。

步骤四：使用“自动匹配序列”功能放置图片

（1）在项目面板选中所有图片，点击“自动匹配序列”按钮调出“序列自动化”对话框，具体操作界面如图 1-42 所示。

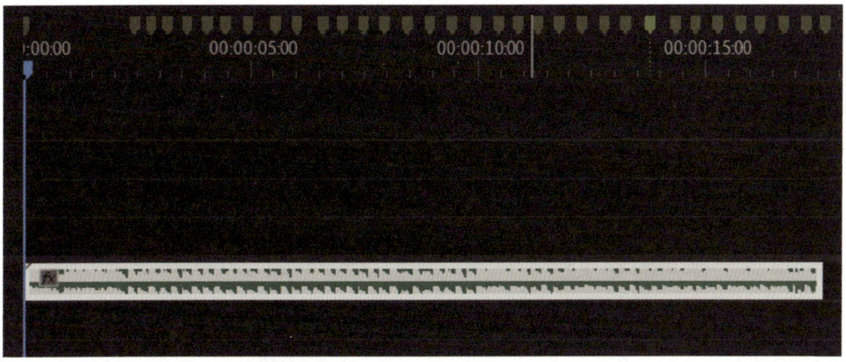

图 1-41　使用“M”键给音乐重音打标记

（2）在弹出的“序列自动化”对话框中，“放置”选项选择“在未编号标记”，“方法”选项选择“覆盖编辑”，设置完成后点击“确定”按钮，如图 1-43 所示。

图 1-42　使用“自动匹配序列”功能按钮

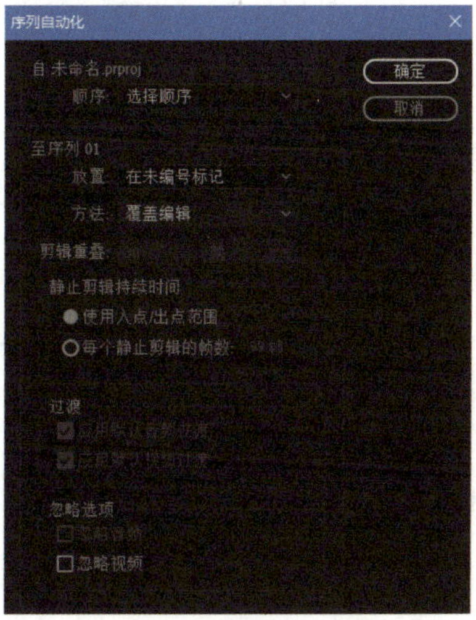

图 1-43　“序列自动化”的参数设置

（3）删除音乐素材之外多余的图片，然后选中所有其他图片右击执行“缩放为帧大小”，如图 1-44 所示。

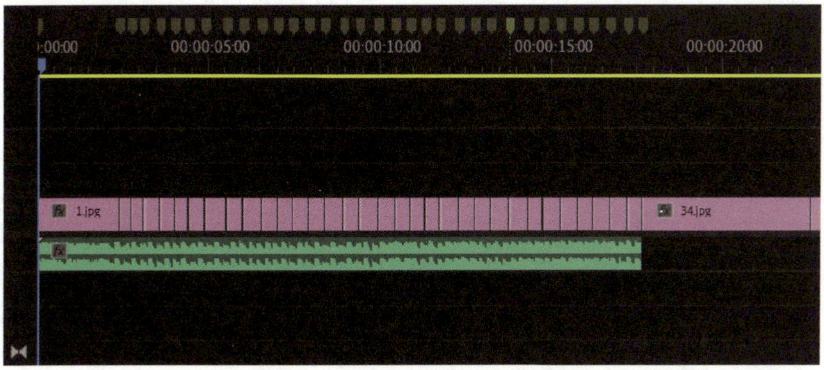

图 1-44　删除多余图片并执行“缩放为帧大小”

步骤五：节目监视器查看效果并调整

（1）在节目监视器中反复播放，查看图片和音频重音标记是否存在问题。

（2）若音频重音标记存在问题，可通过调整标记的位置、对图片排列顺序进行重新调整，或者单独调整单个图片的时长来解决。

（3）若画面存在问题，可在“效果控件”面板中，利用“位置”和“缩放”参数对画面进行调整，直至声音与画面全部符合要求。

步骤六：保存文件并提交作业

（1）在制作过程中，需不断按下“Ctrl+S”组合键保存剪辑项目，软件会将制作步骤记录并保存在源文件中。

（2）导出设置：依次点击“文件→输出→媒体”，在弹出的导出设置对话框中，将格式选择为 H. 264，完成设置后，导出视频并提交作业。

步骤七：学生讲解任务完成情况

组长抽取序号，并选出一名代表讲解本组的作业完成情况。

步骤八：师生点评

每个小组选出一名评委，对任务完成情况进行打分，小组间互评，最后由教师进行点评。

【任务书】

任务书

<table>
<tr><td>任务内容</td><td>“霓虹律动，街景卡点视界”视频制作</td></tr>
<tr><td colspan="2">实训过程</td></tr>
<tr><td colspan="2"></td></tr>
<tr><td>理论知识梳理</td><td></td></tr>
<tr><td>实训过程总结</td><td></td></tr>
<tr><td colspan="2">教师记录、点评：</td></tr>
</table>

【巩固提高】

一、选择题

1. 在 Pr 中，若要新建项目，以下哪种操作不能实现？(　　)

A. 启动软件后在欢迎界面单击“新建项目”按钮

B. 在主操作界面选择“文件→新建→项目”菜单

C. 在项目面板中点击下方的“新建项”按钮，选择“项目”选项

D. 在时间轴面板中右键选择“新建项目”

2. 在 Pr 中设置项目存储位置时，不建议存 C 盘是因为(　　)。

A. C 盘空间小

B. 会致项目文件丢失

C. 会使系统运行慢，甚至引发死机、软件崩溃

D. Pr 不支持存 C 盘

3. 有关 Pr 渲染加速，错误的是(　　)。

A. GPU 加速靠显卡，能显著提高渲染效率

B. CPU 加速在处理大规模、高复杂度项目时比 GPU 加速快

C. 老旧显卡兼容性欠佳时，CPU 加速可能更适用

D. 日常用 GPU 加速

4. 在 Pr 里调整时间轴素材显示为“时间码”，该在哪设置？(　　)

A. 项目设置　　　　B. 序列设置

C. 首选项设置　　　　D. 时间轴面板右键菜单

5. Pr 中音频采样参数设置主要影响(　　)。

A. 视频画面清晰度　　　　B. 音频还原与清晰度

C. 视频帧速率　　　　D. 项目文件大小

6. Pr 导入素材出现花屏或黑屏，解决办法是(　　)。

A. 重启软件

B. 换素材文件

C. 菜单栏选“文件→项目设置→常规”，修改渲染程序

D. 调素材大小

7. 在 Pr 中，不能新建序列的操作是(　　)。

A. 依次点击菜单栏“文件→新建→序列”

B. 在项目面板点击下方“新建项”按钮选“序列”

C. 把素材拖曳到时间轴面板

D. 在节目监视器面板右键选“新建序列”

8. 在 Pr 中，处理高清视频和快速运动画面时，哪种信号扫描方式画面效果更平滑、清晰？(　　)

A. 隔行扫描-高场优先　　　　B. 隔行扫描-低场优先

C. 逐行扫描　　　　D. 都不对

9. 在 Pr 中，帧大小 1920×1080 属于(　　)分辨率模式。

A. 标清　　B. 超清　　C. 4K　　D. 都不是

10. 国内非电影视频常见帧速率是(　　)。

A. 24 帧/秒　　B. 25 帧/秒　　C. 30 帧/秒　　D. 60 帧/秒

二、填空题

1. Pr 的基础工作流程包括新建项目、(　　　　)、导入素材、制作和导出。

2. 在 Pr 中，新建项目时，渲染方式通常选择第一行"Mercury Playback Engine GPU (　　　　)(　　　　)"选项，以利用显卡加速。

3. 在 Pr 中，序列的(　　　　)直接决定了输出视频的尺寸大小。

4. 在 Pr 中，若要恢复面板默认布局，可以在菜单栏点击"窗口"，在下拉菜单中选择"工作区"，接着点击(　　　　　　　　)；或者点击工作区标签旁的三个小横线图标，在弹出的选项中选择该项。

5. 在 Pr 中，项目面板是存放和(　　　　)素材的地方。

6. 在 Pr 中，节目监视器面板用于(　　　　)素材制作完成效果。

7. Pr 能导入的视频格式包括 MP4、AVI、(　　　　)等。

8. 在 Pr 中，素材标记侧重于素材内部的管理和筛选，而时间轴标记着眼于整个项目时间线上的关键位置标记，用于项目的(　　　　)把控和节奏管理。

9. 在 Pr 中，若要设置自动保存的时间间隔，应通过菜单栏选择"编辑→首选项→(　　　　)"来进行设置。

10. 在 Pr 中，缓存文件会随着使用时间的增长而占用大量磁盘空间，因此建议(　　　　)清理一次缓存文件。

三、判断题

1. 在 Pr 中，直接将素材拖曳到时间线，序列的尺寸会按照拖入的素材尺寸的大小进行匹配。(　　)

2. 在 Pr 中，源监视器面板是浏览原始素材的重要窗口，也是存放和整理素材的地方。(　　)

3. 在 Pr 中，我们可以在项目进行过程中，通过菜单栏中的"序列→序列设置"选项，对已创建的序列尺寸进行调整。(　　)

4. Pr 不支持导入 FV、RMVB 等格式的视频文件。(　　)

5. 在 Pr 中，使用文件夹拖曳导入素材的方式，无论素材数量多少，都不会造成软件卡顿。(　　)

6. 在 Pr 中，项目文件不能随便重命名或移动位置，否则会出现脱机文件，导致视频无法正常显示。(　　)

7. 在 Pr 中，素材编辑的前提是必须要有序列。(　　)

8. 在 Pr 中，信号扫描方式包括隔行扫描和逐行扫描。(　　)

9. 在 Pr 中，帧大小 1920×1080-1080p 为超清模式。(　　)

10. 在 Pr 中，帧速率为 1 秒能播放多少张画面，一帧代表一个画面。(　　)

第 2 章　Pr 剪辑技巧与工具探秘

【知识框图】

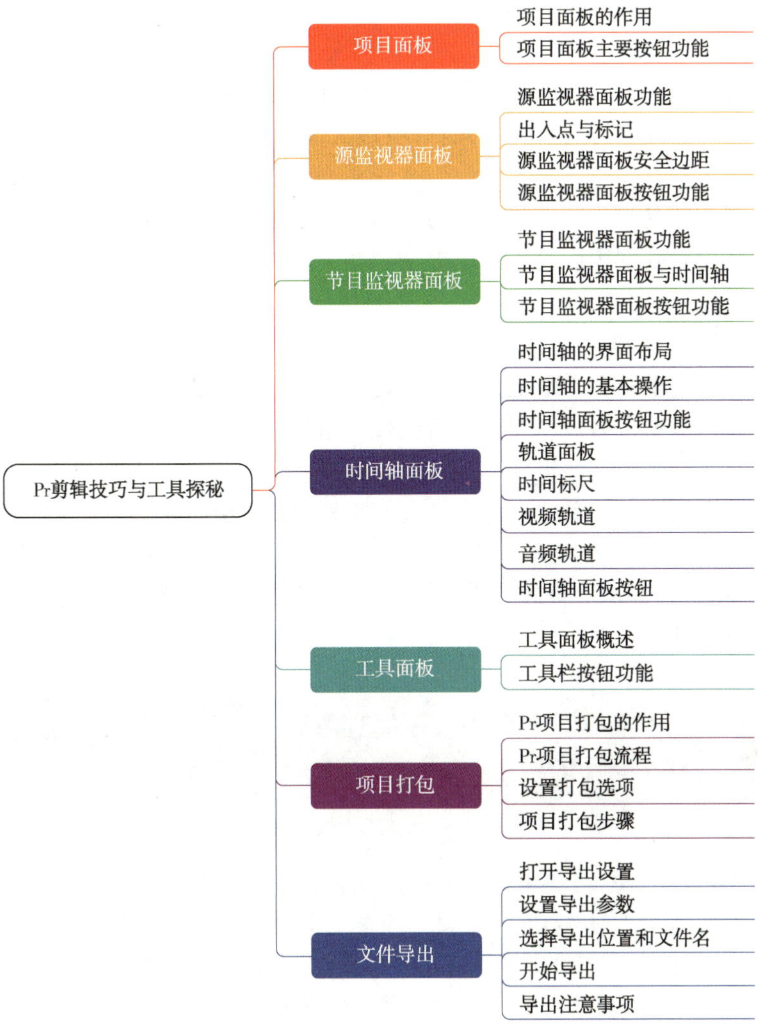

图 2-1　Pr 剪辑技巧与工具探秘

【项目简介】

在本章学习中，我们将深度剖析 Pr 软件工作界面中各功能面板的核心功能及相关操作，项目面板肩负着有序存放与高效管理素材的重任，能帮助我们规整繁杂的素材资源；源监视器面板聚焦于原始素材的精准预览，便于编辑前对素材形成清晰认知；节目监视器面板用于预览已制作完成的素材，方便及时查看最终呈现效果；时间轴面板作为视频编辑的关键区域，涵盖素材排列、剪辑点确定等精细操作；工具面板配备了多种工具，每种皆有独特用法，熟练掌握可大幅提升编辑效率。通过本章的学习，我们将全方位了解软件常用的主要面板，明确各面板功能及基础操作流程，并能运用所学尝试制作简单视频作品。

【学习目标】

知识目标

掌握项目面板的功能和基础操作，了解源监视器面板的功能和基础操作；

掌握节目监视器面板的功能和基础操作，掌握时间轴面板的功能和基础操作。

能力目标

能描述 Pr 各面板的功能以及快捷方式，能熟练地完成各面板的基本操作；

能对 Pr 项目文件进行打包处理，能对项目文件执行导出操作。

素养目标

引导学生深切感受到视频编辑的魅力与潜力，激发学生对后续课程的学习兴趣；

引导学生认识到基础操作对于后续复杂视频编辑的重要性，培养耐心与专注力。

【任务描述】

对于学习视频编辑的新手来说，需要知道各个面板的功能，以便更好地使用软件编辑视频。常见的面板有项目面板、源监视器面板、节目监视器面板和时间轴面板等，项目面板用来管理素材，源监视器面板用于预览原始素材，节目监视器面板可以预览已制作完成的素材，时间轴面板可以编辑序列。本章我们将通过“首剪绚丽登场，古典华美乐章”实训任务，深入了解 Pr 软件各个面板的作用，如逐帧前进后退、打标记、对素材进行裁剪等操作；通过“比率拉伸提速，音效闪亮登场”实训任务，熟悉视频加速和配音等操作，为后续课程的学习奠定基础。

案例一　Pr 软件中除了使用预设建立序列，如何自己新建序列？参数设置需要注意哪些？

1. 情景设计

校园视频制作小达人彬彬和子博接到 XW 公司影片剪辑任务，剪辑一个序列尺寸为 9：16 的视频，两人为了不耽误上课，收到素材就马不停蹄地打开电脑动手制作。子博熟练地对素材进行分类并按老师要求新建项目，但是在新建序列的时候却遇到了“拦路虎”，首先无法更改新建序列面板的数值，已经开始剪辑的彬彬赶紧过来相助，按照给定尺寸输入 1080px×1920px 数值，可发现序列比例不是 9：16，有些挫败感的子博两眼无助地看着彬彬，“快来，我需要你的帮助”。

2. 任务描述

彬彬从自定义新建序列入手，向子博传授序列知识点的“武功秘籍”，内容涵盖新建序列的方法梳理，包括使用预设新建序列、自定义新建序列的步骤，以及新建序列预设的方法。经过两人热火朝天的总结与讨论，新建序列这个书本上的知识点顺利转化为他们自己熟练掌握的技能点，有些疲惫的他们相视一笑，庆祝在专业课程技能提升的道路上又迈出了扎实的一步。稍作调整后，他们开始着手剪辑 XW 公司竖向视频。兴奋且满怀信心的两人干劲十足，完成新建项目、新建序列、导入素材等准备工作后，腰杆儿挺得笔直，双手在键盘和鼠标间快速舞动，最终顺利完成公司的剪辑任务，并将成果发送至指定邮箱。

3. 任务提升——总结 Pr 软件新建序列知识点

提升点 1：打开新建序列对话框的方法

（1）使用菜单栏：点击“文件”，在下拉菜单中选择“新建”，然后点击“序列”。

（2）可使用快捷键 Ctrl+N。

（3）通过项目面板：在项目面板的空白处右击，选择“新建项目”，再选择“序列”。

（4）利用新建项按钮：点击“新建项”，在弹出的下拉菜单中选择“序列”

（5）直接拖曳素材到时间轴，但是这种方法不能控制新建序列的尺寸，不推荐。

提升点 2：自定义序列参数

（1）在“新建序列”对话框中可以看到“序列预设”和“设置”两大板块，可以在此对序列进行自定义设置，如图 2-2 所示。

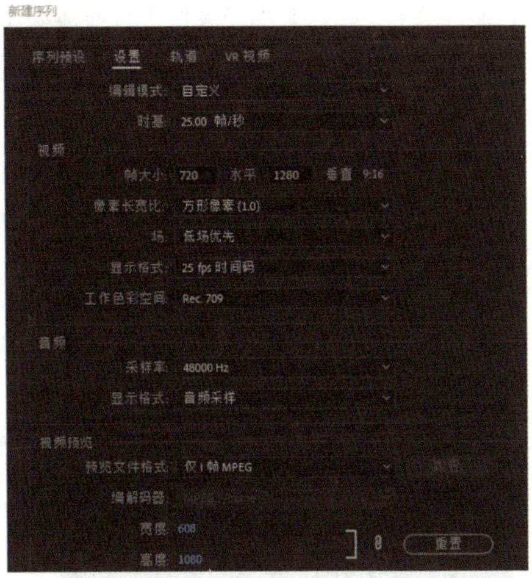

图 2-2 新建序列对话框

（2）选择序列预设。在对话框左侧的“序列预设”列表中，Pr 提供了多种预设模板。可以先根据自己的项目需求选择一个接近的预设作为基础。

（3）如果要制作网络视频，可选择“HDV 1080p 25”等常见的高清预设，若用于电影制作则选择 24 帧/秒的预设。

提升点 3：新建自定义序列

（1）如果预设中的序列设置不能满足视频剪辑的需求，则需要点击“设置”标签对新建序列的参数进行设置和修改。

（2）要想改变“帧大小”的数值，需要先在“编辑模式”中选择自定义，否则“帧大小”数值部分是灰色的，不能修改。

（3）像素长宽比：设置像素的形状，本书所有实训项目的序列设置均采用方形像素。

（4）帧大小：设置视频画面的分辨率，例如 1920×1080（高清）、1280×720（标清）等，根据项目需求和输出平台选择合适的分辨率。

（5）序列名称：为新建序列命名，方便在项目中识别和管理。

（6）其他参数部分保持默认设置即可，点击“确定”按钮，Pr 会按照自定义的参数创建一个新的序列。

提升点 4：新建序列预设

（1）按照新建自定义序列的步骤设置好序列的相关参数。

（2）点击“新建序列”面板左下角“保存序列预设”的按钮，设置序列预设的名称，也可以加序列预设的描述，如图 2-3 所示。

（3）再次打开新建序列的对话框，在序列预设的最下方“自定义”文件夹中可看到新建的序列预设，如图 2-4 所示。

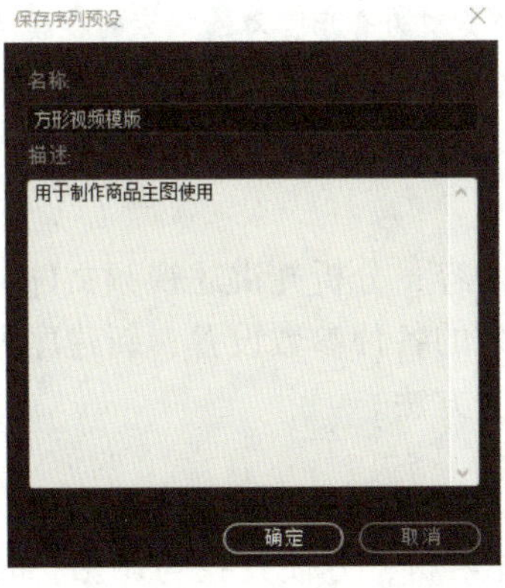

图 2-3 保存序列预设对话框

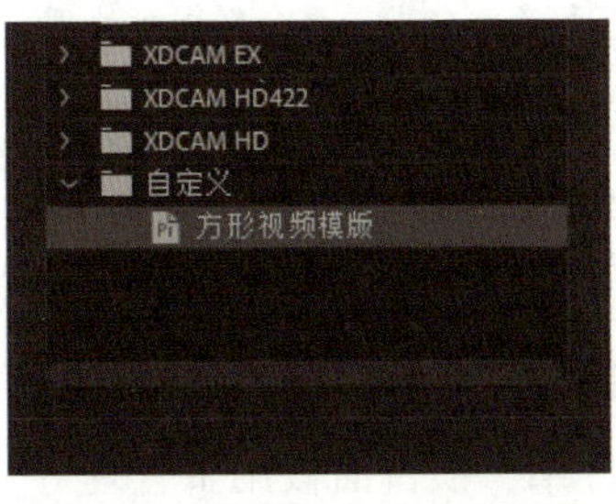

图 2-4 自定义序列预设位置

案例二　Pr 软件中音频音调会发生变化，这个问题应该如何处理？

1. 情景设计

在视频制作课堂上，小顾接到老师布置的“比率拉伸提速，音效闪亮登场”视频剪辑任务。此前他接触的视频剪辑均为单轨道，而本次项目实训不仅需要添加视频轨道，还需要对素材进行变速和配音处理，首次面对这么多新技能点，小顾心里多少有些忐忑。看着胸有成竹的队友笑泽自己的紧张感稍有缓解，按部就班地对给定素材进行整理并开始剪辑。在给镜头 7 做加速完成后，小顾觉得视频播放速度的改变使剪辑非常出效果，就试着调整其他素材的播放速度，但是问题出现了，当视频快速播放的时候音频音调变得非常尖锐，视频慢速播放的时候音频音调又变得非常低沉，无所适从的小顾看着笑泽，“你知道怎么回事不？”

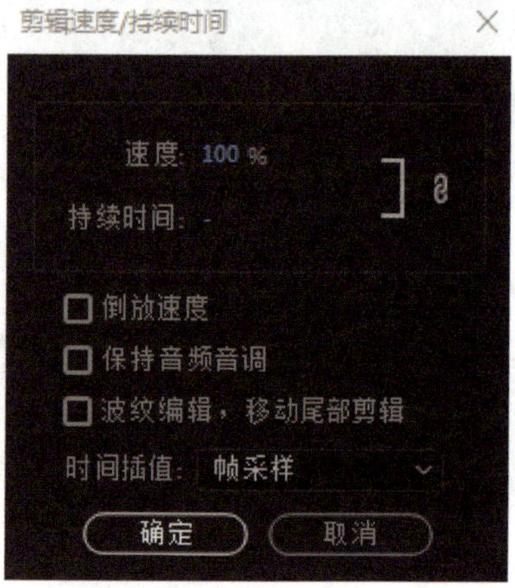

图 2-5　剪辑速度/持续时间对话框

2. 任务描述

在 Pr 软件中，视频调速后音频音调会发生变化，这是因为视频和音频的时长被改变，而音频的频率没有相应调整。加速时视频加速播放，音频的播放速度也会加快，这会使音频的频率升高，听起来音调就会变高，比如原本正常语速的人声会变得尖锐，像卡通人物的声音；音乐的节奏会变快，音调也会整体上升，可能会出现声音发“飘”的感觉。

减速时视频减速播放，音频播放速度变慢、音频频率降低，音调则会变低，人声会变得低沉、沙哑，音乐的节奏变慢，音调也会下沉，可能会给人一种声音发“闷”的感觉，如图 2-5 所示。

3. 任务提升——总结视频变速时音频音调解决方法

方法一：使用“保持音频音调”选项

右键点击音频片段，选择“速度/持续时间”，勾选“保持音高”选项。不过，该方法在调速幅度较大时，可能会出现电音或失真的情况，且默认的音高质量为“简单”，建议改成“复杂”以提升效果。调速时，加速区间建议在 80%～150%，减速区间建议在 50%～90%，超出这个范围容易出现音质问题。

方法二：使用“音高换挡器”特效

如果勾选“保持音频音调”后效果仍不理想，可使用“音高换档器”进一步调整。在效果面板中找到“音频效果→时间与变调→音高换档器”，将其拖曳到音频片段上。在“效果控件”中点击“编辑”，通过计算“1 除以变速倍数”来设置比率，如加快 2 倍，比率设置为 0.5；加快 1.2 倍，比率设置为 0.833 等，同时勾选“使用相应的默认设置”。

方法三：利用基本声音面板的持续时间选项

对于音乐音频，可选中音频，在基本声音中选择音频类型为音乐，勾选下方的持续时间，方法选择重新混合，通过拖动或输入目标持续时间来调整音频长度，AI 会自动检测鼓点并进行裁切和拼接，能较好地保持音乐的质量和节奏。但对于音乐加人声的音频，此方法处理起来较复杂，可尝试先用人声伴奏分离软件将人声和音乐分离，再分别进行处理。

请结合案例一、案例二所给资料，预习课件内容，分析并讲述视频文件剪辑流程及导出视频文件常用的参数设置技巧，重点是新建序列的各种参数设置，新建序列预设的方法和作用，以及视频变速时音调变高或者降低的解决方法。

【知识准备】

在 Pr 软件中，项目面板用于管理导入的各种素材，方便查找与调用；时间轴面板是视频剪辑的核心区域，在这里对素材进行排列、剪辑与组合以构建影片结构；监视器面板可实时预览素材及剪辑效果，便于精准调整；效果面板集合了丰富的视频与音频特效，为影片增添了创意与视觉和听觉冲击力；音频面板专注于处理音频相关参数，如音量调节、声音平衡等，确保音频质量与影片适配。这些面板相互协作，助力创作者完成专业的视频编辑工作，接下来我们重点学习一些常用面板的功能和使用方法。

1. 项目面板

项目面板是整个素材管理体系的核心平台，负责接收用户导入的各类媒体素材，涵盖视频、音频、图像以及图形等多种格式。项目面板为素材提供了存储空间，同时通过素材箱的创建，支持用户依据多样化的标准，如按素材类型、拍摄场景、剪辑用途等，对素材进行细致分类与有序组织，极大地提升了素材查找与调用的效率。此外，它还具备强大的素材预览功能，通过缩略图显示可以帮助用户快速了解素材内容。

1.1　项目面板的作用

项目面板在视频剪辑中起着重要的作用，包括素材导入、素材管理、素材预览和查找等，用户可以根据自己的工作习惯和需求对项目面板的设置进行优化，可以对面板布局调整，包括但不限于对项目面板的大小、位置进行调整，还可以将其与其他面板进行组合或拆分，以适应不同的屏幕分辨率和工作空间。

1.1.1　素材导入

多种导入方式：Pr 支持多种导入素材的方法，用户既可以通过“文件”菜单中的“导入”选项来选择需要的素材文件，也可以直接在项目面板的空白处双击，弹出文件浏览器进行选择。更为便捷的是，还能使用拖曳的方式，直接将素材从电脑的文件资源管理器或其他文件夹中拖曳到项目面板中。

批量导入：能够一次性导入多个素材文件，无论是一个文件夹内的所有素材，还是分散在不同位置的多个文件，都可以通过框选或按住 Ctrl 键进行多选后统一导入，大大提高了素材收集的效率。

支持多种格式：可导入的素材格式丰富多样，涵盖了常见的视频格式如 MP4、AVI、MOV 等，音频格式如 MP3、WAV、AIFF 等，图像格式如 JPEG、PNG、PSD 等，甚至还支持一些特殊格式的文件，如动态图形模板(. mogrt)等，满足了不同来源素材的使用需求。

1.1.2　素材管理

创建文件夹：为了更好地组织素材，用户可以在项目面板中创建文件夹，将不同类型或用途的素材分类存放。比如，可以创建“视频素材”“音频素材”“图片素材”“字幕文件”等文件夹，使项目结构更加清晰，便于查找和使用素材。

重命名与删除：能够对素材和文件夹进行重命名操作，以便更准确地标识其内容或用途。对于不再需要的素材或文件夹，也可以轻松地进行删除，释放项目空间，保持项目的整洁。

素材标签：可以为素材添加标签，通过不同颜色的标签对素材进行标记，方便根据颜色快速筛选出特定类型或具有特定属性的素材。例如，将重要的素材标记为红色、将待处理的素材标记为黄色等。

1.1.3　素材预览

缩略图显示：项目面板中的素材默认以缩略图的形式显示，用户可以直观地看到视频、图片等素材的大致内容，快速识别所需素材。缩略图会根据素材的类型和内容自动生成关键帧画面或封面图像，方便用户进行视觉筛选。

详细信息查看：当选中某个素材时，项目面板下方会显示该素材的详细信息，包括文件名、文件格式、分辨率、帧速率、时长等，让用户对素材的属性有清晰的了解，便于在编辑过程中作出合适的选择。

快速预览：在项目面板中可以直接对素材进行快速预览，无须将其添加到时间轴上。用户可以通过点击素材缩略图下方的“播放”按钮，或者使用键盘上的空格键来播放素材，快速查看素材的内容和效果，确定是否符合编辑需求。

1.1.4 素材查找

搜索功能：项目面板提供了强大的搜索功能，用户只需在搜索框中输入素材的名称、关键词、文件格式等信息，即可快速定位到所需的素材。搜索结果会实时显示在项目面板中，大大提高了查找素材的效率。

筛选功能：可以根据素材的类型、标签、日期等属性进行筛选。例如，只显示视频素材或只显示带有特定标签的素材，通过筛选条件的组合，能够更精准地找到符合要求的素材。

1.1.5 与其他面板协作

与时间轴面板交互：项目面板中的素材可以直接拖曳到时间轴面板上进行编辑，这是将素材整合到视频项目中的重要环节。同时，在时间轴面板中对素材进行的剪辑、调整等操作也会实时反映在项目面板的素材信息中。

与效果面板配合：在项目面板中选中素材后，可以方便地在效果面板中为其添加各种视频效果、转场效果等，通过两个面板的协同工作，实现丰富多样的视频创意和视觉效果。

1.1.6 项目面板的设置与优化

显示模式切换：项目面板提供了多种显示模式，如缩略图模式、列表模式等。用户可以根据素材管理的需要，在不同显示模式之间进行切换。缩略图模式适合快速浏览素材内容，列表模式则更便于查看素材的详细信息和进行批量操作。

缓存管理：为了提高素材的加载和预览速度，Pr 会对素材进行缓存。在项目面板的设置中，用户可以对缓存文件的位置、大小等进行管理，定期清理缓存文件，以释放磁盘空间并确保软件的稳定运行。

1.2 项目面板主要按钮功能

Pr 软件项目面板的主要按钮功能丰富实用，其中“新建项”按钮能创建序列、字幕，调整图层等多种元素，助力多样化的视频创作；“删除”按钮用于清理不再需要的素材或项目元素；“搜索”框可依据名称快速定位所需素材，节省查找时间。还有“视图切换”按钮，能在列表视图和图标视图间转换，方便以不同方式查看素材，提升操作的便利性和编辑效率，接下来详细介绍项目面板各个按钮的功能，如图 2-6 所示。

项目面板可以存放并管理导入的原始素材资源，在面板的下方是常用的面板工具：项目可写、列表视图、图标视图、自由变换视图、调整图标和缩略图的大小、排序视图、自动匹配序列、查找、新建素材箱、新建项、清除等，如图 2-7 所示。

（1）项目可写：可以将选中的项目变为可读。

（2）列表视图：可以将窗口中的素材以列表形式显示。

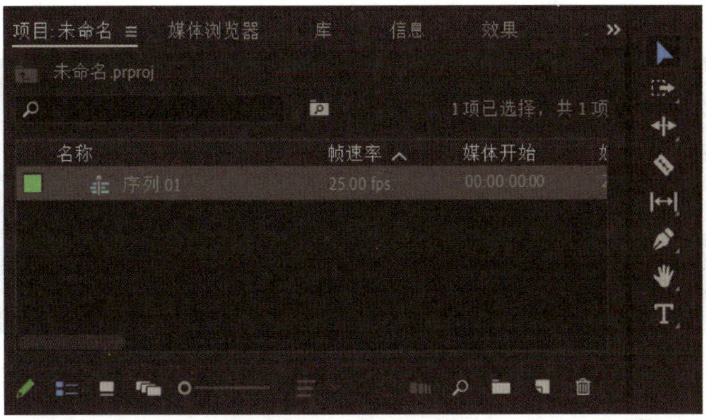

图 2-6　项目面板

图 2-7　项目面板常用工具

（3）图标视图：可以将窗口中的素材以图标形式显示。

（4）自由变换视图：主要用于视频剪辑进行自由变换操作。

（5）调整图标和缩略图的大小：滑动拉杆可以缩放项目面板中的素材。

（6）排序视图：可以对窗口中的素材根据不同方式排序。

（7）自动匹配序列：可以将窗口中的素材按照特定的方式加入选定的时间轴，如图 2-8 所示。

（8）查找：可以按提示快速查找到所需要的素材，如图 2-9 所示。

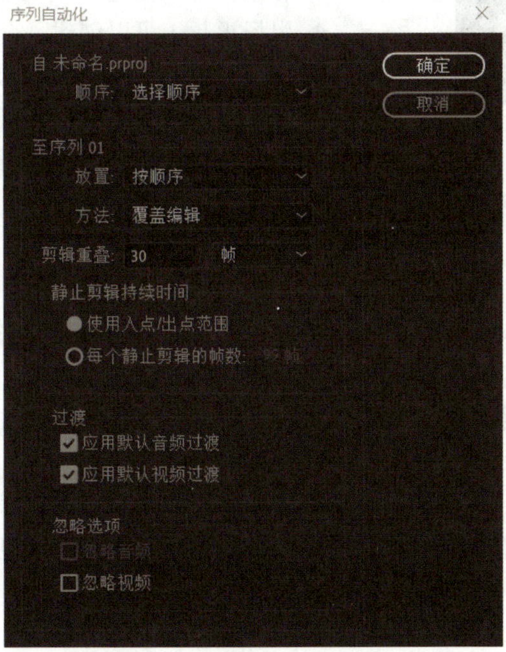

图 2-8　序列自动化对话框

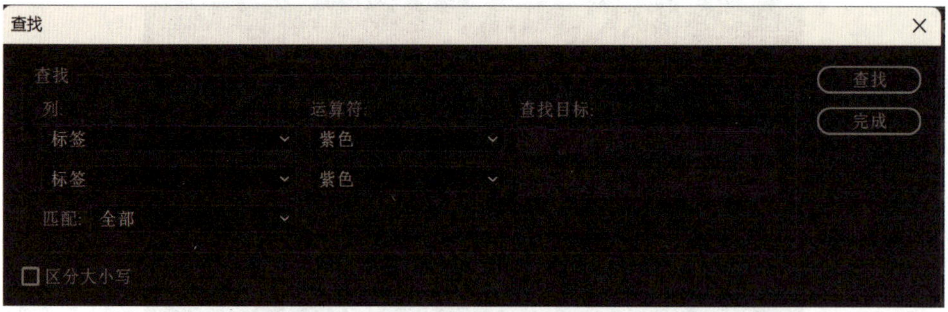

图 2-9　项目面板查找功能

（9）新建素材箱：单击可以新建文件夹，方便更好地存放及管理素材。

在项目面板空白处单击鼠标右键，选择“新建素材箱”即可完成新建操作；也可按下“Ctrl+/”快捷键新建素材箱。连续按下两次该快捷键，会生成嵌套素材箱，即素材箱中会出现子素材箱。

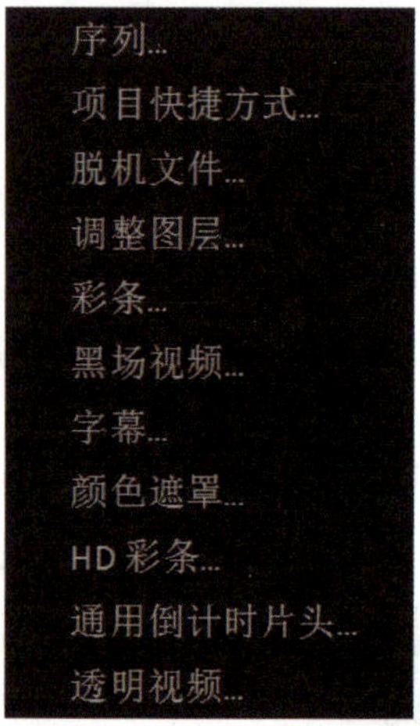

图 2-10　项目面板新建项子菜单

（10）新建项：分类文件中包含多项不同素材的名称文件，单击“新建项”按钮能为素材添加分类，方便管理使用，如图 2-10 所示。单击“新建项”按钮，将出现 11 个新建项子菜单，这些新建项功能有：

◆ 序列：可以创建序列。
◆ 项目快捷方式：团队项目。
◆ 脱机文件：创建离线编辑的文件。
◆ 调整图层：在项目面板中创建调整图层。
◆ 彩条：可以创建一个 10 帧的色条片段。
◆ 黑场视频：可以创建一个黑屏文件。
◆ 字幕：可以创建一个新的字幕面板。
◆ 颜色遮罩：在“时间轴”面板中叠加特效的时候，为被叠加的素材设置固定的背景颜色。
◆ HD 彩条：可以创建 HD 彩条文件。
◆ 通用倒计时片头：可以创建倒计时的视频文件。
◆ 透明视频：可以创建透明的视频素材文件。

（11）清除：选择需要删除的文件，单击“清除”按钮即可进行删除处理。

2. 源监视器面板

源监视器面板作为素材处理的关键窗口，在视频编辑工作中占据着举足轻重的地位。

2.1　源监视器面板功能

其首要功能是为导入项目的素材提供精准预览，借助播放控制按钮，可以实现对素材的逐帧播放、快进、快退以及暂停等操作，借此全面且细致地审视素材内容，不放过任何一个细节，为后续剪辑环节筛选优质片段筑牢基础。

2.2　出入点与标记

源监视器面板支持在素材上设置入点与出点，此操作明确界定了素材中需使用的具体部分，使剪辑过程中素材的选取更为精确高效，避免了冗余内容的引入，大幅提升了剪辑工作的精准度与流畅性。并且，通过标记功能，用户能够在素材上添加特殊标记，标注重要情节、关键画面或待处理的部分，这些标记如同导航标识，在复杂的编辑过程中为素材的处理提供清晰指引，助力我们快速定位关键内容，显著提高剪辑效率。

不仅如此，源监视器面板与项目面板及时间轴紧密协作，可以方便地将在源监视器中精心处理好的素材片段，直接拖曳至时间轴进行序列编排，实现从素材筛选到剪辑创作的无缝衔接。同时，它还能依据时间轴上的编辑需求，随时切换回源监视器对素材进行二次调整与优化，确保整个视频编辑过程具备高度的灵活性与可控性。接下来我们详细介绍源监视器面板各个按钮的功能。

2. 3　源监视器面板安全边距

源监视器面板在窗口界面的左边，可以用于播放原始素材，还可以剪辑素材片段，项目面板导入素材后，双击素材可以在源监视器进行播放，素材的名称在左上方的标签处显示，此面板同一时刻只能显示一个素材，如果要将项目面板中的部分和全部素材加入源监视器面板，可以在项目面板中选中素材，利用鼠标拖曳到源监视器面板中，用源监视器面板标签处的 ≡ 按钮选择需要显示的素材。

播放指示器位置 00:00:26:12：在源监视器面板左侧，显示当前播放影片的位置，数字分别代表：小时、分、秒、帧。单击鼠标右键，可以切换其他显示单位，如图 2-11 所示。

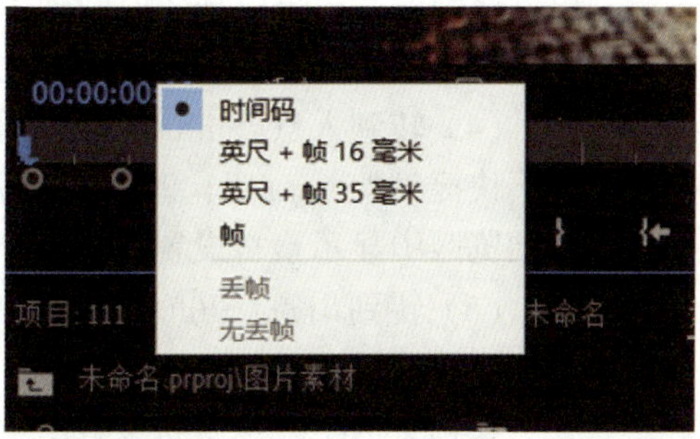

图 2-11　右击切换显示单位

入点/出点持续时间：在源监视器面板右侧，显示素材的总时长，如果改变了入点和出点，入点/出点持续时间也会变。

选择缩放级 适合：单击下拉三角按钮，可设置素材在预览区的显示比例，从而放大或缩小素材在源监视器面板预览区的显示范围。

仅视频拖曳 ：点击此图标可以将源监视器面板中的视频素材拖曳到时间轴的视频轨道上。

仅音频拖曳 ：点击此图标可以将源监视器面板中的音频素材拖曳到时间轴的音频轨道上。

视频和音频同时拖曳：把鼠标放在源监视器面板的画面上，点击鼠标左键不放手拖曳到时间轴面板。

选择回放分辨率 1/2：预览素材不流畅的时候，可以降低分辨率，来达到流畅地预览画面的效果。

安全边距：在播放视频文件时，为了将场景中的人物、图像放置在活动安全区域内，

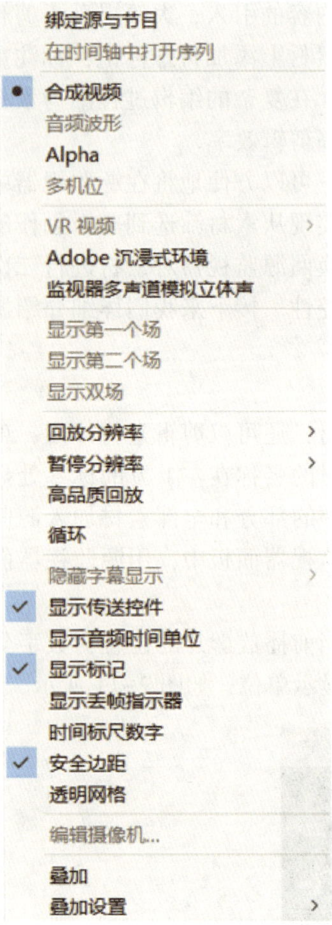

图 2-12　源监视器面板小扳手设置

有必要开启安全边距，确保对画面效果进行准确定位。在源监视器面板中，点击“设置”按钮，在弹出的列表中选择“安全边距”命令，可以为动作设置安全框，以及为字幕设置安全框，如图 2-12 所示。

透明网格：可以将背景变成透明像素格。

2.4　源监视器面板按钮功能

在源监视器面板的预览区下方，有许多工具按钮，如图 2-13 所示。通过单击这些按钮，可对素材设置入点、出点，播放或预览素材制作效果，各按钮的功能如下。

（1）添加标记（M）：可以方便查找镜头画面。点击鼠标右键选择清除所选的标记/清除所有标记。

（2）标记入点（I）：单击此按钮或者按下快捷键“I”，可以对源监视器面板视频素材设置入点，用于剪辑素材。当按下“Alt”键再单击该按钮，可以清除设置的入点标记。

（3）标记出点（O）：单击此按钮或者按下快捷键“O”，可以对源监视器面板视频素材设置出点，在入点和出点之间的片段可以插入时间轴中。当按下“Alt”键再单击该按钮，可以清除设置的出点标记。

（4）转到入点（Shift+I）：单击“转到入点”按钮或者按下快捷键“Shift+I”，时间滑块就会跳转到标记入点处，在预览区中显示素材设置入点位置的图像。

（5）转到出点（Shift+O）：单击“转到出点”按钮或者按下快捷键“Shift+O”，时间滑块就会跳转到标记出点处，在预览区中显示素材设置出点位置的图像。

（6）前进一帧：单击此按钮可以前进 1 帧图像，Shift+右方向键，可以前进 5 帧。

图 2-13　源监视器面板功能按钮

（7）后退一帧：单击此按钮可以后退 1 帧图像，Shift+左方向键，可以后退 5 帧。

（8）播放-停止切换（空格键）：单击此按钮或者按下空格键，可以播放素材或者停止播放素材。

（9）插入（,）：根据时间线位置往素材里插入一段视频，不会把原始素材删掉，会产生素材位移，总时长发生变化。

（10）覆盖（.）：根据时间线的位置往素材里插入一段视频，把原始素材覆盖掉（删掉/替换），总时长没有改变。

（11）导出帧（Ctrl+Shift+E）：导出单张图片，勾选导入项目中。

（12）按钮编辑器：单击此按钮可以打开更多的功能按钮，如图 2-14 所示。

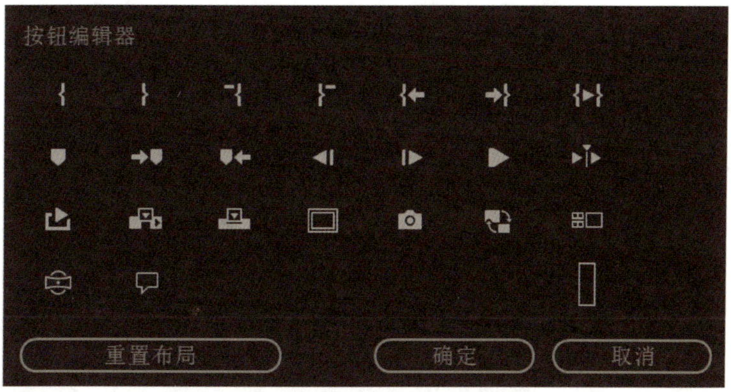

图 2-14　源监视器面板按钮编辑器

3. 节目监视器面板

节目监视器面板是展现创作成果、把控整体编辑效果的关键所在。它能够实时呈现时间轴上序列的最终输出画面，通过它能直观地看到视频剪辑的实际成效，包括各素材片段的组接、转场效果，添加的特效以及字幕等元素组合后的综合呈现情况。为我们评估与调整视频剪辑方案提供了直观的依据。

3.1　节目监视器面板功能

节目监视器面板提供了精确的播放控制功能，支持播放、暂停、逐帧前进与后退等操作，有助于创作者仔细检查视频的每一个画面，精准捕捉剪辑中可能存在的瑕疵，如画面跳帧、衔接不自然或特效应用不当等问题，进而进行针对性修正，以保障视频的流畅性与视觉质量。通过在节目监视器面板上设置标记，创作者可标记出特定的时间点，用于标注关键情节、需要重点审查的部分或准备添加特殊效果的位置，这些标记不仅方便在编辑过程中快速定位特定画面，还能辅助团队成员之间的沟通协作，使不同人员对视频内容有一致的理解与把控。

3.2　节目监视器面板与时间轴

节目监视器面板与时间轴紧密关联，当在时间轴上对素材进行剪辑、移动、调整顺序或应用特效等操作时，节目监视器面板会即时更新显示结果，反馈这些操作对整体视频的影响。反过来，创作者也能直接在节目监视器面板中跳转播放位置，快速定位到时间轴上对应的时间点，实现对视频内容的高效编辑与精细调整。时间轴面板和节目监视器面板二者协同工作，共同推动视频项目从初步搭建走向最终的完美呈现，助力创作者打造出高品质、符合预期的视频作品。

3.3　节目监视器面板按钮功能

节目监视器面板可以对编辑的素材进行实时预览，大部分按钮与源监视器面板中的相同，下面介绍“添加标记”“提升”“提取”三个按钮的功能和使用技巧，如图 2-15 所示。

（1）添加标记（M）：在不选中素材的情况下，节目监视器面板的标记是打在时间轴上的，源监视器面板的标记是打在素材上的。

（2）提升：用出点和入点标记一段视频，点击“提升”，所框选的素材被删除，在时间轴上这段区域变为空白，不会改变未选中的素材的位置。删除的素材会被复制到剪切板中，需要使用时，可以通过“Ctrl+V”快捷键进行粘贴。

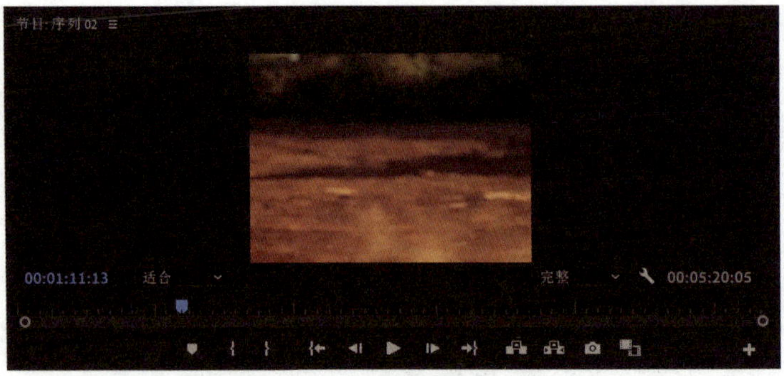

图 2-15　节目监视器面板

(3) 提取：用出点和入点标记一段视频，点击“提取”，所框选的素材被删除，在时间轴上不会有空白的区域，后面的素材自动衔接到前面的素材。删除的素材会被复制到剪切板中，需要使用时，可以通过“Ctrl+V”快捷键进行粘贴。

4. 时间轴面板

时间轴是整个视频编辑工作流程的核心区域，它如同一个可视化的时间轨道，将各种素材(视频片段、音频片段、图像等)按照时间顺序进行排列和组织，用户通过时间轴能够精确控制每个素材在视频中出现的时间点、持续时长以及它们之间的相互关系，从而构建出流畅且富有逻辑的视频内容。

时间轴是实现剪辑操作的主阵地。通过精准定位素材的起始与结束位置，运用切割工具把长素材分割成所需片段，再灵活调整片段的顺序与位置，进而精确控制视频的节奏与情节推进，使我们的创意构思得以具象化呈现。同时，时间轴面板具备多轨道管理功能，允许创建多个视频和音频轨道。这一特性不仅方便处理复杂的视频内容，如添加多个视频图层实现画中画效果，或叠加不同音频轨道丰富声音层次，还为添加转场效果、应用特效、插入字幕等后期制作工序提供了充足的操作空间，极大地拓展了视频创作的可能性。

4.1　时间轴的界面布局

4.1.1　轨道类型

视频轨道：通常以“V1”“V2”“V3”等进行命名。视频轨道用于放置视频片段和图像素材，较高编号的视频轨道会覆盖较低编号轨道上的内容，这一特性可用于实现视频的叠加效果，如在主视频画面上添加字幕、Logo 或者进行画中画的制作。例如，想在一段风景视频上添加一个半透明的公司 Logo，就可以将 Logo 图片放置在比风景视频所在轨道更高的视频轨道上，并调整其不透明度。

音频轨道：以“A1”“A2”“A3”等标识，音频轨道专门用于处理音频素材，包括背景音乐、对话音频、音效等。不同的音频轨道可以分别控制不同类型音频的音量、声道等参数，可以将背景音乐放置在一个音频轨道上，将人物对话放置在另一个音频轨道上，这样在后期调整时，可以方便地分别调节背景音乐和对话的音量大小，不会相互影响。

4.1.2　时间标尺

时间轴顶部的时间标尺是精确衡量时间的工具。它以小时、分钟、秒和帧为单位，清晰地显示出时间的刻度。通过时间标尺，我们可以快速定位到视频中的特定时间点，也能直观地了解素材的时长以及整个视频项目的总时长。例如，当需要在视频的第 3 分 15 秒处添加一个转场效果时，就可以通过时间标尺快速找到这个位置。

4.1.3 播放头

播放头是时间轴上的一个标志性元素，通常以一条垂直的红线表示，它在时间轴上的位置代表了当前视频播放或编辑的位置，可以通过拖动播放头在时间轴上移动，快速浏览视频的不同部分，也可以在特定位置进行素材的插入、剪辑等操作。例如，当想要剪辑一段视频时，先将播放头移动到需要剪辑的起始位置，然后进行相应的剪辑操作。

4.2 时间轴的基本操作

4.2.1 素材的导入与添加到时间轴

导入素材：通过“文件”菜单中的“导入”选项，或者直接在项目面板中双击，选择要使用的视频、音频、图像等素材文件，将它们导入 Pr 项目中。导入后的素材会显示在项目面板中，方便后续使用。

添加到时间轴：在项目面板中选中需要的素材，然后将其拖动到时间轴上合适的轨道和位置。例如，要将一段视频片段添加到 V1 轨道的起始位置，直接将该视频片段从项目面板拖动到 V1 轨道的开头即可。

4.2.2 素材的剪辑

裁剪素材长度：将鼠标指针移动到素材的边缘，当指针变为双向箭头时，按住鼠标左键拖动，可以调整素材的时长。比如，你觉得一段视频片段过长，只需要其中的一部分，就可以通过这种方式裁剪掉多余的部分。

分割素材：使用剃刀工具(快捷键“C”)，在时间轴上需要分割的位置点击“素材”，即可将素材分割成两段。这一操作常用于将一段连续的视频或音频素材分成不同的部分，以便进行单独的编辑。例如，你想在一段对话音频中删除中间的某一句话，就可以先用剃刀工具将音频在这句话的前后位置进行分割，然后删除不需要的部分。

4.2.3 素材的移动与排列

移动素材：在时间轴上选中要移动的素材，按住鼠标左键拖动到新的位置即可。例如，你想调整两个视频片段的先后顺序，直接将后面的视频片段拖动到前面即可。

排列素材顺序：可以通过“序列”菜单中的“对齐”选项，对时间轴上的多个素材进行自动排列，如将多个素材按照起始时间对齐、按照结束时间对齐等，使素材的排列更加整齐和规范。

4.3 时间轴面板按钮功能

Pr 软件时间轴按钮各有其用，缩放按钮能调整时间轴显示比例，便于精细或整体查看；吸附按钮可让素材自动对齐，提升拼接精准度；轨道锁定按钮防止误操作；显示隐藏轨道按钮可按需简化界面，助力高效编辑，如图 2-16 所示。

图 2-16 时间轴面板部分按钮

4.3.1 播放指示器位置

显示当前播放影片的位置。

4.3.2 序列标签

在当前面板的左上方，显示序列的名称。单击相应的标签，可以在不同的序列间相互切换。

4.4 轨道面板

轨道面板可以对轨道的显示、缩放、锁定等参数进行设置。

4.4.1 轨道分类

上面为视频轨道(可以有多个视频轨道，V1、V2……)，下面为音频轨道(可以有多个音频轨道，A1、A2……)。

4.4.2 添加/删除轨道

对视频与音频轨道进行添加/删除操作。在编辑过程中，会因作品需要，对轨道数量进行设置。添加轨道的方法有很多，下面介绍三种。

方法一：当需要添加轨道时，在时间轴面板内单击鼠标右键，进行添加单个轨道或多个轨道，当点击“添加轨道”命令时，会弹出“添加轨道”对话框，可以设置添加视频与音频轨道数量、放置位置及音频轨道的类型等参数，设置添加数量后，单击“确定”，会在面板中看到新添加的视频和音频轨道。

方法二：在菜单栏中选择“序列”，点击“添加轨道”命令，会弹出“添加轨道”对话框，同方法一设置轨道参数。

方法三：在“项目面板”或“源监视器面板”中选择素材，将选择的视频与音频素材向时间轴面板空白位置拖曳，可以添加新的视频与音频轨道。

小资料卡片

在 Pr 默认设置中，轨道名称会随着位置的变化而发生变化，当选择“V1”视频轨道，在视频 1 之后添加 1 条新的轨道时，新轨道以“V2”出现在“V1”视频轨道的上面，而原来的“V2”视频轨道会被重命名为“V3”，原来的“V3”视频轨道会被重命名为“V4”，依次类推。

4.4.3 调整轨道宽度

若要调整单个轨道时，按下“Alt 键+鼠标滚轮”调整当前选择轨道的宽度；若要调整时间轴面板中所有视频或音频轨道的宽度时，鼠标指向视频或音频轨道，按 Shift 键+鼠标滚轮调整当前指向视频或音频轨道的宽度。

4.4.4 时间轴缩放

鼠标指向时间轴，按 Alt 键+鼠标滚轮进行缩放时间轴；或者在时间轴面板下方的滑杆处，拖动端点进行缩放时间轴；或者在英文状态下按“+”“-”键，进行缩放时间轴。

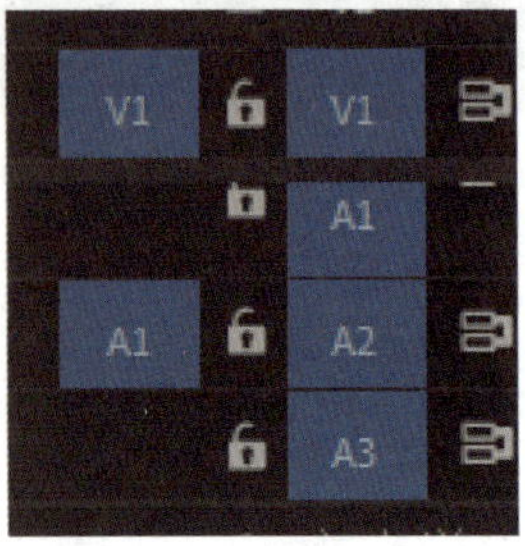

图 2-17　激活轨道按钮

4.4.5 激活轨道

在时间轴轨道面板中有两排蓝框，如图 2-17 所示。当需要将素材导入时间轴面板时，需确保轨道的两个蓝框均处于开启状态，这样才能同时拖入素材。

4.4.6 目标切换轨道

作为复制粘贴的目标轨道。

4.5 时间标尺

时间标尺可以进行时间定位。

4.6 视频轨道

视频轨道是可以进行视频剪辑的轨道，注意将素材拖进时间轴之后，如果素材的大小和序列大小不匹配，则需要选中素材单击右键，执行“缩放为帧大小”命令，让素材适配序列的大小，如图 2-18 所示。

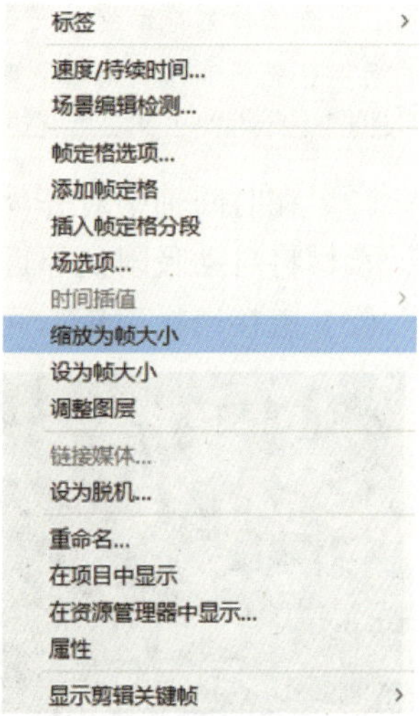

图 2-18 素材适配序列的大小

4.6.1 缩放为帧大小

可以将视频尺寸和序列尺寸进行匹配。

4.6.2 设为帧大小

在效果控件面板里的缩放数值发生改变。

4.6.3 轨道素材两端的小三角

轨道素材两端的小三角，代表素材的端点。

4.7 音频轨道

音频轨道是指可以进行音频剪辑的轨道。

4.7.1 调整速度/持续时间

在音频轨道单击鼠标右键，选择“速度/持续时间”命令，可以调整音频素材的持续时间，如图 2-19 所示。

4.7.2 音频增益

在音频轨道单击鼠标右键，选择“音频增益”命令，可以对音频信号的声调做高低处理。由于设备的不同，音频的音量会出现过高或过低的情况，通过“音频增益”命令，可以对音频素材进行调整，如图 2-20 所示。

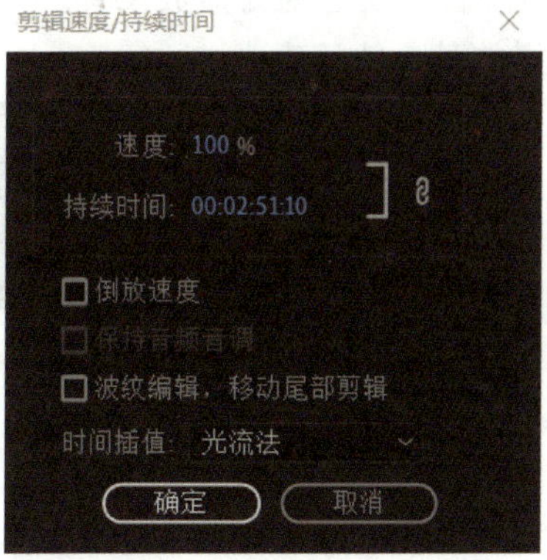

图 2-19 调整速度/持续时间

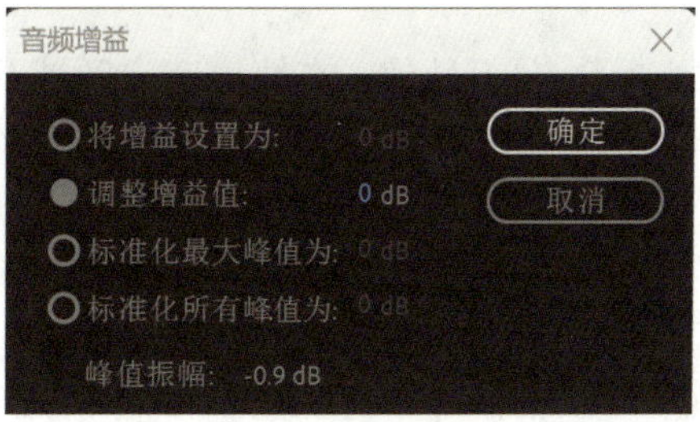

图 2-20 音频增益

4.8 时间轴面板按钮

(1) 将序列作为嵌套或个别剪辑插入并覆盖 ：可以将序列作为一个嵌套或个别的剪辑文件插入时间轴并覆盖文件。

小资料卡片

在 Pr 中，嵌套序列是指序列中的序列，可以把多个视频合成一个视频。制作嵌套序列，需要选中多个素材，点击鼠标右键选择嵌套。当“将序列作为嵌套或个别剪辑插入并覆盖”按钮是蓝色时，把嵌套序列拖动到时间轴是一个序列视频；当“将序列作为嵌套或个别剪辑插入并覆盖”按钮是白色时，把嵌套序列拖动到时间轴是单个视频，解除嵌套。

（2）在时间轴中对齐(S)：此按钮可以开启吸附功能，当往时间轴面板中拖动素材时，素材将自动吸附到邻近的素材边缘。

（3）链接选择项：可以链接所有开放序列。

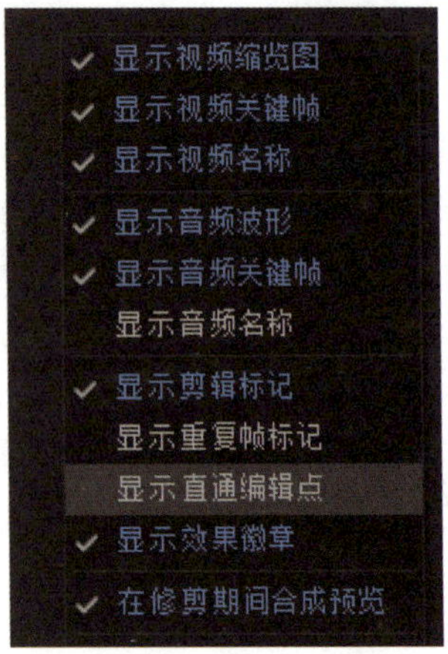

图 2-21　时间轴显示设置面板

（4）添加标记(M)：可以在当前帧的位置上设置标记。

（5）时间轴显示设置：可以设置时间轴面板的显示选项。例如：选择“显示视频关键帧”选项，可以调整画面的不透明度；选择“显示音频关键帧”选项，可以调整音频音量大小，时间轴显示设置面板最上面 6 个选项务必保持勾选状态，如图 2-21 所示。

（6）切换轨道锁定：当此按钮为开启状态时，可以编辑操作该轨道；当此按钮为关闭状态时，当前的轨道被锁定。在操作过程中为了防止误删素材，可以锁定轨道上的素材。

（7）切换同步锁定：针对源监视器面板的插入按钮。

（8）切换轨道输出：单击此按钮可以显示与关闭素材，设置是否在节目监视器面板显示该素材。

（9）静音轨道(M)：点击此按钮，该音频轨道静音，反之则为播放声音。

（10）独奏轨道(S)：点击此按钮，可以单独播放某一轨道声音。

（11）画外音录制：点击此按钮，开启录音的功能。

（12）折叠-展开轨道：在轨道空白区域双击鼠标，可以隐藏或展开视频轨道或音频轨道，如图 2-22 所示。

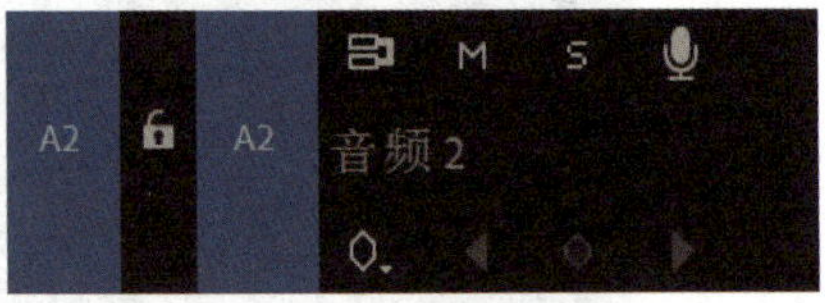

图 2-22　展开音频轨道

小资料卡片

在 Pr 中，由于素材较大或制作时对素材做了很多调整或电脑的配置不高时，时间轴预览线变成红色，在节目监视器播放视频时，视频会出现明显的卡顿，这时，按下回车“Enter”键，对视频素材进行渲染处理，渲染用于快速预览编辑素材的效果。

渲染方法：对需要渲染的视频素材，分别设置标记入点和标记出点，在菜单栏选择“序列”的“渲染入点到出点”命令。

（13）显示关键帧：显示轨道上设置的关键帧。

（14）转到上一关键帧：将时间标签定位在当前选择的素材轨道上一个关键帧。

（15）添加/移除关键帧：在时间标签所处的位置上，或者在轨道中当前选择的素材的位置上添加/移除关键帧。

（16）转到下一关键帧▶：将时间标签定位在当前选择的素材轨道下一个关键帧，如图 2-23 和图 2-24 所示。

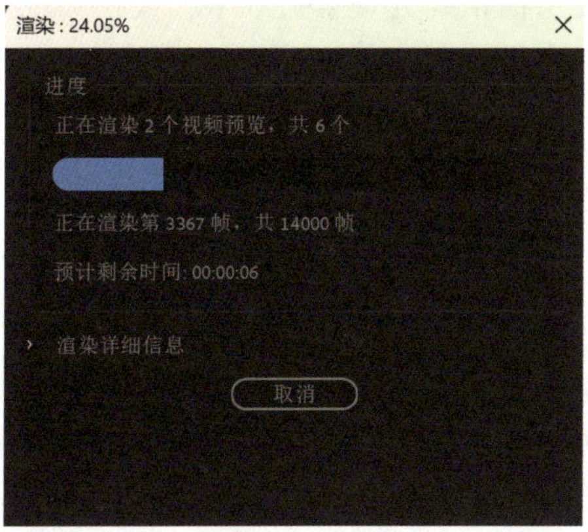

图 2-23　视频渲染操作

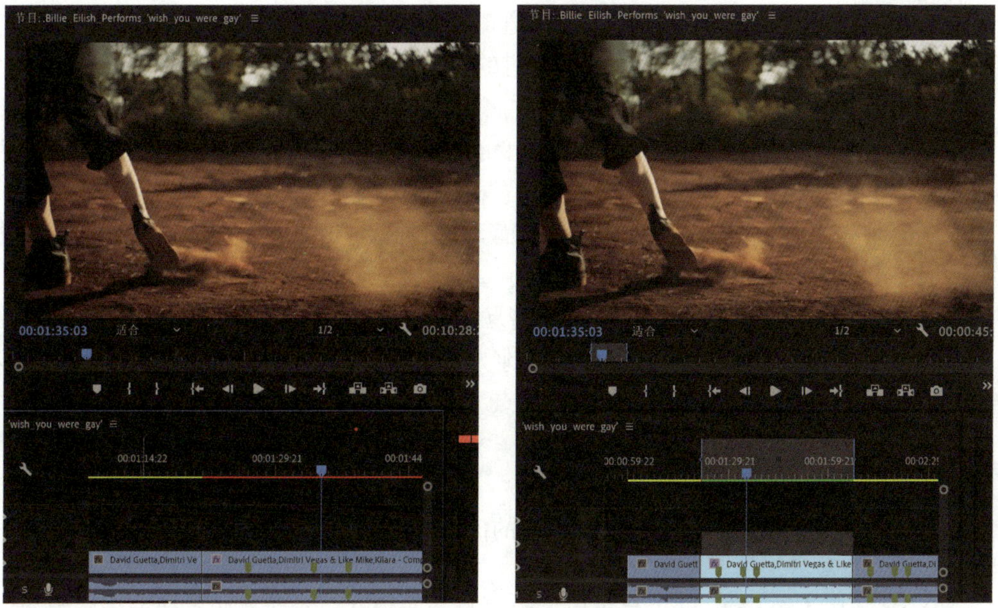

图 2-24　视频素材渲染前后对比

5. 工具面板

5.1　工具面板概述

工具面板作为操作的核心入口，涵盖选择、剪辑、移动、缩放等多种工具，每种工具都针对特定编辑任务而设计，满足不同场景下的视频编辑需求。选择工具是最基础且常用的工具之一，允许用户精准选中时间轴上的素材片段，无论是单个片段还是多个片段的框选、点选，都能轻松实现，为后续对素材进行移动、复制、删除等操作奠定基础。剪辑工具是时间轴编辑的核心工具组，像剃刀工具可依据创作需求，在指定时间点对素材进行精准切割，将长素材分割成多个独立片段，以便灵活调整视频节奏与叙事顺序；波纹编辑工具能够在调整素材长度的同时，自动调整相邻素材的位置，确保整个时间轴上的素材紧密衔接，维持视频的流畅性，避免出现间隙或重叠。移动工具方便用户在时间轴上自由拖曳素材，重新排列素材顺序，从而优化视频的叙事结构。缩放工具支持对时间轴进行放大或缩小操作，让创作者在微观层面精确处理素材细节，或在宏观视角把控整体时间轴布局，实现精细编辑与全局掌控的有机结合。

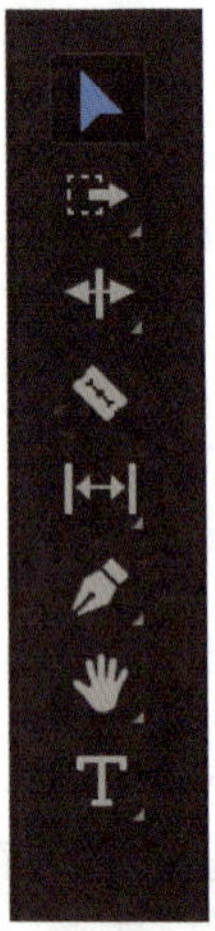

图 2-25　工具面板

5.2　工具栏按钮功能

工具栏包括：选择工具、向前/后选择轨道工具、波纹编辑工具、剃刀工具、外滑工具、钢笔工具、手形工具、文字工具等，如图 2-25 所示。具体使用方法简介如下：

（1）选择工具（V）：可以利用选择工具来选择、移动素材，也可以调节素材关键帧、为素材设置入点和出点。当光标变为 ，可以缩短/拉长素材，按下“Shift”键可以加选素材，按下“Alt”键可以复制素材。

（2）向前选择轨道工具（A）：可以选中箭头方向所点击素材及右边的所有轨道的素材。

（3）向后选择轨道工具（Shift+A）：可以选中箭头方向所点击素材及左边的所有轨道的素材，配合 Shift 键（变成一个单箭头），可以选择所点素材后面的单轨道上所有素材。

（4）波纹编辑工具（B）：放在前面改变前面素材的出点，放在后面改变后面素材的入点，两段素材依然连在一起，会改变两段素材的时长。

（5）滚动编辑工具（N）：同时改变前面素材的出点和后面素材的入点。但是总时长不发生变化。

（6）比率拉伸工具（R）：改变视频/音频播放速度。

（7）剃刀工具（C）：在素材要剪切的地方单击鼠标左键，将素材切割成两个或多个单独的素材，每个素材都有独立的长度和入点、出点，快捷键为“Ctrl+K”。

（8）外滑工具（Y）：使用此工具拖动素材时，不会改变素材的入点、出点及持续时间，但相邻素材的长度会被改变。

（9）内滑工具（U）：改变前一段素材的出点和后一段素材的入点，没有改变的是总时长和被选中的素材。

（10）钢笔工具（P）：此工具可以调整素材的关键帧，在节目监视器面板绘制图形。

（11）矩形工具/椭圆工具：在节目监视器面板绘制图形。

（12）手形工具（H）：此工具可以改变时间轴面板的可视区域，在编辑较长的素材时，会很方便。按住鼠标左键不放，左右拖曳可以预览时间轴上的所有素材。

（13）缩放工具（Z）：选择此工具，单击鼠标左键，可以对时间轴文件进行放大。按下“Alt”键，单击鼠标左键为缩小。

（14）文字工具（T）：在节目监视器面板快速添加文字；在效果控件面板修改参数。

（15）垂直文字工具：在节目监视器面板快速添加垂直文字；在效果控件面板修改参数。

6. 项目打包

在 Pr 中进行视频创作时，项目打包这一操作至关重要。在团队协作场景下，对项目进行打包能够让团队成员更顺畅地接手项目工作，无须为素材的路径链接、缺失等问题而烦恼，从而极大地提升工作效率。同时它是项目备份存档的良方，完整备份便于随时恢复、修改，当需在不同设备编辑时，打包后的项目能快速迁移，省去重新链接素材的麻烦，全方位保障项目高效流转与妥善保存。

6.1 Pr 项目打包的作用

6.1.1 资源整合

在 Pr 中进行视频编辑时，项目会引用大量的素材文件，如视频片段、音频文件、图片等。这些素材可能存储在电脑的不同位置。通过项目打包功能，可以将项目文件以及所有相关的素材文件收集到一个指定的文件夹中。这样一来，无论是在本地备份项目，还是将项目转移到其他设备上继续编辑，都能确保所有必要的资源在一起，避免出现因素材路径丢失而导致项目无法正常打开或素材缺失的情况。

6.1.2 便于协作

在团队合作进行视频制作时，经常需要将项目文件分享给其他成员。如果只是单纯地发送项目文件，接收方可能会因为没有相同的素材路径而无法正确打开项目。而经过打包的项目，包含了完整的素材和项目文件，其他成员可以直接在自己的设备上打开并继续工作，大大提高了团队协作的效率，减少了因素材问题导致的沟通成本和工作延误。

6.1.3 项目备份与存档

对于重要的视频项目，进行完整的备份是非常必要的。打包后的项目文件夹包含了项目的所有相关信息，是一个完整的备份单元。将其存储在外部存储设备或云端，可以方便地进行存档，在需要时随时恢复项目进行修改或回顾。同时，也可以避免原始素材存储位置的变化或硬盘故障等原因导致项目数据丢失。

6.1.4 设备转移

当需要在不同的电脑设备上继续编辑项目时，项目打包尤为重要。例如，从自己的笔记本电脑转移到工作室的台式电脑上工作，或者将项目交给其他专业的后期制作人员进行进一步处理。打包后的项目可以在新设备上快速导入并继续编辑，无须重新寻找和链接素材，节省了大量的时间和精力。

6.2 Pr 项目打包流程

打开项目：首先，在 Pr 软件中打开你需要打包的项目文件。确保项目中的所有素材已经正确导入并且编辑工作已经基本完成。

选择“项目管理”选项：在菜单栏中找到“项目”选项，点击展开后选择“项目管理”。这将打开“项目管理”对话框，该对话框提供了多种项目管理的功能选项。

6.3 设置打包选项

6.3.1 收集文件并复制到新位置

在“项目管理”对话框中，勾选“收集文件并复制到新位置”选项。这会告诉 Pr 软件将项目中使用的所有素材文件复制到一个新的文件夹中，同时更新项目文件中的素材链接。

6.3.2 选择目标文件夹

点击“浏览”按钮，指定一个用于存储打包文件的目标文件夹。建议选择一个有足够存储空间的位置，并且文件夹名称要清晰易识别，如以项目名称和打包日期命名。

6.3.3 项目版本

根据需要选择是否将项目保存为较低版本，以便在其他设备上使用较低版本的 Pr 软件打开项目。

6.3.4 包含

可以选择包含项目中的哪些元素，如序列、素材、渲染文件等。通常情况下，保持默认设置即可，但如果有特殊需求，可以进行相应的勾选或取消勾选。

6.3.5 执行打包操作

设置好所有选项后，点击“确定”按钮。Pr 软件将开始收集项目中的素材文件，并将它们复制到指定的目标文件夹中。同时，会生成一个新的项目文件，该文件已经更新了素材的链接路径，指向新的目标文件夹。

6.3.6 检查打包结果

打包完成后，打开目标文件夹，检查其中的文件是否完整。确保所有的素材文件已经正确复制，并且新的项目文件可以在 Pr 中正常打开。如果发现有任何文件缺失或项目无法正常打开，可能需要重新检查打包设置并再次执行打包操作。

6.4 项目打包步骤

将项目文件、素材、预览文件等打包到一个文件夹，确保项目完整性，方便在不同设备或用户之间转移。常用于项目存档备份、团队协作、跨设备编辑等场景。

6.4.1 操作步骤

点击菜单栏的“文件→项目管理”，在弹出的“项目管理器”窗口中，在“序列”选项中选择要打包的序列，在“生成项目”选项中选择“收集文件并复制到新位置”，在“目标路径”选项中选择打包文件的保存位置。点击“确定”按钮开始打包。

6.4.2 各功能选项

序列：项目中有几个序列就显示几个，这里显示的是序列名称。

生成项目：可以保持默认选项，勾选“收集文件并复制到新的位置”。

目标路径：打包保存的位置，点击浏览可更改目标路径。

“排除未使用剪辑”选项：在打包过程中会舍弃未使用的素材，压缩打包文件的大小。为了防止之后还会用到序列之外的素材，不要勾选此复选框。

“包含音频匹配文件”选项：可保留音频匹配数据。

“包含预览文件”选项：可加快在其他设备上的打开速度。

“重命名媒体文件以匹配剪辑名”选项：可重命名素材文件。

打包后的文件可能较大，在“磁盘空间”选项中点击“计算”，可估计生成项目的大小，如图 2-26 所示。

6.4.3 打包内容

包括制作时所用的素材、制作过程中产生的缓存以及项目工程文件。

7. 文件导出

在 Pr 软件的视频编辑流程中，文件导出是极为关键的环节。当创作者完成素材编排、特效调校、音频铺陈，在时间轴上构建好视频内容后，文件导出便成为将成果对外展示的重要途径。它依据格式、分辨率、帧速率、码率等多方面设定，将时间轴上按特定顺序排

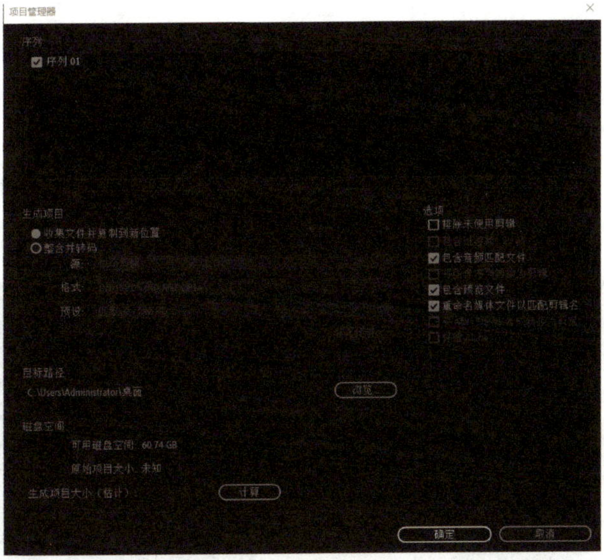

图 2-26　项目管理器

列的视频片段转化为可供广泛传播、播放的成品文件。例如，常见的 MP4 格式适用于各类社交媒体分享，AVI 格式在保留画质方面表现出色。这一过程宛如为精心打造的艺术品量身定制精美的展示包装，让视频作品能跨越不同设备、平台的界限，以最完美的姿态呈现在目标受众眼前，它就如同生产线上的最后一道工序，决定了产品的最终形态和质量，对于整个视频制作流程而言至关重要，现在将具体导出的操作步骤总结如下。

7.1　打开导出设置

完成视频编辑后，在 Pr 软件界面中，点击“文件”菜单，选择“导出”，或者使用快捷键“Ctrl+M”，此时可以看到多种导出选项，最常用的是“媒体”选项，点击即可打开导出设置窗口，如图 2-27 所示。

图 2-27　视频导出方法

7.2 设置导出参数

7.2.1 格式选择

Pr 支持多种导出格式，如 H.264（用于网络视频、移动设备播放，兼容性强）、MPEG-2（常用于蓝光光盘制作）、AVI（无损或低压缩格式，适合对画质要求极高的场景，但文件体积较大）等，如图 2-28 所示。根据视频的最终用途选择合适的格式。例如，若要在社交媒体平台发布，H.264 是较为合适的选择。

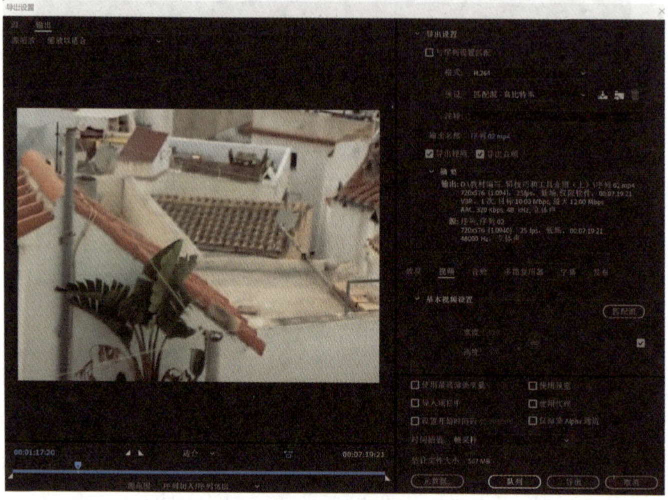

图 2-28 视频导出设置

小资料卡片

如果要输出基于 Windows 操作系统的视频文件，可选择“AVI”选项。

如果要输出 MP4 格式，可选择“H.264”选项，这是最常用的 MP4 编码格式。

如果要输出基于 macOS 系统的视频文件，可选择“QuickTime”选项。

如果要输出 WAV 格式的音频文件，可选择“波形音频”选项。

如果要输出 GIF 动画，则选择“GIF”选项，可以输出为单帧的静态图像序列。

7.2.2 预设选择

软件提供了一系列预设，这些预设针对不同设备、平台和用途进行了优化。如“YouTube 1080p HD”预设，能直接设置适合在 YouTube 平台以 1080p 高清播放的各项参数。若预设不符合需求，也可自定义各项参数。

7.2.3 视频参数调整

分辨率：决定视频画面的大小，常见的有 1920×1080、3840×2160（4K）等。需根据视频用途及源素材分辨率合理设置，若源素材是 1080p，导出时设置过高分辨率会导致画质模糊。

帧速率：指视频每秒显示的帧数，电影常用 24 帧/秒，电视多为 25 帧/秒或 30 帧/秒。保持与源素材帧速率一致，否则会出现画面卡顿或加速的现象。

比特率：影响视频的质量和文件大小。较高比特率能提供更好画质，但文件体积更大，一般网络视频、动态内容较多时，可适当提高比特率；以静态画面为主时，比特率可稍低，如图2-29所示。

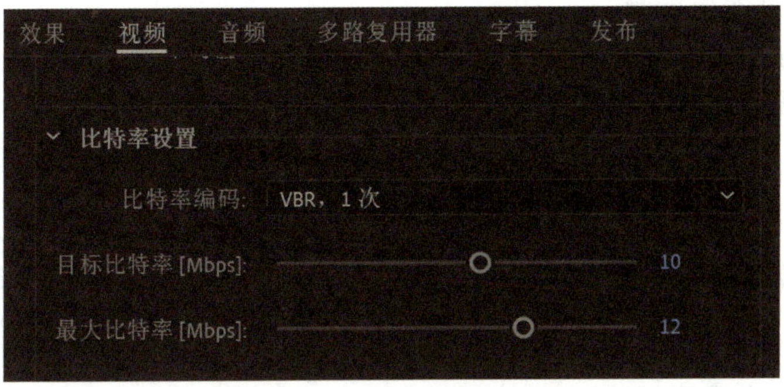

图2-29 视频导出比特率设置

小资料卡片

比特率：指单位时间内传输或处理的数据量。比特率直接影响文件的质量和大小。

比特率编码：设置在视频压缩时使用的比特率编码。共包括CBR、VBR 1次和VBR 2次3种模式。其中CBR指固定比特率编码，VBR指可变比特率编码方式。

目标比特率：所允许使用的比特率，目标比特率调整数值越大，输出视频越大。

最大比特率：设置视频在压缩时使用的最大比特率。

7.2.4 音频参数调整

采样率：常见为44.1kHz或48kHz，采样率越高，音频质量越好，但文件体积也会增大。一般影视制作采用48kHz。

声道：可选择立体声、5.1环绕声等。根据视频内容和播放场景选择，普通网络视频选择立体声即可，电影或专业音频制作可能需要5.1环绕声。

7.3 选择导出位置和文件名

在导出设置窗口中指定视频导出后的保存位置，并输入文件名。注意文件名要简洁明了且符合文件命名规则，避免使用特殊字符。

7.4 开始导出

确认所有参数设置无误后，点击“导出”按钮，Pr将开始渲染并导出视频，导出过程所需时间取决于视频长度、复杂度以及计算机性能，需耐心等待，避免进行其他可能影响导出进程的操作。

7.5 导出注意事项

7.5.1 源素材质量

源素材质量：导出视频的质量在很大程度上取决于源素材质量。若源素材本身画质模糊、音频嘈杂，即使导出设置再高，也难以获得高质量的最终视频，所以在编辑前应确保源素材质量良好。

7.5.2 预览与测试导出

在正式导出最终视频前，可先进行小范围预览或测试导出。通过预览检查视频在剪辑、特效、音频等方面是否存在问题；测试导出则可查看实际导出效果是否符合预期，以便及时调整导出参数。

7.5.3 软件版本兼容性

不同版本的 Pr 软件在导出功能和支持格式上可能存在细微差异。若要与他人共享项目或确保导出视频在特定环境下正常播放，需考虑软件版本兼容性问题。

掌握 Pr 软件的文件导出操作，有助于将精心编辑的视频以最佳状态输出，满足不同场景的使用需求，从而为视频创作流程画上圆满句号。

【任务实施】

根据班级人数将学生分成若干实训活动小组，每组设组长 1 名，负责安排、协调、督促小组完成实训任务，同时做好实训活动记录。

项目实训：首剪绚丽登场，古典华美乐章

根据案例的具体要求，分析完成实训任务的操作步骤和知识要点，如图 2-30 所示。

图 2-30 影片剪辑制作素材

步骤一：新建项目并导入素材

（1）新建文件夹：命名为“首剪绚丽登场，古典华美乐章-日期”，将剪辑用到的素材分类整理放入文件夹。

（2）新建项目：项目名称为“首剪绚丽登场，古典华美乐章”，位置指向“首剪绚丽登场，古典华美乐章-日期”文件夹。

（3）新建序列：尺寸为 1920px×1080px，像素长宽比为方形像素 1.0，帧速率为 25 帧/秒。

（4）导入素材：将剪辑用到的素材导入新建项目中。

步骤二：分析样片总结剪辑要点

（1）导入样片文件，在源监视器中反复观看并总结剪辑要点。

（2）剪辑过程需要去除素材中拍摄晃动、动作不流畅、过渡不利索等非常不和谐的镜头。

（3）样片中存在两个景别变化衔接的镜头，在剪辑过程中体会流畅的近景切特写镜头剪辑思路。

（4）本次剪辑中需要掐头去尾的素材比较多，可以使用剃刀工具或者按快捷键“Ctrl+K”进行裁剪，也可以使用快捷键“Q”和“W”进行操作。

（5）在项目制作过程中体会快捷键的作用，为后期提升剪辑效率打下基础。

步骤三：按照样片对素材文件进行剪辑

（1）将镜头 1 素材拖入时间轴中，对比查看其与样片镜头 1 的区别，因为素材中人物在转头过程中存在不流畅的部分，所以需要将前面多余的部分去掉，如图 2-31 所示。

图 2-31 对素材文件进行剪辑一

（2）使用前进后退一帧按钮或者方向键，配合 Shift 键找到素材中和样片开篇一样的帧，使用快捷键“Ctrl+K”去掉此帧之前的素材，根据样片结束的画面，找到素材中相同的一帧，使用“W”键去掉结尾部分，镜头制作完成。

（3）按照以上步骤完成其他镜头的裁剪，使用前进后退一帧按钮或者方向键，精准对素材进行剪辑，让制作视频的所有镜头的开始结束时间与样片相同。

（4）注意镜头 2 和镜头 3 的衔接，以及镜头 7 和镜头 8 的衔接，在剪辑中注意和样片时长保持一致，并体会从近景转为特写镜头的剪辑思路，如图 2-32 所示。

图 2-32 对素材文件进行剪辑二

（5）完成所有镜头的剪辑后，检查总时长与样片是否一致。若存在问题，查找出是哪个镜头出现偏差，并对其进行调整和修改。

步骤四：给视频添加背景音乐

方法一：在源监视器中播放背景音乐素材，使用“仅拖动音频”按钮将音频部分拖入时间轴，并调整音频与画面的匹配度。

方法二：直接将 MP4 格式的背景音乐拖入时间轴并选中素材，使用“Ctrl+L”键断开音频和视频的链接，并将视频轨道的素材删除然后调整音画融合。

步骤五：保存文件并提交作业

（1）完成所有镜头剪辑，检查总时长和内容是否与样片一致，如果有问题仔细检查，并进行细节调整和修改。

（2）在制作的过程中，不断按“Ctrl+S”键保存剪辑的视频，制作步骤会保存在源文件中。

（3）导出设置：点击“文件→输出→媒体”，在导出设置对话框中，选择 H. 264 格式，制作完成后提交作业。

步骤六：学生讲解任务完成情况

组长抽取序号，并选出一名代表讲解本组的作业完成情况。

步骤七：师生点评

每个小组选出一名评委，对任务完成情况进行打分，小组间互评，最后由教师进行点评，如图 2-33 所示。

图 2-33 影片剪辑制作效果

项目实训二 比率拉伸提速，音效闪亮登场

根据【知识准备】里“工具面板”以及“时间轴面板”的相关知识点，分析完成实训任务的操作步骤和知识要点，如图 2-34 所示。

图 2-34 视频制作素材

步骤一：新建项目并导入素材

（1）新建文件夹：命名为“比率拉伸提速，音效闪亮登场-日期”，将剪辑用到的素材分类整理放入文件夹。

（2）新建项目：项目名称为“比率拉伸提速，音效闪亮登场”，位置指向“比率拉伸提速，音效闪亮登场-日期”文件夹。

（3）新建序列：尺寸为 1080px×1920px，像素长宽比为方形像素 1.0，帧速率为25 帧/秒（注意此序列为 6：19）。

（4）导入素材：将剪辑用到的素材按照文件夹导入新建项目中。

步骤二：分析样片总结剪辑要点

（1）导入样片文件，在源监视器中反复观看并总结剪辑要点。

（2）剪辑过程需要去除素材中拍摄晃动、动作不流畅、过渡不利索等非常不和谐的镜头，视频总时长和每个镜头的开始结束帧与样片保持一致。

（3）本项目镜头 1 需要轨道上方增加封面，使用给定的 PNG 格式的图片即可。

（4）本次剪辑镜头 7 需要使用比率拉伸工具进行调速并给调速完成后的视频配音。

（5）在项目制作配音过程中，给定的背景音乐是 MP4 格式，在使用的时候需要删除素材的视频部分。

步骤三：将所有素材拖入时间轴并匹配序列大小

（1）在项目面板中选择列表视图方式，点击名称对素材进行升序排列，如图 2-35 所示，然后全部选中素材直接拖到时间轴中。

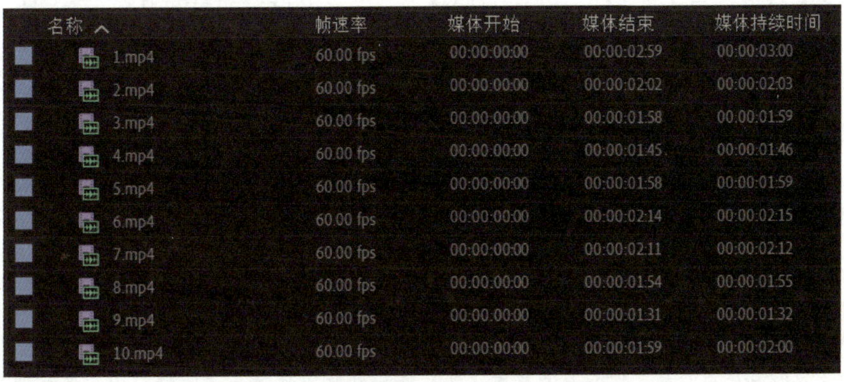

名称	帧速率	媒体开始	媒体结束	媒体持续时间
1.mp4	60.00 fps	00:00:00:00	00:00:02:59	00:00:03:00
2.mp4	60.00 fps	00:00:00:00	00:00:02:02	00:00:02:03
3.mp4	60.00 fps	00:00:00:00	00:00:01:58	00:00:01:59
4.mp4	60.00 fps	00:00:00:00	00:00:01:45	00:00:01:46
5.mp4	60.00 fps	00:00:00:00	00:00:01:58	00:00:01:59
6.mp4	60.00 fps	00:00:00:00	00:00:02:14	00:00:02:15
7.mp4	60.00 fps	00:00:00:00	00:00:02:11	00:00:02:12
8.mp4	60.00 fps	00:00:00:00	00:00:01:54	00:00:01:55
9.mp4	60.00 fps	00:00:00:00	00:00:01:31	00:00:01:32
10.mp4	60.00 fps	00:00:00:00	00:00:01:59	00:00:02:00

图 2-35　列表视图下将素材按名称排序

（2）使用选择工具将时间轴内所有素材选中，右击，在弹出的菜单中选择“缩放为帧大小”。

（3）通过以上两步操作，对所有素材进行统一处理，既避免了个别镜头帧大小不匹配的问题，又提高了剪辑效率。

步骤四：按照样片对视频进行剪辑

（1）按照样片对镜头 1 的时长和开始结束帧进行剪辑，完成后将 PNG 格式的标题图放到轨道上方，并裁剪使其适配镜头 1 的时长，如图 2-36 所示。

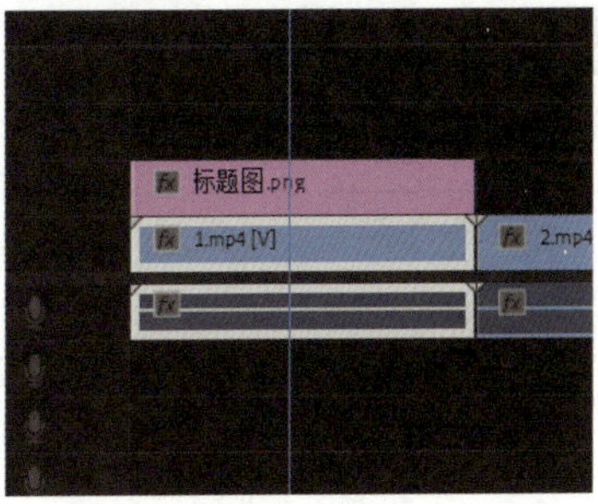

图 2-36　给镜头 1 轨道上方添加图片并调整时长

（2）按照以上步骤对前 6 个镜头进行处理，对于第 7 个镜头，需先找到与样片相同的开始帧和结束帧，然后使用比率拉伸工具对镜头 7 进行加速处理，使其总时长和播放速度与样片一致。

（3）完成所有镜头的剪辑，检查总时长和样片是否一致，如果有问题查找哪个镜头不对并进行调整和修改。

步骤五：给视频添加背景音乐

方法一：将背景音乐素材在源监视器中进行播放，使用“仅拖动音频”按钮将音频部分拖入时间轴中，并调整使其和画面融合。

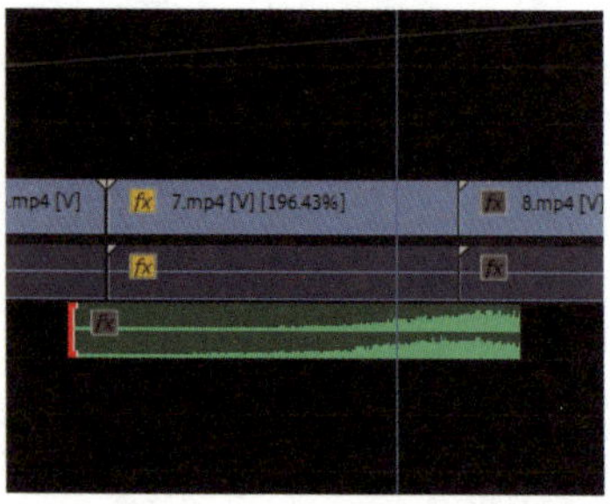

图 2-37　对镜头 7 变速处理并搭配音效

方法二：直接将 MP4 格式的背景音乐拖入时间轴，选中素材后使用“Ctrl+L”键断开音频和视频的链接，删除视频轨道的素材，然后调整音频与画面融合。

方法三：给镜头 7 搭配汽车音效，此时也需要用到比率拉伸工具对音效进行加速，通过不断地调整音效的播放速度、长短以及前后位置，使声画完美融合，如图 2-37 所示。

步骤六：保存文件并提交作业

（1）完成所有镜头剪辑，检查总时长和内容是否与样片一致，如果有问题仔细检查，并进行细节调整和修改。

（2）在制作过程中，不断按“Ctrl+S”键保存剪辑的视频，制作步骤会保存在源文件中。

（3）导出设置：点击“文件→输出→媒体”，在导出设置对话框中，选择 H. 264 格式，制作完成后提交作业。

步骤七：学生讲解任务完成情况

组长抽取序号，并选出一名代表讲解本组的作业完成情况。

步骤八：师生点评

每个小组选出一名评委，对任务完成情况进行打分，小组间互评，最后由教师进行点评。

小资料卡片

添加音效时可先将音频文件导入素材库，然后拖放到时间轴上合适的轨道中，通过调整音频的起始和结束位置来与视频内容匹配。对于画面对齐，可利用“吸附”功能，在时间轴面板中开启该功能后，素材会自动吸附到相邻素材的边缘，方便精确对齐。还可以使用快捷键，如按“Ctrl+A”全选素材，再通过右键选择“对齐”方式来快速实现多个素材的整齐排列，让视频画面与音效在节奏和视觉上都达到协调统一。

【任务书】

任务书

任务内容	“首剪绚丽登场，古典华美乐章”视频制作
实训过程	

续表

任务内容	“首剪绚丽登场，古典华美乐章”视频制作
理论知识梳理	
实训过程总结	
教师记录、点评：	

【巩固提高】

一、选择题

1. 在Pr中，使用比率拉伸工具的主要作用是(　　)。

A. 改变素材的颜色　　B. 改变视频和音频的播放速度

C. 调整素材的亮度　　D. 给素材添加特效

2. 以下哪种操作可以在时间轴面板中快速分割素材？(　　)

A. 选择工具(V)　　B. 剃刀工具(C)，快捷键为“Ctrl+K”

C. 波纹编辑工具(B)　　D. 滚动编辑工具(N)

3. 在源监视器面板中，若要设置素材的入点，应使用以下哪个快捷键？(　　)

A. I　　B. O　　C. M　　D. Shift+I

4. 当需要在节目监视器面板中删除一段标记好的素材，且删除后后面的素材自动向前衔接，应使用(　　)按钮。

A. 提升　　B. 提取　　C. 添加标记　　D. 导出帧

5. 在时间轴面板中，若要调整单个轨道的宽度，应使用的操作是(　　)。

A. 按下Alt键+鼠标滚轮　　B. 按下Shift键+鼠标滚轮

C. 直接拖动轨道边缘　　D. 在时间轴设置中调整

6. 若要在Pr中打包项目，应在菜单栏中选择(　　)。

A. 文件-项目打包　　B. 项目-项目管理　　C. 编辑-项目打包　　D. 序列-项目管理

7. 在导出视频时，若希望视频适用于网络播放，且文件大小相对较小，一般选择以下哪种格式？(　　)

A. AVI　　B. MPEG-2　　C. H.264　　D. WMV

8. 在项目面板中，要创建一个新的字幕，应点击“新建项”按钮，然后选择(　　)。

A. 序列　　B. 字幕　　C. 调整图层　　D. 颜色遮罩

9. 在源监视器面板中，能够快速将时间滑块跳转到标记出点处的操作是(　　)。

A. 按下“Shift+O”快捷键　　B. 点击“转到入点”按钮

C. 按下“Shift+I”快捷键　　D. 点击“前进一帧”按钮

10. 在时间轴面板中，若要开启吸附功能，使素材自动吸附到邻近素材边缘，应点击

(　　)按钮。

A. 将序列作为嵌套或个别剪辑插入并覆盖

B. 在时间轴中对齐(S)

C. 链接选择项

D. 时间轴显示设置

二、填空题

1. 在项目面板中，“项目可写”功能的小锁能够实现项目在(　　　　)和(　　　　)状态之间的切换。

2. 在项目面板中，(　　　　)可以详细了解素材的参数信息。

3. 在项目面板中，(　　　　)能够直观地看到素材的画面内容。

4. 自动匹配序列可以给素材添加默认的转场效果，使用的前提是项目中存在(　　　　)，并且选中素材。

5. 新建素材箱的作用是更好地(　　　　)及(　　　　)素材。

6. 在源监视器面板或时间轴面板中，时间码的单位从左到右依次为(　　　　)、(　　　　)、(　　　　)和(　　　　)。

7. 预览素材不流畅的时候，可以通过(　　　　)来达到流畅的预览画面的效果。

8. 时间轴的上方是视频轨道，通常以(　　　　)开头来命名，下方是音频轨道，通常以(　　　　)开头来命名。

9. 时间轴缩放可以通过按住(　　　　)键，向上或向下滚动鼠标滚轮的方式实现。

10. 添加标记后，可以通过设置入点(　　　　)和出点(　　　　)，将需要的素材片段框选出来。

三、判断题

1. 在 Pr 中，项目面板只能导入视频和音频素材，不能导入图像素材。　(　　)

2. 源监视器面板只能用于播放原始素材，不能对素材进行剪辑操作。　(　　)

3. 节目监视器面板显示的内容与时间轴面板上的序列内容实时同步。　(　　)

4. 在时间轴面板中，只能通过拖动素材边缘来调整素材时长，不能使用快捷键操作。　(　　)

5. 工具面板中的选择工具只能用于选择素材，不能对素材进行复制操作。　(　　)

6. Pr 项目打包后，只会生成项目文件，不会包含项目中使用的素材文件。　(　　)

7. 在导出视频时，选择的导出格式不会影响视频的画质和文件大小。　(　　)

8. 时间轴面板中的视频轨道和音频轨道数量是固定的，不能添加或删除。　(　　)

9. 源监视器面板中的“仅视频拖动”按钮可以将源监视器面板中的视频素材拖动到时间轴的任何轨道。　(　　)

10. 在 Pr 中，对音频素材调速后，音频音调一定会发生变化，且无法调整。　(　　)

第 3 章　解锁关键帧——释放画面动态潜能

【知识框图】

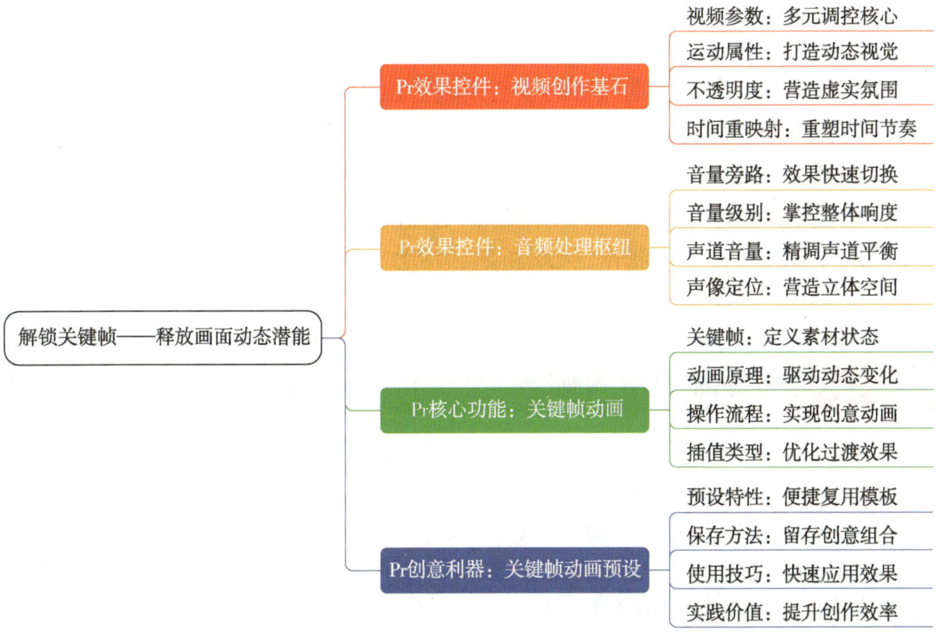

图 3-1　解锁关键帧——释放画面动态潜能

【项目简介】

本章主要学习 Pr 效果控件面板中视频效果、音频效果、关键帧动画原理及动画设置方法，关键帧动画是指在特定时刻标记素材的位置、缩放、旋转等属性，借助软件强大的运算能力，自动生成相邻关键帧间的顺滑过渡。在效果控件面板里完成关键帧的添加、删除、移动与复制粘贴等操作，还可利用贝塞尔曲线对动画过渡效果进行细致调节，让动画更加自然流畅。尽管 Pr 并非专业动画制作软件，但在视频编辑场景下，其关键帧动画功能与视频、音频编辑流程深度整合，为创作者高效实现创意构思提供了有力支持，极大提升了创作效率与表现力。通过本章学习，同学们可以深入理解关键帧动画原理，熟练掌握在效果控件面板中的动画设置方法，为创作出精彩的动画视频作品筑牢根基。

【学习目标】

知识目标

掌握 Pr 效果控件面板，明晰关键帧动画原理，学会动画设置及参数调整方法；

了解关键帧在视频、音频中的应用，掌握动画预设使用，学会创建、编辑关键帧动画。

能力目标

能熟练运用 Pr 设置关键帧，实现画面、音频动态效果，完成复杂动画制作；

具备运用 Pr 关键帧动画预设，灵活调整参数，高效制作符合创意需求视频的能力。

素养目标

点燃对数字动画创作的热忱，培养主动挖掘关键帧在动画创作领域的潜在功能；

培养精益求精的专业素养，面对关键帧动画创作难题保持耐心与专注的创作态度。

【任务描述】

关键帧动画在短视频创作中扮演着至关重要的角色，它绝非简单的动态点缀，而是能够深度塑造视频叙事节奏与视觉风格的核心手段。由于短视频拍摄场景的多变以及创意落地的实际限制，原始素材往往难以精准契合创作者心中理想的动态呈现，关键帧动画的设置，则成为突破这一困境的有力途径。关键帧动画可实现丰富的效果，例如，通过位置关键帧设置，能让主体元素在画面中灵动走位，增强画面的动感与故事性。本项目深入探索关键帧动画的设置技巧，通过制作“天坛祈愿，活力京韵”短片，聚焦关键帧动画技能点的学习。

案例一　短视频动态字幕制作

1. 情景设计

在校园宣传小组中，彬彬与子博肩负着制作校园活动宣传短视频的重任，这一短视频需要包括介绍活动流程、展示活动亮点等关键信息，因而包含大量文字字幕。在制作过程中彬彬惊讶地发现，子博在为字幕打造动画效果时，双手如灵动的舞者在键盘与鼠标间迅速切换，动作行云流水，不一会儿字幕便以恰到好处的节奏，自然流畅地出现在屏幕上，仿佛被赋予了生命。与之形成鲜明对比的是，彬彬每设置一个参数，都要在操作面板中反复摸索，小心翼翼地尝试，不仅效率低下，做出的效果也不尽如人意。彬彬按捺不住内心的疑惑，怀着虚心求教的态度向子博问道：“你做字幕动画的速度怎么这么快，而且效果超棒！到底有什么诀窍，快跟我讲讲呗。”

2. 任务描述

子博笑着回应彬彬的求助，随即以校园歌唱比赛宣传视频字幕制作为例，分享起实用技巧。两人凑到电脑前，敲定设计思路，子博一边操作软件，一边提议：“字幕从屏幕底部像音符一样跳出来，效果肯定不错。”确定出现方式后，他们又围绕移动轨迹、停留时间展开讨论，让字幕和视频风格相得益彰。接着子博开始讲解关键帧动画预设，他操作鼠标，快速下达指令：“用这些预设，能节省不少时间。”彬彬认真聆听，有疑问就提出来，子博都一一耐心解答。提交视频后为加深对关键帧动画的认识，两人又选用不同预设，对字幕重新制作，新字幕有的像彩带飘入、有的如星光闪烁，不同的预设带来不一样的效果。

3. 任务分解

步骤一：前期准备

启动软件：双击桌面 Pr 快捷图标，打开软件。

新建序列：执行“文件→新建→序列”，设置分辨率为 1920px×1080px，帧速率 25 帧/秒。

步骤二：创建基础字幕

调出字幕工具：Windows 系统按“Ctrl+T”，macOS 系统按“Cmd+T”；或执行“文件→新建→旧版标题”。

输入与设置字幕：在字幕编辑窗口用“文字工具”输入文字，在“字幕属性”面板选字体、调字号(60~80)。

定位与时长设置：关闭字幕编辑窗口，将字幕拖到时间轴目标位置，拖动两端调整时长。

步骤三：设置关键帧制作动态字幕

打开效果控件面板：选中时间轴上的字幕图层，按“Shift+5”。

添加关键帧实现基础动画：

位置：以画面外滑入为例，在“效果控件”面板找到“位置”，点击秒表激活关键帧，分别设置起始和目标位置。

缩放：找到“缩放”，点击秒表，起始设较小值(如80%)，结束设100%。

不透明度：找到“不透明度”，点击秒表，起始设0%，中间设100%，结束再设0%，实现淡入淡出。

使用缓动效果优化动画：选中关键帧，右键选“缓动”，设为“轻松进出”；还能右键选“速度曲线”，精细调整。

步骤四：批量应用与优化

预设动画：调整好一个字幕后，右键选“存储动画预设”并命名；选中其他需相同效果的字幕图层，右键选“应用动画预设”。

多字幕同时编辑：选中多个字幕图层，按住Alt键拖动预设动画，批量添加相同效果。

案例二 产品展示不同镜头应该如何选择动画效果?

1. 情景设计

彬彬与子博收到XW公司下发的制作智能手表展示视频的重要任务，这款新推出的智能手表，集前沿科技与时尚外观于一体，如何通过视频突出其功能特性与时尚外观，成为摆在两人面前的挑战。制作期间彬彬在使产品图片与介绍文字出彩的过程中，遭遇了重重困难。他精心设计的动画总显得生硬，感觉无法吸引观众目光。反观子博负责的镜头，产品元素在屏幕上灵动起舞，图片切换自然，流畅文字介绍巧妙融入，宛如一场视觉盛宴，能牢牢抓住观众的眼球。彬彬怀着求知若渴的心情请教：“子博，你做的元素动画太出彩了！我这边总是不尽如人意，快讲讲你有什么独到的制作方法?”子博听闻脸上浮现出真诚的笑容，毫不犹豫地开启了经验分享之旅。

2. 任务描述

子博利用制作智能手表产品展示视频这一实操项目帮助彬彬系统且深入地掌握关键帧动画预设的运用精髓。子博仔细梳理产品特性，向彬彬介绍表盘显示、表带材质、功能操作等元素，为它们量身打造在不同阶段的动画效果。比如开篇利用淡入动画，让智能手表在柔和的光影中优雅登场，吸引观众的目光；介绍功能时通过缩放和旋转动画，聚焦屏幕上的各项应用，突出产品的便捷性与创新性等，两人不仅致力于提升视频的视觉冲击力与营销价值，同时在反复实践中不断积累经验，进一步加深对关键帧动画的理解，熟练掌握运用的技巧，实现专业技能与创作思维的双重突破。

3. 任务分解

步骤一：项目搭建与素材导入

在Pr中新建项目，设置合适的分辨率和帧速率。导入智能手表的产品图片、功能介绍文字、产品宣传视频片段等素材。

步骤二：产品图片展示动画设置

选中一张产品图片，在效果控件面板中，为“缩放”参数设置关键帧，实现图片的放大缩小效果，突出产品细节。

为“位置”参数添加关键帧，让图片以平移、旋转等方式展示产品不同角度。

步骤三：文字介绍动画制作

对于功能介绍文字，利用关键帧为“不透明度”参数设置淡入淡出效果，使文字适时出现和消失。

通过“位置”参数的关键帧设置，让文字从不同方向飞入屏幕，增加趣味性。

步骤四：添加转场与整体调整

在图片和文字展示片段之间添加合适的转场效果，使视频过渡自然。根据产品特点和目标受众，调整整体视频的节奏和色调。

步骤五：视频输出与交付

完成视频制作后，输出符合电商平台要求的视频格式，并交付给公司。

步骤六：优化练习

重新打开项目，选择部分元素动画，如图片展示动画或文字动画，删除原有的关键帧设置，运用不同的关键帧动画预设，重新制作动画，对比优化前后的视频效果。

请结合案例一、案例二所给资料，预习课件内容，分析并讲述在 Pr 软件中关键帧动画的参数设置与动画技巧，以及富有创意的关键帧动画效果在拍摄和剪辑时的要点。

【知识准备】

在使用 Pr 软件进行视频剪辑和制作的时候，效果控件面板占据着无可替代的核心地位，堪称创作者实现创意构想的关键枢纽。当我们着手制作视频，在时间轴上精准选定视频片段、图片、字幕等各类素材后，效果控件面板便迅速响应，以直观且条理清晰的界面，将素材特效与动态效果的关键设置选项一一呈现，所以“效果控件”按钮使用率相当高，它有很多下拉选项帮助我们完成视频的操作处理。

1. Pr 效果控件：视频创作基石

在 Pr 软件的效果控件面板中，蕴含着丰富且关键的参数设置选项，其中，关于视频效果设置包括三项参数：运动参数可调整素材的位置、缩放与旋转，不透明度参数能控制素材的可见程度，时间重映射参数则用于操控素材的播放速度与节奏，全方位助力视频创作，如图 3-2 所示。

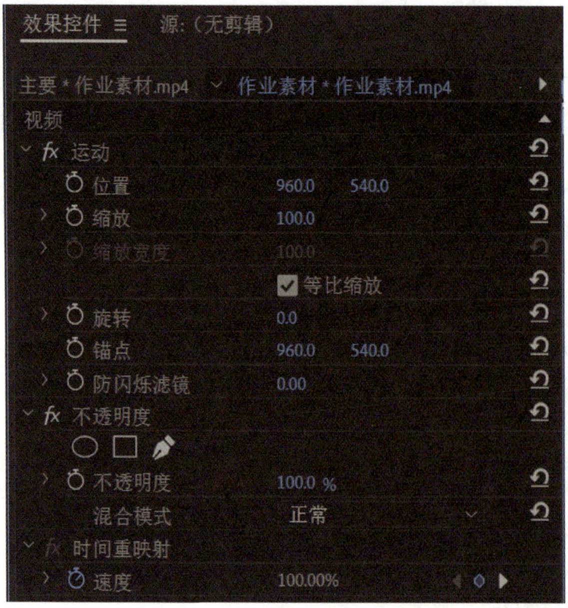

图 3-2　效果控件面板

1.1　视频参数：多元调控核心

在效果控件面板中，找到“位置、缩放、旋转、锚点”属性，可通过以下方式进行调整。

（1）直接输入数值：在运动属性字样旁边的数值框中直接输入具体的数字，来精确调整素材的位置、缩放大小、旋转角度及锚点位置。

（2）拖动参数：鼠标放在运动属性字样旁边的数值上，通过拖动滑块可以直观地调整素材的位置、缩放大小、旋转角度及锚点位置。

（3）定界框：在效果控件面板上单击“运动”，节目监视器面板出现定界框，使用鼠标调整定界框的位置、大小及锚点位置。

1.2　运动属性：打造动态视觉

在Pr的效果控件面板中，运动属性是极为关键的存在，它主要用于控制素材的位置、缩放、旋转等动态变化。通过对位置参数的调整，可精准设定素材在画面中的坐标，实现素材的平滑位移，无论是让主体在场景中穿梭，还是进行画面构图的灵活切换，都能轻松达成。缩放参数能改变素材的大小，既能放大细节凸显重点，又能缩小素材营造特定氛围。旋转参数则赋予素材旋转效果，从轻微的角度调整到360度的完整旋转，为视频增添了多样的动态视觉元素，助力创作者打造出富有活力与创意的视频内容。

1.2.1　位置变换

在Pr中，我们可以对素材的位置进行调整，具体步骤如下。

（1）导入要调整位置的素材，单击选中该素材，如图3-3所示。

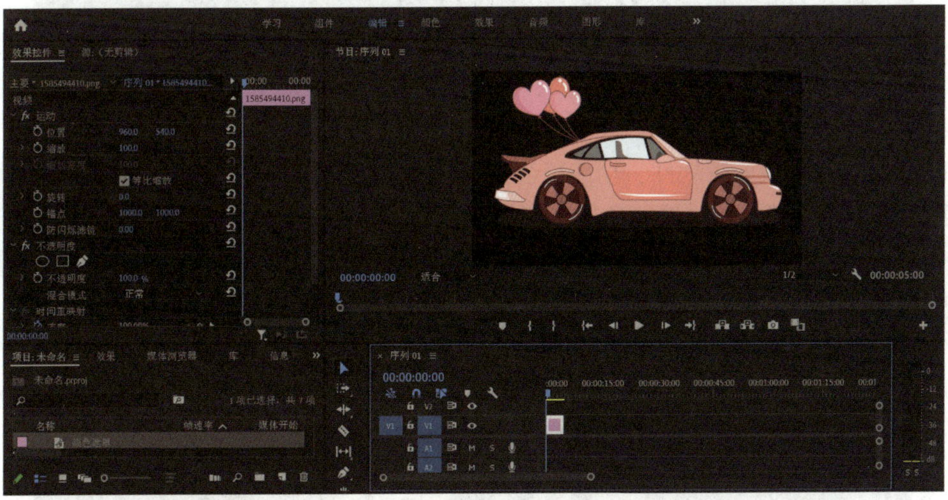

图3-3　素材导入效果

（2）在效果控件面板里会出现素材的各个属性。可以通过调整“位置”来调整素材的位置，当我们改变素材位置数值后，图片的位置会发生相应变化。在“运动”项目下，位置是对画面而言的，当位置的坐标为(x，y)时，素材的锚点就位于画面的(x，y)处，如图3-4所示。

1.2.2　缩放调整

在Pr中，我们可以将放置在一个固定位置的视频放大或缩小，具体步骤如下。

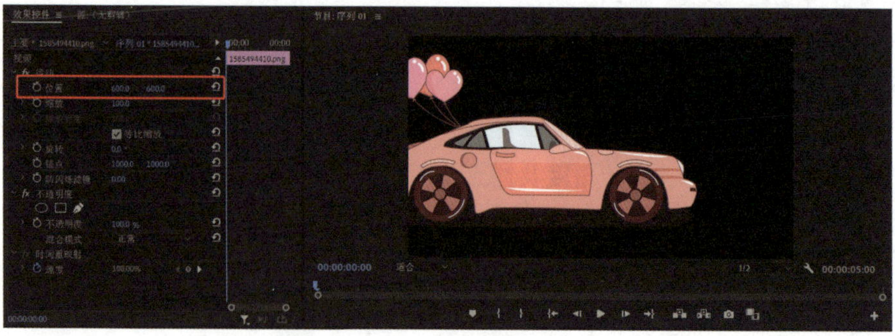

图 3-4　素材位置调整效果

（1）导入素材，单击选中该素材。

（2）在效果控件面板里会出现素材的各个属性。可以通过调整“缩放比例”来调整素材的大小，本例中将缩放数值修改为“50”，如图 3-5 所示。

图 3-5　素材缩放效果

1.2.3　旋转调整

Pr 作为专业视频剪辑软件，功能极为强大，它不仅能实现常规的视频剪辑操作，还具备视频旋转调整功能。通过这一功能，能够轻松应对各类复杂的播放环境，无论是竖屏传播的移动端场景，还是大屏设备的横屏展示，都能确保视频以最佳姿态完美呈现，满足多元化的视觉传播需求。

在效果控件面板里找到“运动”并展开其属性，找到“旋转”后面的数字，将其修改成“45”即可将视频旋转 45 度，如图 3-6 所示。

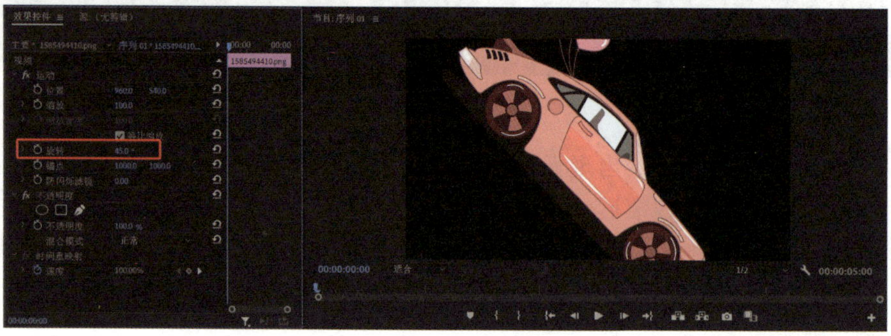

图 3-6　素材旋转效果

1.2.4　锚点数值变化

当我们在时间轴中选中素材后，在效果控件面板里，找到“锚点”选项，在节目监视器面板中，位于中心位置的圆点，便是锚点所在。

锚点是素材编辑中极为关键的一个概念，它决定了素材在进行各类变换操作时的参照基准。比如说，当锚点坐标设定为(0，0)时，素材的锚点就对应着该素材的左上角，此时，素材后续的缩放、旋转以及位置移动等操作，全部是以这个锚点位置作为基准来执行的。从本质上讲，锚点充当着画面镜头运动的核心参考点。在默认状态下，锚点会处于视频画面的正中心位置，为我们对素材进行编辑和特效制作提供一个便捷且标准的起始参照，如图 3-7 和图 3-8 所示。

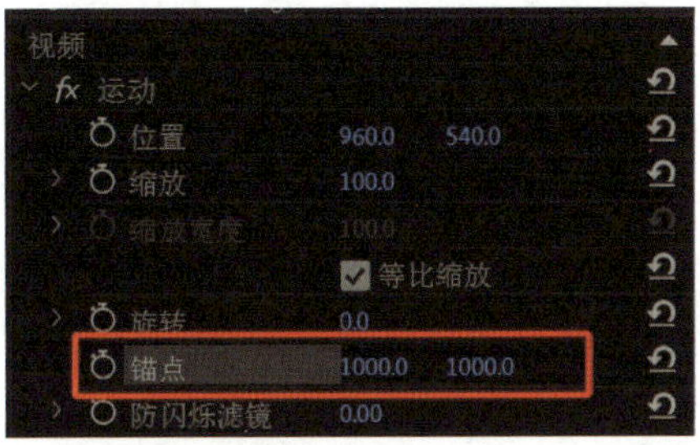

图 3-7　锚点数值调整

图 3-8　素材默认锚点位置

小资料
卡片

锚点和位置是两个不同的概念。锚点是指图像围绕着其运动的点，默认为节目监示器的中心。在效果控件面板中修改锚点，由于锚点是监示器的中心，Pr 要使修改后的锚点仍在监示器中心，只有移动坐标轴使节目监示器中心的坐标符合用户所定义的值。也就是说，不在节目监示器中修改锚点，它是不会动的，其他(坐标，图片)都围绕锚点做变换(*fx* 是效果开关，可以关闭效果的显示或者取消效果)。

1.3　不透明度：营造虚实氛围

在 Pr 的效果控件面板里，不透明度属性起着不可或缺的作用，它主要用于控制素材的可见程度。通过调节不透明度参数，可使素材从完全不透明渐变为完全透明，实现画面的淡入淡出效果，常用于转场设计，为不同场景的衔接增添自然流畅感。也能打造半透明效果，将多层素材融合。比如在制作梦幻场景时，让前景元素半透明叠加，营造虚实相生的意境，为视频创作注入独特的艺术氛围与创意表达。

1.3.1　基本概念

不透明度决定了素材在画面中的可见程度。数值为 100%时，素材完全不透明，会完整地显示其内容，遮挡住下方轨道上的其他素材；当数值降低时，素材会逐渐变得透明，下方轨道上的内容就会透过当前素材显示出来，当不透明度为 0%时，素材将完全透明，在画面中不可见。

1.3.2　操作方法

在效果控件面板中，找到“不透明度”属性，可通过以下方式进行调整。

（1）直接输入数值：在“不透明度”字样旁边的数值框中直接输入具体的百分比数字，如 50%、30%等，来精确控制素材的不透明度。

图 3-9　不透明度参数调整

（2）拖动参数：鼠标放在“不透明度”字样旁边的数值上，通过拖动滑块可以直观地调整不透明度的数值，向左拖动降低不透明度，向右拖动则提高不透明度，如图 3-9 所示。

小资料卡片

效果控件之不透明度应用场景：制作淡入淡出效果，常用于视频的开场和结尾；创建叠加效果，将两个或多个素材叠加在一起，通过调整它们的不透明度，使其相互融合，创造出独特的视觉效果；突出或弱化元素，降低无关元素的不透明度，使注意力集中在关键元素上。

1.3.3　为不透明度添加蒙版

在 Pr 中，为不透明度添加蒙版是一种非常实用的视频编辑技巧，它可以让用户更精准地控制素材的透明区域和不透明区域。

蒙版本质上是一种遮罩工具，用于在不改变原始素材内容的基础上，有选择性地显示或隐藏素材的部分区域。在与不透明度结合使用时，蒙版可以定义哪些区域的不透明度受调整影响，哪些区域不受影响，从而实现更加丰富和精细的视觉效果。

添加蒙版的操作步骤：

（1）打开效果控件面板。在 Pr 中选中需要添加蒙版的素材，然后找到效果控件面板。如果没有显示，可以通过“窗口→效果控件”将其调出。

（2）展开不透明度属性。在效果控件面板中找到“不透明度”属性，点击其左侧的小三角形图标将其展开。

（3）添加蒙版。在不透明度属性展开后，点击下面的三个按钮中的任意一个，此时会在素材上出现蒙版，如图 3-10 所示。

图 3-10　添加椭圆蒙版效果

（4）调整蒙版形状。添加蒙版后，可以通过点击并拖动蒙版边缘的控制点来调整蒙版的形状和大小，控制不透明度的区域。也可以在“蒙版”属性中选择不同的蒙版形状，如椭圆、多边形等，以满足不同的需求，如图3-11所示。

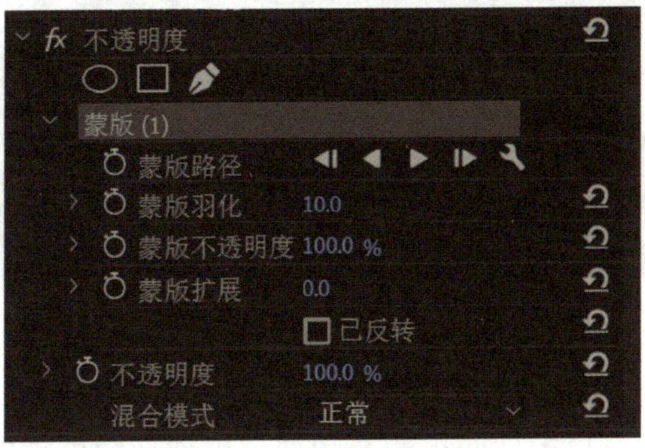

图3-11 蒙版参数设置

（5）调整蒙版羽化。羽化值决定了蒙版边缘的柔和程度。在“蒙版”属性中找到“羽化”选项，通过拖动滑块或直接输入数值来调整羽化值。数值越大，蒙版边缘越柔和，不透明度的过渡也越自然，如图3-12所示。

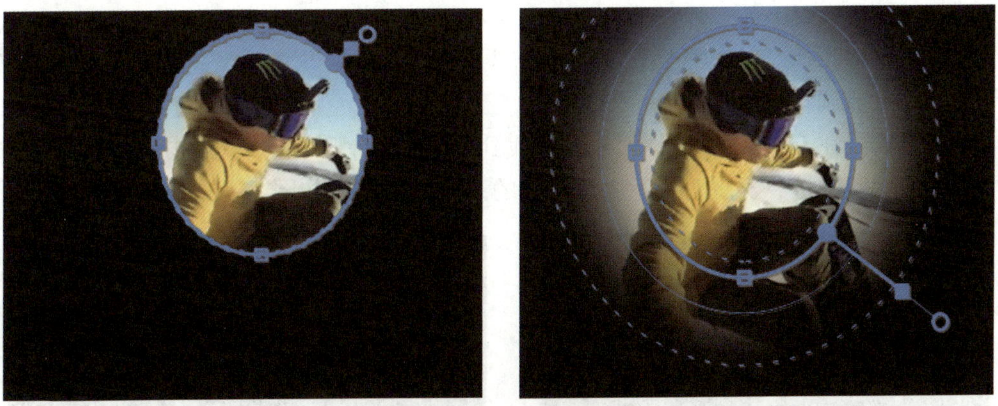

图3-12 蒙版边缘羽化效果

（6）调整蒙版不透明度。在“蒙版”属性中找到“蒙版不透明度”选项，通过拖动滑块或输入数值来调整蒙版的不透明度。该不透明度是在素材整体不透明度基础上的进一步调整，用于更精细地控制蒙版区域的可见程度。

小资料卡片

当添加蒙版后，节目监视器面板却看不到蒙版时，可以采取以下解决方法：①检查添加蒙版个数，蒙版个数太多会导致不能显示；②拖动面板大小；③更改渲染程序。

1.4 时间重映射：重塑时间节奏

时间重映射是一种能够对视频素材的时间进行灵活操控的技术手段。它可以改变视频播放的速度，但是音频不会发生变化。它允许用户打破视频原有的时间顺序和节奏，通过改变素材在时间轴上的播放速度、方向以及特定时间点的位置等，实现诸如慢动作、快动作、定格、倒放等多样化的时间特效，从而为视频创作带来更多的创意和表现力，如图 3-13 所示。

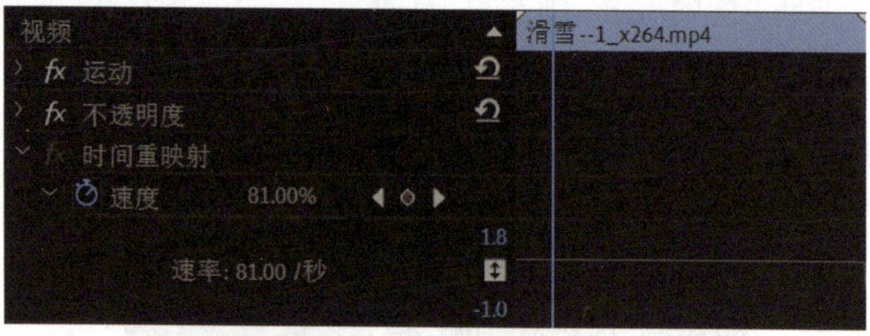

图 3-13　时间重映射设置

2. Pr 效果控件：音频处理枢纽

在视频编辑软件中，效果控件面板的音频部分堪称音频处理的核心区域，它为创作者提供了丰富且精细的音频调整与特效制作功能，助力打造专业、优质的音频效果。以下对音频面板参数进行详细剖析，如图 3-14 所示。

2.1　音量旁路：效果快速切换

功能作用：主要用于快速切换音频效果的启用和禁用状态。当勾选“旁路”选项时，所有应用在该音频素材上的音量相关特效和调整都将被暂时忽略，音频会以原始的音量状态播放，方便用户快速对比添加效果前后的音频差异，或在不需要某些效果时快速关闭，而无须逐个删除或调整效果参数。

操作方式：在 Pr 的效果控件面板中，找到“音量→旁路”选项，点击其前面的复选框即可勾选或取消勾选，实现对音量旁路功能的开启或关闭，如图 3-15 所示。

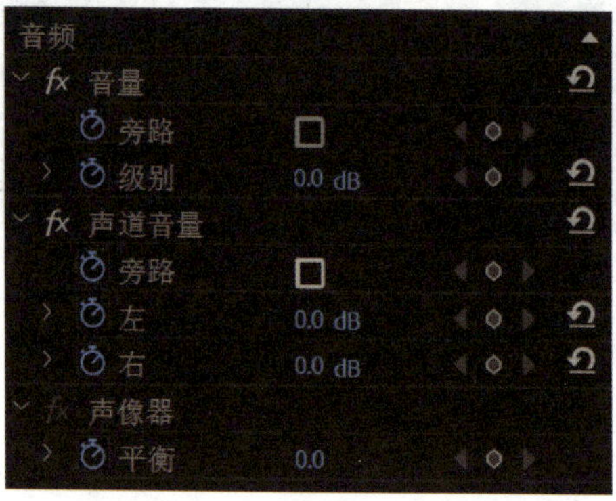

图 3-14　音频面板参数设置

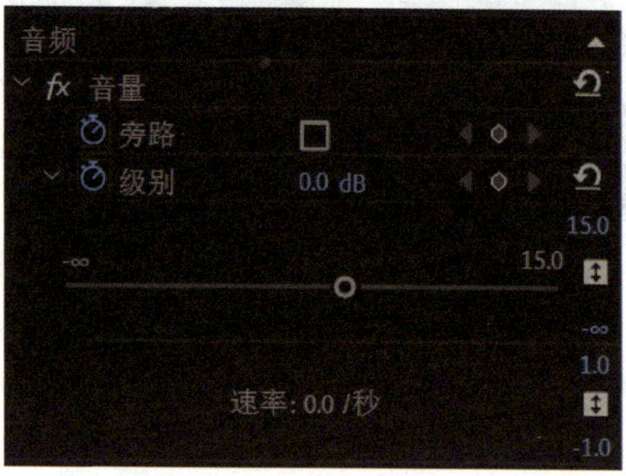

图 3-15　音量参数设置

2.2　音量级别：掌控整体响度

功能作用：用于整体控制音频的响度。它决定了音频信号的强弱程度，直接影响到最终输出时音频的音量大小，是调整音频音量最常用的功能之一。

操作方式：在 Pr 的效果控件面板或音频轨道上，可通过拖动音量级别滑块来直观地调整音量，滑块向右移动，音量增大；向左移动，音量减小；也可直接输入具体的数值来精确设定音量，数值以分贝（dB）为单位，数值越高，音量越大，反之音量越小。当音量设置为负数时，会降低音频的音量；若设置为 0，则表示原始音量。

2.3 声道音量：精调声道平衡

功能作用：用于单独控制每个声道的音量大小，在处理多声道音频时非常有用。例如，在立体声音频中，可以分别调整左声道和右声道的音量，以实现特殊的音频效果或纠正声道不平衡的问题；在5.1声道等环绕声音频中，能精确控制各个声道（如前置左、前置中、前置右、后置左、后置右、低音炮）的音量，使声音在不同声道之间的分布更加合理，营造出更具沉浸感的音频环境。

操作方式：在Pr的音频效果控件中，声道音量通常会以单独的滑块或数值输入框形式呈现，针对不同声道进行操作。以立体声音频为例，会有左声道音量和右声道音量的调节选项，可分别拖动滑块或输入数值来调整左、右声道的音量，如图3-16所示。

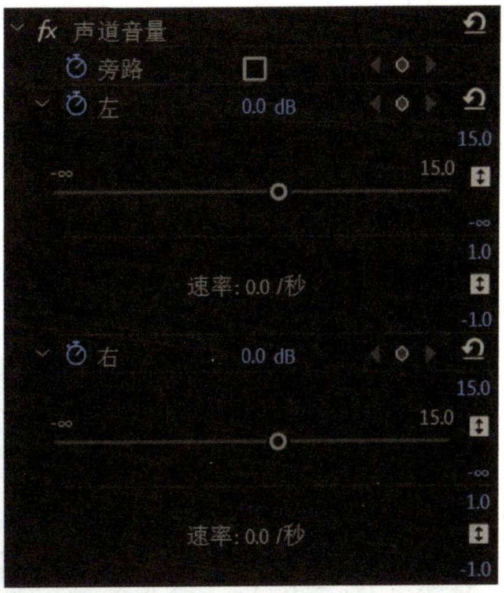

图3-16 声道音量参数设置

2.4 声像定位：营造立体空间

功能作用：用于在立体声声场或多声道声场中定位声音的位置，即决定声音在左右声道或各个声道之间的分布情况，通过调整声像位置，可以让声音在不同声道之间移动，营造出声音从左到右、从前到后等不同方向的运动感和空间感，增强音频的立体感和沉浸感。

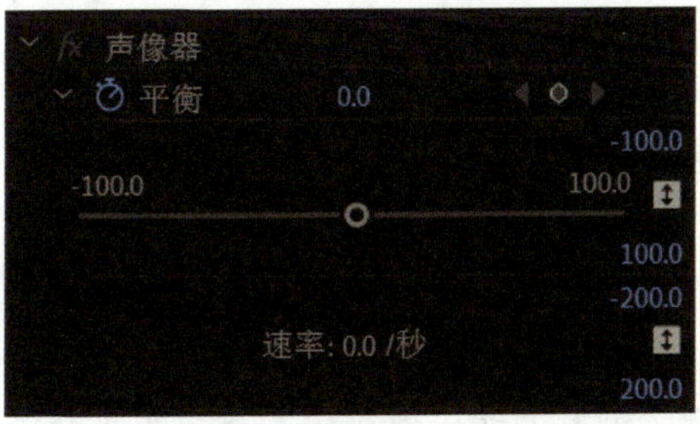

图3-17 平衡参数设置

操作方式：在Pr中，声像器一般是一个带有可拖动图标或滑块的界面。在立体声声像器中，将滑块向左拖动，声音会更多地偏向左声道；向右拖动，则会更多地偏向右声道。还可以通过在特定位置设置关键帧，让声像位置随时间变化，实现声音在声场中动态移动的效果，比如模拟物体从画面左侧移动到右侧时声音的相应位置变化，如图3-17所示。

小资料卡片

在效果控件中进行音频设置，有以下注意事项：音量方面，要防止音量过高失真，保持各音频间平衡，用关键帧调节；声道上，根据内容合理分配，避免冲突；音频特效需适度使用，精确调整参数并注意顺序；音频格式要考虑软件与平台兼容性，合理设置编码参数；此外，要用高质量监听设备实时监听，在不同环境和设备上进行测试，确保音频在各种情况下都能有良好的播放效果。

3. Pr核心功能：关键帧动画

在Pr中，关键帧动画堪称极为强大的核心功能，借助它，创作者能精准构建丰富多样的动态效果，无论是让视频画面实现灵动位移、特效渐变，还是促使音频元素的音量起伏、声像游移，都可随时间巧妙变化。

3.1 关键帧：定义素材状态

定义：关键帧是在时间轴上指定的特定时刻，用于定义视频或音频素材的特定状态或属性值的帧。它标志着素材在某个瞬间的特定情况，如某个画面的特定位置、大小、旋转角度，或者音频的特定音量、声像位置等。

作用原理：Pr 通过在不同时间点设置关键帧，并指定每个关键帧上素材的属性值，来确定素材在这些关键时间点的状态，软件会自动计算并生成关键帧之间的过渡帧，使素材的属性从一个关键帧状态平滑地过渡到下一个关键帧状态，从而实现各种动态效果，如画面的移动、缩放、旋转，音频的音量变化、声像移动等，如图 3-18 所示。

图 3-18　关键帧设置

3.2 动画原理：驱动动态变化

定义：关键帧动画是一种基于时间轴，通过在特定时间点设置关键帧，定义视频或音频素材属性值，由软件自动生成中间过渡帧，实现素材属性动态变化的技术。在 Pr 中，这些属性涵盖视频的位置、缩放、旋转、不透明度，音频的音量、声像等。

作用原理：关键帧动画的实现依赖于 Pr 对关键帧之间差值的计算。当在时间轴上为某一属性(如缩放比例)设置两个不同数值的关键帧时，Pr 会依据时间间隔和属性值的变化幅度，按照线性或特定的曲线算法生成过渡帧。在线性过渡下，属性变化匀速；而通过调整关键帧的缓入缓出等曲线设置，可改变过渡的速率，实现加速、减速等效果。例如，在制作一个物体逐渐加速下落的动画时，可通过设置关键帧曲线，使物体下落初期速度较慢，随着时间推移速度加快，如图 3-19 所示。

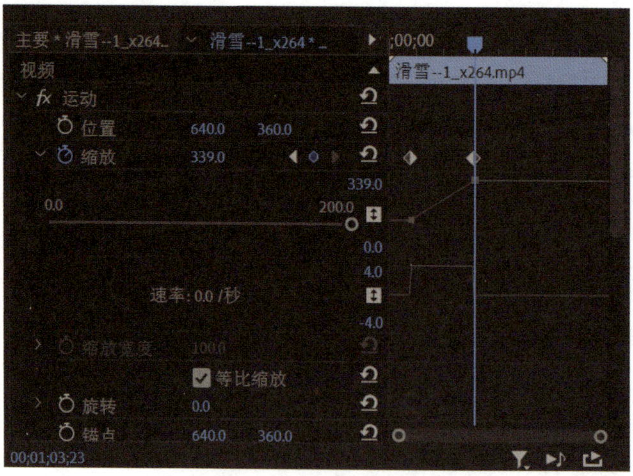

图 3-19　关键帧动画设置

3.3 操作流程：实现创意动画

添加关键帧：在时间轴上选中目标素材，切换至效果控件面板，找到需要设置动画的属性，如“位置”，将时间指针定位到期望添加关键帧的时刻，点击属性旁的“切换动画”按钮，此时会生成一个关键帧，属性值即为当前素材在该时刻的状态值。接着移动时间指针到另一时间点，更改属性值，Pr 会自动添加第二个关键帧，并创建二者间的动画过渡，如图 3-20 所示。

图 3-20　添加关键帧

编辑关键帧：关键帧添加后，可在时间轴或效果控件面板中对其进行编辑。在时间轴上，直接拖动关键帧可改变其时间位置；在效果控件面板中，可修改关键帧对应的属性值；右键点击关键帧，还能选择“缓入”“缓出”等选项，调整关键帧间的过渡效果，使动画更加自然。

删除关键帧：若要移除某个关键帧，在时间轴或效果控件面板中选中它，按下“Delete”键，或者点击“切换动画→删除关键帧”即可。

小资料卡片

在 Pr 中设置关键帧动画，首先，关键帧位置要精准，依据元素运动节奏与变化节点添加，如物体加速运动，起始关键帧间隔长，加速时缩短间隔。其次，避免关键帧过度密集或稀疏，前者使动画卡顿不流畅，后者则让变化突兀。再次，注意参数过渡的合理性，像不透明度从 0% 到 100%，线性过渡适合多数场景，若想突出特殊效果，可选择贝塞尔曲线调整。最后，对多个关联元素设置动画，要把控好关键帧的时间顺序，确保整体协调，呈现自然流畅的动态效果。

3.4 插值类型：优化过渡效果

在 Pr 中，空间插值和临时插值是关键帧动画中用于计算过渡效果的两种重要方式。

空间插值的含义：基于画面空间，主要用于“位置”“锚点”等空间属性，影响属性在空间中的变化路径，即控制对象在画面中的运动轨迹，如图 3-21 所示。

空间插值的类型及特点：

线性：对象按直线路径移动，适用于需要直线运动的对象，关键帧无方向手柄，无法调整曲线，如图 3-22 所示。

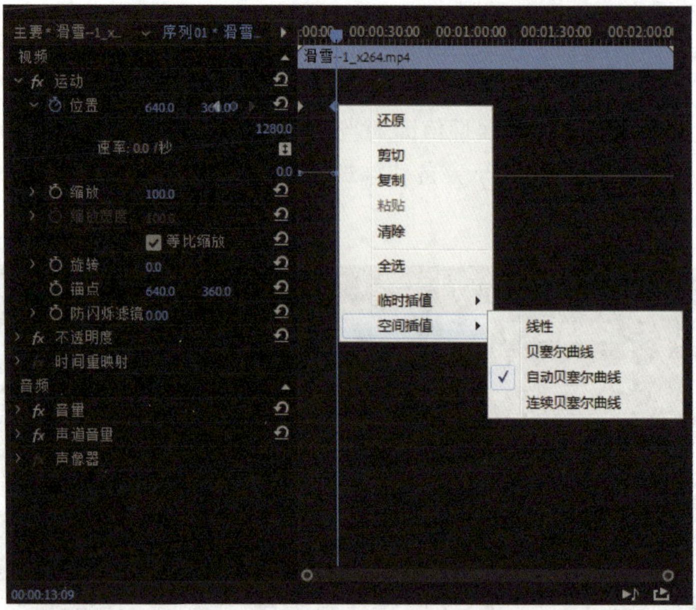

图 3-21　空间插值

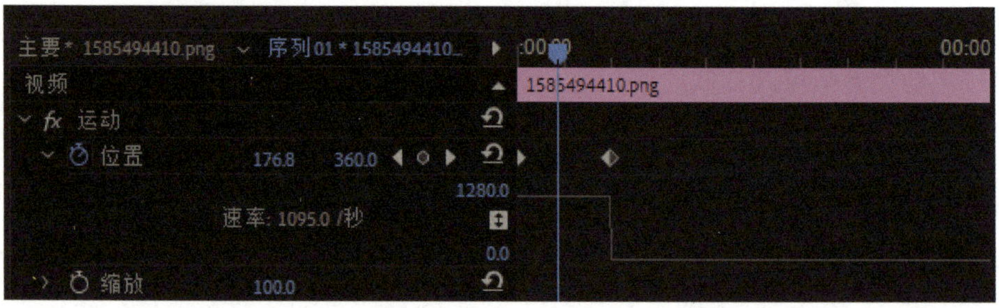

图 3-22　空间插值-线性

贝塞尔曲线：移动路径为可调整的曲线，可手动调整路径形状，适用于需要复杂曲线路径的运动，关键帧具有可独立调整的方向手柄，能单独控制进入和离开的曲线，如图 3-23 所示。

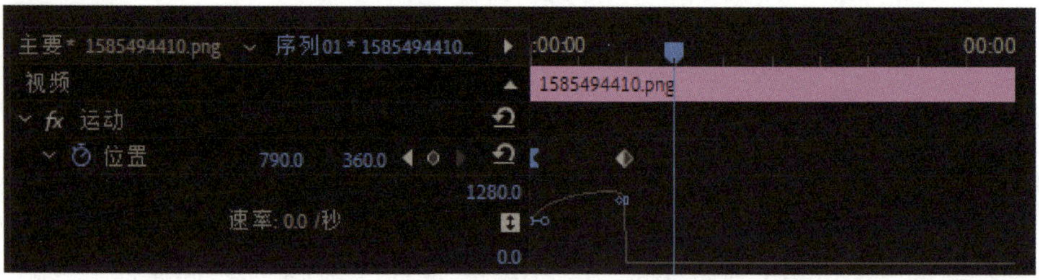

图 3-23　空间插值-贝塞尔曲线

连续贝塞尔曲线：路径在关键帧处保持平滑连续，方向手柄联动调整，适用于需要平滑过渡的曲线路径，调整一侧方向手柄，另一侧也会相应变化，以确保曲线的连续性。

自动贝塞尔曲线：软件自动生成平滑的曲线路径，方向手柄由软件自动调整，适用于希望快速获得平滑路径而无须手动调整的情况，更改关键帧值时，手柄自动变化以维持平滑。

临时插值的含义：临时插值也叫时间插值，基于时间，影响属性值随时间变化的速度，决定动画的节奏和加速度，即控制对象运动的速度变化，如加速、减速、缓入、缓出等，如图 3-24 所示。

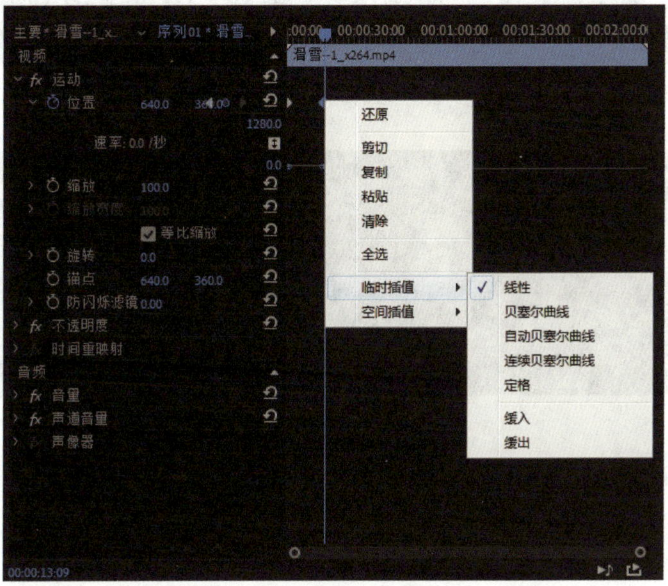

图 3-24　临时插值

临时插值的类型及特点：

线性：属性值以恒定速度变化，关键帧之间的过渡是直线，适用于需要匀速变化的动画，没有锁定传入速度与传出速度，可随意单边改变，变化可能突然起停，动画节奏较机械，如图 3-25 所示。

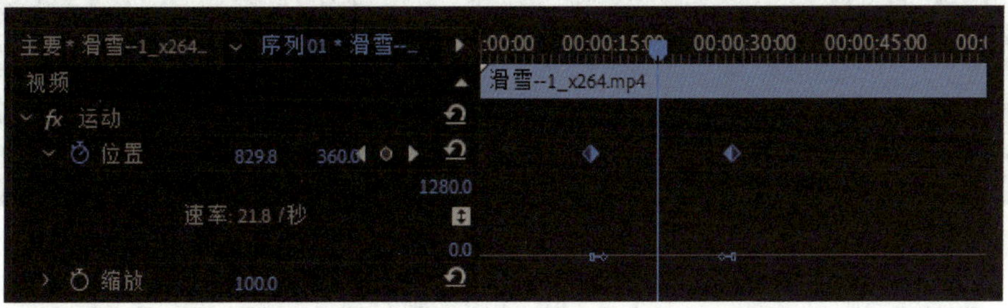

图 3-25　临时插值-线性

贝塞尔曲线：可以手动调整速度曲线的形状，实现精确控制，适用于需要自定义速度变化的动画，关键帧有独立的速度控制手柄，可单独调整传入和传出的速度，可控性强，能创建平滑变化和进行精确控制，如图 3-26 所示。

连续贝塞尔曲线：速度曲线在关键帧处保持平滑连续，手柄联动调整，适用于需要平滑速度过渡的动画，锁定传入速度与传出速度，调整一侧速度手柄，另一侧同步变化，如图 3-27 所示。

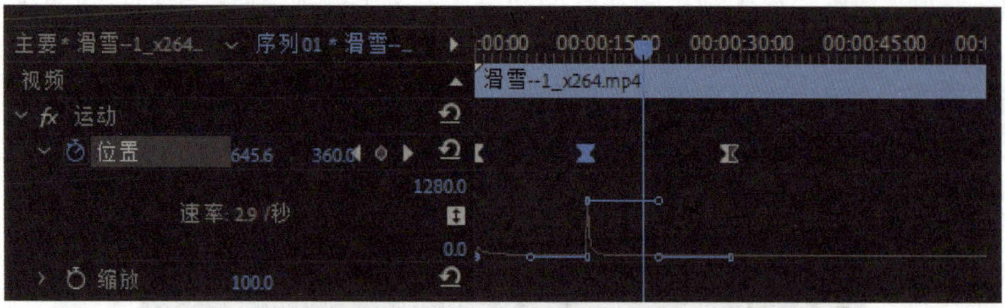

图 3-26　临时插值-贝塞尔曲线

图 3-27　临时插值-连续贝塞尔曲线

自动贝塞尔曲线：自动生成平滑的速度曲线，无须手动调整，适用于快速实现平滑的速度变化场合，锁定传入速度与传出速度，更改关键帧的值时，手柄通常会自动变化，以维持关键帧之间的平滑过渡。

定格：属性值在关键帧之间保持不变，产生突然的变化，适用于需要瞬间变化或跳变的动画，应用了定格插值的关键帧到下一个关键帧之间的过渡显示为水平直线，如图 3-28 所示。

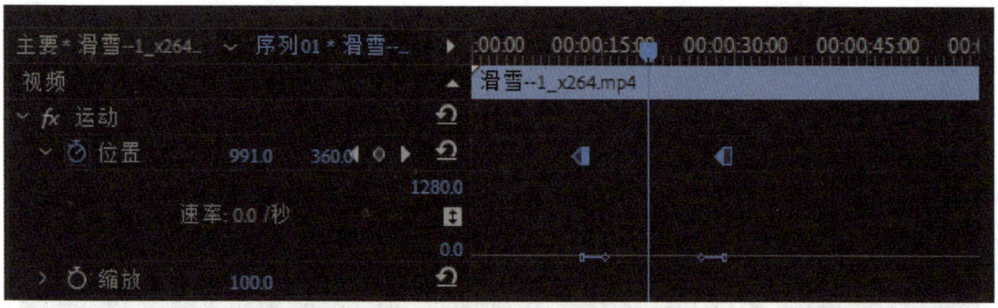

图 3-28　临时插值-定格

缓入是一种动画过渡效果，它使素材在开始动画时速度较慢，然后逐渐加快。

缓出与缓入相反，它是让素材在动画结束时速度逐渐减慢直至停止。在效果空间中应用缓出效果后，素材在接近动画结束的阶段，其属性变化的速度会越来越慢。

小资料卡片

空间插值：要依据素材的空间特性选择合适算法，如均匀分布用线性插值，复杂场景用样条插值。需注意关键帧位置的准确性，它决定了插值的起始和终止状态，位置偏差会使空间过渡不自然。

时间插值：需确保时间序列的连贯性，避免出现时间跳跃或中断。还要关注帧速率设置，插值后的帧速率要与项目整体帧速率匹配，否则可能导致画面卡顿或播放速度异常。同时，要根据视频节奏和内容合理控制插值的频率和强度。

4. Pr 创意利器：关键帧动画预设

在 Pr 的庞大功能体系中，关键帧动画预设堪称极具价值的创意利器。它极大地简化了关键帧动画的创作流程，帮助创作者将更多精力投入创意构思与视频叙事中，显著提升创作效率与作品质量。

4.1　预设特性：便捷复用模板

4.1.1　节省时间与精力

在视频制作中，创建复杂的关键帧动画是一项耗时且需要高度专注的工作。以制作一个包含位置、缩放、旋转以及透明度变化的综合动画为例，不仅要在不同时间点精确设置关键帧，还要调整关键帧间的过渡效果，确保动画自然流畅。而关键帧动画预设将一系列精心设计的关键帧组合存储为模板，只需从预设库中选择合适的预设，一键应用到目标素材上，就能瞬间获得理想的动画效果。例如，制作短视频中常见的字幕从屏幕上方渐入的动画，借助预设功能，原本可能需要十几分钟的操作，现在仅需几秒钟就能完成，大大节省了时间和精力。

4.1.2　保障风格统一

对于系列视频或大型项目而言，保持各部分动画风格的一致性至关重要。关键帧动画预设为实现这一目标提供了便捷途径，创作者可创建符合项目风格的预设，如企业宣传视频的特定转场动画、电商产品展示的统一出场动画等。在项目制作过程中，将这些预设应用到不同素材上，可以确保整个视频风格的连贯性、强化观众对品牌或主题的认知。

4.1.3　激发创意灵感

预设库中丰富多样的动画效果为创作者提供了源源不断的创意灵感，即使是经验丰富的创作者，也可能在浏览预设的过程中获得新的创作思路。例如，看到一个独特的缩放旋转预设，创作者可能会联想到将其应用于产品细节展示，从而创造出新颖的视觉效果。对于新手创作者来说，预设更是学习和模仿的重要资源，通过应用和分析预设，可逐渐掌握关键帧动画的制作技巧。

4.1.4　便于团队协作

在团队视频制作项目中，关键帧动画预设促进了成员间的协作。团队成员间可共享预设，确保大家在动画风格和制作标准上保持一致，当有新成员加入项目时，通过使用预设，新成员能快速融入团队的创作流程，提高团队整体的工作效率。

4.2　保存方法：留存创意组合

4.2.1　设置保存路径

在 Pr 软件中，保存关键帧动画预设操作简单。首先，在时间轴上选中已设置好关键帧动画的素材，打开效果控件面板。在效果控件面板中，右键单击要保存的动画属性（如运动、不透明度等），选择“存储动画预设”。此时，系统会弹出保存对话框，可选择预设的保存位置，并为预设命名。建议将预设分类保存，如按动画类型、应用场景等分类，方

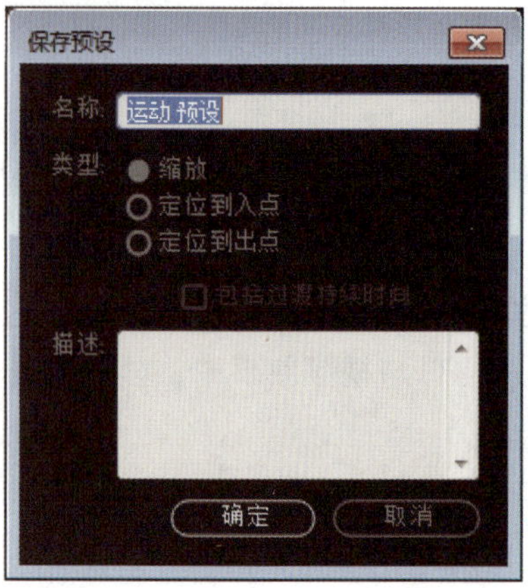

图 3-29 保存预设

便后续查找和使用，如图 3-29 所示。

4.2.2 添加描述信息

为了更好地管理和使用预设，在保存时添加详细的描述信息十分必要。描述信息应包括预设的动画效果特点、适用场景等。例如，对于一个名为“产品旋转展示”的预设，描述信息可写成“该预设使素材围绕中心轴进行 360 度旋转，适用于电商产品展示视频，突出产品外观细节”。这样，在浏览预设库时，创作者能快速了解预设的功能和适用范围，提高选择预设的效率。

4.2.3 定期整理更新

随着项目的推进和创作经验的积累，预设库会不断丰富。为了确保预设库的整洁和高效，需要定期对预设进行整理和更新，删除不再使用或效果不佳的预设，合并或优化相似的预设。同时，根据新的创作需求，及时创建新的预设，使预设库始终满足创作的需要。

4.2.4 备份预设

为防止预设丢失，建议定期对预设进行备份。可将预设文件夹复制到外部存储设备或云盘中。当需要在其他设备上使用相同的预设时，只需将备份的预设文件夹复制到相应位置即可在 Pr 软件中正常使用。

4.3 使用技巧：快速应用效果

4.3.1 精准选择预设

在使用预设前，需对视频的整体风格、素材特点和叙事需求有清晰的认识，以便精准选择合适的预设。例如，在制作浪漫风格的爱情短片时，应选择淡入淡出、柔和旋转等具有浪漫氛围的预设；在制作动作片的打斗场景时，则需选择快速缩放、强烈位移等能体现紧张节奏的预设。此外，还可通过预览预设效果，进一步确定预设是否符合要求。

4.3.2 灵活调整预设

虽然预设能快速为素材添加动画效果，但在实际应用中，往往需要根据具体情况对预设进行调整。可在效果控件面板中对预设的关键帧进行修改，如调整关键帧的位置、属性值、过渡效果等。例如，将一个原本从屏幕左侧滑入的预设动画，修改为从屏幕底部滑入，以更好地适应视频的构图和叙事需求。

4.3.3 组合使用预设

为创造出更丰富的动画效果，可将多个预设组合使用。例如，先为素材应用一个淡入预设，使其在视频开头逐渐显现；然后再应用一个位置移动预设，让素材在画面中移动到指定位置；最后应用一个旋转预设，为素材添加旋转效果。通过合理组合不同的预设，能打造出独特的动画序列，增强视频的视觉冲击力。

4.3.4 批量应用预设

当需要为多个素材添加相同的动画效果时，批量应用预设功能可大大提高工作效率。只需选中多个目标素材，然后将预设直接拖曳到选中的素材上，Pr 软件会自动为每个素材应用预设的动画效果。在制作产品展示视频时，可一次性为多个产品图片或视频片段应用相同的展示预设。

预设使用方法：在 Pr 的效果面板或者软件自带的预设库中，找到“关键帧动画预设”选项，浏览并挑选符合自己需求的预设。把选中的预设直接拖曳到需要添加动画效果的视频素材上，就能快速应用该预设的关键帧动画效果，如图 3-30 所示。

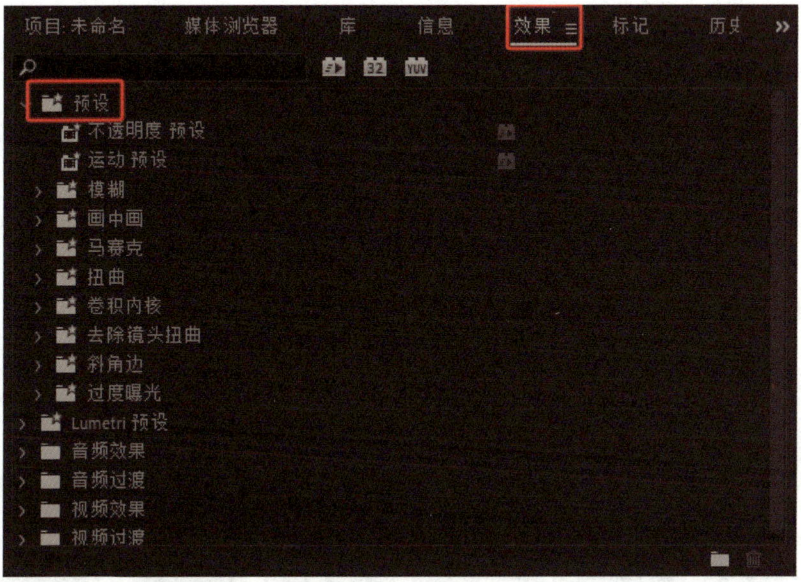

图 3-30 预设库

4.4 实践价值：提升创作效率

4.4.1 加速项目启动

在项目开始阶段，关键帧动画预设能帮助创作者快速搭建视频的动画框架。通过选择合适的预设，为视频中的各种素材添加初步的动画效果，确定视频的整体节奏和风格。不仅节省了大量的时间和精力，还为后续的精细化创作奠定了基础。

4.4.2 优化制作流程

在视频制作过程中，预设的使用简化了关键帧动画的制作流程。创作者无须花费大量时间进行烦琐的关键帧设置，而是将更多的精力放在视频的剪辑、调色、音频处理等其他重要环节上。同时，预设的批量应用和灵活调整功能进一步提高了制作效率，使整个制作流程更加顺畅。

4.4.3 提升作品质量

关键帧动画预设为创作者提供了丰富的动画效果选择，使创作者能够为视频添加高质量的动画元素。通过合理应用预设，能使视频的画面更加生动、有趣，增强视频的叙事能力和视觉吸引力。此外，预设的风格统一确保了视频整体的协调性和专业性，提升了作品的质量。

4.4.4 降低创作门槛

对于新手创作者来说，关键帧动画预设是学习和提升创作能力的重要工具。通过使用预设，新手创作者可以快速上手关键帧动画制作，了解动画效果的实现原理和方法。同时，预设的可调整性为新手创作者提供了实践和探索的空间，帮助他们逐渐积累经验，提升创作水平。

小资料卡片

使用关键帧动画预设的优点：

提高效率：可直接调用预设，无须逐帧设置关键帧，节省大量时间和精力，加快动画制作进程。

保证质量：预设通常是经过专业设计和优化的，能确保动画效果的流畅性与协调性，呈现出高质量的动画表现。

便于统一风格：在一个项目中使用相同的关键帧动画预设，有助于保持整体动画风格的一致性，使作品更具整体性。

【任务实施】

根据班级人数将学生分成若干实训活动小组，每组设组长 1 名，负责安排、协调、督促小组完成实训任务，同时做好实训活动记录。

项目实训　天坛祈愿，活力京韵

根据案例的具体要求，分析完成实训任务的操作步骤和知识要点，如图 3-31 所示。

图 3-31　“天坛祈愿，活力京韵”剪辑素材

步骤一：新建项目并导入素材

(1) 新建文件夹：命名为“天坛祈愿，活力京韵-日期”，将剪辑要用到的素材分类整理放入文件夹。

(2) 新建项目：项目名称为“天坛祈愿，活力京韵”，位置指向“天坛祈愿，活力京韵-日期”文件夹。

(3) 新建序列：尺寸为 1920px×1080px，像素长宽比为方形像素 1.0，帧速率为 25 帧/秒。

(4) 导入素材：将剪辑要用到的素材导入新建项目中。

步骤二：分析样片总结制作要点

(1) 导入样片文件，反复观看并总结制作要点。

(2) 剪辑过程中需要将素材中的动画画面从各个镜头中抠出，为后续关键帧动画的操作做准备。

(3) 对样片中动画起始、结束时间，进行标记添加，并将不需要的素材进行裁剪，方便后续关键帧动画设置。

步骤三：素材抠图制作

根据素材将需要添加动画效果的画面抠出，并保存为 PNG 格式。

方法一：使用 Pr 软件钢笔工具创建蒙版实现抠图。

(1) 导入素材：将需要抠图的视频素材拖曳到时间轴的视频轨道上。

(2) 打开效果控件面板：在时间轴上选中该视频素材，打开效果控件面板，后续的操作都将在这个面板中完成。

（3）使用钢笔工具创建蒙版：在效果控件面板中找到“不透明度”属性，点击“添加蒙版”按钮，选择“钢笔工具”，如图 3-32 所示。

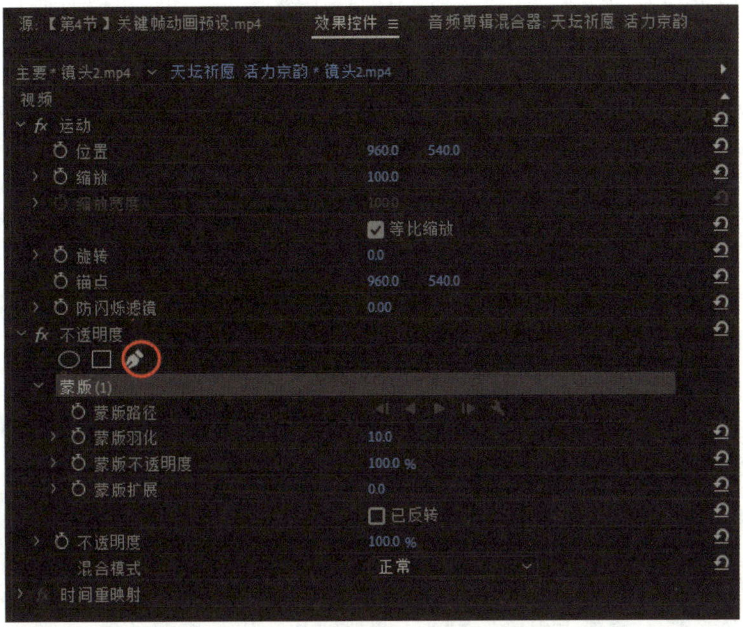

图 3-32 使用钢笔工具创建蒙版

（4）绘制路径：将鼠标指针移动到素材画面上，点击确定第一个锚点，接着移动鼠标到其他位置再次点击，创建第二个锚点，两个锚点之间会自动形成一条直线。沿着要抠取的对象边缘依次点击添加锚点，勾勒出大致轮廓。如果对象边缘是曲线，可以点击并拖动鼠标，创建带有方向线的平滑锚点，通过调整方向线的长度和角度来改变曲线的形状，如图 3-33 所示。

图 3-33 使用钢笔工具绘制路径

（5）调整蒙版细节。

添加和删除锚点：若需要在已有的路径上添加锚点，可使用"添加锚点工具"在路径上点击；若要删除多余的锚点，使用"删除锚点工具"点击即可。

调整锚点位置和方向线：使用"选择工具"选中锚点，拖动它可以改变其位置；拖动方向线的端点，可以调整曲线的弯曲程度和方向。

（6）优化抠图效果。

羽化边缘：在效果控件面板的蒙版属性中，找到"羽化"参数，适当增加羽化值可以使蒙版边缘更加柔和自然，减少生硬感。

（7）导出序列帧：点击"文件"菜单，选择"导出→媒体"，在弹出的"导出设置"窗口中，选择格式为"PNG"。设置好输出路径和名称后，点击"导出"即可。

方法二：使用 PS 软件钢笔工具实现抠图。

（1）导入素材：将需要抠图的视频素材拖到时间轴的视频轨道上。

（2）导出帧：定位到要导出的帧，定位好帧后，点击"文件"菜单，选择"导出"，然后在子菜单中选择"帧"。在弹出的"导出帧"对话框中，设置参数、保存位置后，点击"导出"按钮。（或使用快捷键"Ctrl+Shift+E"导出帧）

（3）使用钢笔工具抠图：运用钢笔工具仔细地沿着需要抠取的对象边缘创建路径，通过添加、删除和调整锚点来优化路径，使其精准贴合对象轮廓。完成路径绘制后，将路径转换为选区（在路径面板中，右键点击"路径"，选择"建立选区"，在弹出的对话框中设置合适的羽化值等参数，然后点击"确定"）。调整细节，优化抠图效果。

（4）复制图层：为了不破坏原始图像，将选区内的对象复制到新的图层上。按下"Ctrl+J"组合键，即可将选区内的内容复制到一个新图层，如图 3-34 所示。

图 3-34　使用钢笔工具抠图

（5）保存文件：点击菜单栏中的"文件"，在下拉菜单中选择"存储为"，选择文件的保存位置和格式。点击"保存"按钮即可将文件以 PNG 格式保存，如图 3-35 所示。

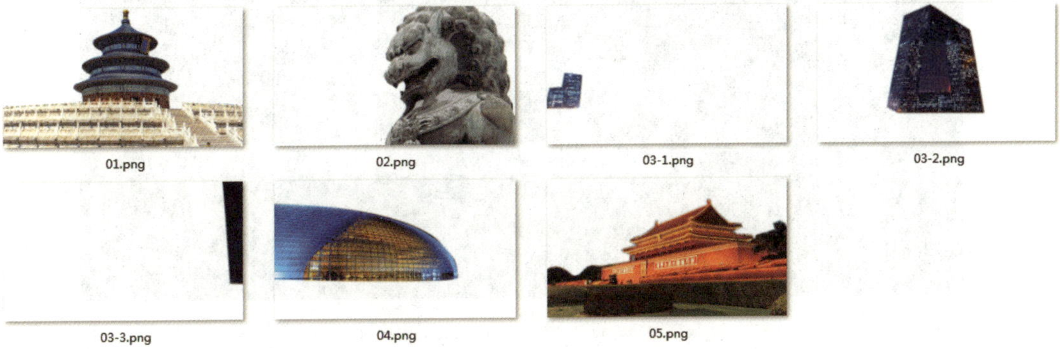

图 3-35　抠图后的图片素材

步骤四：祈年殿动画制作

（1）导入并放置素材：将视频素材“镜头 1. mp4”“镜头 2. mp4”“镜头 3. mp4”“镜头 4. mp4”“镜头 5. mp4”“镜头 6. mp4”拖到 V1 轨道，根据样片对素材进行裁剪，并根据样片动画始末位置添加标记，如图 3-36 所示。

图 3-36　添加动画标记

（2）将抠图完成的“01. png”素材拖到 V2 轨道，并调整其在时间轴上的位置，如图 3-37 所示。

（3）开启关键帧：选中“01. png”素材，打开效果控件面板。在“运动”选项组，点击“位置”左侧的小秒表图标，开启关键帧记录功能，此时在当前时间点会自动创建一个关键帧。在“位置”参数中，调整数值使素材位于画面底部，即调整 Y 轴数值，如图 3-38 所示。

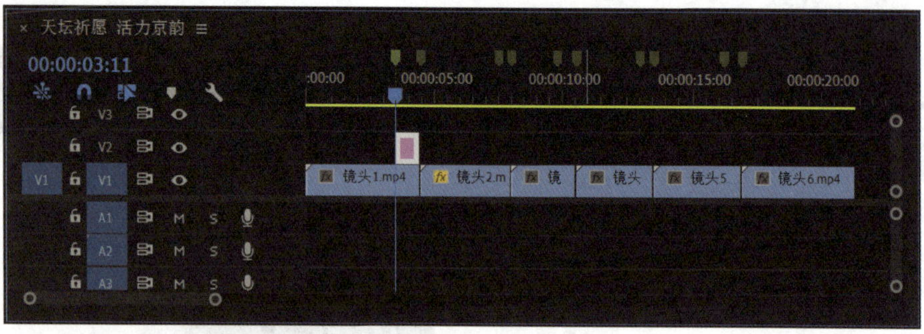

图 3-37　导入“01. png”图片

图 3-38　开启关键帧设置

（4）设置结束位置：将时间指针移动到动画结束的时间点。通过改变“位置”参数的数值，将素材的位置调整到画面顶部，Pr 会自动在该时间点创建一个新的关键帧，如图 3-39 所示。

图 3-39　结束关键帧设置

（5）预览与调整：点击节目监视器中的“播放”按钮预览动画效果。如果动画的速度、节奏不符合预期，可以在时间轴上拖动关键帧来调整动画的持续时间，也可以在效果控件面板中选择“关键帧”，通过调整关键帧的贝塞尔曲线手柄来改变动画的加速或减速效果，使动画更加自然流畅。

（6）太和门、中央电视台总部大楼、天安门三个镜头的动画制作参照步骤（1）~（5）完成，如图 3-40 所示。

步骤五：国家大剧院动画制作

（1）导入并放置素材：将视频素材“镜头 5. mp4 拖到 V1 轨道，根据需要对素材进行裁剪。将抠图完成的“05. png”素材拖到 V2 轨道，并调整其在时间轴上的位置。

（2）设置旋转中心点：选中“05. png”素材，在效果控件面板的“运动”选项组中，找到“锚点”参数。“锚点”决定了素材旋转的中心点位置，默认在素材中心。将“锚点”的 X

坐标设为接近 0 的值，Y 坐标设为接近素材高度的值，让旋转点位于素材左下角，如图 3-41 所示。

图 3-40　关键帧动画设置

图 3-41　锚点设置

（3）开启关键帧：点击“旋转”参数左侧的小秒表图标，开启关键帧记录，此时会在当前时间点自动创建一个关键帧，将“旋转”角度设为-90 度。

（4）设置结束位置：将时间指针移动到希望旋转动画结束的时间点，将“旋转”参数设置为 0 度，Pr 会自动创建一个新的关键帧，如图 3-42 所示。

图 3-42　关键帧设置

（5）预览与调整：点击节目监视器中的“播放”按钮，预览旋转动画效果。若动画速度不合适，可在时间轴上拖动关键帧调整持续时间；也可以在效果控件面板中调整关键帧的贝塞尔曲线手柄，优化动画的速度变化，让旋转更自然。

步骤六：添加音频音效

根据样片给设置完成的视频添加背景音乐及动画出现音效，如图 3-43 所示。

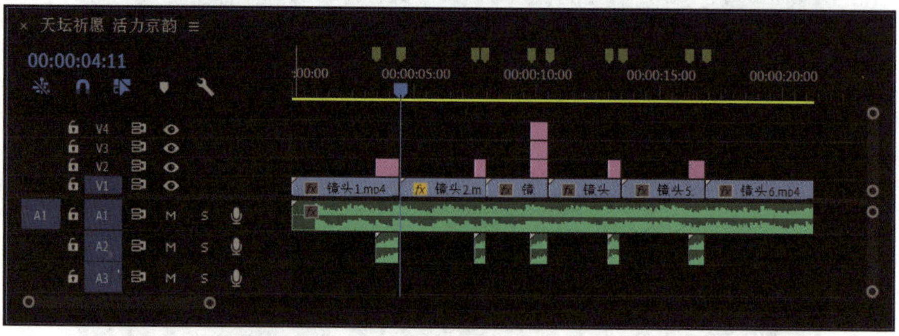

图 3-43 添加音频音效

步骤七：视频的保存并提交作业

（1）完成所有镜头剪辑，检查总时长和关键帧动画细节是否与样片一致，如果有问题则仔细检查，并进行调整和修改。

（2）在制作过程中，不断按“Ctrl+S”键保存剪辑的视频，制作步骤会保存在源文件中。

（3）导出设置：导出设置为 H. 264 格式，如图 3-44 所示。

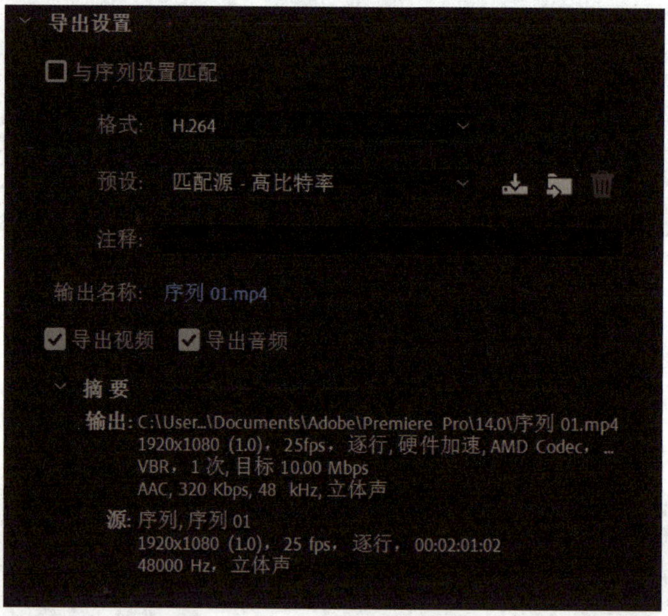

图 3-44 导出设置

步骤八：学生讲解任务完成情况

组长抽取序号，并选出一名代表讲解本组的作业完成情况。

步骤九：师生点评

每个小组选出一名评委，对任务完成情况进行打分，小组间互评，最后由教师进行点评。

小资料卡片

在 Pr 软件中调整关键帧速度的小技巧主要包括使用“时间重映射”和“速度选项”，以及通过关键帧差值设置来控制动画的流畅性和节奏，选中想要调整速度的素材片段，右键依次选择“显示剪辑关键帧”“时间重映射”“速度选项”。在这个界面中可以看到关键帧的图形表示，通过按住“Ctrl”键并控制关键帧之间的区域，可以调整视频的快慢。直接拖动关键帧的小手柄(呈上下坡状)还可以实现视频的倒放或加速转场效果。

【任务书】

任务书

任务内容	“天坛祈愿，活力京韵”视频制作
实训过程	
理论知识梳理	
实训过程总结	
教师记录、点评：	

【巩固提高】

一、选择题

1. 在 Pr 中若想快速切换音频效果的启用和禁用状态应使用以下哪个功能？(　　)

A. 音量级别　　B. 声道音量　　C. 音量旁路　　D. 声像器

2. 在 Pr 里为使字幕从屏幕底部像音符一样跳出来可通过在效果控件面板中为哪个参

数设置关键帧来实现？（　　）

A. 旋转　　B. 位置　　C. 锚点　　D. 时间重映射

3. 当需要在立体声声场中定位声音的位置营造声音运动感和空间感时应使用（　　）。

A. 音量级别　　B. 声道音量　　C. 声像器　　D. 音量旁路

4. 在 Pr 中若要创建关键帧动画应在哪个面板中进行操作？（　　）

A. 项目面板　　B. 效果控件面板　　C. 时间轴面板　　D. 源监视器面板

5. 在效果控件面板中通过以下哪种方式不能调整运动属性？（　　）

A. 在数值框直接输入数值　　B. 拖动参数滑块

C. 在节目监视器面板中调整定界框　　D. 在项目面板中调整素材属性

6. 在 Pr 中把视频从完全不透明变为完全透明实现淡入淡出效果应调整哪个参数？（　　）

A. 缩放　　B. 不透明度　　C. 位置　　D. 旋转

7. 在智能手表展示视频制作中为突出产品细节对产品图片应设置哪个参数的关键帧？（　　）

A. 位置　　B. 缩放　　C. 不透明度　　D. 旋转

8. 在创建关键帧动画时 Pr 依据什么生成过渡帧？（　　）

A. 关键帧之间的差值　　B. 素材的初始状态

C. 预设的动画效果　　D. 用户手动绘制的过渡帧

9. 在“天坛祈愿，活力京韵”项目中使用钢笔工具抠图时在哪个面板操作添加蒙版？（　　）

A. 效果面板　　B. 项目面板　　C. 效果控件面板　　D. 时间轴面板

10. 在 Pr 中哪种临时插值类型能使属性值以恒定速度变化？（　　）

A. 贝塞尔曲线　　B. 连续贝塞尔曲线　　C. 线性　　D. 自动贝塞尔曲线

二、填空题

1. 在 Pr 中通过调整效果控件面板中运动属性的（　　　）参数可改变素材在画面中的坐标实现素材的位移。

2. 在 Pr 里当不透明度数值为（　　　）时素材完全透明，在画面中不可见。

3. 在创建关键帧动画时在效果控件面板中点击属性旁的（　　　）按钮可生成关键帧。

4. 在立体声声像器中把滑块向左拖动声音会更多地偏向（　　　）声道。

5. 在“天坛祈愿，活力京韵”项目中使用 PS 软件抠图时将路径转换为选区后可按下（　　　）组合键将选区内的内容复制到新图层。

6. 在效果控件面板中，右键单击要保存的动画属性（　　　）等，选择存储动画预设。

7. 在调整关键帧动画的过渡效果时右键点击关键帧选择（　　　）选项可使动画更加自然。

8. 在效果控件面板中通过（　　　）属性可为素材添加蒙版，实现对素材透明区域和不透明区域的精准控制。

9. 想要让时间线吸附到关键帧上，可以通过按住（　　　）键移动时间线的方式来实现。

10. 在关键帧动画中基于时间影响属性值随时间变化速度的插值类型被称为(　　　　)插值。

三、判断题

1. 在 Pr 中时间重映射功能可以改变视频播放速度，音频也会随之改变。(　　)
2. 在效果控件面板中不透明度属性只能设置素材为完全不透明或完全透明两种状态。(　　)
3. 关键帧动画预设是将一系列关键帧组合存储，可在需要时直接应用到素材上。(　　)
4. 在 Pr 中添加蒙版后无法调整蒙版的形状和大小。(　　)
5. 在立体声音频处理中声道音量功能用于控制声音在左、右声道间的分布。(　　)
6. 在创建关键帧动画时只能在效果控件面板添加关键帧，不能在时间轴上添加。(　　)
7. 空间插值中的贝塞尔曲线类型关键帧具有可独立调整的方向手柄，能单独控制进入和离开的曲线。(　　)
8. 在“天坛祈愿，活力京韵”项目中，使用 PS 软件抠图时，将路径转换为选区后，按下“Ctrl+J”组合键，可将选区内的内容复制到新图层。(　　)
9. 在 Pr 中为音频添加效果后勾选音量旁路音频将以添加效果后的状态播放。(　　)
10. 在关键帧动画中使用临时插值影响属性在空间中的变化路径。(　　)

第 4 章　短视频特效制作攻略

【知识框图】

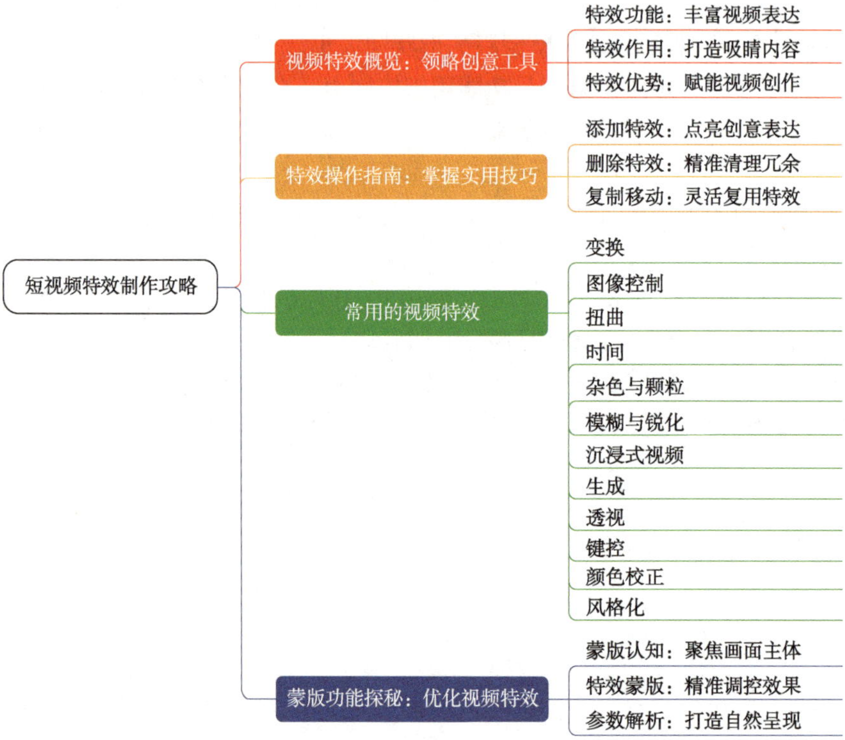

图 4-1　短视频特效制作攻略

【项目简介】

本章聚焦视频特效的运用学习，致力于助力学生熟练掌握视频特效的核心技巧，开拓创意表达的全新维度。在视频特效学习中，特效添加及设置方法是基础，是引领大家迈出为视频赋予魅力的关键一步。我们通过对 Pr 软件操作界面的深入学习与运用，能够精准地将形形色色的特效融入视频素材之中，并依据创作实际需求灵活调整参数，达成特效与视频内容的无缝契合。常用的视频特效呈现出丰富多元的面貌，诸如亮度键、差值遮罩、轨道遮罩、颜色遮罩、杂色颗粒等，每一款特效皆具备独特的功能特性与适配的应用场景，能为视频营造出风格迥异的视觉观感。

【学习目标】

知识目标

掌握常见视频特效的工作原理和参数含义，了解各类视频特效的存放位置与调用方式；

掌握视频特效蒙版与效果控件蒙版的概念，清晰认识在视频特效处理中的独特作用。

能力目标

能熟练在 Pr 中添加、删除、移动及复制特效并精准调整参数，实现特效与素材融合；

可灵活运用特效蒙版，精确控制特效作用区域，独立完成复杂视频特效的制作。

素养目标

激发对视频特效创意表达的热情，在运用特效讲述故事中感受情感传递的魅力；

增强在视频特效领域突破创新的勇气，借助特效精准传达复杂情感，引发观众深度共鸣。

【任务描述】

短视频特效是为视频素材赋予独特魅力与创意表达的关键技术，远不止简单的视觉装饰。受拍摄环境与创意的局限，原始短视频素材常常难以达到预期效果，而特效能够有效解决这一难题。常见特效在短视频创作中应用广泛，书写特效以动态书写形式呈现文字，增强趣味性；轨道遮罩特效精准控制画面显示，实现自然转场；颜色平衡特效校正偏色，营造多样氛围；查找边缘特效勾勒物体边缘，增添艺术风格。在短视频蓬勃发展的当下，观众对视频内容的视觉体验有了更高要求，为打造独具特色的短视频。本项目通过聚焦打造“超燃青春嘻哈风 Vlog”，熟练掌握 Pr 软件视频特效的制作方法和参数设置。

案　例　如何用书写效果制作 Vlog 开篇特效？

1. 情景设计

在热爱旅行的 Vlog 博主圈中，彬彬与子博颇具人气。当下他们正精心制作一期关于古镇之旅的视频，一心想为观众呈现别样精彩。这段视频计划添加书写特效，让古镇特色介绍和个人独特感受等重要文字信息以鲜活有趣之态展现，恰似在现场挥笔记录一般，为观众带来沉浸式体验。然而在特效制作环节，子博面对 Pr 软件，望着那密密麻麻的功能选项，完全没了主意，不知从何下手才能实现心中所想的书写特效。无奈之下，他只得向在视频特效制作领域堪称行家的彬彬求助，期望能从彬彬那儿获取开启这一特效制作大门的“钥匙”。

2. 任务描述

在古镇之旅视频的剪辑创作任务中，关键在于掌握 Pr 软件书写功能的运用技巧，把古镇景点特色、历史文化以及旅途感悟等文字，转化为生动的现场书写效果。操作要契合视频节奏，如在静谧角落放缓书写速度，热闹集市则加快速度。挑选古朴棕褐、淡雅青灰等颜色与手写笔触，让书写效果贴合古镇气质。制作完成后生成预览，彬彬和子博反复进行调整，直至输出的效果契合视频风格，能让观众沉浸其中，提升 Vlog 视频的趣味性与吸引力。

3. 任务分解

步骤一：新建项目与导入素材

(1) 打开 Pr 软件，选择“新建项目”，设置好项目名称、存储位置等信息后点击“确定”。

(2) 在项目面板空白处右键选择“导入”，或者使用快捷键“Ctrl+I(Windows)/Command+I(macOS)”，选中你要使用的视频素材或选择新建纯色图层作为背景素材。如果是新建纯色图层，可在项目面板空白处单击右键，选择“新建项目→颜色遮罩”，设置颜色和大小后点“确定”，然后将其拖到时间轴上并拉长到合适的时长。

步骤二：创建序列

把导入的素材或纯色图层从项目面板拖到时间轴上，Pr 会自动根据素材的属性创建序列。若需要手动设置序列参数，可在项目面板空白处单击右键，选择“新建项目→序列”，在弹出的“序列设置”窗口中调整视频的分辨率、帧速率等参数。

步骤三：文字创建与嵌套

(1) 创建文字。

使用快捷键“T”激活“文字工具”，在预览窗口中点击，输入你想要呈现书写效果的文字内容。

在效果控件面板中，选择合适的字体，如手写风格的字体能让效果更自然；调整文字的大小、颜色、对齐方式等属性，使其在画面中布局合理。

(2) 嵌套文字层。

在时间轴上选中文字图层，点击右键选择“嵌套”。在弹出的“嵌套序列”对话框中，可以为嵌套序列命名，然后点击“确定”，嵌套后的序列方便后续统一添加效果和进行操作。

步骤四：添加与调整书写效果

(1) 添加书写效果。

点击时间轴左侧的效果面板，展开“视频效果”文件夹。

找到“生成”文件夹并展开，从中找到“书写”效果。

用鼠标左键按住“书写”效果，将其拖动到时间轴上的嵌套序列图层上。

(2) 初步调整书写参数。

选中添加了“书写”效果的嵌套序列图层，在效果控件面板中找到“书写”效果选项。

调整“颜色”参数，选择期望的文字书写颜色。

适当调大“画笔大小”，使其能够覆盖住文字，具体数值可根据文字大小和效果需求来定。

(3) 设置关键帧与书写时长。

移动时间指针到视频开始位置，点击“画笔位置”前面的秒表图标，添加第一个关键帧。

将“描边长度”参数设置为你想要的书写时长，如 10 秒，意味着文字将在 10 秒内完成书写。

把“画笔间隔”参数调整为较小的值，如 0.001，这样可以使书写过程更加平滑自然。

(4) 按笔画顺序添加关键帧。

播放视频，按照文字的笔画顺序，在合适的时间点暂停视频。

手动移动“画笔位置”的小圆点到下一个笔画的起始位置，软件会自动添加关键帧。

重复上述步骤，依次完成所有文字笔画的关键帧设置，确保每个关键帧的位置和时间与书写顺序一致。

步骤五：查看与优化效果

(1) 查看最终效果。

将“绘制样式”参数设置为“显示原始图像”。

点击“播放”按钮，预览整个文字书写的特效效果。

(2) 效果优化。

如果发现书写速度过快或过慢，可以调整“描边长度”参数来改变书写时长。

若书写过程中画笔的连贯性不佳，可以微调“画笔间隔”参数。

若文字颜色、大小等不符合预期，可在效果控件面板中对文字的基本属性进行进一步调整。

请结合案例所给资料，预习课件内容，分析并讲述 Pr 软件如何用书写效果制作 Vlog 开篇特效，在制作过程中的注意事项，以及常用视频效果的参数含义与设置方法。

【知识准备】

视频剪辑特效是视频制作过程中非常重要的一环，它能提升视频质量，吸引观众注意力，让信息传达得更生动。Pr 作为一款专业的视频剪辑软件，拥有丰富的特效功能，可以帮助用户轻松实现各种炫酷的视觉效果。下面介绍一些常用的 Pr 视频剪辑特效，帮助同学们提升视频制作的水平。

1. 视频特效概览：领略创意工具

Pr 作为专业视频编辑软件，拥有丰富多样的视频特效，为创作赋能。调色特效可随意调整画面色调，无论是复古暖黄还是清新冷蓝，都能轻松营造特定氛围。模糊特效通过高斯模糊等算法，虚化背景、突出主体，或打造梦幻朦胧感；风格化特效，像查找边缘能勾勒轮廓，让画面具有艺术气息。这些特效相互组合，配合关键帧设置，可实现复杂动态效果，助力创作者将创意化为吸睛视频作品。

1.1 特效功能：丰富视频表达

视频特效功能丰富多样，剪辑特效可以精准裁剪掉多余部分，无缝拼接不同片段，打造独特叙事逻辑，还能通过变速营造多样节奏；转场特效中的淡入淡出营造自然过渡场景，旋转切换增添动感，擦除转场带来新奇体验；视觉特效可进行色彩校正营造氛围，一键应用滤镜改变风格，图像变形创造奇幻效果；文字特效有多样字体适配风格，添加动画效果可增添趣味，定制样式能突出重点。

1.1.1 基础特效功能

（1）视频剪辑特效：Pr 可以对视频进行裁剪、拼接、分割等基础操作，通过这些操作能将不同的视频片段组合在一起，形成有逻辑、有节奏的短视频内容。例如，可以将一段风景视频中的多余部分裁剪掉，只保留最美的画面片段，然后与其他相关片段拼接起来。

（2）转场特效：提供了多种转场效果，如淡入淡出、溶解、擦除、滑动等。这些转场特效可以使视频场景之间的过渡更加自然、流畅，增强视觉上的连贯性。例如，在一个美食制作短视频中，从食材准备环节过渡到烹饪环节时，使用淡入淡出效果，能让观众更自然地进入下一个场景。

1.1.2 高级特效功能

（1）色彩校正特效：能够对视频的色彩进行精细调整，包括亮度、对比度、色彩平衡、色调等参数的调节。这些操作可营造不同的氛围和风格，使视频画面更加美观、吸引人。例如，在拍摄夜景短视频时，增加对比度和调整色调，让夜晚的灯光更加璀璨，营造出浪漫的氛围。

（2）图像变形与扭曲特效：支持对视频画面进行变形和扭曲处理，如鱼眼效果、球面化等。这些特效可以创造出独特的视觉效果，为短视频增添创意和趣味性。例如，在拍摄创意短视频时，使用鱼眼效果来拍摄人物，可以使人物呈现出夸张的变形效果，增加视频的喜剧效果。

（3）文字特效：可以添加各种样式的文字，并为文字设置动画效果，如淡入淡出、旋转、缩放等。通过文字特效能够突出视频的主题、说明内容或增加趣味性。例如，在一个旅游短视频中，添加带有动画效果的文字来介绍景点的名称和特色，让观众更好地理解视频内容。

1.2 特效作用：打造吸睛内容

视频特效在内容创作中作用显著，它能增强视觉吸引力，利用炫酷转场、奇幻变形等特效，瞬间抓住观众眼球，提升视频观赏性；同时辅助叙事，借剪辑特效把控节奏，利用突出关键情节的特效，让故事讲述更流畅。还能塑造风格，根据主题适配特效，如复古滤镜打造怀旧风，助力创作者展现独特个性，产出吸睛佳作。

1.2.1 增强视觉吸引力

（1）制造亮点：通过独特的特效，如炫酷的转场、惊艳的色彩效果等，在短时间内抓住观众的眼球，让他们产生继续观看的欲望。

（2）提升观赏性：使视频画面更加丰富、生动，避免单调和乏味，为观众带来更好的视觉享受，提升视频的整体质量。

1.2.2 辅助叙事表达

（1）引导节奏：利用剪辑特效和转场特效控制视频的节奏，在紧张的情节中加快节奏，增强紧迫感；在抒情的部分放慢节奏，让观众更好地感受情感。

（2）突出重点：通过特效强调关键信息，如在美食教程中，对食材的特写添加光影特效，吸引观众注意力，让他们关注重要步骤。

1.2.3 塑造视频风格

（1）体现个性：根据创作者的喜好和创意，运用不同的特效组合，打造出独一无二的视频风格，展现个人特色，以区别于其他作品。

（2）适应主题：根据视频的主题选择相应的特效，如在科幻主题的短视频中运用科技感十足的特效，营造出未来世界的氛围。

1.3 特效优势：赋能视频创作

视频特效好处多多，它预设丰富、操作便捷，可大幅提高创作效率；还能激发灵感，拓展创意空间，助力创作者将想法落地。此外，凭借吸睛效果，能增加视频流量和曝光度。对商业视频而言，还能提升品牌形象，创造更多商业价值。

1.3.1 提高创作效率

（1）丰富预设：Pr 的特效预设功能让创作者无须从头开始制作特效，只需选择合适的预设并稍加调整，就能快速达到理想效果，节省大量时间。

（2）便捷操作：简洁直观的操作界面，即使是新手也能快速上手，熟练掌握各种特效的使用方法，提高制作速度。

1.3.2 拓展创意空间

（1）激发灵感：多样的特效为创作者提供了无限的创意可能，看到不同的特效效果，能够激发新的创作灵感，创造出更具创新性的作品。

（2）实现想法：无论多么大胆、独特的创意，都能通过 Pr 的特效功能得以实现，将脑海中的想象转化为现实的视频作品。

1.3.3 增加视频价值

（1）吸引流量：优质的特效制作能够提升视频的吸引力，吸引更多观众观看、点赞、分享，从而增加视频的曝光度和扩大其传播范围。

（2）商业价值：对于商业短视频，精美的特效制作能够更好地展示产品或服务，提升品牌形象，促进销售，为创作者带来更多的商业机会和收益。

小资料卡片

Pr 是一款常用的视频编辑软件，其丰富的视频特效可用于实现各种创意和视觉效果，以下是一些常见的应用场景：转场衔接、营造氛围、突出主体、创意表现、字幕增强等。

2. 特效操作指南：掌握实用技巧

视频特效的灵活运用在视频创作流程中占据着关键地位，它不仅能够极大地丰富视频的表现形式，让视频从平淡无奇变得精彩纷呈，还能精准把控视频节奏，引导观众情绪，使视频传递的信息更具感染力。接下来，我们将深入探讨在 Pr 中添加、删除、移动以及复制视频特效的方法，这些基础操作将为你开启视频制作的进阶之路，助你打造出更加出色的视频作品。

2.1　添加特效：点亮创意表达

在 Pr 软件中可以为同一段素材添加一个或多个视频特效，也可以为视频中的某一部分添加视频特效。

添加视频特效主要有以下两种方法：一是直接拖曳法，在视频编辑软件的效果库中找到想要的特效，如模糊、光影特效等，直接将其拖曳到时间轴上对应的视频片段上，即可快速添加视频特效。二是菜单选择法，选中需要添加特效的视频片段，通过菜单栏中的“效果”选项，在弹出的下拉菜单里找到合适的特效分类，再从中挑选出具体特效，双击效果名称即可应用效果，如图 4-2 所示。

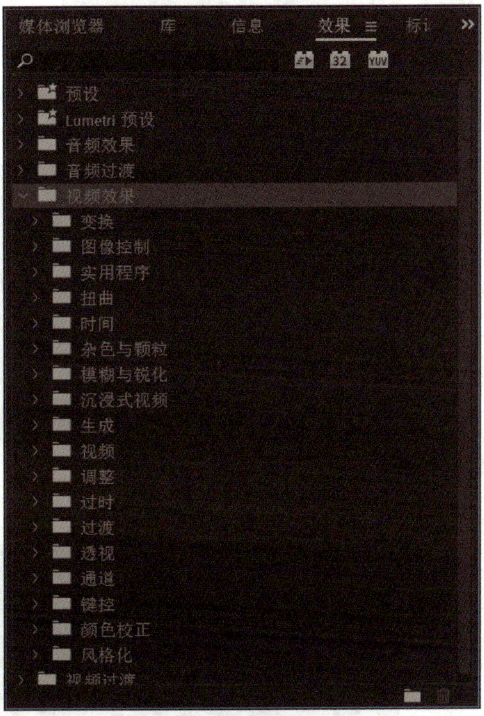

图 4-2　视频效果

2.2　删除特效：精准清理冗余

要删除视频特效，可以采用以下两种方法。

（1）在效果面板中选中需要删除的视频特效，按“Delete”或“Backspace”键。

（2）右键单击需要删除的视频特效，选择“清除”命令即可。

2.3　复制移动：灵活复用特效

在效果面板中，选中设置好的视频特效，使用“编辑”菜单中的“复制”“剪切”“粘贴”命令，可以复制或移动视频特效到其他的素材上。

小资料卡片

在 Pr 等视频编辑软件中，一段素材能够添加多个视频特效，以实现复杂且独特的视觉效果。具体操作是，先将素材导入时间轴上，然后在效果面板中选择需要的特效，逐个将它们拖放到目标素材上。此外，特效的顺序也会影响最终效果，通过在效果控件面板中上下拖动特效的位置，可以改变它们的应用顺序，从而产生不同的视觉呈现。

3. 常用的视频特效

Pr 拥有丰富的视频特效，如色彩校正类，能精准调整色调、饱和度；扭曲类，可打造变形、拉伸奇幻效果；模糊与锐化类，能柔化或突出画面细节；风格化类，可赋予视频独特艺术风格，助力创作者实现多样创意表达。接下来主要介绍视频剪辑过程中常用的一些视频特效。

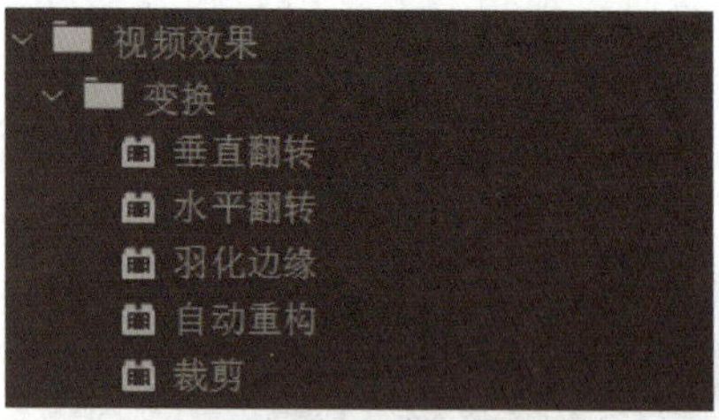

图 4-3 变换类视频特效

3.1 变换

在 Pr 2020 中，变换类特效通过改变位置、旋转角度、缩放大小、调整不透明度，让视频画面随心变化，为创作添彩。此类特效包括五种，如图 4-3 所示。

3.1.1 垂直翻转

将视频画面沿垂直轴进行翻转，使画面呈现上下颠倒的效果，如图 4-4 和图 4-5 所示。

图 4-4 应用“垂直翻转”特效前

图 4-5 应用“垂直翻转”特效后

3.1.2 水平翻转

将视频画面以水平轴为中心进行翻转，让画面中的内容左右颠倒，如同在镜子中看到的左右相反的影像，如图 4-6 和图 4-7 所示。

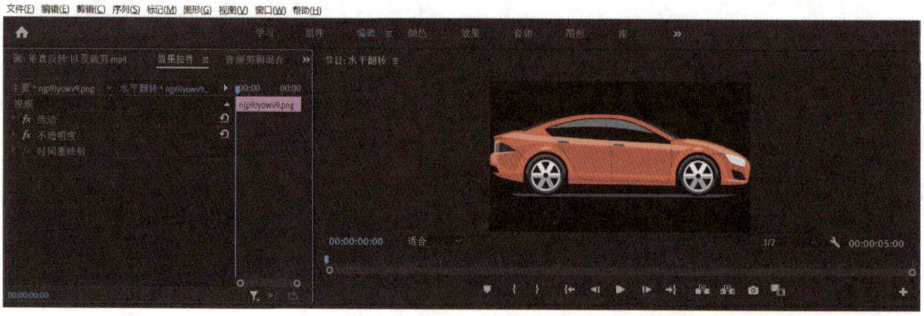

图 4-6 应用“水平翻转”特效前

图 4-7　应用“水平翻转”特效后

3.1.3　羽化边缘

将视频画面边缘进行柔化，调整边缘的透明度，使素材的边缘与周围环境自然融合，产生柔和、渐变的过渡效果，如图 4-8~图 4-10 所示。

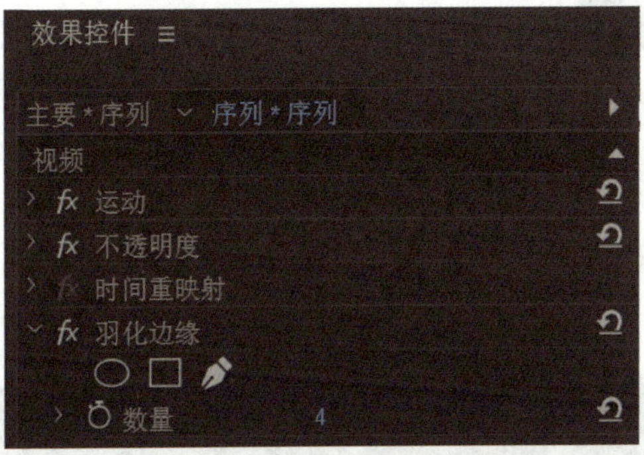

图 4-8　羽化边缘参数设置

图 4-9　应用“羽化边缘”特效前

图 4-10　应用“羽化边缘”特效后

3.1.4　自动重构

快速调整视频素材，使其适应不同的长宽比，以满足各种平台和设备的播放需求，确保视频在不同屏幕尺寸和比例下都能呈现出最佳效果。

3.1.5　裁剪

将视频画面按照需求进行裁剪，可精确地去除画面中不需要的部分，如裁剪掉视频边缘的杂物、多余的空白区域等，从而调整画面的构图，使观众注意力集中在关键内容上。

小资料卡片

垂直翻转视频特效常被用于创建特殊的视觉效果，如模拟倒影、营造奇幻或颠倒的世界等，能为视频增添独特的创意和视觉冲击力。倒影制作步骤：按住“Alt”键复制素材，上方素材添加垂直翻转效果→分别调整两个素材Y轴数据使素材重合→两个素材添加裁剪效果并调整参数→调整裁剪效果的羽化值→降低下方素材的不透明度，倒影效果制作完成。

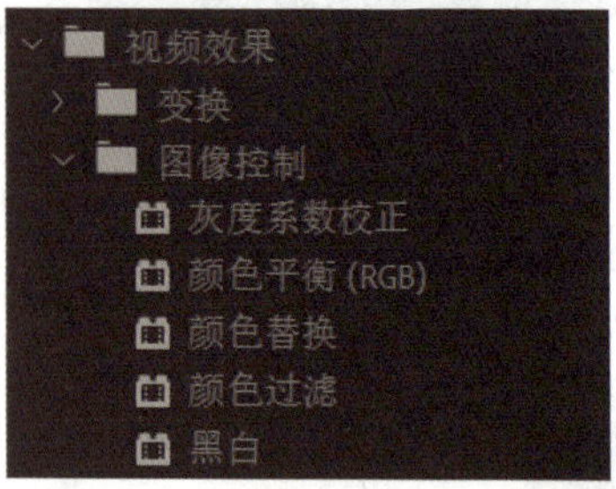

图 4-11 图像控制类视频特效

3.2 图像控制

在 Pr 2020 中，图像控制类特效涵盖颜色平衡、灰度系数校正等，这些特效能精准调控画面的色彩、亮度和对比度，让视频呈现出独特的视觉风格。此类特效包括五种，如图 4-11 所示。

3.2.1 灰度系数校正

灰度系数校正主要用于调整图像的亮度和对比度，通过改变图像的灰度系数值来实现对画面整体明暗的调节。灰度系数是指图像中亮度值与实际物理亮度之间的关系曲线的斜率，调整这个系数，可以改变图像中中间调的亮度，而对高光和阴影部分的影响相对较小，从而在不显著改变图像高光和阴影细节的情况下，使图像的整体亮度更符合需求，如图 4-12 所示。

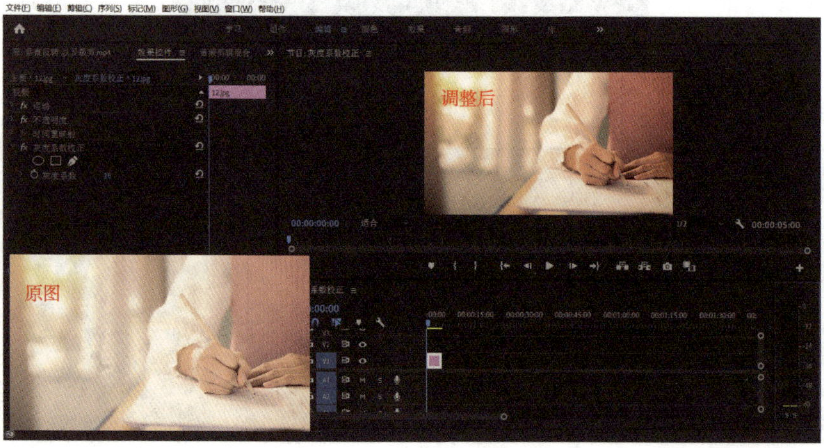

图 4-12 “灰度系数”校正效果

3.2.2 颜色平衡(RGB)

RGB 通过分别调整阴影、中间调、高光部分的红、绿、蓝三色的平衡来改变画面的色彩基调，如图 4-13 所示。

3.2.3 颜色替换

颜色替换能识别并替换指定颜色，选择“目标颜色”拾取画面颜色，替换成“替换颜色”；通过调相似性参数，扩大替换颜色范围进行颜色调整，让画面色彩随心而变，如图 4-14~图 4-16 所示。

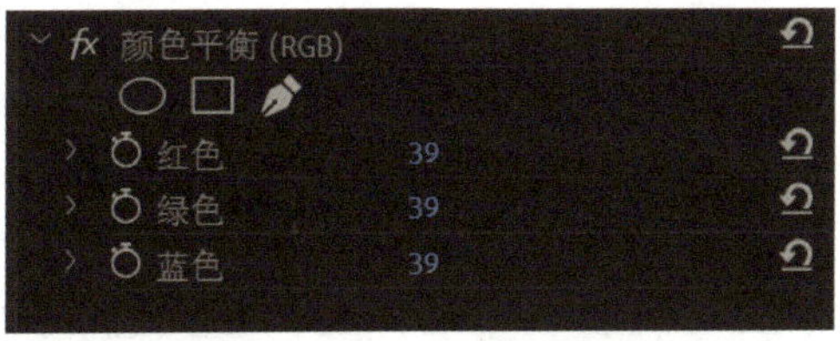

图 4-13　“颜色平衡”参数设置

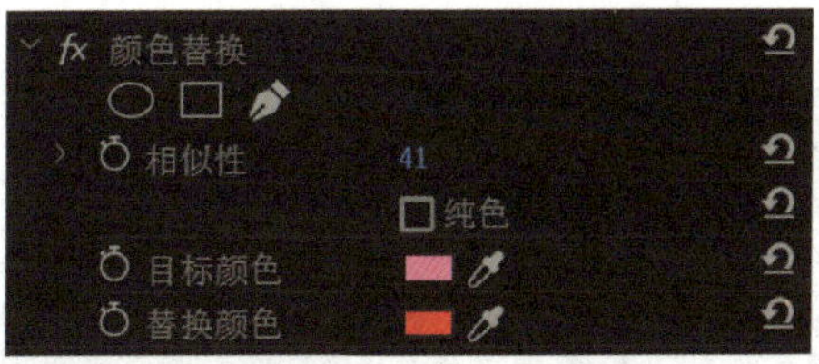

图 4-14　“颜色替换”参数设置

图 4-15　应用“颜色替换”特效前

图 4-16　应用“颜色替换”特效后

3.2.4　颜色过滤

保留视频画面中某一种颜色，可以将其他颜色过滤掉，相似性调整的是颜色边缘范围，如图 4-17 和图 4-18 所示。

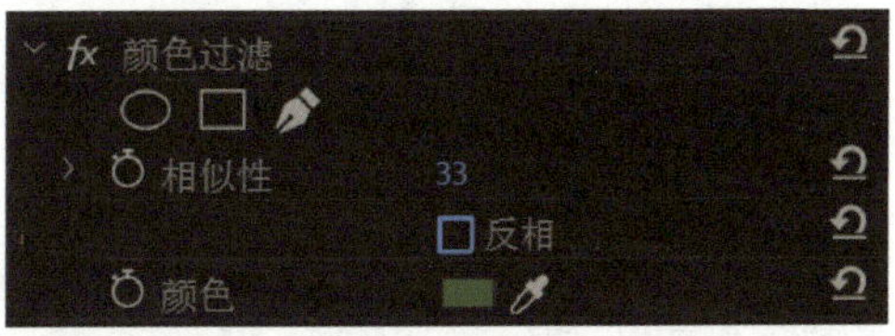

图 4-17　“颜色过滤”参数设置

3.2.5　黑白

将彩色图像转化为黑白图像，如图 4-19 所示。

图 4-18　应用“颜色过滤”特效后

图 4-19　应用“黑白”特效后

小资料卡片

颜色平衡视频特效常被用于创建抖音故障风视频。故障风视频是指通过模拟电子设备故障时出现的画面紊乱、色彩失真、信号干扰等效果，来打造出一种充满科技感、未来感和错乱感的视频风格。

制作方法步骤：复制三层素材，调整 RGB 颜色，分别把对应的数据调成 100，其他为 0→上方两层素材添加滤色混合模式→分别调整三层素材的缩放值(115，110，105)，故障风视频制作完成。

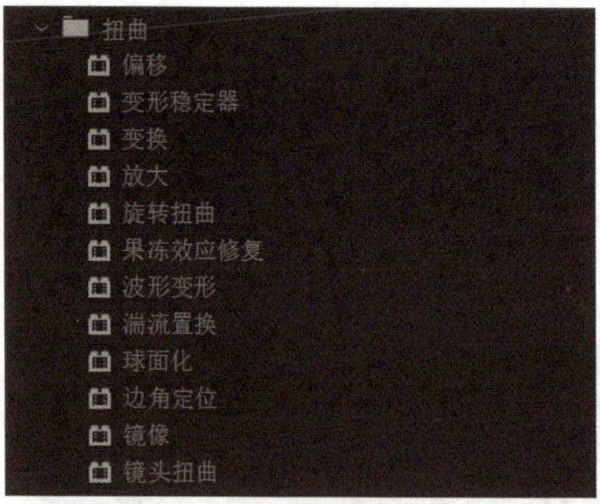

图 4-20　扭曲类视频特效

3.3　扭曲

在 Pr 2020 里，扭曲类视频特效丰富多样，能让画面产生奇妙变化。像“波纹变形”可模拟水面波动，“果冻效应修复”用于校正画面运动偏差，“变换”能调整位置、角度，通过这些特效，能轻松打造出科幻、奇幻等独特视觉效果。此类特效包括 12 种，如图 4-20 所示。

3.3.1　偏移

将视频画面沿设定方向和距离偏移，生成重影或错位效果。通过调节参数，能精准控制偏移方向、数量，常用于制作科幻穿越、梦幻分身等奇幻创意场景，为视频增添独特视觉亮点，如图 4-21 所示。

将中心移位至：设置偏移的中心点坐标值。

与原始图像混合：设置偏移的程度，数值越大，偏移效果越明显。

图 4-21　“偏移”参数设置

3.3.2　变形稳定器

变形稳定器专为处理晃动画面而生。智能分析视频，通过调整画面的旋转、平移和缩放，自动补偿拍摄时的抖动，让画面重归平稳流畅，广泛用于手持拍摄素材，有效提升视频观赏性和专业感，如图 4-22 所示。

图 4-22　“变形稳定器”参数设置

3.3.3　变换

变换可以调整视频画面的位置、缩放比例、旋转角度，还能控制不透明度、改变锚点位置，灵活塑造画面，满足多样化的视觉表达需求，如图 4-23 所示。

锚点：用于设置定位点的坐标值。

位置：用于设置素材在屏幕中的位置。

缩放：用于设置素材的宽度和高度缩放。

倾斜：用于设置素材的倾斜度。

倾斜轴：用于设置倾斜轴的角度。

旋转：用于设置素材的旋转角度。

不透明度：用于设置素材的不透明度。

快门角度：用于设置素材的遮挡角度。

采样：用于选择采样方式，包括“双线性”和“双立方”。

3.3.4　放大

精准聚焦于素材的特定区域，进行放大处理，就像用放大镜仔细观察图像局部一样，将细微之处清晰呈现，如图 4-24 所示。

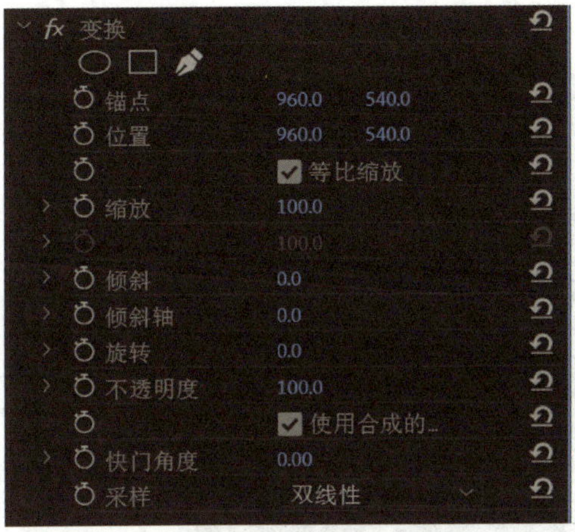

图 4-23　“变换参数”设置

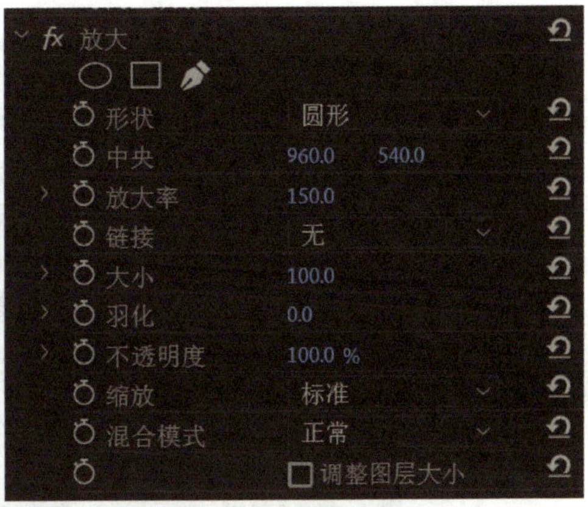

图 4-24　“放大”参数设置

3.3.5　旋转扭曲

旋转扭曲是让素材围绕中心进行旋转，奇妙的是，越靠近中心位置，旋转的幅度就越剧烈。运用这个特效，画面会呈现出如漩涡般的动态效果，赋予视频强烈的视觉冲击力，如图 4-25 所示。

3.3.6　果冻效应修复

果冻效应修复是指借光流分析、点跟踪等，消除画面扭曲，还原视频画质。主要应用于处理航拍素材，如图 4-26 所示。

图 4-25　“旋转扭曲”参数设置

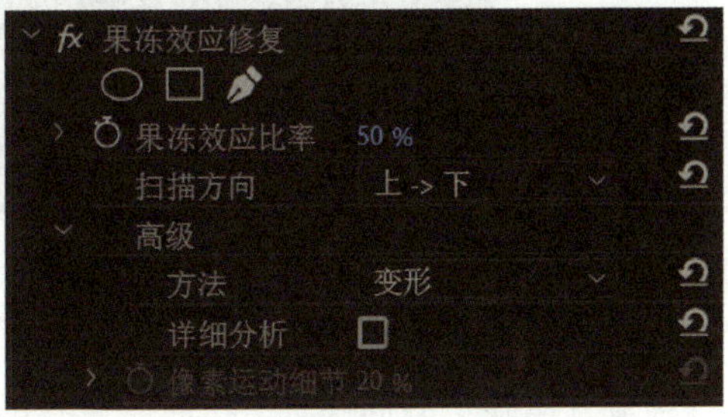

图 4-26　“果冻效应修复”参数设置

3.3.7　波形变形

波形变形是通过对视频画面中的像素点进行位移和扭曲操作，使其按照特定的波形模式进行变形，如图 4-27~图 4-29 所示。

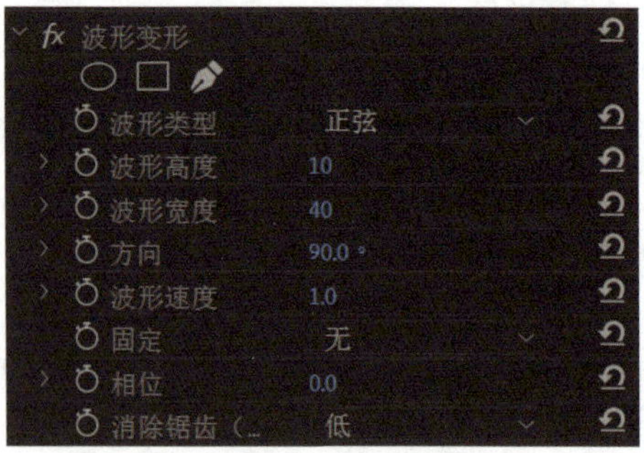

图 4-27 “波形变形”参数设置

图 4-28 应用“波形变形”特效前

图 4-29 应用“波形变形”特效后

3.3.8 湍流置换

湍流置换基于分形噪波来扭曲图像，能创建出类似湍流的变形效果，可模拟水流、烟雾、火焰等自然现象，也能实现哈哈镜般的扭曲视觉效果，如图 4-30 和图 4-31 所示。

3.3.9 球面化

球面化使素材以球化的状态显示，产生圆球效果；类似于放大镜效果，产生类似鱼眼的效果，如图 4-32 和图 4-33 所示。

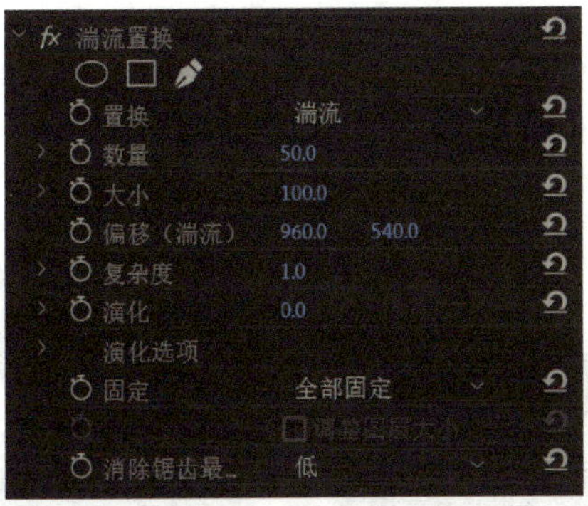

图 4-30　“湍流置换”参数设置

图 4-31　应用“湍流置换”特效后

图 4-32　“球面化”参数设置

图 4-33　应用“球面化”特效后

3.3.10 边角定位

边角定位通过调整画面四个角的坐标位置，可对画面进行拉伸、扭曲、旋转等操作。常用于模拟画面透视变化，如制作物体近大远小效果，或让素材与不规则背景贴合，助力实现创意视觉表达，如图 4-34~图 4-36 所示。

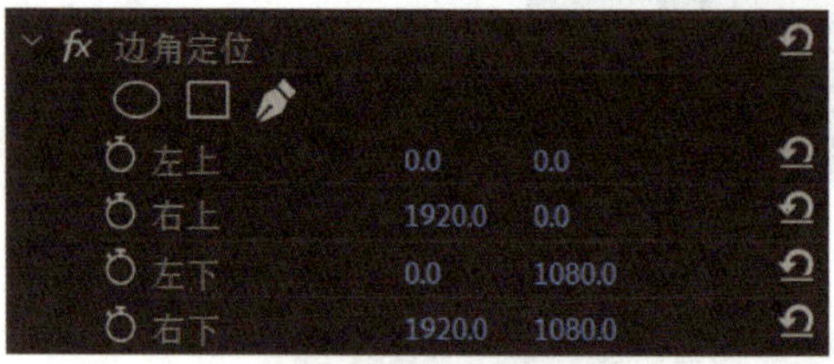

图 4-34 “边角定位”参数设置

图 4-35 应用“边角定位”特效前

图 4-36 应用“边角定位”特效后

3.3.11 镜像

镜像通过复制原始图像或视频内容，并将复制的部分按照指定的对称轴进行翻转，从而创建出与原始内容对称的图像，就像物体在镜子中成像一样。对称轴可以是水平方向、垂直方向，也可以是任意角度的斜线，通过改变对称轴的位置和角度，可以实现不同的镜像效果，如图 4-37 和图 4-38 所示。

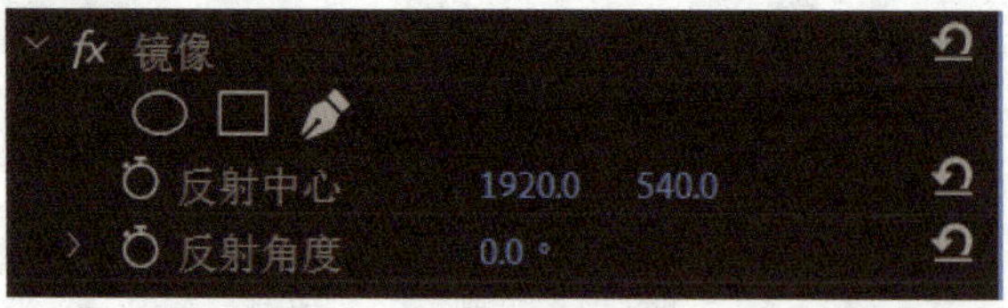

图 4-37 “镜像”参数设置

3.3.12 镜头扭曲

镜头扭曲通过对画面中的像素进行数学变换，模拟出不同类型的镜头畸变效果，或者创造出一些现实中不存在的独特扭曲效果。它可以基于各种数学模型来改变像素的位置，使画面产生弯曲、拉伸、变形等效果，从而营造出特殊的视觉感受，如图 4-39 和图 4-40 所示。

图 4-38　应用“镜像”特效后

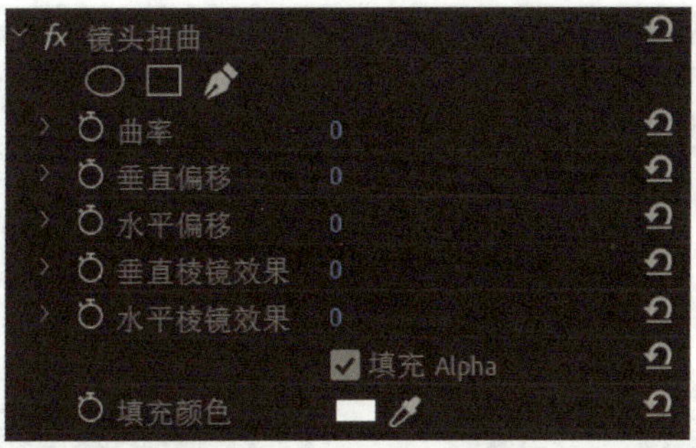

图 4-39　“镜头扭曲”参数设置

图 4-40　应用“镜头扭曲”特效后

3.4　时间

时间类视频特效能够调控素材的时间属性，从而产生跳帧和重影效果，此类特效包括两种，如图 4-41 所示。

图 4-41　时间类视频特效

3.4.1 残影

在视频画面中，让运动的物体或人物在移动过程中留下类似影子的影像轨迹，形成一种拖尾效果，仿佛物体在不同时间点的位置同时呈现在画面上，从而产生残影效果，如图 4-42～图 4-44 所示。

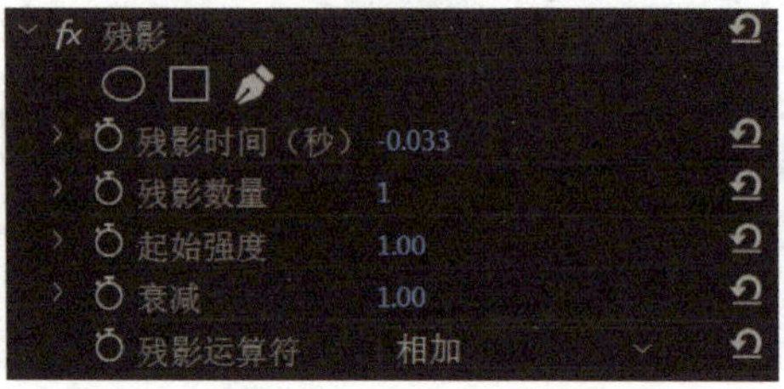

图 4-42 “残影”参数设置

图 4-43 应用“残影”特效前

图 4-44 应用“残影”特效后

3.4.2 色调分离时间

色调分离时间是通过设定帧速率，使素材按照设定的帧速率进行播放，从而产生跳帧的效果，使画面形成最基本的色调分离效果，如图 4-45 所示。

图 4-45 “色调分离时间”参数设置

小资料卡片

残影视频特效是一种能为视频增添独特视觉效果的技术手段，在制作过程中，需要根据具体的效果需求，对残影的长度、透明度、颜色、间隔时间等参数进行调整。一般来说，较短的残影适合表现快速而轻盈的运动，较长的残影则更能突出运动的力量感；透明度较低的残影会使效果更加柔和自然，而透明度较高的残影则可能会带来更强烈的视觉冲击。

3.5　杂色与颗粒

杂色与颗粒类视频特效可以为素材添加噪点效果，给画面增加一些颗粒感，常被用于制作呈现老电视效果的画面。此类特效包括六种，如图 4-46 所示。

图 4-46　杂色与颗粒类视频特效

3.5.1　中间值(旧版)

中间值(旧版)将图像素材的每个像素用其周围的 RGB 平均值来代替平均画面的色值，从而达到平均整个画面的色值的目的，如图 4-47~图 4-49 所示。

图 4-47　“中间值”参数设置

图 4-48　应用“中间值”特效前

图 4-49　应用“中间值”特效后

3.5.2　杂色

杂色会在画面中添加模拟的噪点效果，给画面增加一些颗粒感，如图 4-50 所示。

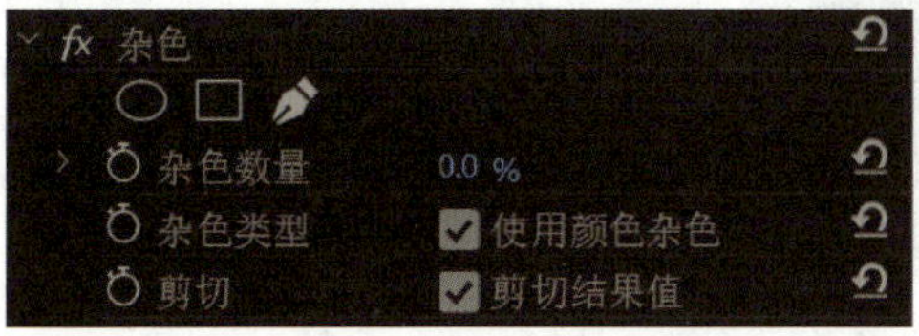

图 4-50　“杂色”参数设置

3.5.3 杂色 Alpha

该特效可以设置在 Alpha 通道中添加均匀或方形的噪波，如图 4-51 所示。

3.5.4 杂色 HLS 和杂色 HLS 自动

杂色 HLS 和杂色 HLS 自动通过色调、亮度和饱和度来设置噪波，如图 4-52 和图 4-53 所示。

3.5.5 蒙尘与划痕

蒙尘与划痕通过混合、替换等方式，用周围像素的信息来修复异常像素，使图像看起来更加平滑、干净，从而达到去除明显瑕疵的目的，如图 4-54 所示。

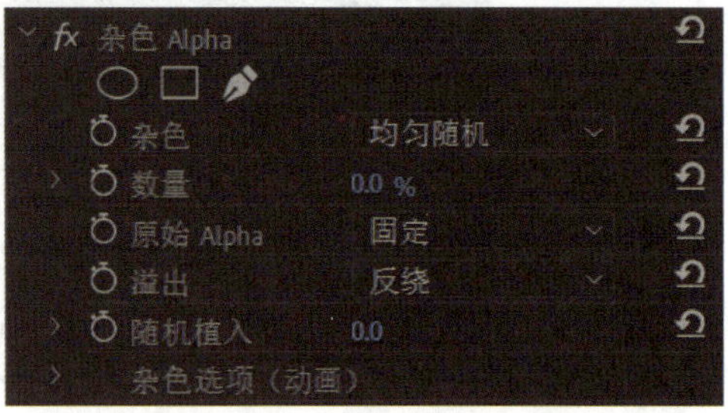

图 4-51 “杂色 Alpha”参数设置

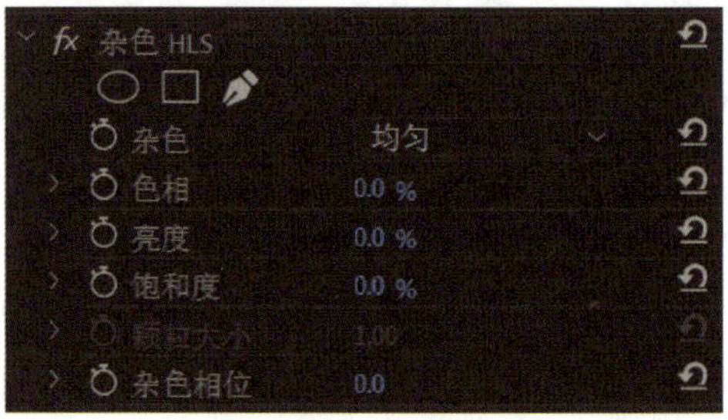

图 4-52 “杂色 HLS”参数设置

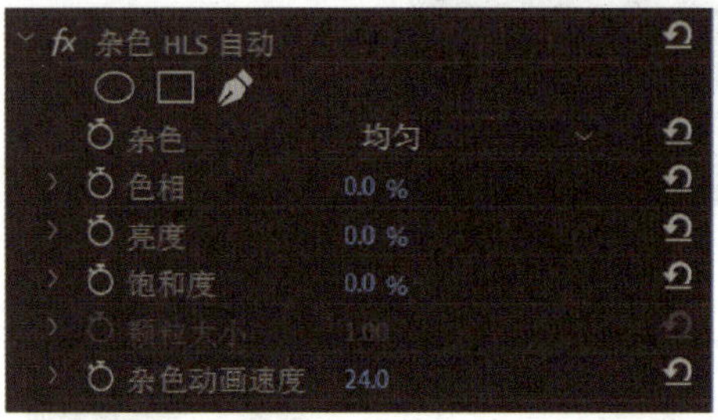

图 4-53 “杂色 HLS 自动”参数设置

图 4-54 “蒙尘与划痕”参数设置

小资料卡片

中间值作用：去 Logo 或者字幕，为要去除水印的素材添加中间值效果，利用蒙版框选需要去除的文字或字幕，调整羽化和扩展，最后调整中间值半径，即可完成去除水印操作。

蒙尘与划痕：中间值的升级版本，通过调整半径去除水印，通过阈值控制细节模糊的范围。

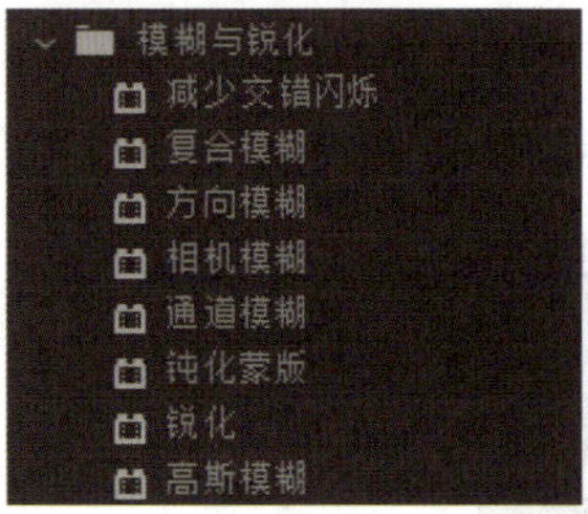

图 4-55 模糊与锐化类视频特效

3.6 模糊与锐化

模糊与锐化类特效主要用于对画面进行模糊或锐化处理。模糊类特效可以使图像模糊，而锐化类特效可以使图像更清晰。此类特效包括八种，如图 4-55 所示。

3.6.1 减少交错闪烁

通过减少交错闪烁效果来产生模糊效果。

3.6.2 复合模糊

通过创建蒙版实现画面复合模糊效果。

3.6.3 方向模糊

使图像的模糊具有一定的方向性，使图像产生运动效果。

3.6.4 相机模糊

模拟相机镜头变焦所产生的模糊效果。

3.6.5 通道模糊

通过改变图像中颜色通道的模糊程度来实现画面的模糊效果。

3.6.6 钝化蒙版

通过增加相邻像素的对比度，达到提高图像清晰度的效果。

3.6.7 锐化

通过颜色之间的锐化程度，使图像变清晰。

3.6.8 高斯模糊

通过高斯运算的方法生成模糊效果，应用该方法可以达到更加细腻的模糊效果，如图4-56所示。

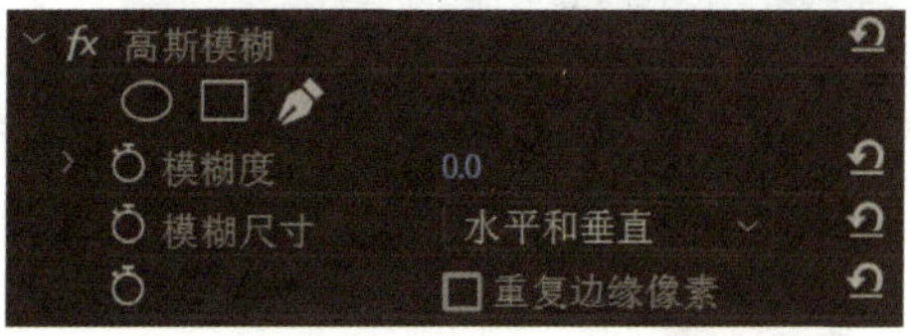

图 4-56 “高斯模糊”参数设置

3.7 沉浸式视频

沉浸式视频特效包括“VR分形杂色”“VR发光”“VR平面到球面”“VR投影”“VR数字故障”“VR旋转球面”“VR模糊”“VR色差”“VR锐化”“VR降噪”“VR颜色渐变”11种特效，如图4-57所示。

3.8 生成

生成类视频特效主要用来生成一些特殊效果，可以在场景中产生炫目的光线效果，其中包括“书写”“单元格图案”“吸管填充”“四色渐变”“圆形”“棋盘”“椭圆”“油漆桶”“渐变”“网格”“镜头光晕”“闪电”12种特效，如图4-58所示。

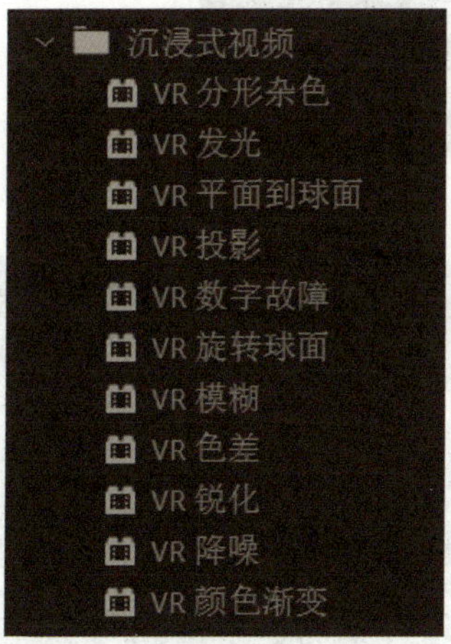

图 4-57 “沉浸式视频”特效

图 4-58 “生成”类视频特效

下面介绍两种常用的视频特效。

3.8.1 书写

模拟手写或打字的效果，让文字逐个字符或逐行出现，给人一种动态书写的感觉，常用于强调标题、引言或重要信息，能吸引观众的注意力，增加视频的趣味性，如图4-59所示。

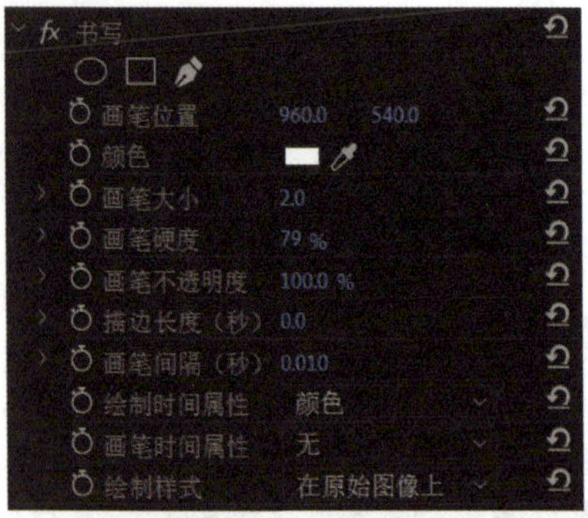

图 4-59 “书写”参数设置

书写特效常用操作方法：

添加文字：在 Pr 中新建字幕，输入需要添加书写特效的文字内容，设置好字体、大小、颜色等基本属性。

添加效果：在效果面板中搜索“书写”效果，将其拖放到时间轴上的文字素材上。

设置参数：在效果控件面板中，找到“书写”效果的参数。可以设置“画笔大小”“画笔硬度”“颜色”等参数来微调书写效果。

调整动画：在时间轴上，通过关键帧来控制书写效果的开始时间、结束时间和速度。

小资料卡片

使用书写特效注意事项：

- 为防止书写卡顿，首先对素材进行嵌套，为素材添加书写效果。
- 调整画笔大小使之能完全遮盖下方文字。

3.8.2 镜头光晕

镜头光晕是模拟现实中由于镜头对着强光（如太阳、灯光等）时，光线在镜头内部反射、折射等物理现象而产生的光晕、光斑等视觉效果，如图 4-60 和图 4-61 所示。

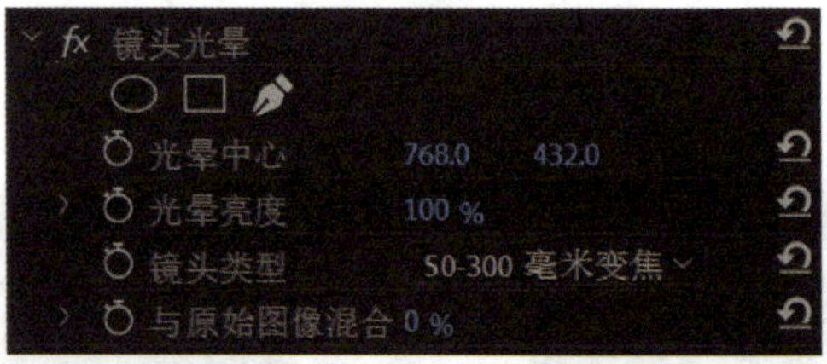

图 4-60 “镜头光晕”参数设置

图 4-61 应用“镜头光晕”特效后

用途：可以制作扫光的效果。

方法：将光晕中心移至素材合适位置，给光晕中心打关键帧，然后移动时间线改变光晕中心的位置即可。

3.9　透视

透视类视频特效可以为素材添加各种透视的效果，此类特效包括五种，如图 4-62 所示。

3.9.1　基本 3D

基本 3D 是在二维视频画面基础上模拟出简单的三维空间效果，让视频元素更具立体感和空间感，如图 4-63 所示。

图 4-62　透视类视频特效

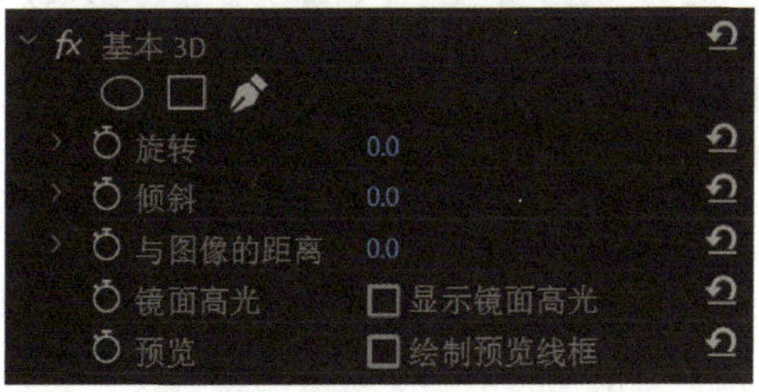

图 4-63　“基本 3D”参数设置

3.9.2　径向阴影

径向阴影通过将指定的位置作为光源，使图像产生投影效果，该视频特效可以为带有 Alpha 通道的图像创建阴影，能为视频画面增添立体感、层次感和真实感，如图 4-64 所示。

3.9.3　投影

投影通过模拟光线投射，为画面元素添加真实阴影，以强化空间感、凸显主体，常用于广告、影视，让场景更逼真生动，如图 4-65 所示。

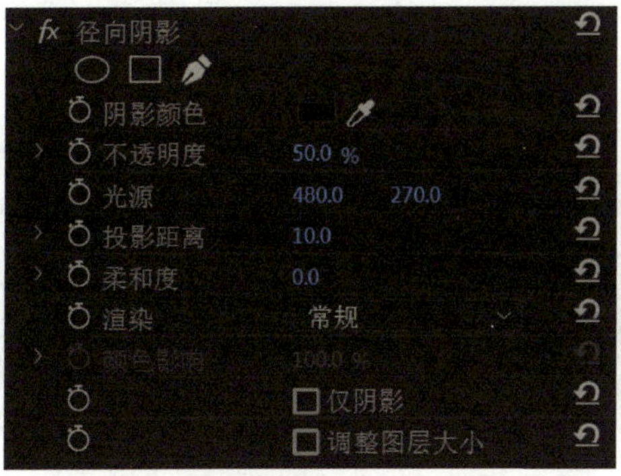

图 4-64　“径向阴影”参数设置

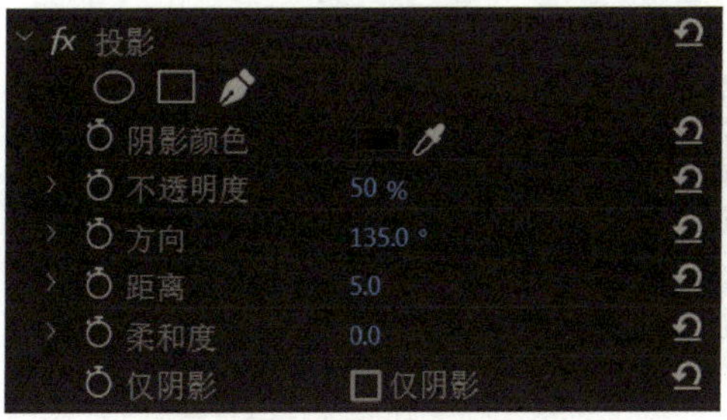

图 4-65　“投影”参数设置

3.9.4　斜面 Alpha

斜面 Alpha 利用图像 Alpha 通道，给画面边缘制造立体斜面效果，增强层次感，如图 4-66 所示。

3.9.5　边缘斜面

边缘斜面通过为画面边缘添加立体斜边，赋予元素浮雕感，让画面更具视觉张力，如图 4-67 所示。

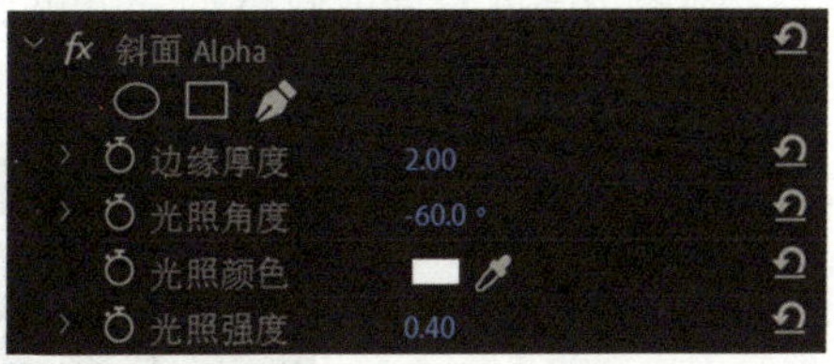

图 4-66　“斜面 Alpha”参数设置

3.10 键控

键控类视频特效主要用于对素材进行叠加和抠图处理，此类特效包括九种，如图 4-68 所示。

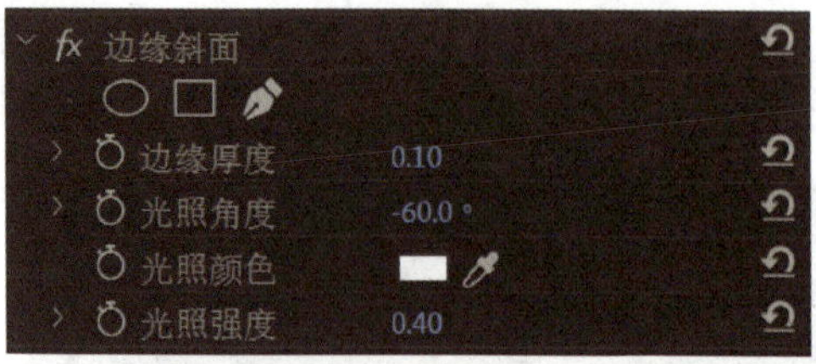

图 4-67 “边缘斜面”参数设置

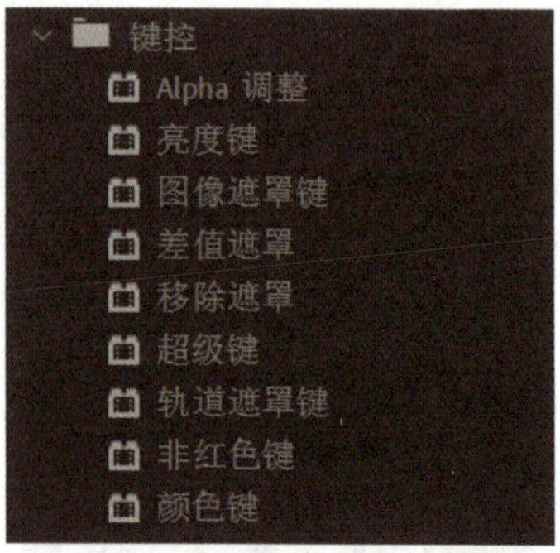

图 4-68 “键控”类视频特效

3.10.1 Alpha 调整

通过调整当前素材 Alpha 通道的透明度，使当前素材与其下层的素材产生的不同的叠加效果，如图 4-69～图 4-71 所示。

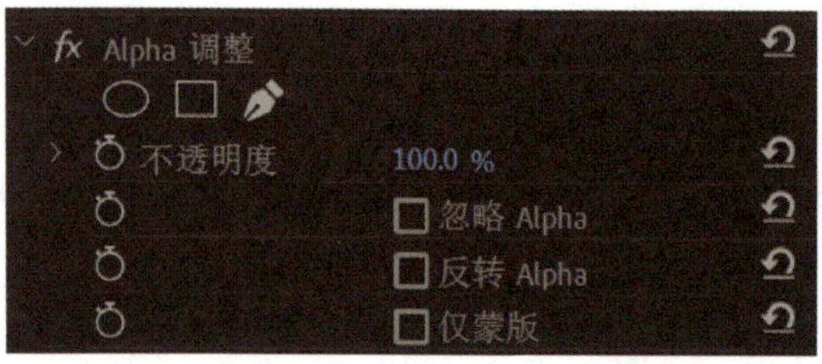

图 4-69 “Alpha 调整”参数设置

图 4-70 应用“Alpha 调整”特效前

图 4-71 应用“Alpha 调整”特效后

3.10.2 亮度键

图像中亮度较高或较低的部分可以被设置为透明，而亮度处于中间范围的部分则保留下来。该特效对明暗对比十分强烈的图像非常有效，如图 4-72～图 4-74 所示。

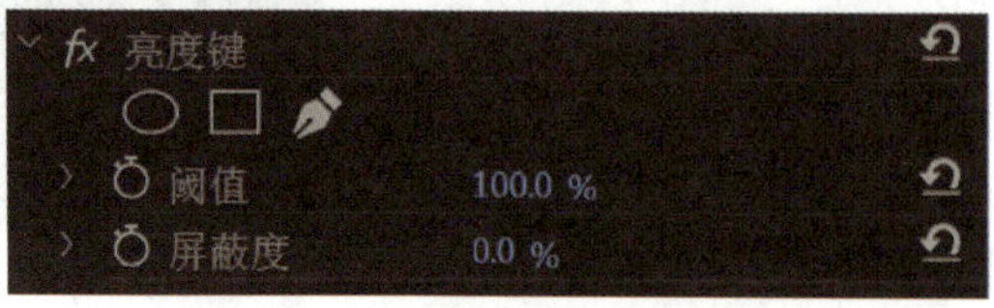

图 4-72 “亮度键”调整参数设置

图 4-73　应用“亮度键”特效前

图 4-74　应用“亮度键”特效后

3.10.3　图像遮罩键

通过读取遮罩图像的亮度值，遮罩图像中的白色区域对应目标视频中完全显示的部分，黑色区域对应目标视频中完全透明的部分，而灰色区域则对应目标视频中半透明的部分，如图 4-75 所示。

图 4-75　“图像遮罩键”参数设置

3.10.4　差值遮罩

通过比较两个画面的差异来创建遮罩。分析两个输入素材之间的颜色、亮度等差异信息，将差异部分设置为透明或不透明，如图 4-76～图 4-78 所示。

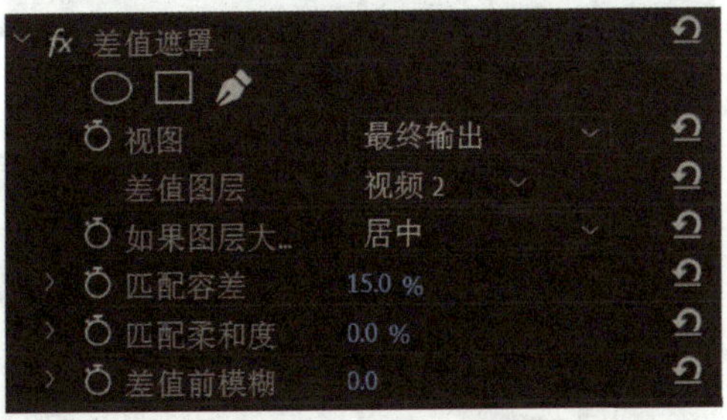

图 4-76　“差值遮罩”参数设置

图 4-77　应用“差值遮罩”特效前

图 4-78　应用“差值遮罩”特效后

小资料卡片

使用差值遮罩的重要前提：至少需要两层素材，两层素材被抠除的部分相同。

使用差值遮罩的方法：内容比较多的素材放在上层轨道→添加差值遮罩效果→隐藏下方图层→差值图层选择下方素材→调整容差→差值遮罩特效应用完成。

3.10.5　移除遮罩

移除遮罩可以将原来的遮罩移除，移除画面中遮罩的白色区域或黑色区域，如图 4-79 所示。

3.10.6　超级键

超级键可以指定某种颜色，再通过调整颜色容差、相似度等参数来实现素材的透明效果，如图 4-80～图 4-82 所示。

图 4-79　“移除遮罩”参数设置

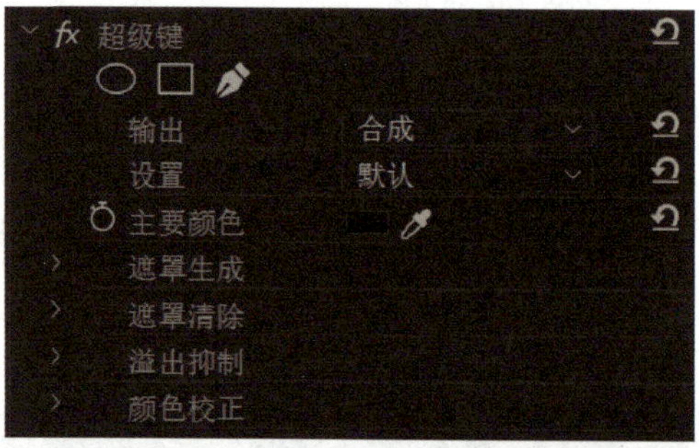

图 4-80　“超级键”参数设置

图 4-81　应用“超级键”特效前

图 4-82　应用“超级键”特效后

3.10.7　轨道遮罩键

利用一个遮罩图层来控制当前图层的显示区域。遮罩图层中的白色部分会使当前图层对应区域显示，黑色部分则使其隐藏，灰色部分为半透明效果，如图 4-83～图 4-85 所示。

图 4-83　“轨道遮罩键”参数设置

图 4-84　应用“轨道遮罩键”特效前

图 4-85　应用“轨道遮罩键”特效后

3.10.8　非红色键

非红色键可以将素材中的蓝色或绿色区域变成透明，如图 4-86 所示。

3.10.9　颜色键

颜色键指定一种特定的颜色(键色)，并将素材画面中与该键色相匹配或相似的颜色区域设置为透明，如图 4-87～图 4-89 所示。

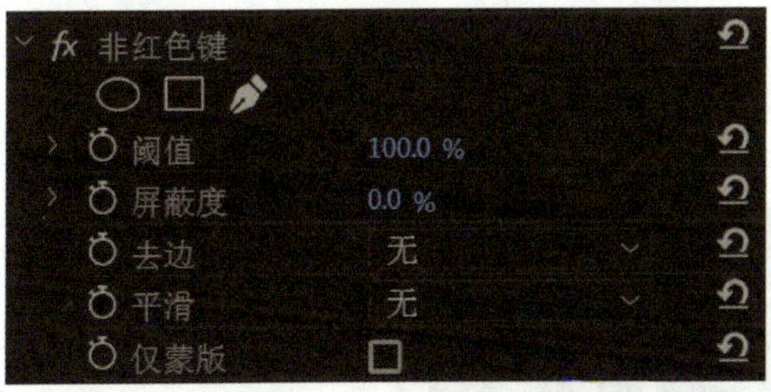

图 4-86　“非红色键”参数设置

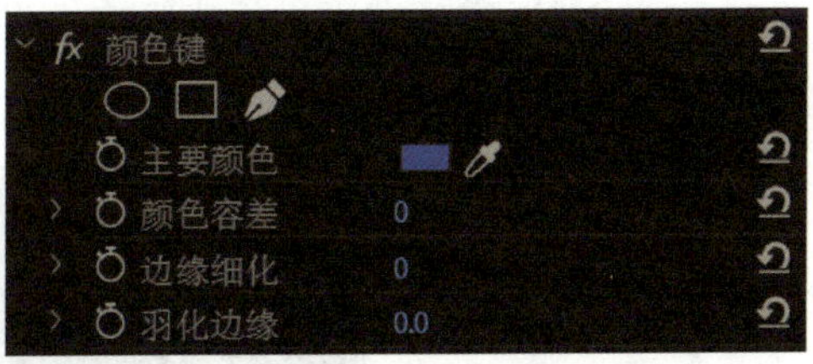

图 4-87　“颜色键”参数设置

图 4-88　应用“颜色键”特效前

图 4-89　应用“颜色键”特效后

3.11　颜色校正

颜色校正类视频特效主要用于调整素材的颜色、亮度、对比度等，包括“ASC CDL”“Lumetri 颜色”“亮度与对比度”“保留颜色”“均衡”“更改为颜色”“更改颜色”“色彩”“视频限制器”“通道混合器”“颜色平衡”“颜色平衡(HLS)”12 种特效，如图 4-90 所示。

3.12　风格化

风格化类视频特效是用于改变视频画面外观、赋予其独特艺术风格的工具集合，能显著提升视频的视觉吸引力和艺术感。此类特效包括 14 种，如图 4-91 所示。

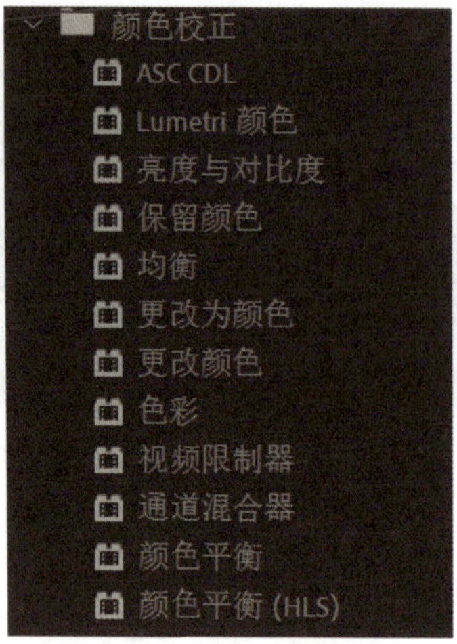

图 4-90　颜色校正类视频特效

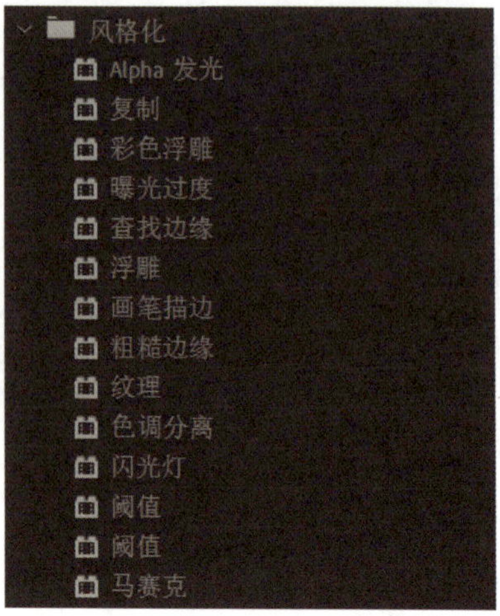

图 4-91　风格化类视频特效

下面介绍几种常用的风格化类视频特效。

3. 12. 1　Alpha 发光

基于 Alpha 通道，在素材的边缘产生发光效果，以此来增强素材的视觉表现力和层次感，如图 4-92~图 4-94 所示。

图 4-92　“Alpha 发光”参数设置

图 4-93　应用“Alpha 发光”特效前

图 4-94　应用“Alpha 发光”特效后

3. 12. 2　复制

可以将原始素材复制指定的数量，其“计数”参数用于控制复制副本的数量，如图 4-95 和图 4-96 所示。

图 4-95　“复制”参数设置

图 4-96　应用“复制”特效后

3.12.3　彩色浮雕

彩色浮雕通过突出边缘、营造立体层次，让视频画面兼具鲜明色彩与逼真浮雕质感，带来独特视觉冲击，如图 4-97 和图 4-98 所示。

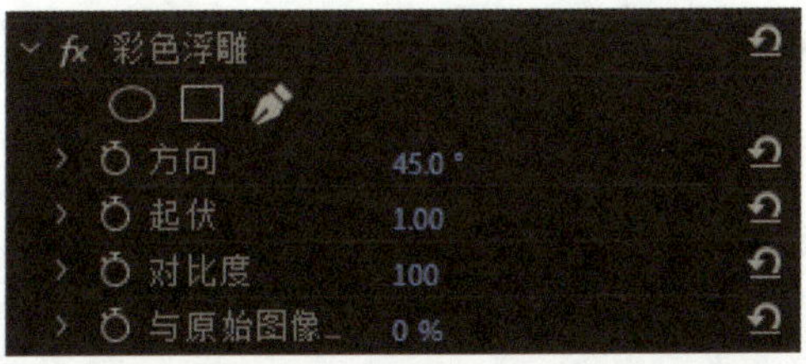

图 4-97　“彩色浮雕”参数设置

图 4-98　应用“彩色浮雕”特效后

3.12.4　浮雕

模拟现实中浮雕艺术的视觉效果，使原本平面的视频画面呈现出立体的层次感，仿佛画面中的元素从背景中凸显或凹陷下去，增强了画面的深度和真实感，如图 4-99 和图 4-100 所示。

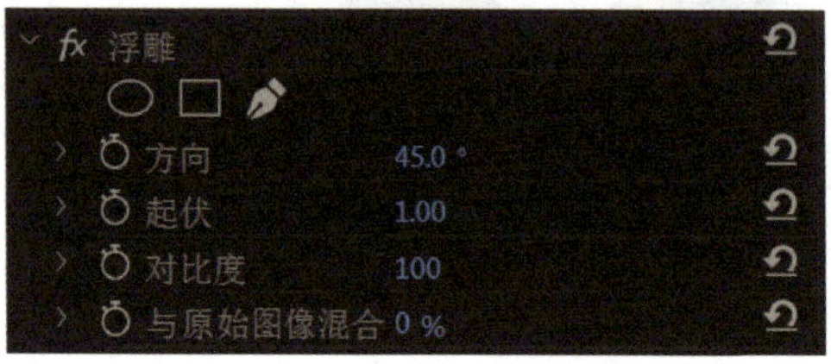

图 4-99　“浮雕”参数设置

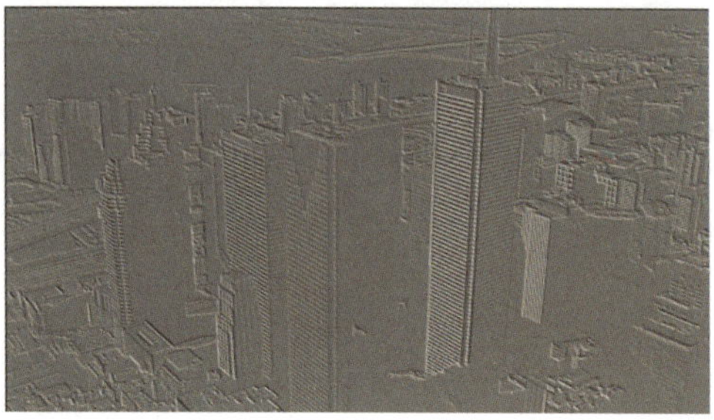

图 4-100　应用“浮雕”特效后

3.12.5　查找边缘

利用算法分析像素差异，强化勾勒画面边缘，以黑白线条呈现，可通过参数雕琢，用于打造素描风、突出主体或制作酷炫特效，如图 4-101 和图 4-102 所示。

图 4-101　应用“查找边缘”特效前

图 4-102　应用“查找边缘”特效后

3.12.6　粗糙边缘

通过调整边缘类型，制作出现不同的锯齿边缘效果，如图 4-103 所示。

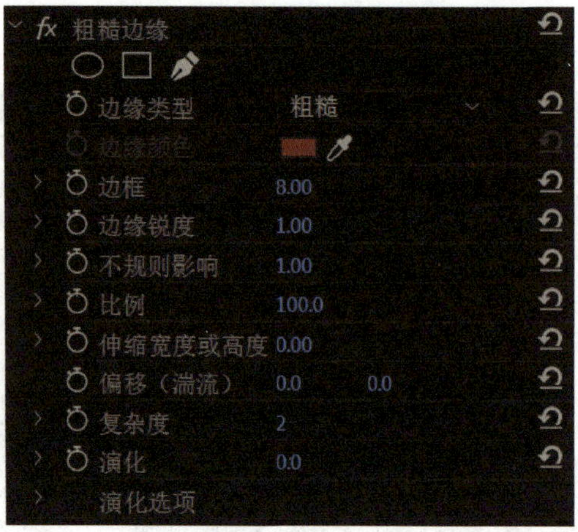

图 4-103　“粗糙边缘”参数设置

3.12.7 阈值

可以将灰度或彩色图像转换为只有两种颜色(通常是黑色和白色)的二值图像，以此突出画面的轮廓和形状，带来简洁、鲜明的视觉感受，如图 4-104 所示。

3.12.8 马赛克

将视频画面分割成许多小方块(即马赛克块)，并使每个小方块内的像素颜色统一，从而模糊特定区域的图像细节，达到隐藏或遮挡画面中敏感信息、特定元素的目的，同时也可用于营造特定的视觉风格，如图 4-105 所示。

图 4-104 应用“阈值”特效后

图 4-105 应用“马赛克”特效后

4. 蒙版功能探秘：优化视频特效

在 Pr 中，蒙版是一项非常重要且实用的功能，是用于控制画面显示区域和效果作用范围的工具，它就像一个“遮罩”，可以决定视频的哪些部分可见、哪些部分被隐藏，或者哪些部分受到特定效果的影响。通过蒙版，能实现画面的裁剪、融合，以及特效的精准应用等多种效果，极大地增强视频的视觉表现力。

4.1 蒙版认知：聚焦画面主体

在 Pr 2020 中，通过创建蒙版，可以只显示视频画面中的特定区域，将观众的注意力吸引到重要的主体上，增强画面的表现力。例如，在一段风景视频中，使用蒙版只展示花朵的部分，突出花朵的美丽，如图 4-106 所示。

4.2 特效蒙版：精准调控效果

在 Pr 2020 中，通过创建视频特效蒙版，精确控制视频特效的作用范围。当应用模糊、色彩调整、光影效果等特效时，可使用蒙版限定特效仅作用于特定区域。例如，只想对视频中的人物面部进行模糊处理，就可以使用蒙版将特效仅应用于面部区域，如图 4-107 所示。

图 4-106 使用椭圆蒙版效果

图 4-107 使用椭圆蒙版模糊效果

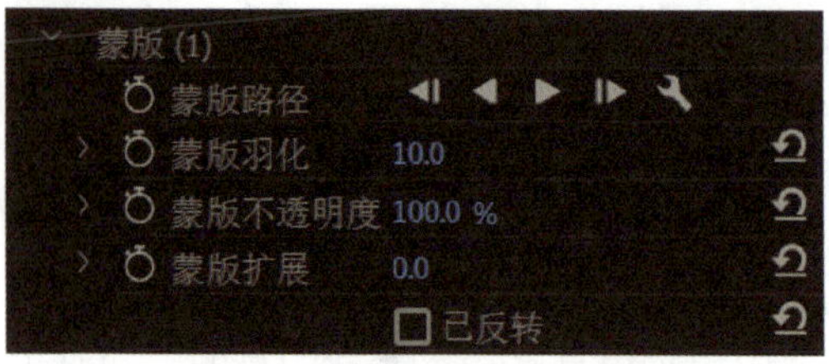

图 4-108 “蒙版”参数设置

4.3 参数解析：打造自然呈现

蒙版参数设置如图 4-108 所示。

蒙版路径：记录蒙版大小/位置的属性。

蒙版跟踪：向前跟踪，向后跟踪（自动跟踪）。

蒙版羽化：会让边缘过渡更加自然。

蒙版扩展：改变蒙版大小。

已反转：蒙版反转。

小资料 卡片

蒙版路径不出现的解决方法：

- 检查添加蒙版个数；
- 拖动面板大小；
- 更改渲染程序（文件→项目设置）；
- 重启 Pr 软件。

【任务实施】

根据班级人数将学生分成若干实训活动小组，每组设组长 1 名，负责安排、协调、督促小组完成实训任务，同时做好实训活动记录。

项目实训 超燃青春嘻哈风 Vlog

根据案例的具体要求，分析完成实训任务的操作步骤和知识要点，如图 4-109 所示。

图 4-109 “超燃青春嘻哈风 Vlog”剪辑素材

步骤一：新建项目并导入素材

（1）新建文件夹：命名为“超燃青春嘻哈风 Vlog-日期”，将剪辑用到的素材分类整理放入文件夹。

（2）新建项目：项目名称为“超燃青春嘻哈风 Vlog”，位置指向“超燃青春嘻哈风 Vlog-日期”文件夹。

（3）新建序列：尺寸为 1920px×1080px，像素长宽比为方形像素 1.0，帧速率为 25 帧/秒。

（4）导入素材：将剪辑用到的素材导入新建项目中。

步骤二：Vlog 片头制作

（1）将作业素材放置在 V1 轨道，对照样片进行素材剪辑，裁掉不需要的部分。

（2）使用文字工具，添加“Vlog”文本内容，放在 V2 轨道。

（3）选中 V2 轨道文本内容，点击效果控件面板，设置文本字体、大小等参数。

（4）选中 V2 轨道素材，单击右键进行嵌套，设置嵌套序列名称为“片头”。

（5）从视频效果面板中找到“书写”添加到 V2 轨道素材上，点击效果控件面板，设置画笔大小使之能完全遮盖下方文字。

（6）在效果控件面板中点击“书写”，出现可调整锚点，用鼠标拖动到开始位置，对画笔位置添加关键帧。

（7）在效果控件面板中调整绘制样式为“显示原始图像”，书写动画制作完成，如图 4-110 和图 4-111 所示。

（8）从视频效果面板中找到“轨道遮罩键”添加到 V1 轨道素材上，设置遮罩为“V2”。

（9）选中文字素材，打开效果控件面板，展开“运动”选项，找到“缩放”属性，在文字起始显示位置点击秒表打第一个关键帧(保持原始缩放比例)；移动时间轴到文字需消失的位置，增大“缩放”数值至文字完全超出画面，自动生成第二个关键帧。此时文字会从原始状态逐渐放大直至消失，仅显示下方风景素材。

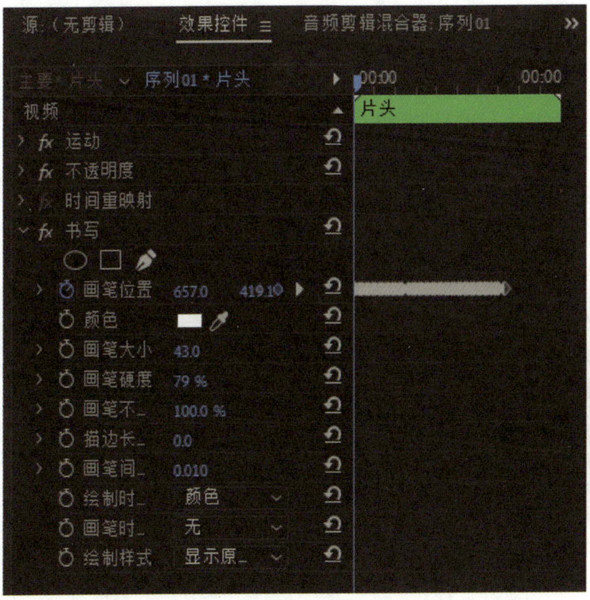

图 4-110　“书写”参数设置

图 4-111　Vlog 书写效果

步骤三：查找边缘特效应用

（1）按“Alt”键复制 V1 轨道上的第二段素材到 V2 轨道。

（2）从视频效果面板中找到“查找边缘”，添加到 V2 轨道第二段素材上，勾选“反选”，修改混合模式为变亮或滤色。

（3）在效果控件面板中点击“运动”，对缩放和不透明度添加关键帧，完成边缘弹出效果，如图 4-112 所示。

图 4-112 查找边缘效果

步骤四：故障风特效制作

（1）从视频效果面板中找到“颜色平衡”，添加到 V1 轨道第三段素材上，按“Alt”键复制 V1 轨道上的第三段素材到 V2、V3 轨道。

（2）调整三层轨道素材的颜色，分别把对应 RGB 数据调成（100，0，0）、（0，100，0）、（0，0，100）。

（3）给 V2、V3 轨道素材设置混合模式为滤色。

（4）分别调整 V1、V2、V3 轨道素材的缩放值为（115，110，105），故障风特效制作完成，如图 4-113 所示。

步骤五：人物描边效果制作

（1）在 V1 轨道素材中找到人物露脸位置，按“Ctrl+K”键进行裁剪，右键添加帧定格，按“Alt”键复制素材至 V2 轨道。

（2）使用钢笔工具将 V2 轨道素材人物抠图，设置蒙版羽化、蒙版扩展等参数。

（3）选中 V2 轨道素材，点击右键进行嵌套，并添加油漆桶效果，填充选择器为 Alpha 通道，描边为描边，调整描边宽度和颜色，如图 4-114 所示。

图 4-113 故障风效果

图 4-114 人物描边效果

步骤六：导出视频并提交作业

（1）完成所有镜头剪辑后，检查总时长和内容是否与样片一致，若有问题仔细检查，并进行细节调整和修改。

（2）在制作的过程中，不断按“Ctrl+S”键保存剪辑的视频，制作步骤会保存在源文件中。

（3）导出设置：导出设置为 H.264 格式，如图 4-115 所示。

步骤七：学生讲解任务完成情况

组长抽取序号，并选出一名代表讲解本组的作业完成情况。

步骤八：师生点评

每个小组选出一名评委，对任务完成情况进行打分，小组间互评，最后由教师进行点评。

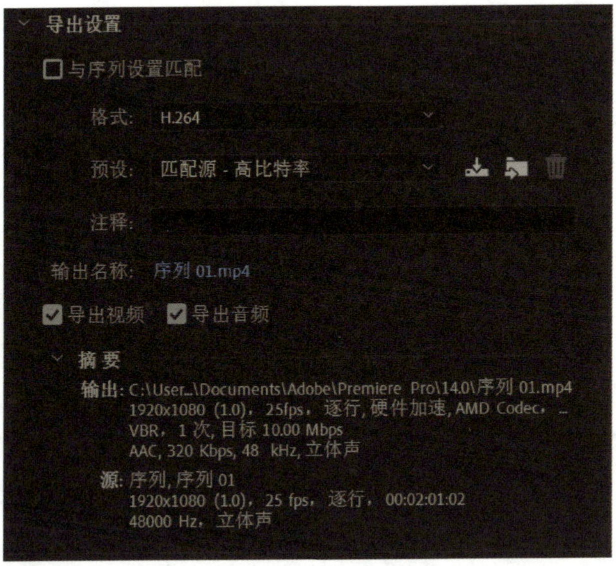

图 4-115　导出设置

小资料卡片

书写效果能为视频增添动态与创意，以下是实用小技巧。首先，选对字体很关键，书法字体适配古风、文化类视频；卡通字体适合儿童、趣味主题。其次，在软件中设置书写效果时，调整书写速度参数，慢速度呈现沉稳书写感，快速度则带来潇洒流畅效果。再次，利用关键帧，可控制书写起始位置与方向，让文字按设计路径书写。若要突出重点，在书写完成后，添加颜色变化关键帧，使特定文字变色。最后，搭配合适的音效，如书写笔触声，增强沉浸感，全方位提升书写效果的表现力，为视频加分。

【任务书】

任务书

任务内容	打造超燃青春嘻哈风 Vlog
实训过程	

续表

任务内容	打造超燃青春嘻哈风 Vlog
理论知识梳理	
实训过程总结	
教师记录、点评：	

【巩固提高】

一、选择题

1. 在 Pr 软件中，若要将彩色图像转化为黑白图像，应使用以下哪种特效？(　　)

A. 颜色平衡　　B. 黑白　　C. 颜色替换　　D. 色彩校正

2. 当需要模拟镜头对着强光时产生的光晕、光斑效果，应选择哪种特效？(　　)

A. 书写　　B. 镜头光晕　　C. 查找边缘　　D. 浮雕

3. 以下哪种特效可基于 Alpha 通道，在素材边缘产生发光效果？(　　)

A. Alpha 发光　　B. 复制　　C. 彩色浮雕　　D. 阈值

4. 在制作古镇之旅 Vlog 开篇特效时，为使文字呈现书写效果，需将文字图层进行(　　)操作。

A. 裁剪　　B. 嵌套　　C. 复制　　D. 粘贴

5. 在 Pr 中能使视频画面沿垂直轴进行翻转的特效是(　　)。

A. 水平翻转　　B. 垂直翻转　　C. 镜像　　D. 旋转扭曲

6. 以下关于变形稳定器特效的说法，正确的是(　　)。

A. 能让画面产生晃动效果　　B. 只能处理特定分辨率的视频

C. 可自动补偿拍摄时的抖动　　D. 会降低视频的画质

7. 若想去除视频画面中不需要的部分，调整画面构图，应使用哪种变换类特效？(　　)

A. 垂直翻转　　B. 水平翻转　　C. 裁剪　　D. 羽化边缘

8. 在添加高斯模糊特效时，通过调整哪个参数可以控制模糊的程度？(　　)

A. 模糊方向　　B. 模糊半径　　C. 模糊通道　　D. 以上都不对

9. 在使用书写特效时，为控制书写速度，需要调整的参数是(　　)。

A. 画笔大小　　B. 画笔硬度　　C. 描边长度　　D. 颜色

10. 在使用轨道遮罩键特效时，遮罩图层中的(　　)部分会使当前图层对应区域显示。

A. 白色　　B. 黑色　　C. 灰色　　D. 任意颜色

二、填空题

1. 在 Pr 软件中，添加视频特效的方法有直接拖曳法和(　　　　　　)。

2. 若要模拟手写或打字效果，为文字添加动态书写效果，应使用(　　　　　)特效。

3. 颜色替换特效通过调整(　　　　　)参数，可扩大替换颜色的范围。

4. 在透视类特效中，(　　　　　)特效可在二维视频画面基础上模拟出简单的三维空间效果。

5. 当需要去除视频画面的抖动时，应使用(　　　　　　)特效。

6. 在使用蒙版时，(　　　　　)参数可让蒙版边缘过渡更加自然。

7. 在使用蒙版时，通过调整(　　　　　)参数可改变蒙版大小。

8. 在杂色与颗粒类特效中，(　　　　　　)特效可通过混合、替换等方式，去除图像中的明显瑕疵。

9. 在应用键控类特效时，(　　　　　)特效可指定某种颜色，通过调整颜色容差等参数实现素材的透明效果。

10. 在风格化类特效中，通过算法分析像素差异，强化勾勒画面边缘，以黑白线条呈现的是(　　　　　)。

三、判断题

1. 在 Pr 软件中，一个视频素材只能添加一种视频特效。　(　　)

2. RGB 特效可分别调整阴影、中间调、高光部分的红、绿、蓝三色平衡。　(　　)

3. 变形稳定器特效只能处理固定机位拍摄的视频素材。　(　　)

4. 高斯模糊特效通过高斯运算生成模糊效果，能达到更细腻的模糊效果。　(　　)

5. 在添加书写特效时，无须设置关键帧就能实现文字的动态书写效果。　(　　)

6. 在使用颜色替换特效时，无法扩大或缩小替换颜色的范围。　(　　)

7. 视频特效蒙版不能控制模糊、色彩调整等特效的作用范围。　(　　)

8. 在超燃青春嘻哈风 Vlog 制作中，为实现故障风特效，需将三层轨道素材的混合模式都设置为滤色。　(　　)

9. 在使用超级键特效时，不能通过调整颜色容差参数来实现素材的透明效果。　(　　)

10. 在 Pr 中，无法对已添加的视频特效进行复制和移动操作。　(　　)

第 5 章　音频及结合 Au 去除噪声

【知识框图】

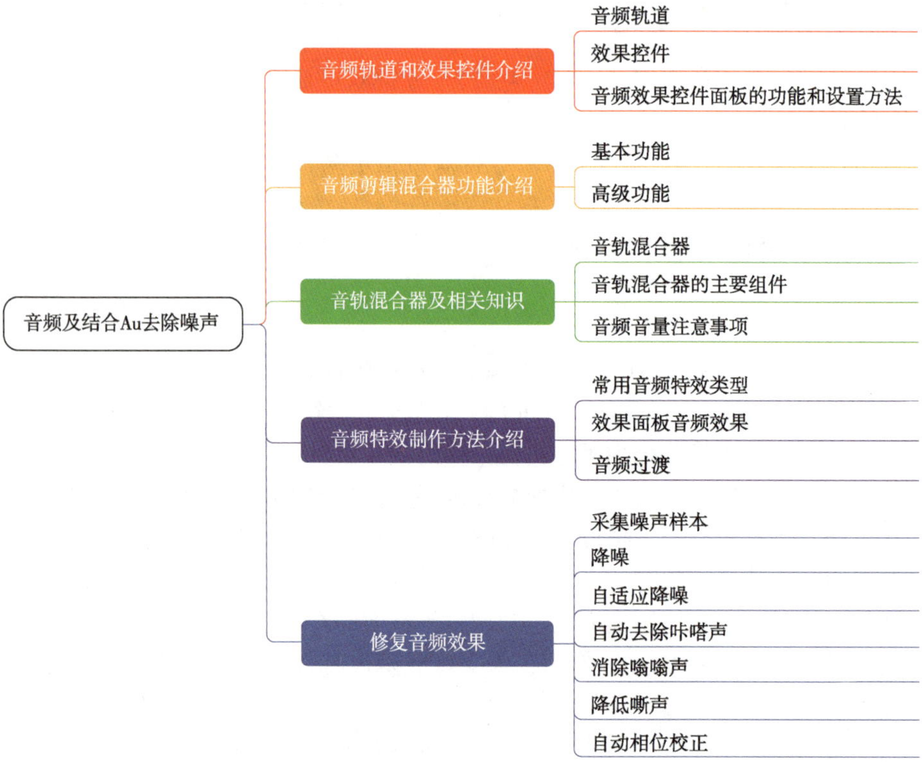

图 5-1　音频及结合 Au 去除噪声

【项目简介】

本章聚焦视频制作中的音频剪辑与混合技术，首先，介绍音频轨道和效果控件，音频轨道有主音频轨道、辅助音频轨道等类型，具备静音、独奏、录制等功能，音频编辑基础包括 Pr 对音效的处理方式、音频处理顺序、添加及编辑音频素材的多种操作，如调整持续时间、增益、音量等，以及使用调音台窗口和音频特效；效果控件可对音频进行精细调整，如级别、声道音量、声像器等设置。其次，详细阐述音频剪辑混合器和音轨混合器功能，包括音量调整、声道控制、效果添加等，同时给出音频音量调整的注意事项。最后，介绍常用音频特效类型及制作方法，如混响、延迟、均衡器等。通过本章的学习，同学们将全面掌握音频剪辑与混合的核心技巧，为视频打造出层次丰富、感染力强的音频效果，提升剪辑视频的整体质量。

【学习目标】

知识目标

熟知音频轨道类型与功能、音频编辑基础操作及处理顺序，掌握添加音频方法；

理解音频特效制作原理，明晰各种特效类型、功能及在不同场景的应用技巧。

能力目标

能够精准对音轨混合器按钮进行调整，并清晰阐述每个按钮的功能；

可以根据给定要求，独立制作相应音频特效，并正确进行属性设置。

素养目标

在音频处理知识的学习过程中，牢固树立精益求精的理念，追求音频处理的极致效果；

在声画同步制作实践中，着力培养严谨细致、追求卓越的职业精神，确保声画完美融合。

【任务描述】

通过系统学习音频轨道、效果控件、音频剪辑混合器、音轨混合器以及特效制作技术，用户能够显著提升音频制作的专业素养，大幅增强作品的听觉感染力，为多媒体创作筑牢坚实的技术根基。这些专业技能在影视、音乐、广播等诸多领域展现出极为广泛的应用价值，成为提升个人职业竞争力的关键途径。本章以“声轨跃动，奏响地铁出行共鸣”案例制作为例，通过巧妙运用上述音频技术，精心调配音频轨道，灵活把控效果控件，借助音频剪辑混合器与音轨混合器进行精细处理，并适时添加特效，成功营造出契合地铁出行场景的独特听觉氛围，为我们带来别样的感官体验。

案例一　如何用音频剪辑混合器为校园视频增添魅力?

1. 情景设计

初涉校园视频制作领域的子妍，接到了为学校宣传视频添加背景音乐与音效的任务，她对音频剪辑和效果处理一窍不通，急得手足无措。在校园视频制作圈里，彬彬是公认的高手，音频处理与混音技术更是他的专长。面对子妍的困境，彬彬耐心指导，从音频剪辑混合器的基础操作，到效果控件、音轨混合器的使用技巧，一步步悉心传授，子妍用心学习并在制作中渐入佳境，最终成功完成视频配乐和音效制作，播放时，适配的音乐与音效为视频增色不少，让学校宣传视频更具魅力。

2. 任务描述

子妍肩负着为校园宣传视频雕琢音频的重任，需要精心添加背景音乐、环境音效以及人物对白，使它们相得益彰。为达此目的，她需要钻研音频剪辑混合器的精妙用法，精准调控音轨的音量，拿捏好平衡度，巧妙运用各类效果。同时，还需要掌握音频特效制作的技巧，匠心独运地添加适配的音效，最终使整体音频与视频画面仿若天作之合，共同勾勒出校园的独特魅力与动人风采。

3. 任务分解

步骤一：了解音频剪辑混合器的基本功能

目标：子妍需要熟悉音频剪辑混合器的界面和基本操作。

(1) 打开音频剪辑混合器，了解音轨的布局。

(2) 学习如何添加、删除和移动音频剪辑。

(3) 掌握音量调节和静音/独奏功能的使用。

步骤二：调整音轨的音量与平衡

目标：子妍需要为背景音乐、环境音效和对白音轨设置合适的音量比例。

(1) 运用音频剪辑混合器分别对背景音乐和环境音效的音量进行调整，以确保人物对白清晰可闻。

(2) 通过音轨平衡功能，调整左右声道的分布，增强音频的空间感。

步骤三：应用效果控件进行音频处理

目标：子妍需要为音频添加合适的特效，提升整体音质。

(1) 使用均衡器(EQ)调整音频的频率，去除杂音。

(2) 添加压缩器(Compressor)控制动态范围，使音频更加平滑。

(3) 应用混响(Reverb)效果，为环境音效增加空间感。

步骤四：使用音轨混合器进行整体混音

目标：子妍需要将所有音轨混合，确保音频整体和谐。

(1) 在音轨混合器中调整各音轨的音量和效果。

(2) 使用总线(Bus)功能将所有音轨输出到主音轨。

(3) 在主音轨上应用限制器(Limiter)，防止音频过载。

步骤五：添加音频特效，提升视频表现力

目标：子妍需要为视频添加关键音效，增强画面表现力。

(1) 在视频中人物的关键动作点处添加音效(如脚步声、开门声)。

(2) 使用音频剪辑混合器调整音效的音量和位置。

(3) 为音效添加淡入淡出效果，使其自然过渡。

步骤六：导出并检查最终音频

目标：子妍需要导出音频并与视频同步，检查最终效果。

(1) 导出音频文件，确保格式与视频兼容。

(2) 将音频导入视频编辑软件，检查同步效果。

(3) 根据反馈进行微调，直至满意。

案例二 地铁出行，声画同步如何提升沉浸感?

1. 情景设计

校园视频小达人梦辰接到了一家媒体公司的视频剪辑任务，要求为某地铁运营公司制作一段宣传短视频。视频以地铁出行为主题，通过声画同步的创意设计，展现从扫码进站到出站的全过程。在视频里，当扫码时配上拍照音效，模拟真实的扫码体验；地铁关门时添加关门滑音，强化视觉与听觉的联动效果；地铁行驶时加入速度感音效，营造出快速移动的氛围。让观众仿佛置身于地铁出行的场景中，感受到地铁的便捷与高效，同时激发他们对地铁出行的兴趣与好感。但是梦辰制作的视频声画同步的沉浸感不佳，如何解决呢?

2. 任务描述

校园视频小达人梦辰在媒体公司小李的协助下，凭借精准的声画同步和音效优化工作，完美地展现出地铁出行的便捷与高效，有效提升了观众的沉浸感与体验感。利用 Adobe Audition(Au)进行音频编辑与同步操作，确保关门滑音、拍照音效、速度感音效等音频与视频画面能够精准匹配；同时运用视频编辑软件 Pr 进行视频剪辑与合成，使扫码、下电梯、地铁驶过关门、在地铁内、上电梯、地铁口等场景能够流畅衔接。在具体操作过程中，需要借助时间轴工具精确地对齐音频与视频的关键同步点，运用“剃刀工具”对音效进行裁剪，并添加淡入淡出效果，以此确保音效时长与视频画面能够完美契合，传递地铁出行的便捷与城市生活的活力。

3. 任务分解

步骤一：准备工作，整理素材

(1) 视频素材：确保包含扫码、下电梯、地铁驶过关门、在地铁内、上电梯、地铁口等场景。

(2) 音频素材：准备关门滑音、拍照音效、速度感音效等音频文件，格式为 WAV 或 MP3。

(3) 同步点：在视频和音频中标记关键点，如关门滑音与地铁关门画面、拍照音效与扫码画面等。

步骤二：导入与对齐素材

(1) 打开 Pr，新建项目并导入视频和音频素材。

(2) 打开 Au，新建多轨会话并导入音频文件。

(3) 在时间轴中放大显示，找到关键同步点(如关门滑音与地铁关门画面、拍照音效与扫码画面)。

(4) 使用"移动工具"拖动音频或视频，使同步点对齐，并使用键盘逐帧微调。

步骤三：添加与调整音效

(1) 在地铁关门画面处添加关门滑音，在扫码画面处添加拍照音效，在地铁行驶场景中添加速度感音效。

(2) 使用"剃刀工具"裁剪音效，使其与视频时长匹配。

(3) 为音效添加淡入淡出效果，确保过渡自然。

步骤四：检查与修复

(1) 从头到尾播放视频，检查是否有不同步的地方。

(2) 如果发现不同步，进行修复

步骤五：导出视频

步骤六：导出文件并提交

请同学们参照案例一和案例二所提供的资料，提前预习课件内容。在预习过程中，尝试分析并阐述如何精准、高效地找准音频与视频的关键同步点，实现二者的完美对齐；怎样将音效与视频画面巧妙融合，达成毫无破绽的无缝衔接效果；以及思考能够优化工作流程的方法，从而提升制作效率。

【知识准备】

在视频制作领域，音频剪辑与混合无疑是提升视频作品质量的关键环节。合理运用音频轨道、效果控件、音轨混合器以及特效制作方法等工具和技术，能够显著优化音频的表现力，为观众带来更优质的听觉体验。基于此，本章旨在助力用户熟练掌握音频剪辑与混合的核心技术，并能够灵活、高效地应用于实际项目之中。

1. 音频轨道和效果控件介绍

音频轨道和效果控件是进行音频处理和调整的重要工具。音频轨道是音频编辑的核心组成部分，用于承载和管理音频素材。效果控件则用于对音频进行实时处理，帮助优化音频的清晰度和空间感。

1.1　音频轨道

音频轨道是视频编辑软件中承载和处理音频素材的轨道，每个轨道可容纳一个或多个音频剪辑，支持我们对音频进行分层编辑。

1.1.1　音频轨道的类型

主音频轨道：通常用于放置主要的音频素材，如背景音乐或主对话。

辅助音频轨道：用于放置辅助音频素材，如音效或旁白。

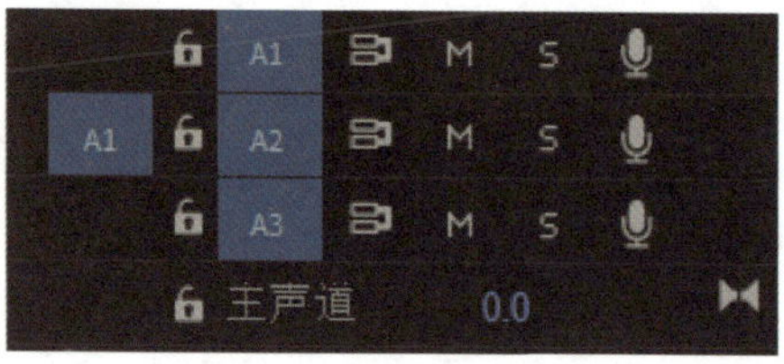

图 5-2 音频轨道展示

1.1.2 音频轨道的功能（图 5-2）

静音轨道（M）：点击“M”按钮，可使整个音频轨道在播放时静音，不发出声音。

独奏轨道（S）：点击“S”按钮，可以独奏该音频轨道，使其在播放时只听到该轨道的声音，其他轨道静音。

录制轨道（R）：点击“R”按钮，可以启用轨道进行录制，通常用于录制旁白或配音。

画外音录制：录制声音。

主声道的作用：可以统一控制音频轨道上所有音频的音量。

1.1.3 音频编辑的基础

1.1.3.1 Pr 对音效的处理方式

在 Pr 中对音频进行处理有以下三种方式。其一，在时间线窗口的音频轨道上，通过修改关键帧来操作音频素材；其二，利用菜单中的相关命令编辑所选音频素材，具体可执行“素材→音频选项”下的“音频增益”“源声映射强制为单声道”“渲染并替换”“提取音频”“抄录到文件”等命令；其三，在效果窗口中为音频素材添加音频特效，以此改变音频效果。

在影片编辑中，可使用立体声和单声道的音频素材。确定影片输出后的声道属性后，则需要在进行音频编辑之前，将项目文件的音频格式设置为对应的模式：执行菜单命令“文件→新建→序列”，打开“新建序列”对话框，在该对话框的“轨道”选项卡中选择需要的声道模式即可，如图 5-3 所示。

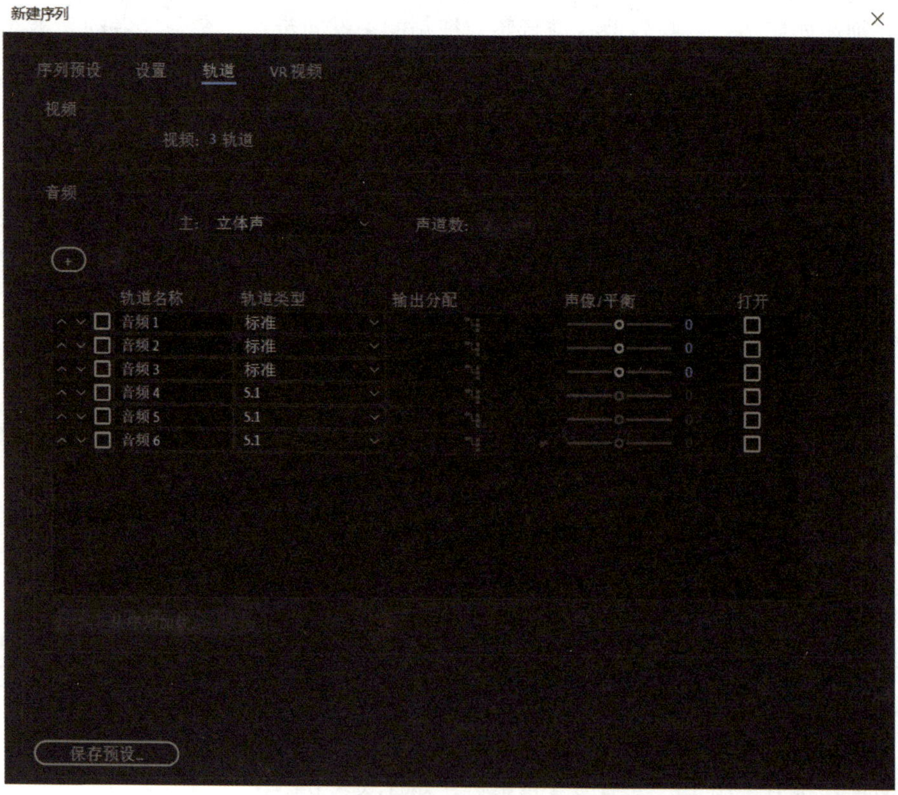

图 5-3 “新建序列→轨道”面板设置

执行菜单命令“项目→新建项目→常规”，在打开的对话框中对音频的采样频率及显示格式进行设置，如图 5-4 所示。

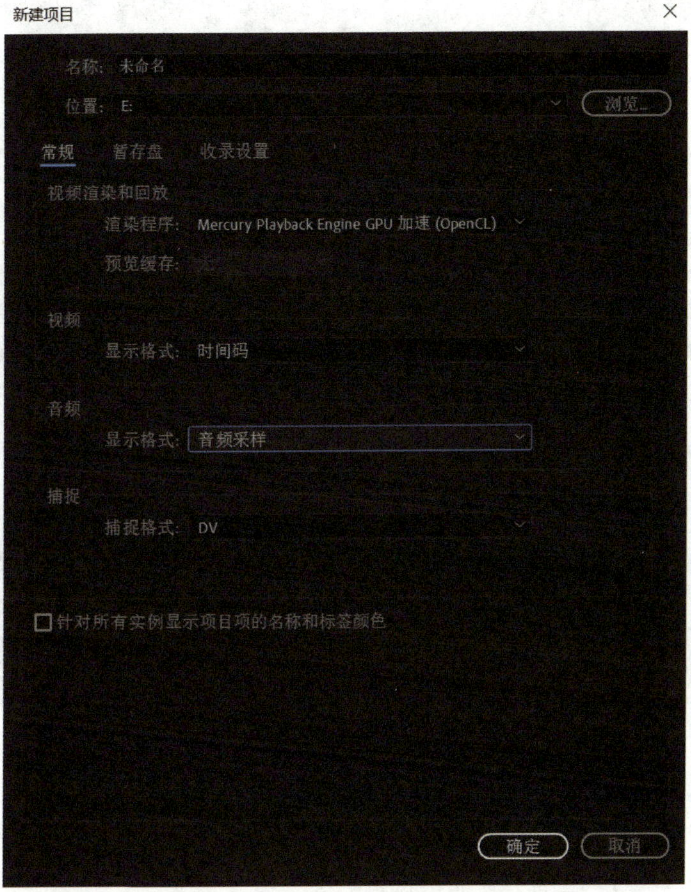

图 5-4　“新建项目”属性设置

执行菜单命令“编辑→首选项→音频”，在打开的“首选项”对话框中，通过改变“音频”参数，对音频素材属性进行初始设置，如图 5-5 所示。

1.1.3.2　音频的处理顺序

音频的处理顺序：首先，在时间线窗口中进行设置；然后应用声音特效，并配合使用音频轨道上音源的位移和增益；最后，使用特效控制台窗口中的命令对音频素材进行处理。在处理音频的时候，有时还会用到调音台窗口。该窗口可以实时对音频进行调整，调整后的结果将直接出现在音频轨道上。

1.1.3.3　添加音频

在进行编辑之前，先将要导入项目中的音频准备好，然后执行导入操作，将音频添加到创建的项目中。除了执行菜单命令“文件→导入”或使用“Ctrl+I”组合键导入音频，还可使用鼠标双击项目窗口中的素材列表框中的空白区域，在对话框中选择所需要的音频，单击“打开”按钮，即可将音频导入当前项目中。如果要选择多个文件，则通过框选方法选取连续排列的多个文件，或者在按住“Ctrl”键的同时点选多个不连续排列的文件。

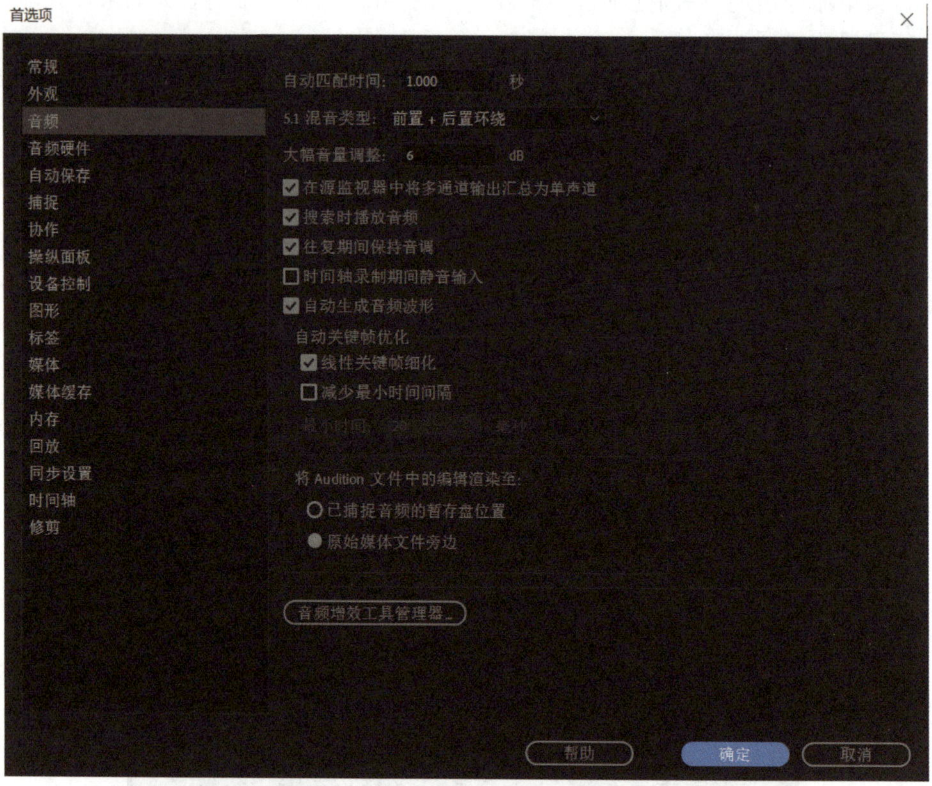

图 5-5 “首选项”面板设置

在 Pr 中，进行音频效果编辑前，需先将音频素材添加到时间线窗口。具体操作是在项目窗口中选中待添加的音频素材，拖至时间线窗口的音频轨道上，此时轨道上会出现矩形块，拖动该矩形块可调整音频素材的位置。

1.1.4　编辑音频素材

将所需要的音频素材导入项目窗口以后，接下来就可以对音频素材进行编辑了。下面介绍对音频素材进行编辑处理的各种操作方法。

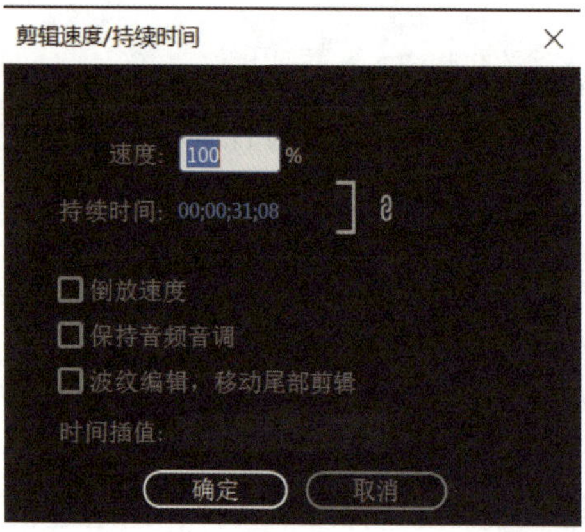

图 5-6 “剪辑速度/持续时间”对话框

1.1.4.1　调整音频持续时间和播放速度

与视频素材的编辑一样，在应用音频素材时，可以对其播放速度和时间长度进行修改，具体操作步骤如下：

（1）选中要调整的音频素材，执行菜单命令“素材→剪辑速度/持续时间”，打开“剪辑速度/持续时间”对话框，在“持续时间”文本框中对音频的持续时间进行调整。当改变“剪辑速度/持续时间”对话框中的“速度”值时，音频的播放速度会发生改变，从而使音频的持续时间发生改变，但改变后的音频素材的节奏也同时改变了，如图 5-6 所示。

（2）在时间线窗口中直接拖动音频的边缘，可改变音频轨迹上音频素材的长度；也可利用剃刀工具将音频的多余部分切除掉，如图 5-7 所示。

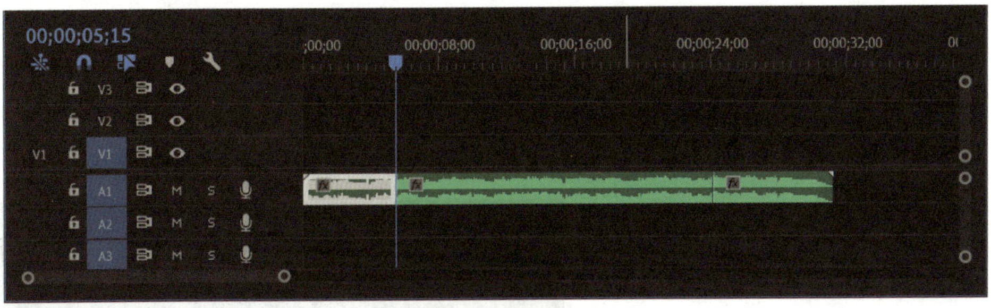

图 5-7　音频轨道一

1.1.4.2　调节音频增益

音频增益是指音频信号的强弱程度，当一个视频片段中包含多个音频素材时，需要对这些素材的增益进行平衡。若某个素材的音频信号过强或过弱，会严重影响播放时的音频效果，此时可通过以下步骤来设置音频素材的增益。

（1）选择时间线窗口中需要调整的音频素材，被选择的素材周围会出现黑色实线，如图 5-8 所示。其中 A1 轨道中的素材为选择状态，A2 轨道中的素材为非选择状态。

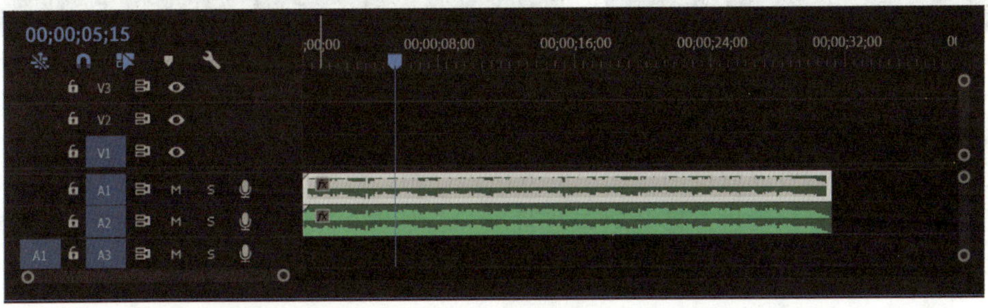

图 5-8　音频轨道二

（2）执行菜单命令“剪辑→音频选项→音频增益”，打开“音频增益”对话框，如图 5-9 所示。

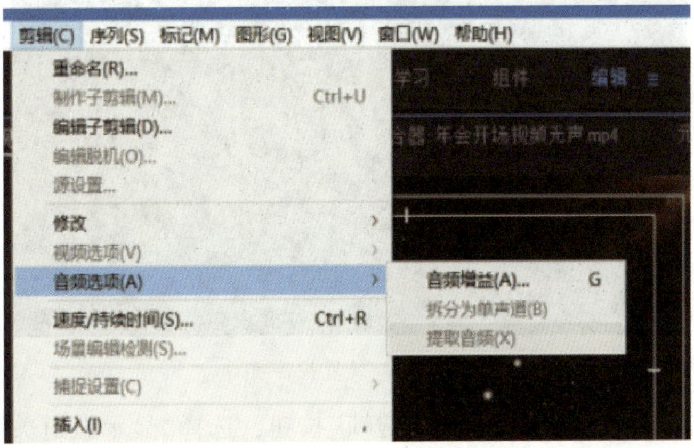

图 5-9　“剪辑→音频选项→音频增益”菜单栏

音频增益：选中素材单击右键，选择“音频增益”，可以把音频调整为一个统一的波形，如图 5-10 所示。

将鼠标指针移动到对话框的数值上，当指针变为手形标记时，按下鼠标左键并左右拖动鼠标，增益值将被改变。

（3）完成设置后，可以通过源监视器窗口查看处理前后的音频波形变化，如图 5-11 所示。此时可播放修改后的音频素材，以试听音频效果。

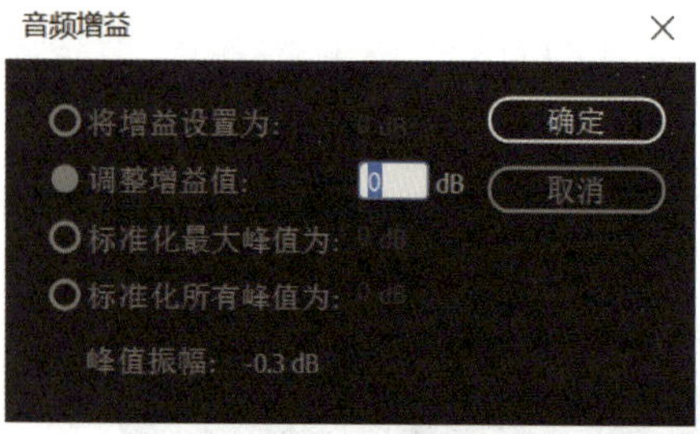

图 5-10　音频增益对话框

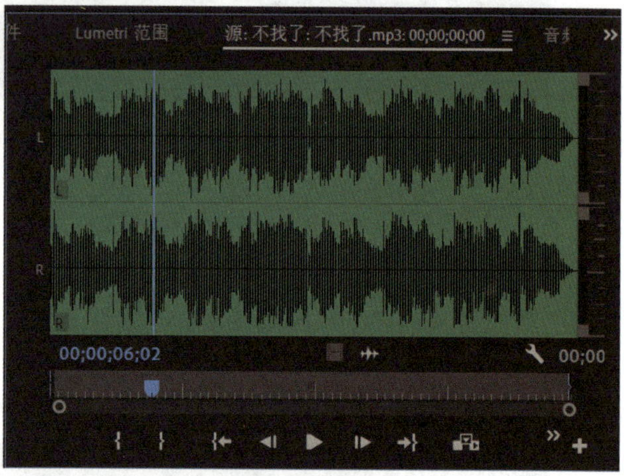

图 5-11　源监视器窗口

1.1.4.3　音频素材的音量控制

音频素材的音量可以通过两个简单的方法来控制。

方法一：选中音频素材，打开效果控件窗口，展开“音量”选项组，调节“级别”的数值可以控制音频素材的音量，如图 5-12 所示。

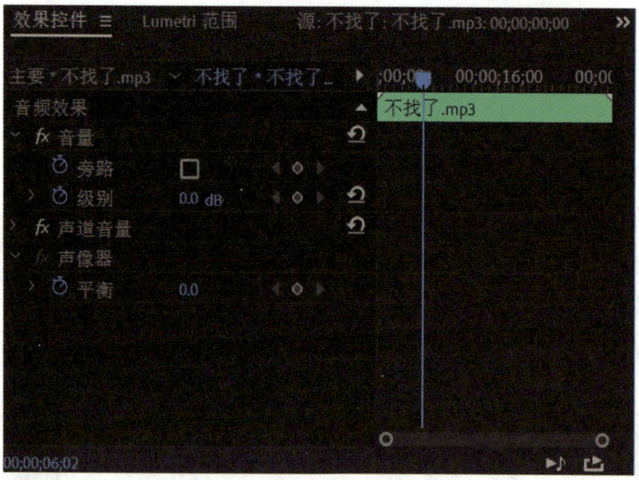

图 5-12　效果控件窗口

方法二：单击音频轨道上的“显示关键帧”按钮，选择“显示轨道关键帧”命令，单击音频轨道上的“添加删除关键帧”按钮，为音频素材添加关键帧，拖动关键帧即可控制音频素材的音量，如图 5-13 所示。

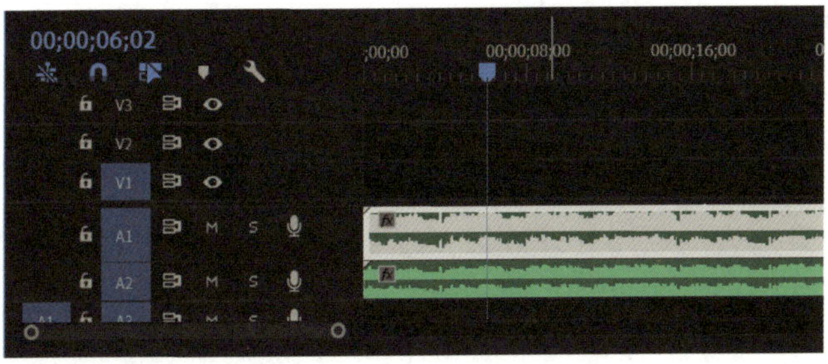

图 5-13　拖动关键帧控制音量

1.1.4.4　使用调音台窗口

调音台窗口可以对音轨素材的播放效果进行编辑和实时控制。执行菜单命令“窗口→工作窗口→音频编辑”，打开调音台窗口，如图 5-14 所示。调音台窗口为每一条音轨提供了一套控制方法，每条音轨也根据时间线窗口中的相应音频轨道进行了编号，使用该窗口，可以设置每条轨道的音量大小、静音等，下面介绍该窗口的使用方法。

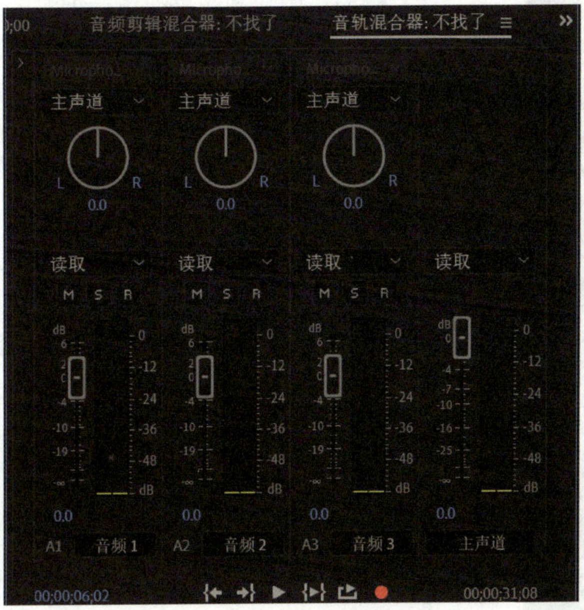

图 5-14　调音台窗口

音轨号：对应着时间线窗口中的各个音频轨道。如果在时间线窗口中增加了一条音频轨道，在调音台窗口也会显示出相应的音轨号。

左右声道平衡：将该按钮向左转用于控制左声道，向右转用于控制右声道，也可以在按钮下面的数值栏直接输入数值来控制左右声道。

音量控制：将滑动块上下拖动，可以调节音量的大小，旁边的刻度用来显示音量值，单位是 dB。

静音、独奏、录音控制：静音按钮控制静音效果；按下独奏按钮可以使其他音轨上的片段为静音效果，只播放该音轨片段；录音控制按钮用于录音控制。

播放控制：该栏按钮包括跳转到入点、跳转到出点、播放、播放入点到出点、循环和录制按钮，它们的功能与前面介绍的相同。

1.1.4.5 使用音频特效

除了从效果窗口中为素材片段施加音效，还可以通过调音台窗口施加轨道音效，为轨道中的素材片段统一施加效果。

在调音台窗口中，可以在轨道控制窗口中设置轨道效果，每个轨道最多支持 5 个轨道效果。Pr 会按照效果列表的顺序处理效果，改变列表顺序可能改变最终效果。效果列表还支持为完全控制添加的 VST 效果。在调音台窗口中施加的效果也可以在时间线窗口中进行预览和编辑。

小资料卡片

VST 是 Virtual Studio Technology 的缩写，是基于 Steinberg 软件效果技术的一种插件，在录音、音乐制作中被广泛应用。

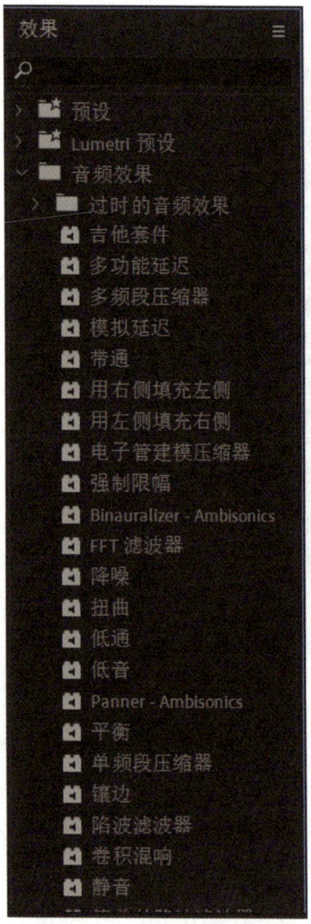

图 5-15 音频效果菜单选项

在右侧面板中找到效果面板(如果未显示，可通过“窗口”菜单勾选“效果”来打开)，如图 5-15 所示。

Pr 的音频滤镜包括 5.1、立体声和单声道三项，每项中的滤镜是完全相同的，也就是说，每一项中的滤镜只能对相应的素材起作用，如回声、合声、去除噪声等效果，还可以使用扩展插件得到更多的控制。

编辑器(Dynamics)：该特效对音频提供了复杂的控制方法，其对话框的自动匹配(AutoGate)特技效果可以自动匹配音频；压缩/放大(Compressor/Expander)效果控制最高音与最低音之间的动态范围，既可以压缩也可以扩大。该效果还可以突出强的声音，清除噪声。

均衡器(EQ)：该特技效果可以较为精确地调整音频的声调。它的工作形式与许多民用类音频设备上的图形均衡器类似，通过在相应频率段按百分比调整原始声音来实现声调的变化。如果需要更为精确的均衡调整，可使用 Parametric EQ 效果。

使用左声道：本质是对音频文件的声道信号进行分离与提取，仅保留左声道的音频信息并用于输出。使用右声道：与使用左声道效果相反。

高通：将低频部分从声音中滤除。

低通：将高频部分从声音中滤除。

多频段压缩(Multiband Compressor)：扩展压缩(Compressor)特技效果提供了更多的音阈控制。

多功能延迟：多重延迟效果，可以为素材中的原始音频添加多达四次回声。

音调变换(Pitch Shifter)：调整输入音频信号的音调。

混响(Reverb)：模拟房间内部的声音情况，能表现出宽阔的、传声真实的效果。在设定菜单中，首先可以在上方设定空间大小，然后再调整其他设置，如设定房间尺寸、声音反射和阻尼。

参数均衡：精确调节声音的音调。类似于 EQ，但调节比较简单。

光谱减少噪声(Spectral Noise Reduction)：使用光谱方式对噪声进行处理。

互换声道：将左、右两个声道的音频信息进行交换。

高音：对素材音频中的高音部分进行处理，可以增强也可以减弱重音部分，同时不影响素材的其他音频部分。

1.2　音频效果控件面板的功能和设置方法

1.2.1　音频效果控件面板的功能

音频效果：可以添加各种音频效果，如混响、延迟、均衡器等。

属性设置：可以对添加的音频效果进行详细的属性设置，如混响的时间、延迟的反馈等。

1.2.2　音频效果控制面板的设置方法

选择音频剪辑：在时间线上选择需要调整的音频剪辑。

打开效果控件面板：在软件界面中找到并打开效果控件面板。

添加和调整效果：在效果控件面板中添加所需的效果，并进行详细的属性设置，如图 5-16 所示。

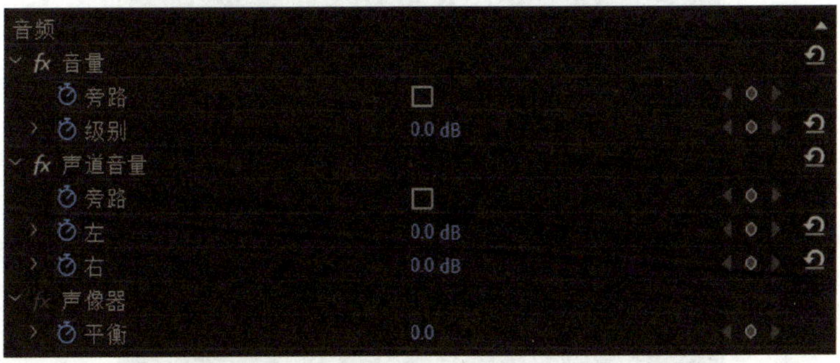

图 5-16　效果控件展示

2. 音频剪辑混合器功能介绍

音频剪辑混合器是视频编辑软件中用于调节和管理音频素材的重要工具。它允许用户对音频进行精细的控制和调节，确保音频与视频的完美结合。下面是音频剪辑混合器的主要功能介绍。

2.1　基本功能

2.1.1　音量调整

音量滑块：通过拖动音量滑块，可以实时调整音频的音量大小。

关键帧：在时间线上添加关键帧，可以在不同时间点设置不同的音量，实现音量的动态变化。

写关键帧(菱形)：在播放的时候调整音频滑块就可以添加音量关键帧。

删除关键帧：选择钢笔工具，进行点选或者框选，按“Delete”键删除。

2.1.2　静音和独奏

静音(M)：点击“M”按钮可以静音整个音频轨道，使其在播放时不发出声音。

独奏(S)：点击“S”按钮可以独奏该音频轨道，使其在播放时只听到该轨道的声音，其他轨道静音。

2.1.3　录制

录制(R)：点击“R”按钮可以启用轨道进行录制，通常用于录制旁白或配音。

2.2　高级功能

2.2.1　声道控制

声道音量：可以分别调整左右声道的音量，实现立体声效果。

声像器(Pan)：用于调整左右声道的声音平衡，使声音在立体声场中左右移动。

2.2.2　效果添加

音频效果：可以添加各种音频效果，如混响、延迟、均衡器等。

属性设置：可以对添加的音频效果进行详细的属性设置，如混响的时间、延迟的反馈等。

2.2.3　过渡效果

恒定功率/恒定增益：实现音频前一段逐渐降低，后一段逐渐升高的过渡效果。

指数淡化：加在开头或者结尾，实现声量的淡化过渡效果，如图 5-17 所示。

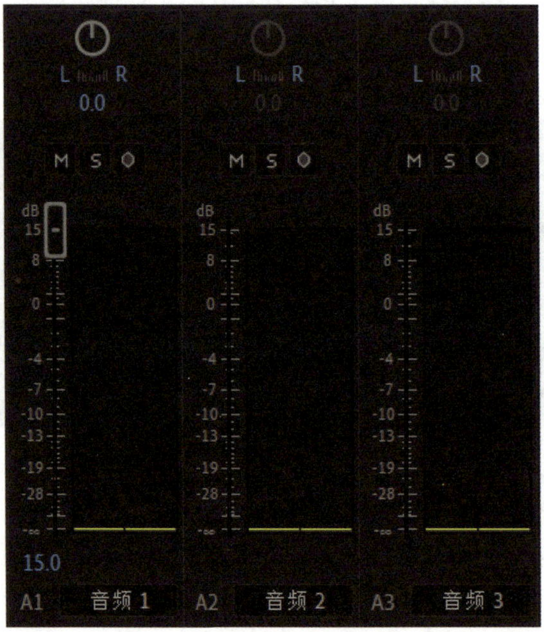

图 5-17　音频剪辑混合器

3. 音轨混合器及相关知识

音轨混合器是音频编辑和视频编辑软件中的重要工具，用于调整和管理多个音频轨道的音量、声像、效果等。下面是关于音轨混合器及其相关知识的详细介绍。

3.1　音轨混合器

音轨混合器是一个用于控制和管理多个音频轨道的工具，允许用户对每个轨道的音量、声像、效果等进行精细调整。其主要功能为：

音量控制：调整每个音频轨道的音量大小。

声像控制：调整音频在立体声场中的左右平衡。

效果添加：为每个音频轨道添加和调整音频效果。

静音和独奏：静音或独奏某个音频轨道，方便单独处理或监听。

3.2　音轨混合器的主要组件

音量滑块：用于调节每个音频轨道的音量大小。通过拖动滑块，可以实时调节音量。

声像控制：用于调节音频在立体声场中的左右平衡。调节声像控制，可以使声音在左右声道之间移动。

效果插槽：用于为每个音频轨道添加和调节音频效果。可以添加混响、延迟、均衡器等效果，并进行详细设置。

静音(M)：点击“M”按钮可以静音整个音频轨道，使其在播放时不发出声音。

独奏(S)：点击“S”按钮可以独奏该音频轨道，使其在播放时只听到该轨道的声音，其他轨道静音。

录制(R)：点击“R”按钮可以启用轨道进行录制，通常用于录制旁白或配音。

方法：想录制到哪个轨道上就开启哪个 R，再点右下方小红点，空格键是暂停，如图 5-18 所示。

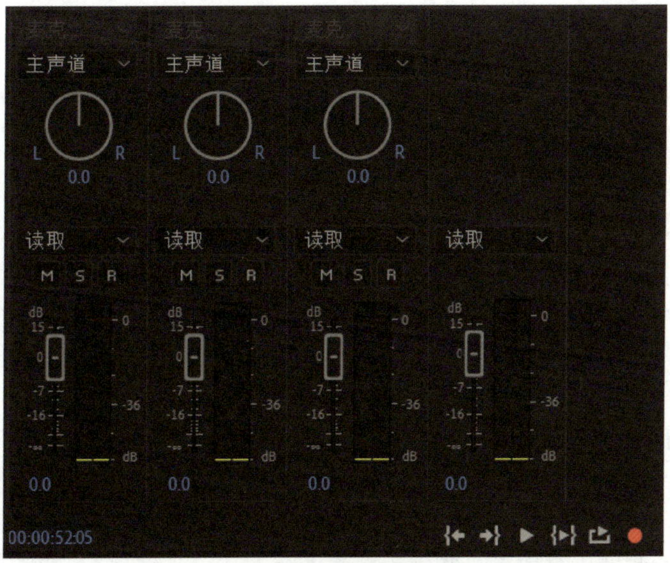

图 5-18　音轨混合器

3.3　音频音量注意事项

在音频编辑与制作过程中，音量的精准调节是极为关键的一环，下面这些关于音频音量调节的注意事项，能够助力我们切实保障音频的质量。

3.3.1　音量数值

建议范围：音频的音量数值应保持在-12～-8。这个范围可以确保音频既不会太低而听不清，也不会太高而产生失真。

避免爆音：音量数值超过 0 会导致爆音，严重影响音频质量。

3.3.2　颜色指示

绿色：表示音量在正常范围内。

黄色：表示音量接近上限，需要注意调整。

红色：表示音量过高，可能产生爆音，需要立即调整。

小资料卡片

音频剪辑混合器和音轨混合器的区别：

- 功能范围：音频剪辑混合器适用于实时处理，音轨混合器则用于后期制作。
- 使用场景：音频剪辑混合器多用于现场和录音棚，音轨混合器则用于 DAW 中的多轨混音。
- 作用：音频剪辑混合器用于调节时间线所在的素材音量，音轨混合器可以控制调节单个音频轨道上所有声音的音量。

4. 音频特效制作方法介绍

音频特效是音频编辑和制作中的重要环节，能够为音频增添丰富的表现力和创意。下面是关于音频特效制作方法的详细介绍。

4.1　常用音频特效类型

4.1.1　混响(Reverb)

作用：模拟不同环境下的声音反射，增加空间感。

应用场景：音乐、电影、广播等，营造不同的环境氛围。

4.1.2　延迟(Delay)

作用：模拟声音的延迟效果，常用于音乐制作。

应用场景：电子音乐、吉他效果等，增加声音的层次感。

4.1.3　均衡器(EQ)

作用：调整不同频率的音量，优化音质。

应用场景：音乐制作、语音处理等，提升音频的清晰度和平衡感。

4.1.4　压缩器(Compressor)

作用：控制音频的动态范围，使音量更加稳定。

应用场景：音乐制作、广播等，避免音量波动过大。

4.1.5　失真(Distortion)

作用：增加音频的失真效果，常用于摇滚音乐。

应用场景：电吉他、贝斯等，增加声音的力度和冲击感。

4.1.6　合唱(Chorus)

作用：模拟多个声音同时发声的效果，增加声音的厚度。

应用场景：人声、乐器等，增加声音的丰富度。

4.1.7　音高换档器(Pitch Shifter)

作用：调整音频的音高，改变声音的高低。

应用场景：音乐制作、语音处理等，实现音高的变化。

4.2　效果面板音频效果

用右侧填充左侧/用左侧填充右侧：如果音频是单声道的话，就可以用这两个效果填充成双声道，如图 5-19 所示。

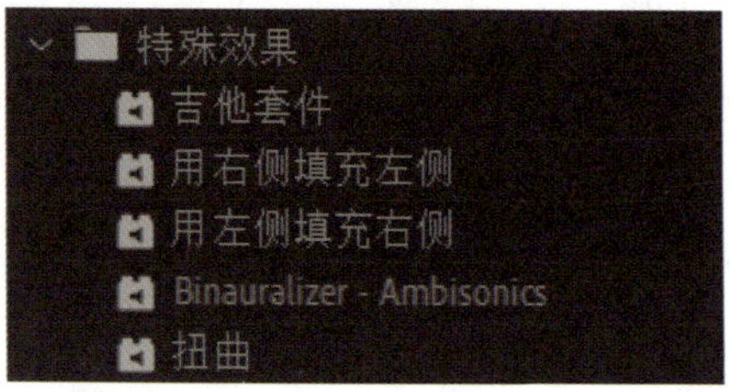

图 5-19　特殊效果菜单

4.3　音频过渡

恒定功率/恒定增益：前一段逐渐降低，后一段逐渐升高的过渡。

指数淡化：加在开头或者结尾，实现音量的淡化过渡效果。

小资料卡片

- 适度使用：特效和过渡的使用应适度，避免过度使用导致音频失真或失去自然感。
- 动态调整：在时间线上添加关键帧，实现特效和过渡的动态变化，增加音频的表现力。
- 组合使用：组合使用多种特效和过渡，如混响和延迟，实现更加丰富的音频效果。

音效的添加需要反复调整放置位置和播放速度，很难一次性达到既定效果，需要对整体进行精益求精的细化和调整。这种追求完美的精神，为视频制作课程的学习提供了有效的方法，为培养精益求精的职业理念打下了坚实的基础，如图 5-20 所示。

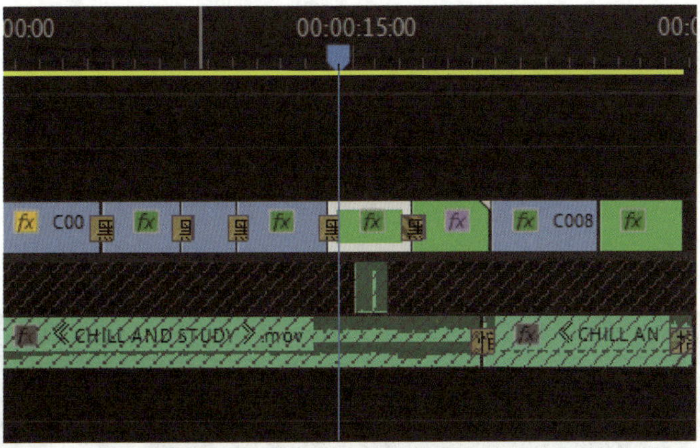

图 5-20　项目轨道操作截图

5. 修复音频效果

在数字音频时代，声音不仅是信息的重要载体，更是情感传递的桥梁。然而，受录音环境的局限或设备自身的缺陷影响，原本纯净的声音往往可能会出现瑕疵。Au 作为一款专业的音频修复工具，为声音的重生提供了无限可能。在此将深入探讨 Au 修复音频效果的概念、制作步骤与创作思路，带领读者走进声音修复的艺术世界

5.1　采集噪声样本

采集噪声样本是指在音频处理中，选择一段只有背景噪声的区域，分析其频率特征，并生成噪声配置文件的过程。这一步骤是降噪处理的基础，为后续的噪声去除提供了依据。

（1）打开一个音频素材，使用时间选区工具选中需要进行采集噪声样本的音频波形，在菜单栏中选择“效果→降噪/恢复→捕捉噪声样本”命令，如图 5-21 所示。

（2）系统会弹出捕捉噪声样本对话框，提示用户捕捉当前音频选区，并在下次降噪效果启动时作为噪声样本被加载使用，单击“确定”按钮，即可完成采集噪声样本的操作，如图 5-22 所示。

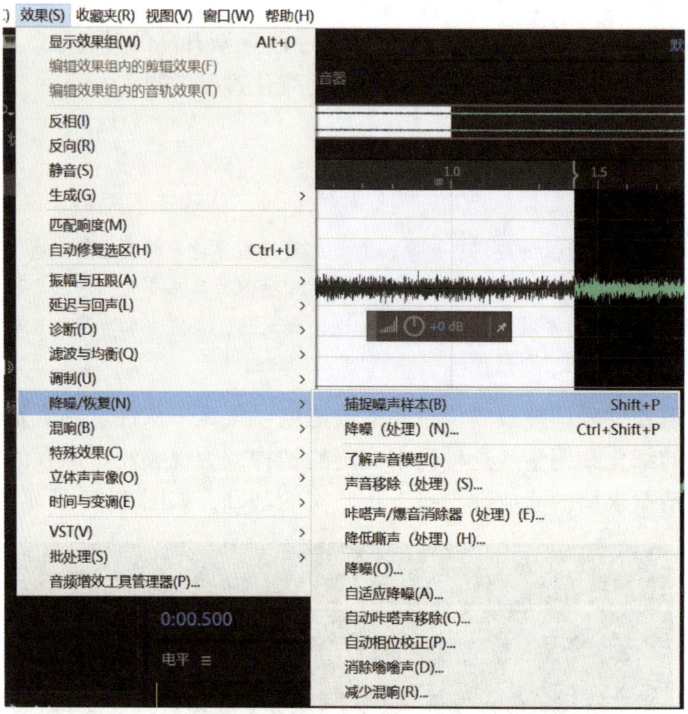

图 5-21　捕捉噪声样本菜单栏

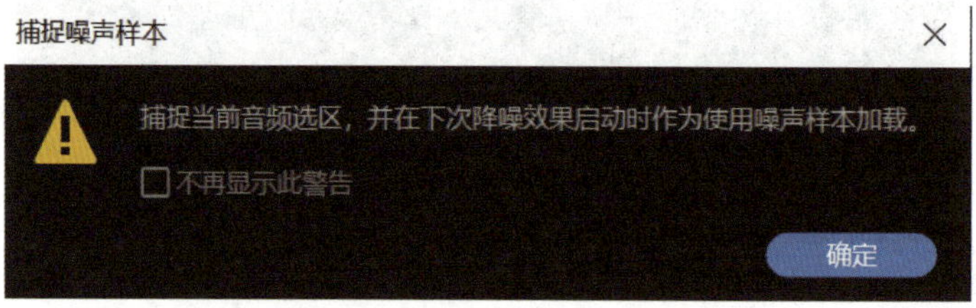

图 5-22　捕捉噪声样本对话框

5.2　降噪

噪声是指音频信号中不需要的、干扰性的声音成分。它可以是环境噪声、设备底噪或其他形式的杂音，通常会降低音频的清晰度和听感。

（1）选中需要进行降噪的音频波形，然后在菜单栏中选择“效果→降噪/恢复→降噪（处理）”命令，如图 5-23 所示。

（2）弹出“效果-降噪”对话框，拖动“降噪”滑块和“降噪幅度”滑块来对整个音频波形进行降噪处理，单击“应用”按钮，如图 5-24 所示。

（3）返回“编辑器”窗口中，可以看到已经对选中的音频波形进行降噪处理，调整后的音频波形如图 5-25 所示。

5.3　自适应降噪

自适应降噪是一种智能化的音频处理技术，能够根据音频信号的动态变化，自动调整降噪参数，以更精准地去除噪声，同时保留有用信号。与传统的静态降噪不同，自适应降噪能够应对复杂多变的噪声环境。

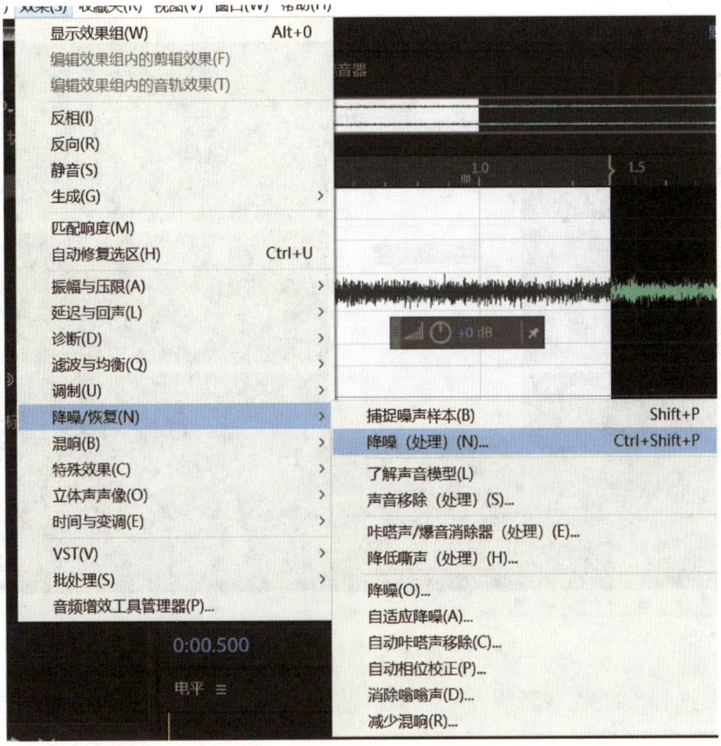

图 5-23　降噪(处理)菜单栏

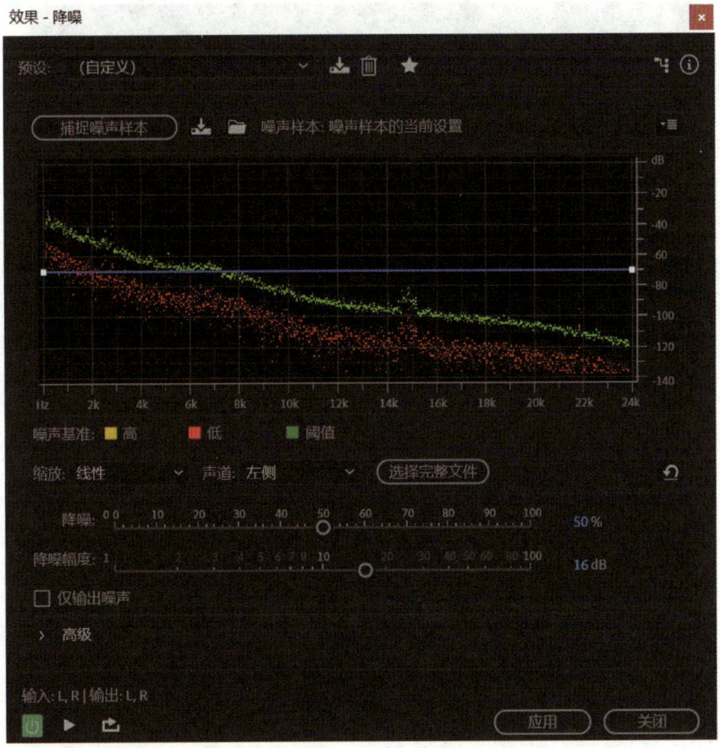

图 5-24　降噪对话框

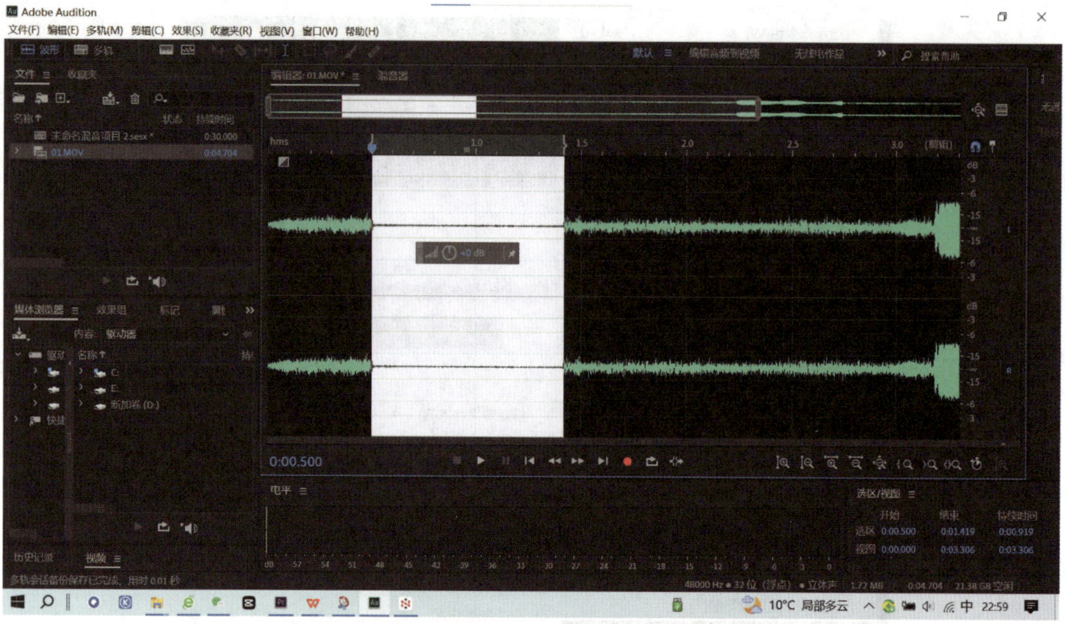

图 5-25　降噪处理后的音频波形图

在菜单栏中选择“效果→降噪/恢复→自适应降噪”命令，即可弹出“效果-自适应降噪”对话框，如图 5-26 所示。

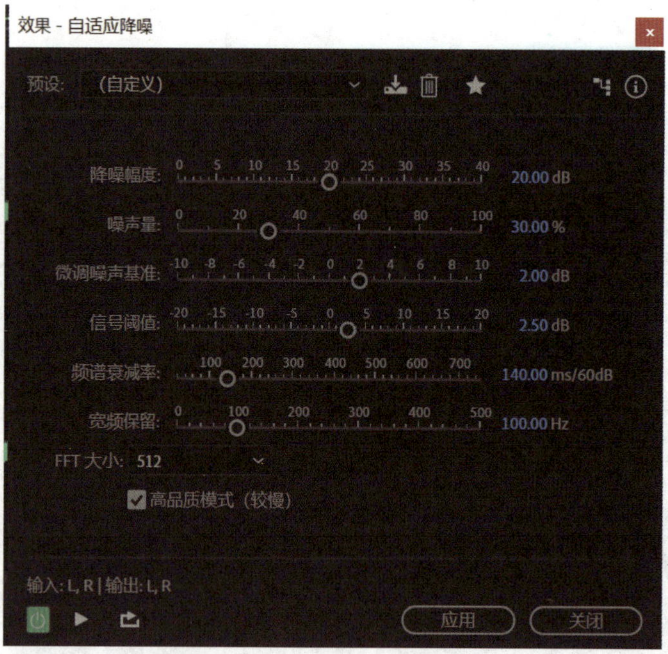

图 5-26　效果-自适应降噪对话框

降噪幅度：用于设置降噪的音量和范围。

噪声量：用于设置降噪音量的百分比。

微调噪声基准：可以精细调节降噪前后的音量大小。

信号阈值：用于定义噪声与周围正常声音信号的差异幅度。

频谱衰减率：决定了在声音低于噪声电平时的频率衰减程度。

宽频保留：用来设置保留频率的宽度。

FFT 大小：决定了处理的速度和处理的质量。

高品质模式(较慢)：选中该复选框，可以高质量进行处理，但是时间较慢。

小资料卡片

FFT 大小的数值一般控制在 3000~6000，数值越小，处理速度越快。如果数值过大，有时会产生“哔哔”的噪声。

5.4 自动去除咔嗒声

自动去除咔嗒声是一种基于算法的音频修复技术，用于检测并消除音频中突然出现的短促、尖锐的噪声(即咔嗒声)。它通过智能分析音频信号的特征，自动定位并修复咔嗒声，同时尽可能保留原始音频的完整性。

与其他降噪方式相比较，运用“自动去除咔嗒声”效果器能够轻松地移除音频中的咔嗒声，这种方法操作起来更为简便。在菜单栏中选择“效果→降噪/恢复→自动咔嗒声移除”命令，即可弹出“效果-自动咔嗒声移除”对话框，如图 5-27 所示。

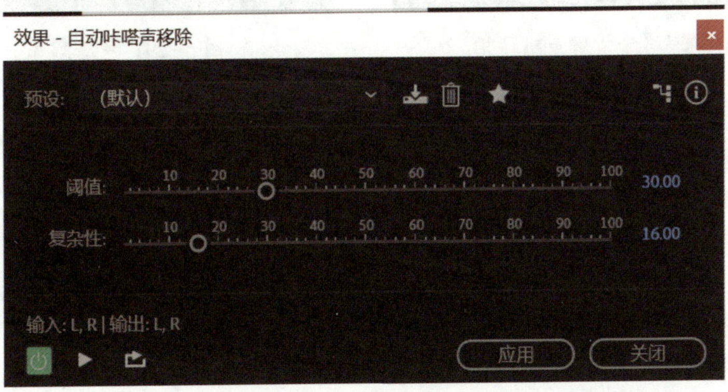

图 5-27 效果-自动咔嗒声对话框

阈值：该选项决定了处理咔嗒声信号的范围。将参数值修改得越小，Au 处理得就越精细，但是速度也越慢。

复杂性：该选项决定了去除咔嗒声的复杂程度。较高的设置可以应用更多的处理，但会降低声音的品质。

5.5 消除嗡嗡声

消除嗡嗡声是一种音频处理技术，用于去除音频中低频、持续的噪声，通常表现为“嗡嗡”或“嗡呜”声。这种噪声可能由电源干扰、设备接地不良或环境因素引起。

声音中的嗡嗡声是音响设备的回声造成的。使用“消除嗡嗡声”效果器可以很轻松地移除音频中的嗡嗡声。在菜单栏中选择“效果→降噪/恢复→消除嗡嗡声”命令，即可弹出“效果-消除嗡嗡声”对话框，如图 5-28 所示。

通过选择去除嗡嗡声的不同级别，可以去除不同程度的嗡嗡声。通过滑动滑块可以控制嗡嗡声的范围，也可以拖动嗡嗡声的曲线以便获得更好的降噪效果，如图 5-29 所示。

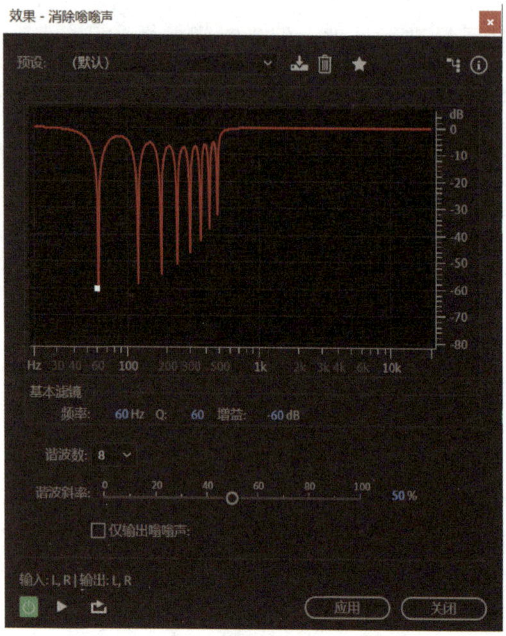

图 5-28　效果-消除嗡嗡声对话框

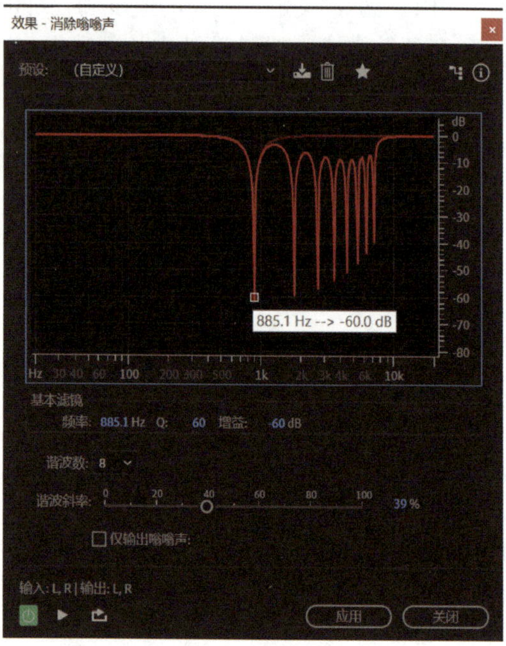

图 5-29　消除嗡嗡声后效果

在“效果-消除嗡嗡声”对话框中，各主要选项的含义如下。

“频率”数值框：在该数值框中可以设置嗡嗡声的根音频率。数值框是用于设定或显示频率参数具体数值的交互界面元素，其核心作用是精确控制与频率相关的功能。

“Q”数值框：在该数值框中可以设置根音频率的宽度和上方的谐波。数值越高影响的频率范围越窄，数值越低影响的范围越宽。

“增益”数值框：在该数值框中可以设置嗡嗡声衰减的总量。

“谐波数”列表框：在该列表框中可以指定影响多少谐波频率。

“谐波频率”滑块：拖动该滑块，可以改变谐波频率的衰减比率。

“仅输出嗡嗡声”复选框：选中该复选框，可以预览决定删除的嗡嗡声。

5.6　降低嘶声

降低嘶声是指通过技术手段减少或消除音频中高频段的噪声，通常表现为“嘶嘶”声。这种噪声可能由设备底噪、录音环境或信号传输问题引起。

“降低嘶声”效果器主要是针对“嘶嘶”声进行降噪处理。“嘶嘶”声常见于磁带、老式唱片以及一些质量不高的录音中，使用“降低嘶声”效果器可以在尽量不破坏原音频的基础上降低“嘶嘶”声。在菜单栏中选择“效果→降噪/恢复→降低嘶声(处理)”命令，即可弹出“效果-降低嘶声”对话框，如图 5-30 所示。

选择需要降低嘶声的波形，弹出“效果-降低嘶声”对话框，单击“捕捉噪声基准”按钮，即可进行噪声基准的采集，如图 5-31 所示。

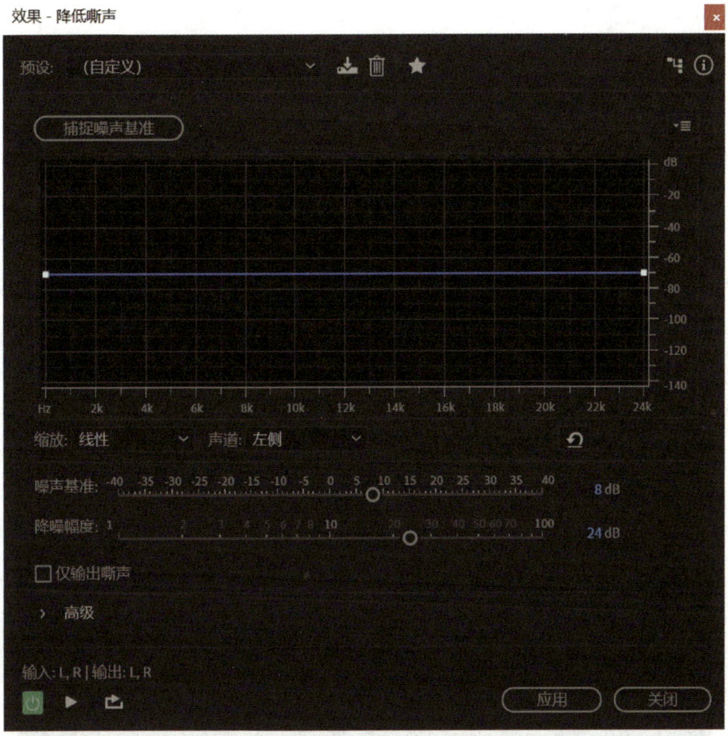

图 5-30 效果-降低嘶声对话框

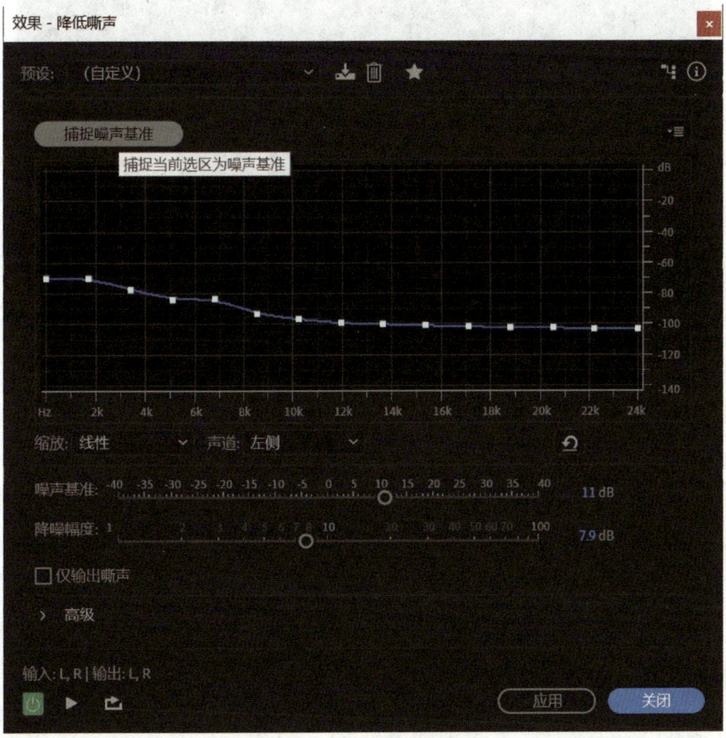

图 5-31 噪声基准的采集

小资料卡片

通过拖动“噪声基准”和“降噪幅度”滑块，可获得较好的降噪效果，数值越大，则降噪效果越好，同时对音频的影响也越大。建议多次试听，以便获得较好的降噪效果。

5.7 自动相位校正

自动相位校正用于自动检测并校正音频信号中的相位问题。相位问题可能导致声音失真、频率抵消或立体声成像不准确，自动相位校正通过算法可修复这些问题，提升音频的清晰度和空间感。

在菜单栏中选择“效果→降噪/恢复→自动相位校正”命令，即可弹出“效果-自动相位校正”对话框，如图 5-32 所示。

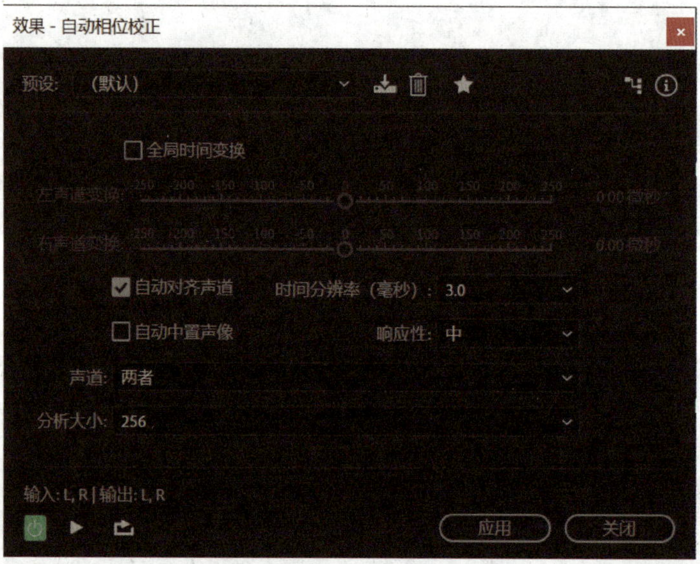

图 5-32 效果-自动相位校正面板

全局时间变换：选中该复选框，可以激活“左声道变换”和“右声道变换”参数。

自动对齐声道：选中该复选框，可以将立体声的左、右声道进行居中位移。

时间分辨率：通过该下拉列表框，可以选择预设的时间精度，单位为 ms。

响应性：通过该下拉列表框，可以选择处理的速度。

声道：在该下拉列表框中，可以选择“仅左声道”“仅右声道”“两者”三项。

分析大小：通过控制音频信号的分析范围，直接影响相位校正的精度和实时性。合理设置该参数，可确保软件在复杂音频环境中准确识别相位问题，同时避免计算资源浪费或处理延迟。

【任务实施】

根据班级人数将学生分成若干实训活动小组，每组设组长 1 名，负责安排、协调、督促小组完成实训任务，同时做好实训活动记录。

项目实训　声轨跃动，奏响地铁出行共鸣

根据案例的具体要求，分析完成任务的操作步骤和知识要点，如图 5-33 所示。

图 5-33　“声轨跃动，奏地铁出行共鸣”案例素材

步骤一：判断提供的视频素材是否有噪声

（1）打开实训作业素材文件夹，依次试听视频素材及音频素材，并判断其中是否存在噪声，如包含噪声执行以下操作，如没有噪声执行步骤二。

（2）打开 Au，拖入存在噪声的音视频素材，使用效果器中“降噪/恢复”对音视频进行降噪处理，如图 5-34 所示。

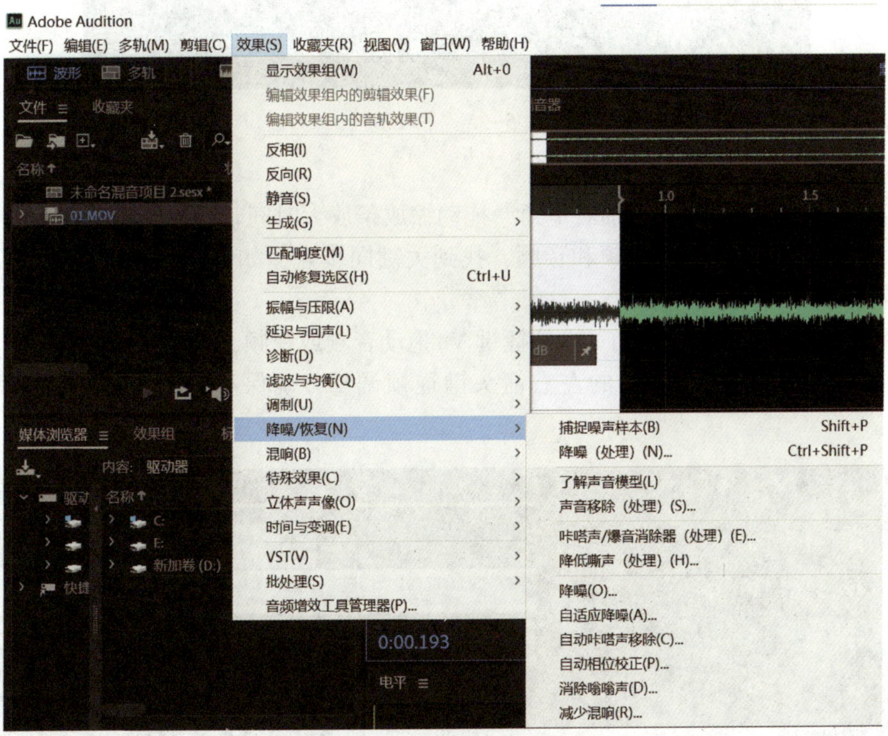

图 5-34　对音视频进行降噪处理

步骤二：新建项目并导入素材

(1) 新建文件夹：命名为“声轨跃动，奏响地铁出行共鸣-日期”，将剪辑用到的素材分类整理放入文件夹。

(2) 新建项目：打开 Pr 软件，新建项目名称为“声轨跃动，奏响地铁出行共鸣”，位置指向“声轨跃动，奏响地铁出行共鸣-日期”文件夹。

(3) 新建序列：尺寸为 1920px×1080px，像素长宽比为方形像素 1.0，帧速率为 25 帧/秒。

(4) 导入素材：将剪辑用到的素材按照“视频素材”和“配音素材”分类，导入新建项目中，将视频拖入视频轨道(如 V1)，将音频拖入音频轨道(如 A1)，如图 5-35 所示。

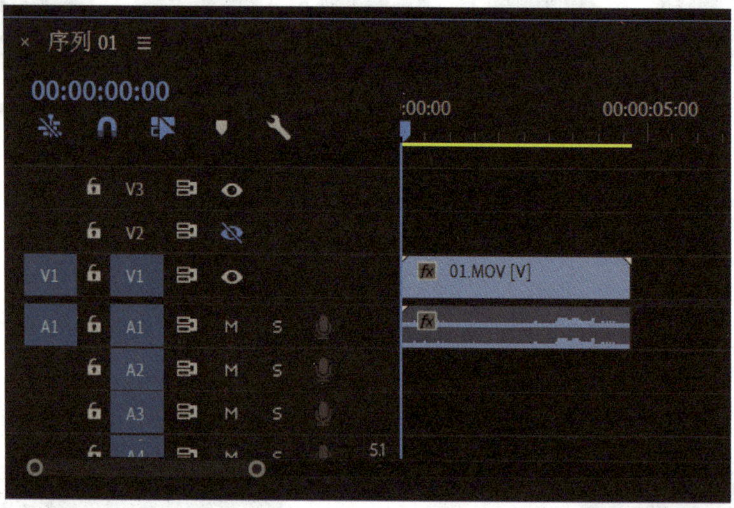

图 5-35 导入素材

步骤三：对齐关键点

(1) 放大时间轴：在时间轴右下角，拖动缩放条放大时间轴，便于精确对齐帧。

(2) 找到同步点：播放视频和音频，找到关键同步点，如关门滑音与地铁关门画面、拍照音效与扫码画面。

(3) 对齐素材：使用移动工具(快捷键 V)拖动音频或视频，使同步点对齐。

(4) 微调对齐：使用键盘的左右箭头键逐帧调整，确保声画完全同步，如图 5-36 所示。

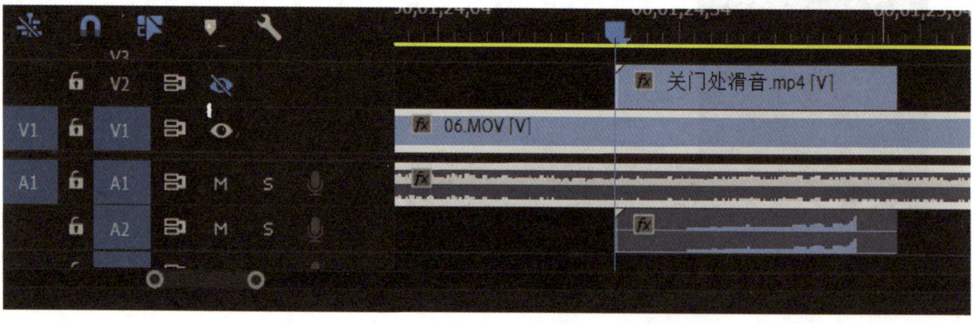

图 5-36 对齐关键点

步骤四：添加音效

（1）关门滑音：在地铁关门画面处，将关门滑音音频拖入时间轴，对齐画面。

（2）拍照音效：在扫码画面处，将拍照音效音频拖入时间轴，对齐画面。

（3）速度感音效：在地铁驶过关门和在地铁内场景中，将速度感音效音频拖入时间轴，对齐画面。

（4）如果感觉音频效果不好，可以选择“音频增益”，如图 5-37 所示。

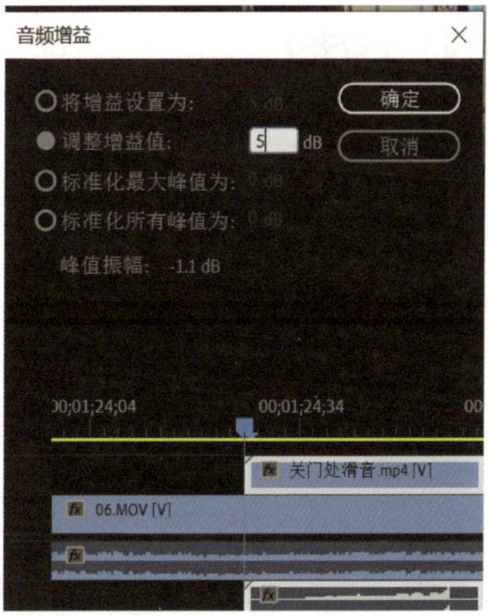

图 5-37　添加音效

步骤五：调整音效时长

（1）裁剪音效：使用剃刀工具（快捷键 C）裁剪音效，使其与视频时长匹配。

（2）淡入淡出：选择音效的前端或后端，点击菜单栏的“效果→音频过渡→恒定功率”，添加淡入淡出效果。

步骤六：检查与修复

（1）播放测试：从头到尾播放视频，检查是否有不同步的地方。

（2）修复问题：如果发现不同步，使用剃刀工具分割片段，重新对齐。

（3）调整音频延迟：如果音频有延迟，可以在音频属性中调整延迟值（如+/-0.1 秒）。

步骤七：保存文件并提交作业

（1）在制作的过程中，不断按“Ctrl+S”键保存剪辑的视频，制作步骤会保存在源文件中。

（2）导出设置：点击“文件→输出→媒体”，在导出设置对话框中，选择 H.264 格式，制作完成后提交作业。

图 5-38　声画同步制作效果图

步骤八：学生讲解任务完成情况

组长抽取序号，并选出一名代表讲解本组的作业完成情况。

步骤九：师生点评

每个小组选出一名评委，对任务完成情况进行打分，小组间互评，最后由教师进行点评，如图 5-38 所示。

小资料卡片

导入音视频素材后，若素材本身自带匹配的音频，可直接拖入时间轴，Pr 通常能自动同步。若需手动操作，先将视频拖入，再依视频节奏放置音频。利用波纹编辑工具，能无损调整音频或视频时长以匹配。还可巧用对齐功能，让音频与视频起点、终点或关键节点精准贴合，快速达成声画同步，提升剪辑效率。

【任务书】

任务书

任务内容	“声轨跃动，奏响地铁出行共鸣”视频制作
实训过程	
理论知识梳理	
实训过程总结	
教师记录、点评：	

【巩固提高】

一、选择题

1. 为音频素材添加“回声”效果，应在以下哪个地方操作？(　　)

A. 项目面板　　B. 时间轴面板　　C. 源监视器面板　　D. 效果窗口

2. 当需要将音频素材的播放速度加快，同时保持音频的持续时间不变，应在(　　)对话框中设置。

A. 剪辑速度/持续时间　　B. 音频增益

C. 效果-降噪　　D. 效果-自适应降噪

3. 若要在音频剪辑混合器中实现音频前一段逐渐降低、后一段逐渐升高的过渡效果，应选择(　　)。

A. 恒定功率/恒定增益　　B. 指数淡化

C. 混响　　D. 延迟

4. 在 Au 中，采集噪声样本后，进行降噪处理应选择的命令是(　　)。

A. 效果→降噪/恢复→捕捉噪声样本　　B. 效果→降噪/恢复→自适应降噪

C. 效果→降噪/恢复→降噪(处理)　　D. 效果→降噪/恢复→自动咔嗒声移除

5. 调整音频素材的声道音量，应在(　　)面板中进行。
A. 项目　　B. 效果控件
C. 音频剪辑混合器　　D. 音轨混合器
6. 以下哪种音频特效能够模拟声音被远处平面反射回来的效果？(　　)
A. 压缩器　　B. 均衡器　　C. 合唱　　D. 延迟
7. 在音轨混合器中，用于调整音频在立体声场中左右平衡的组件是(　　)。
A. 音量滑块　　B. 声像控制　　C. 效果插槽　　D. 静音按钮
8. 为音频素材添加混响效果时，对混响时间的设置是在(　　)中完成的。
A. 效果窗口的属性设置　　B. 音频剪辑混合器
C. 效果控件面板的属性设置　　D. 音轨混合器
9. 在 Au 中，“自动去除咔嗒声”效果器的“阈值”选项，其作用是(　　)。
A. 决定处理咔嗒声信号的范围　　B. 决定去除咔嗒声的复杂程度
C. 调整咔嗒声的频率　　D. 调整咔嗒声的增益
10. 使用调音台窗口时，“左右声道平衡”按钮向右转，会(　　)。
A. 加大左声道音量　　B. 加大右声道音量
C. 使左右声道音量平衡　　D. 降低右声道音量

二、填空题

1. 在(　　　　)中进行音频处理设置，然后应用声音特效等。
2. 为音频素材添加关键帧控制音量时，可单击音频轨道上的“显示关键帧”按钮，选(　　　　)命令，再单击“添加删除关键帧”按钮操作。
3. 在 Au 中，“自适应降噪”技术依音频信号(　　　　)自动调整降噪参数。
4. 音频特效“高通”滤镜的作用是滤除声音(　　　　)。
5. 在音轨混合器中，(　　　　)用于为各音频轨道添加和调整音频效果。
6. 执行“文件→新建→序列”，在“新建序列”对话框的(　　　　)选项卡选音频声道模式。
7. 在 Au 中，“降低嘶声”效果器针对音频中(　　　　)声降噪。
8. 音频剪辑混合器的(　　　　)功能可在播放时通过调整滑块位置添加音量关键帧。
9. 为音频素材加“降噪”特效，对音频素材(　　　　)处理。
10. 在 Au 中，“消除嗡嗡声”效果器对话框的“频率”数值框用于设置嗡嗡声的(　　　　)。

三、判断题

1. 在视频编辑软件中，音频特效并非只能从效果窗口中为素材片段施加。(　　)
2. 音频剪辑混合器和音轨混合器都具备调整音频音量的功能。(　　)
3. 在 Au 中，采集噪声样本后，不能直接将其应用于所有音频素材的降噪处理。(　　)
4. 在视频编辑时，调整音频素材的增益，不会对音频的节奏造成改变。(　　)
5. 在音轨混合器中，静音按钮(M)并非只能使当前选中的音频剪辑静音。(　　)
6. 视频编辑软件中，音频特效里的“互换声道”功能可以实现左右声道音频信息的交换。(　　)

7. 在 Au 中，“自动相位校正”功能能够提升音频的清晰度和空间感。（　　）

8. 在视频编辑时，为音频添加“编辑器(Dynamics)”特效，是可以突出强的声音，并清除噪声的。（　　）

9. 在音频编辑过程中，仅将音频音量数值保持在 0~6，不能确保音频质量。（　　）

10. 使用视频编辑软件的调音台窗口调整音频后，调整结果会直接反映在音频轨道上。（　　）

第 6 章　画龙点睛之短视频字幕添加

【知识框图】

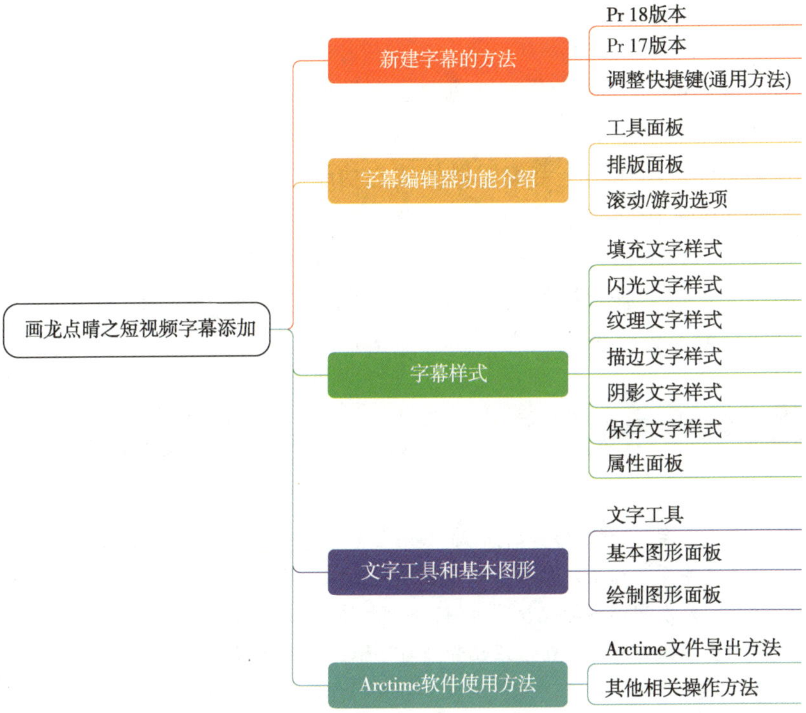

图 6-1　画龙点睛之短视频字幕添加

【项目简介】

本章围绕短视频字幕添加展开，聚焦 Pr 软件字幕编辑及相关软件应用，通过校园音乐会和美食推广两个案例，详细阐述任务需求与操作步骤，生动展示字幕制作流程。知识讲解部分全面且深入，详述新建字幕的多种方法，如不同版本 Pr 软件通过菜单栏或工具栏操作，还涉及快捷键调整；深入剖析字幕编辑器功能，包括工具面板、排版面板、滚动/游动选项等，介绍丰富的字幕样式设计，阐释文字工具和基本图形运用技巧，讲解 Arctime 软件使用方法，如文件导出及相关操作。最后通过任务实施环节，以小组形式开展实训，强化所学知识。巩固提高部分设置多种题型，帮助学生检验学习效果，全面提升短视频字幕制作技能。

【学习目标】

知识目标

知晓 Pr 软件各版本新建字幕方式，掌握字幕编辑器工具面板、排版面板的操作技巧；理解字幕样式设计原理，熟悉文字工具与基本图形功能，学会 Arctime 软件基础用法。

能力目标

能够运用 Pr 软件新建字幕，熟练调整字幕属性，精准把控字幕样式设计；

可以灵活操作 Arctime 软件制作字幕，高效利用文字与图形工具完成视频字幕添加。

素养目标

在字幕制作中养成严谨细致的习惯，注重文字属性与样式细节，追求视觉完美；

秉持精益求精的态度，从整体考量字幕价值，力求字幕与视频内容完美融合。

【任务描述】

在视频编辑过程中，字幕的添加与编辑是提升内容可读性和用户体验的重要环节。本任务要求熟练掌握新建字幕的多种方法，包括手动输入、导入外部字幕文件、语音识别生成字幕等。并且，要灵活运用字幕编辑器的核心功能，如时间轴调整、字幕分段、样式设置等。此外，需熟练使用文字工具和基本图形功能，为字幕添加个性化设计，如字体、颜色、阴影、边框等，以增强视觉效果。在本次“春日味蕾奇遇，字幕美食欣喜”项目中，通过旧版标题制作，运用蒙版制作淡入效果，并使用“滚动/游动字幕”打造弹幕效果。字幕是视频中不可或缺的亮点，助力内容更高效地传达给观众。

案例一

1. 情景设计

子妍作为校园里小有名气的视频达人，日常主要负责制作校园活动短视频。最近，她接到一项任务：为校园音乐会视频添加字幕。可子妍对字幕制作全然陌生，尤其是在用 Arctime 软件时，更是一头雾水，不知从何下手。子妍的好友彬彬堪称视频剪辑领域的“大神”，得知子妍的困扰后主动伸出援手，耐心地一步步指导，从软件基础操作到如何精准匹配音频与字幕，再到对字幕样式进行美化等，彬彬都讲解得细致入微。子妍在彬彬的悉心教导下，逐渐掌握了字幕制作的基本技巧，成功完成了校园音乐会视频的字幕添加任务，视频发布后，凭借其清晰的字幕和精彩的内容，收获师生们的一致好评。

2. 任务描述

子妍接到任务：为一段时长 5 分钟的校园音乐会视频添加中文字幕，涵盖视频中的歌词与对话部分，字幕不仅要与视频内容精准同步，样式还得契合校园视频青春活力的风格。她需要系统学习 Arctime 软件的使用方法，熟练掌握字幕编辑器的各项基本功能，包括但不限于导入视频与音频、设置字幕样式、精准调整字幕时间轴等。经过学习与实践操作，子妍最终完成整个视频的字幕制作工作，确保视频呈现出完美的观赏效果。

3. 任务分解

步骤一：了解字幕制作的基本流程

（1）彬彬向子妍介绍了字幕制作的基本流程，包括导入视频、创建字幕文件、同步字幕和导出成品。

（2）子妍学习了字幕文件的格式（如 SRT、ASS）以及它们的特点。

步骤二：熟悉 Arctime 软件界面

（1）彬彬带领子妍熟悉了 Arctime 软件的界面，包括时间轴、字幕编辑区、工具栏和预览窗口。

（2）子妍学会了如何导入视频和音频文件，并了解了时间轴的基本操作。

步骤三：使用文字工具创建字幕

（1）彬彬教子妍如何使用文字工具在时间轴上添加字幕文本。

（2）子妍练习了如何调整字幕的显示时间，确保字幕与视频内容同步。

步骤四：应用基本图形和样式

(1) 彬彬向子妍展示了如何使用基本图形工具为字幕添加背景框或阴影，以增强字幕的可读性。

(2) 子妍学习了如何调整字幕的字体、颜色和大小，使其符合校园视频的风格。

步骤五：同步字幕与视频

(1) 彬彬指导子妍如何通过 Arctime 的自动同步功能，将字幕与视频中的对话和歌词精确匹配。

(2) 子妍练习了手动调整字幕的时间点，确保字幕的准确性和流畅性。

步骤六：导出和检查成品

(1) 彬彬教子妍如何将制作好的视频导出，并检查字幕的最终效果。

(2) 子妍学会了如何通过预览功能检查字幕的同步性和样式，确保没有遗漏或错误。

案例二 如何在 1 分钟内用短视频征服年轻消费者的味蕾？

1. 情景设计

你是一家知名美食品牌的营销负责人，品牌即将推出一款新产品——秘制红烧牛腩料理包。为了配合产品上市，你需要制作一段高质量的美食短视频，用于在社交媒体平台(如抖音、小红书、Instagram)上进行推广。视频需要吸引目标用户(20~40 岁的年轻消费者)的注意力，并激发他们的购买欲望。希望视频风格清新明亮、节奏轻快、字幕清晰、配乐轻松愉悦。视频时长控制在 1 分钟以内，分辨率 1080p。

2. 任务描述

我们需要在 Pr 中制作一段 1 分钟以内、1080p 高清的秘制红烧牛腩料理包烹饪教程短视频，用于社交媒体推广。视频需突出产品的便捷性和美味，风格清新明亮、节奏轻快、字幕清晰、配乐轻松愉悦。具体操作包括：在项目面板中导入 14 个烹饪步骤的视频素材和 1 首背景音乐并分类整理；新建序列并选择“HDV 1080p 25”预设；使用剃刀工具和选择工具剪辑视频，确保步骤连贯流畅；添加开放式字幕，调整字体、大小、颜色和位置；调整背景音乐音量，避免干扰原声；最后选择“H. 264”格式和“匹配源-高比特率”预设导出视频。

3. 任务分解

步骤一：明确项目需求

(1) 确认视频主题为“秘制红烧牛腩料理包烹饪教程”，突出便捷性和美味。

(2) 确定视频风格清新明亮、节奏轻快、字幕清晰、配乐轻松愉悦。

(3) 确认视频时长控制在 1 分钟以内，分辨率为 1080p。

步骤二：项目准备，收集素材

(1) 提供 14 个烹饪步骤的视频素材和 1 首背景音乐。

(2) 确保素材画面清晰、内容完整，符合视频风格要求。

步骤三：视频剪辑

(1) 新建项目：在 Pr 中新建项目，命名为“秘制红烧牛腩料理包烹饪教程”，保存到指定文件夹。

(2) 导入素材：将 14 个视频素材和 1 首音乐文件导入项目面板，并按类别整理。

(3) 新建序列：创建序列，选择预设“HDV 1080p 25”。

(4) 剪辑视频：使用剃刀工具(快捷键“C”)分割视频片段，删除多余部分。使用选择工具(快捷键“V”)调整视频顺序，确保烹饪步骤连贯流畅。

(5) 检查画面：确保每个步骤清晰且符合主题。

步骤四：音频处理

(1) 添加音乐：将背景音乐拖入音频轨道(A1 轨道)，确保音乐与视频时长匹配。

(2) 调整音量：右键点击音频轨道，选择“音频增益”，降低音量至背景音乐不干扰视频原声。

(3) 剪辑音乐：使用剃刀工具分割音乐，删除多余部分，确保音乐在视频结束时自然结束。

步骤五：字幕制作

(1) 新建字幕：在菜单栏选择“文件→新建→字幕”，选择“开放式字幕”，点击“确定”。

(2) 输入文字：为每个烹饪步骤添加字幕(如“拆开料理包”“放入牛腩块”“炖煮 30 分钟”)。调整字体、大小、颜色和位置，确保字幕清晰美观。

(3) 拖入时间轴：将字幕文件拖入视频上方轨道，确保字幕与对应步骤同步。

(4) 调整时长：拖动字幕边缘，调整显示时长，确保字幕与画面匹配。

步骤六：视频导出

(1) 导出设置：在菜单栏选择“文件→导出→媒体”。

(2) 选择格式：在导出设置中选择“H. 264”，预设为“匹配源-高比特率”。

(3) 保存文件：选择保存路径，命名为“秘制红烧牛腩料理包烹饪教程_最终版”，点击“导出”。

请结合案例一和案例二所给资料，预习课件内容，分析并讲述：如何快速整理和分类多个视频素材和音乐，以提高剪辑效率？如何使用剃刀工具和选择工具高效剪辑视频片段，确保烹饪步骤连贯流畅？如何为视频添加开放式字幕，并调整字体、大小、颜色和位置，以确保字幕清晰美观？

【知识准备】

通过深入学习新建字幕的几种方法(如手动输入、导入字幕文件、语音识别生成字幕等)、字幕编辑器的核心功能(包括时间轴调整、字幕分段、样式设置等)、文字工具与基本图形的运用(如字体、颜色、阴影等设计技巧)，以及 Arctime 软件的使用方法(如语音识别、拖曳式编辑、多格式导出等)，你将全面掌握字幕制作的核心技能。这些技能不仅能够提升视频制作效率，确保字幕精准同步且美观，还能满足多样化需求，如教学视频、多语言制作、自媒体创作等场景。通过灵活运用这些工具与方法，可以为视频内容增添专业性与创意价值，提升观众体验，拓展视频的传播范围与影响力。

1. 新建字幕的方法

1.1 Pr 18 版本

方法一：通过菜单栏。

点击菜单栏中的“文件→新建→旧版标题”命令，如图 6-2 所示。

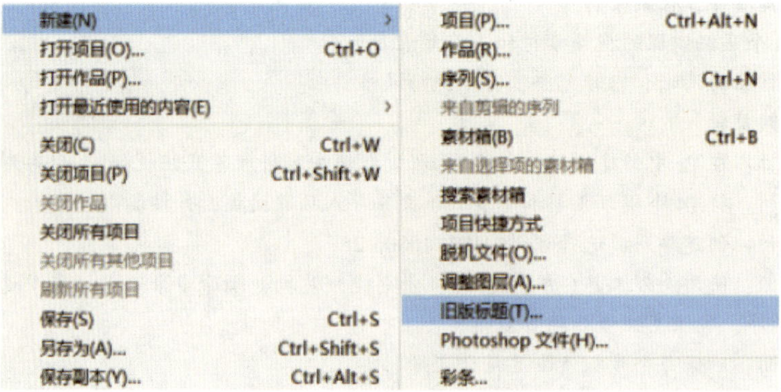

图 6-2 旧版标题命令菜单展示

打开一个“新建字幕”对话框，输入字幕名字，点击“确定”按钮，如图 6-3 所示。

字幕窗口由五大部分组成，中间为字幕窗口主体面板部分，左上部为字幕工具，左下部为字幕动作，中下部为字幕样式，右部为字幕属性。字幕窗口可以用鼠标拖动更改大小，也可以拖动调整其中各个部分的大小，这几个部分也可以分别显示或关闭。关闭后再显示的方法是在菜单“窗口”下选择相应的面板，也可以在字幕窗口的主体面板右上角的菜单中选择相应的面板。如图 6-4 所示。

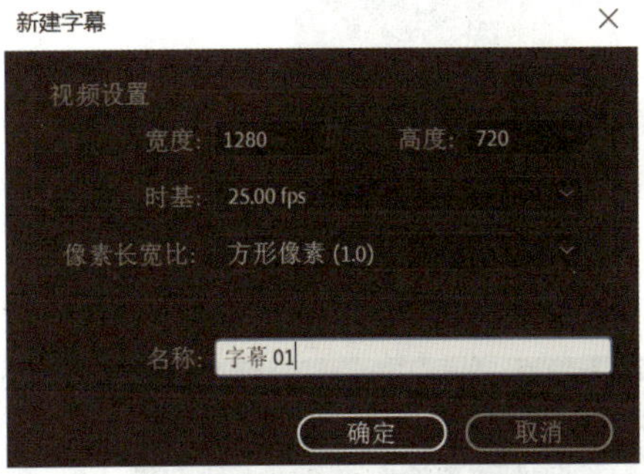

图 6-3 新建字幕对话框

图 6-4 字幕窗口的组成

从字幕工具中，选择默认的文字工具(字幕窗口激活状态下快捷键为 T)，在字幕窗口视频区域点击输入文字。如图 6-5 所示。

图 6-5 使用文字工具输入文字

输入结束后将当前工具切换到选择工具(字幕窗口激活状态下快捷键为 V)，此时输入的文字周围有 8 个操作控制点，可以对其进行缩放或旋转，同时可以拖动文字进行位置移动。如图 6-6 所示。

对字体和大小进行设置，在字幕窗口的主体面板上部可以打开字体浏览窗口，从中选择所需要的字体。在字幕窗口视频区域中用鼠标将文字拖动缩放到适合大小，此时字幕窗口右侧“属性”下“字体大小”等参数会随着文字大小变化而变化，如图 6-7 所示。

图 6-6　使用选择工具调整文字

图 6-7　设置文字属性

小资料卡片

在进行字幕制作时，经常会遇到要制作多个字幕，而这些字幕属于同一个类型，风格、版本等相同，而文字内容不同。此时可以基于当前字幕创建一个新字幕，在当前字幕内容的基础上，进行简单的修改即可完成新字幕的制作。

选择文字，在右侧的“属性”下单击“阴影”前面的小方框将其勾选，可以给文字添加阴影，并适当调节其参数，如图 6-8 所示。

单击字幕窗口右上角的“关闭”按钮，关闭字幕窗口。在素材窗口中会看到新增加了一个“字幕 01”，其长度同预设的静止图片长度一致，为 5 秒。将其拖至时间轴中，如图 6-9 所示。

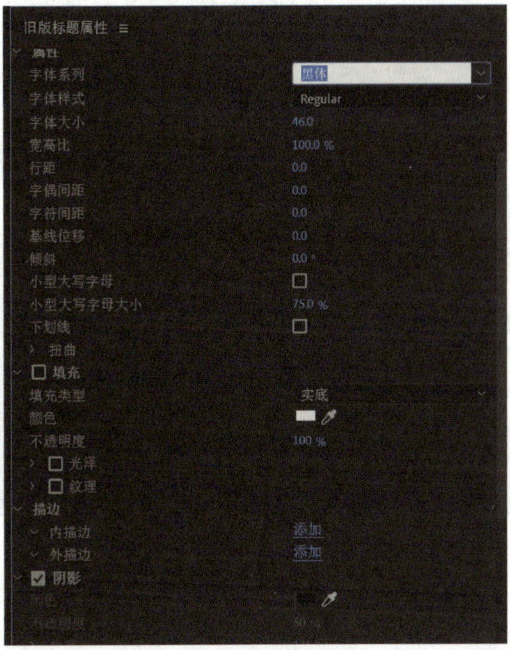

图 6-8　文字添加阴影

图 6-9　放置文字到时间轴

方法二：通过工具栏。

在工具栏中选择文字工具(T)。在时间轴上的视频轨道上点击“创建文字图层”。直接在画面上输入文字并编辑。如图 6-10 所示。

1.2　Pr 17 版本

方法：通过菜单栏。

点击菜单栏中的“字幕”，选择“新建字幕”，选择“默认静态字幕”(或使用快捷键“Ctrl+T”)。创建新字幕文件，可在字幕编辑器中编辑。

图 6-10　通过工具栏添加文字

1.3　调整快捷键（通用方法）

点击菜单栏中的“编辑”，选择“快捷键”。自定义或调整快捷键，如设置新建字幕的快捷键。如图 6-11 所示。

图 6-11　自定义或调整快捷键

2. 字幕编辑器功能介绍

字幕编辑器是 Pr 中用于创建和编辑字幕的核心工具，下面是其核心功能模块的详细介绍。

2.1　工具面板

工具面板提供了一系列用于创建和编辑字幕的工具，如图 6-12 所示。

选择工具：可以选中新建的文字，可以拖动文字框进行移动（按“Alt”键移动），可以复制文字（按住“Shift”键加选）。

区域文字工具：建立定界框，所有文字不会超出定界框，可以控制一行里文字的个数。如区域文字有定界框后有[+]，说明有文字被隐藏，没有显示完整。

路径文字工具：文字根据所绘制的路径排列，选中之后先绘制路径，点击空格键输入文字。

钢笔工具：按着“Alt”键切换圆角尖角。

形状工具：可绘制形状。Shift：正圆/正方；Alt：以起点为中心画形状；Shift+Alt：以起点为中心画+正圆/正方。

直线工具：Shift 水平/垂直/45 度直线。

2.2　排版面板

排版面板用于控制字幕文本的格式和布局，如图 6-13 所示。

对齐：左对齐/居中对齐/右对齐/上对齐/下对齐。

中心：垂直中心/水平中心。

分布：按左分布/按水平居中分布/按右分布/按顶分布/按垂直居中分布/按底分布/按水平分布/按垂直分布。

图 6-12　工具面板

图 6-13　排版面板

小资料卡片

字幕窗口中的工具栏中有部分常用的工具按钮可以使用快捷键，不过需要在字幕窗口处于激活的状态下使用。例如垂直文字工具的快捷键为 C，而在时间轴窗口中操作的分割工具快捷键也是 C，此时就要以被激活的窗口为准。即字幕窗口处于打开状态，激活的是时间轴窗口，按“C”键将会切换到“分割工具”上，而不是“垂直文字工具”上。

2.3　滚动/游动选项

2.3.1　基于当前字幕新建字幕

当前字幕建立好了之后，可以按照当前字幕所有属性，重新创建一个一模一样的新字幕。

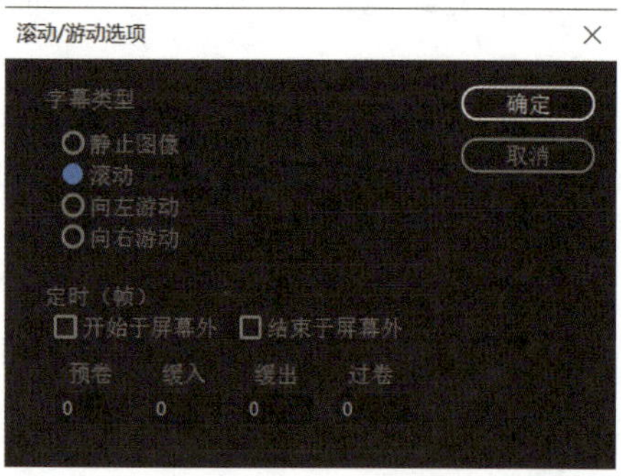

图 6-14　滚动/游动选项面板

在“滚动字幕”的字幕窗口中，单击左上角的“滚动/游动选项”按钮，打开“滚动/游动选项”对话框，从中将“字幕类型”选择为“滚动”，其他参数暂时按默认设置不变，单击“确定”按钮。如图 6-14 所示。

关闭字幕窗口，在素材窗口中可以看到所建立的字幕，“静止字幕”显示为静止图片，“滚动字幕”显示为视频。将其拖至时间线中，播放时，可以看到字幕有上移的动作，不过滚动的幅度不大，如图 6-15 所示。

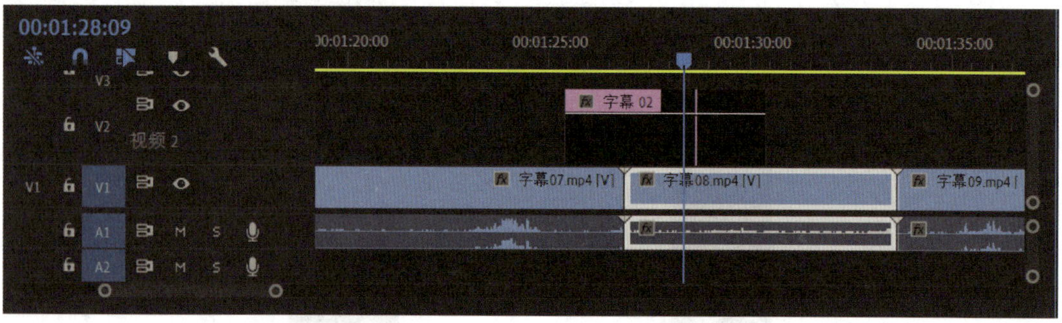

图 6-15　在素材窗口和时间线中查看“滚动字幕”

双击“滚动字幕”，打开其字幕窗口，单击字幕窗口左上角的“滚动/游动选项”按钮，打开“滚动/游动选项”对话框，将“开始于屏幕外”和“结束于屏幕外”勾选，单击“确定”按钮，并退出字幕窗口。在时间线上播放，字幕从屏幕之外开始向上滚动，直到滚动出屏幕结束，如图 6-16 所示。

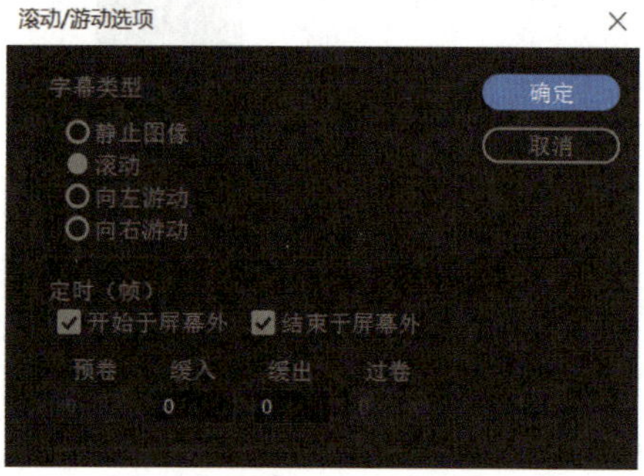

图 6-16　设置滚入并滚出屏幕的字幕效果

将“开始于屏幕外”勾选、“结束于屏幕外”去掉勾选，单击“确定”按钮，并退出字幕窗口。在时间线上播放，字幕从屏幕之外开始向上滚动，到滚动结束时字幕保留在制作时的位置而不会滚动出屏幕。

打开“滚动/游动选项”对话框，将“开始于屏幕外”去掉勾选、“结束于屏幕外”勾选上，单击“确定”按钮，并退出字幕窗口。在时间线上播放，字幕从制作时的位置开始向上滚动，到滚动结束时字幕完全滚动出屏幕。

如果希望字幕从屏幕外滚动进入，结束时停留在屏幕内一段时间而不滚出屏幕，可以进行如下字幕设置操作：双击“滚动字幕”，打开其字幕窗口，点击窗口左上角的“滚动/游动选项”按钮，在弹出的“滚动/游动选项”对话框中进行相关设置。

2.3.2　变速滚动字幕

单击“滚动/游动选项”按钮，打开“滚动/游动选项”对话框，将“时间”下的“开始于屏幕外”和“结束于屏幕外”勾选上，单击“确定”按钮，这样使字幕从屏幕下方之外滚入，并滚动到屏幕上方之外。在时间线中将变速滚动字幕的长度拉长或缩短，文字滚动的距离不变，而速度相应有所变化，缩短时变快，拉长时变慢。

2.3.3　游动字幕

打开“游动字幕”窗口，单击“滚动/游动选项”按钮，打开“滚动/游动选项”对话框，将“开始于屏幕外”和“结束于屏幕外”勾选，单击“确定”按钮，这样使字幕从屏幕右侧之外进入，并移动到屏幕的左侧之外，在时间线中将游动字幕的长度拉长或缩短，文字移动的距离不变，而速度相应有所变化，缩短时变快，拉长时变慢。另外在“滚动/游动选项”对话框中也可以将字幕类型由默认的“向左游动”改为“向右游动”，使字幕的移动方向由左向右，不过这种方式比较少用。

滚动字幕：文字从下向上的运动。

游动字幕：水平的运动，从右向左或者从左到右运动。

开始于屏幕外/结束于屏幕外：开始和结束都是黑屏。

预卷：在指定的开始点之前有多少秒停止播放，单位是帧。

过卷：在指定的结束点之后有多少秒停止播放。

制表符标记：配合 TAB 键，文字自动对齐标记。

3. 字幕样式

对于字幕中的文字，可以进行多种样式的设计制作，建立多种不同的文字效果。可以对其字体、文字尺寸、填充、描边、阴影等进行不同的设置。其中填充又可以分为多种类型，有单色填充、线性填充、放射渐变、四色渐变、倾斜等。描边又分为内部轮廓描边和外部轮廓描边，描边的填充效果又分为多种类型。通过这些不同的设置，可以将其样式保存下来，在以后的制作中方便地调用。接下来将对字幕的填充方式、描边、纹理和阴影等进行介绍。

先将字幕窗口的辅助线隐藏。单击菜单命令“字幕→查看→字幕安全框”，将默认状态下的勾选去掉，将字幕安全框隐藏。同样选择菜单命令“字幕→查看→活动安全框”，将默认状态下的勾选去掉，将活动安全框隐藏。

3.1　填充文字样式

在右侧的“字幕属性”的“填充”下，设置文字填充，填充类型默认为“实色”，单击“颜色”后的颜色取样按钮，打开“拾色器”对话框，从中选择需要的颜色，单击“确定”按钮应用选择的颜色，还可以更改颜色渐变的角度和选择颜色的透明度，如图 6-17 所示。

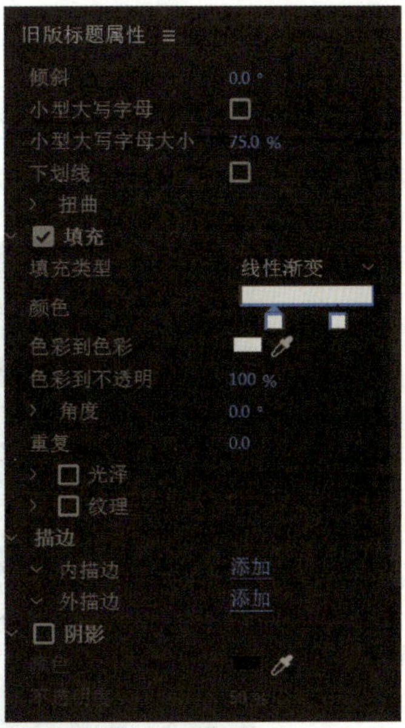

图 6-17　文字填充设置面板

小资料卡片

在进行多种颜色设置时，可以双击颜色取样滑标，打开“拾色器”对话框，从中设置需要的颜色。也可以先选中这个滑标，然后在“色彩到色彩”后单击“颜色”按钮，打开“拾色器”对话框设置颜色。

3.2 闪光文字样式

在右侧的“字幕属性”的“填充”下，单击勾选上“光泽”，会在文字表面出现一道白色闪光，可以修改光泽选项下的大小和角度，如图 6-18 所示。

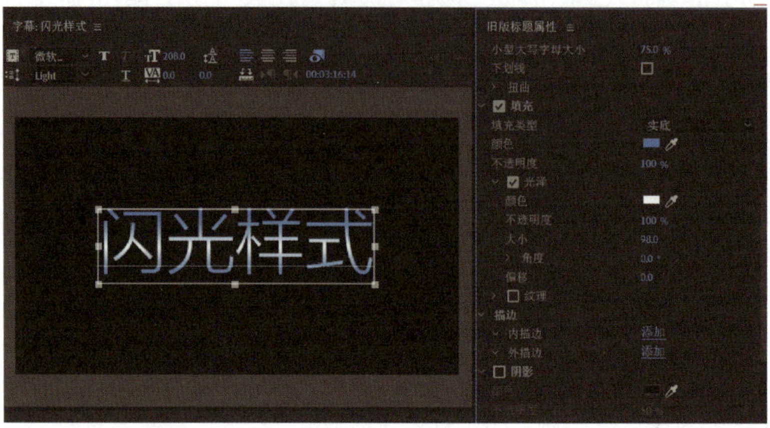

图 6-18　设置闪光效果

3.3 纹理文字样式

选中字幕图层，调出属性栏，找到“填充”选项，展开后选择“纹理填充”或类似选项，点击“浏览”导入本地纹理图片。文件的图像比较大，可以直接将文字全部填充，但也有一些图像较小或高宽比例与文字不一致，只能填充文字的一部分，这就需要进行设置，合理填充文字。如果文字被填充上了这个文件图像的纹理，效果并不理想，文字只有部分被填充，在“材质”的“缩放”下的“垂直”参数，设置“对齐”下的“Y 轴标尺”，这样整个文字被填充。更改相应的参数设置，会得到不同的填充效果。如图 6-19 所示。

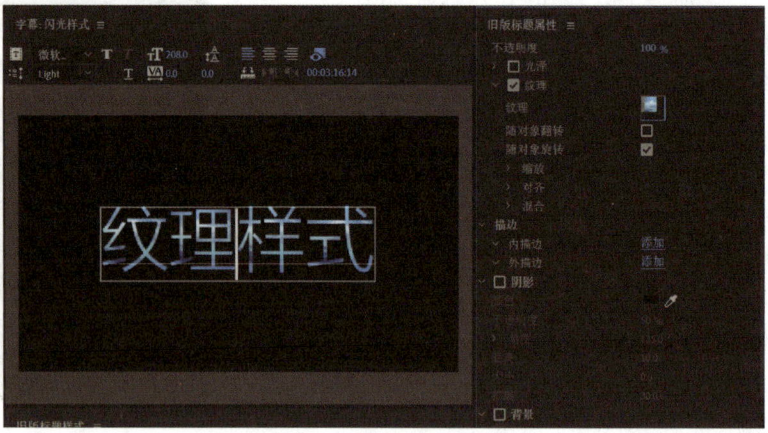

图 6-19　应用纹理填充

3.4 描边文字样式

在右侧的“字幕属性”的“描边”下，单击“外描边”后面的“添加”，这样在“外描边”下出现一系列相关参数设置项，可以修改颜色和大小。然后再单击“内描边”后面的“添加”，并使用其默认设置。还可以继续添加“外描边”同时应用多个描边。如图 6-20 所示。

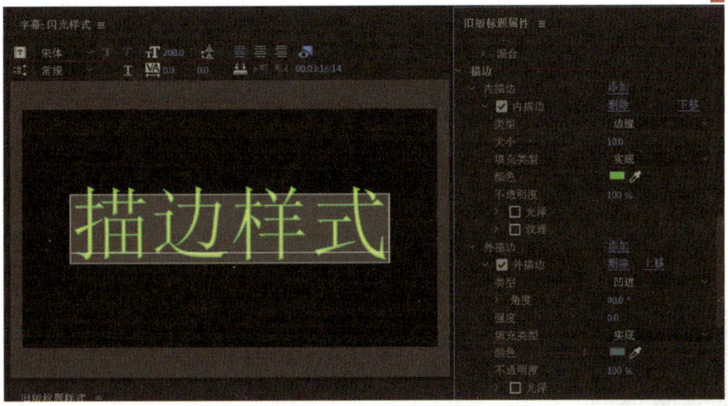

图 6-20　建立描边样式

小资料卡片

通常，在屏幕中建立字幕时，如果屏幕中的图像亮度较高、颜色较浅，白色的文字或者浅色的文字与屏幕中的图像反差不大，不容易看清楚。此时为文字添加一个黑色或其他深色的描边轮廓，就可以与背景图像区别开了，这是大多数文字需要描边效果的原因。另外，在一些文字上添加适当的描边效果也可以起到美化作用。

3.5　阴影文字样式

单击勾选“阴影”前面的方框，添加阴影效果。由于阴影为黑色，在黑色的背景上无法查看清楚效果，可以单击字幕窗口上方“显示背景视频”按钮，显示透明背景底。可以调整“阴影”下的“不透明度”来更改阴影的不透明度。

3.6　保存文字样式

选中文字，在“字幕样式”窗口的右上角单击按钮弹出菜单，选择“新建样式”命令，打开“新建样式”对话框，如图 6-21 所示。为文字样式命名，如图 6-22 所示。

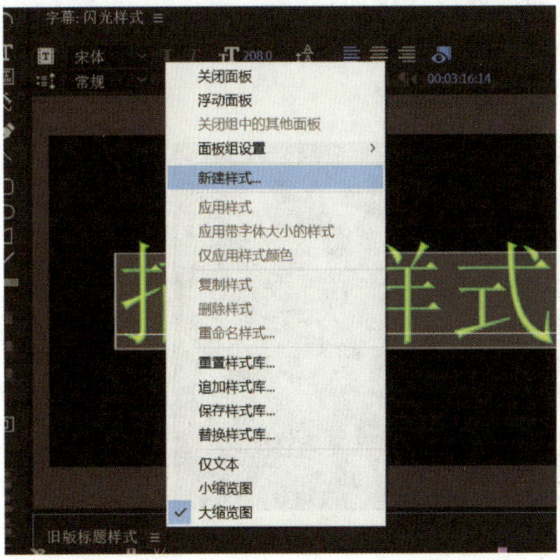

图 6-21　“新建样式”菜单

图 6-22　为文字样式命名

小资料卡片

虽然设置字幕属性的过程比较简单，但要适当地组合字体、大小、字间距和行间距等参数，获得一个满意的效果，会花费一定的时间，而且可能在以后的制作中也需要设置相同的字幕属性，这时将这个设置好的文字属性保存为文字样式是个很好的习惯，可以方便以后使用。

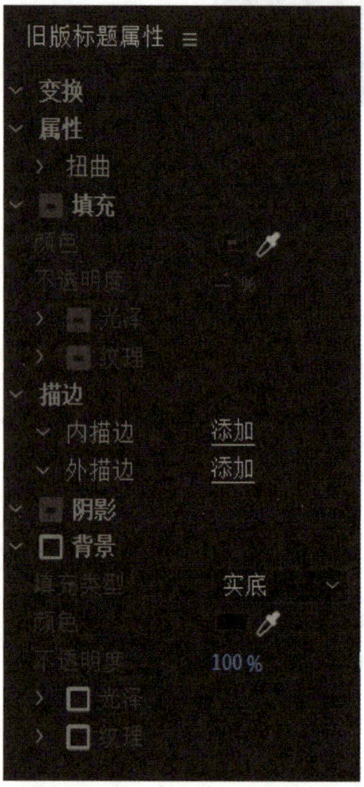

图 6-23　属性面板

3.7　属性面板

属性面板用于调整字幕的视觉属性，如图 6-23 所示，包括：

变换：改变文字的位置/大小/角度。

属性：调整字体/文字大小/行间距/字间距。

填充：改变文字填充颜色。

描边：文字内描边和外描边。

阴影：给文字加立体效果。

背景：字幕的背景，可以调整颜色。

4. 文字工具和基本图形

4.1　文字工具

文字工具是 Pr 中用于创建和编辑文本的核心工具，主要用于字幕、标题、标注等内容的制作，如图 6-24 所示。

功能特点：

文字输入：通过文字工具(T)在画面上单击即可输入文本。

文本格式化：支持调整字体、字号、颜色、对齐方式、行距、字距等。

路径文字：可沿自定义路径创建文字，实现曲线或特殊排列效果。

文本动画：通过关键帧为文本添加动态效果，如淡入淡出、缩放、移动等。

样式保存：可将文本格式保存为预设样式，方便重复使用。

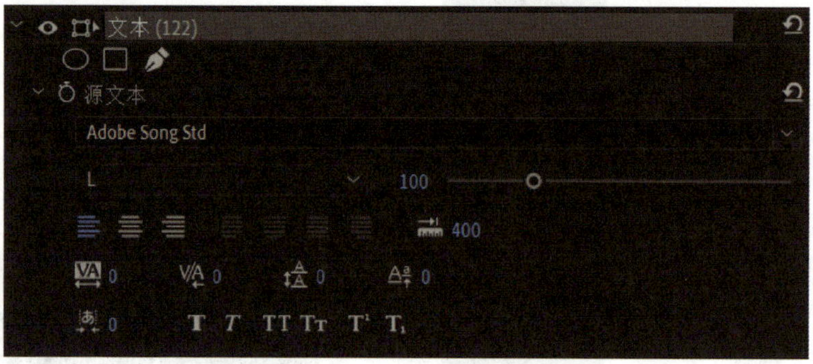

图 6-24　文字属性面板

4.2 基本图形面板

基本图形面板是 Pr 中用于创建和编辑图形元素的核心工具，支持快速制作标题、形状、背景等，如图 6-25 所示。

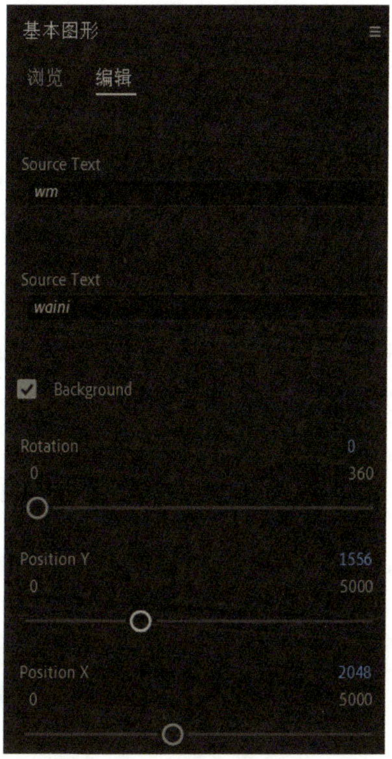

图 6-25 基本图形面板

功能特点：

图形创建：支持绘制矩形、椭圆、直线等基本形状。

图形属性：可调整形状的颜色、描边、阴影、透明度等属性。

动态图形模板：使用内置或自定义的动态图形模板（MOGRT）快速创建动态效果。

图层管理：支持多图层叠加，调整图层的顺序、混合模式等。

响应式设计：图形元素可自动适配不同分辨率和画面比例。

作用：Pr 自带的图形预设，类似模板。

浏览：有一些 Pr 预设的文字及图形的动画样式。拖到时间轴上可以直接用，相当于模板。

编辑：相当于编辑界面。双击一下文字，可以修改文字，也可以修改形状参数。

导出模板：在轨道上选中图层，将菜单栏图形导出为动态图形模板。

导入图形预设：图形预设位置 C:\Users\Administrator\AppData\RoamingAdobe\Common\Motion Graphics Templates。

4.3 绘制图形面板

从“字幕工具”面板中选择直线工具按钮，在字幕窗口视频区域中单击并拖动。这样可以绘制一条直线，配合 Shift 键拖动时，可以将直线约束在水平、垂直或与水平呈 45 度方向，可以在“字幕属性”面板中设置其填充的颜色。

小资料卡片

在使用绘图工具绘制图形或者用选择工具重新调整图形的形状时，如果按住“Shift”键，将保持图形高度和宽度的比例不变。如果按住“Alt”键，则是从对象的中心开始向外创建对象。对于一些角度调整，按住“Shift”键的同时，还可以将角度约束在 45 度的倍数上。有些时候也可以同时按住“Shift”键和“Alt”键以达到所要的效果，如绘制一个以鼠标落点为中心的圆形。

从“字幕工具”面板中选择钢笔工具按钮，在字幕窗口视频区域中单击，可以建立一个开始点，再继续单击建立多个点，可以在多个点之间建立曲线。绘制完毕后从“字幕工具”面板中选择转换定位点工具按钮，在曲线点上拖曳，可以拉出锚点控制曲线，将曲线上的尖角变成圆角。

小资料卡片

在移动图形时，使用鼠标进行移动的话位置不太精确，可以使用键盘中的上、下、左、右 4 个方向键来精确移动，每按一下移动 1 个单位，配合“Shift”键每按一下则移动 5 个单位。因此，配合“Shift”键进行移动操作将会更加精确和快捷。

5. Arctime 软件使用方法

Arctime 是一款高效的字幕制作软件，支持快速创建、编辑和导出字幕。以下是其基本使用方法。

5.1 Arctime 文件导出方法

导出标准 MP4：完成字幕后，点击菜单栏中的“文件”，选择“导出→标准 MP4”。在弹出的窗口中设置视频参数(如分辨率、码率等)。点击“导出”，生成带字幕的 MP4 视频文件。

5.2 其他相关操作方法

5.2.1 导入视频

将视频文件直接拖曳到 Arctime 界面中，或通过“文件→导入视频”加载视频。

5.2.2 导入文本

点击菜单栏中的“文本→文件→导入纯文本”，将字幕文本文件加载到软件中。

5.2.3 快速添加文字

使用“快速拖曳创建工具”或“JK 键拍打工具”快速在时间轴上添加字幕。

5.2.4 修改样式

在“样式与效果”面板中修改文字样式，包括字体、颜色、描边、阴影等。

5.2.5 文字垂直显示

将文字旋转 270 度，复制样式(Ctrl+C)，粘贴样式(Ctrl+V)。

在字体名称前输入“@”(如“@宋体”)，使文字垂直显示。

小资料卡片

Arctime 软件是一款高效的字幕制作工具，支持快速导入视频和文本文件，用户可以通过“快速拖曳创建工具”或“JK 键拍打工具”轻松添加字幕，并在“样式与效果”面板中调整字体、颜色、描边等样式。如果需要将文字垂直显示，可以将文字旋转 270 度并复制粘贴样式，或在字体名称前输入“@”。完成字幕后，用户可以通过“文件→导出→标准 MP4”将视频导出为带字幕的 MP4 文件。Arctime 操作简单，功能强大，适合快速制作高质量字幕，提升视频的专业性。

【任务实施】

根据班级人数将学生分成若干实训活动小组，每组设组长 1 名，负责安排、协调、督促小组完成实训任务，同时做好实训活动记录。

项目实训　春日味蕾奇遇，字幕美食欣喜

根据案例的具体要求，分析完成实训任务的操作步骤和知识要点，如图 6-26 所示。

图 6-26　剪辑素材

步骤一：新建项目并导入素材

（1）新建文件夹：命名为“春日味蕾奇遇，字幕美食欣喜-日期”，将剪辑用到的素材分类整理放入文件夹。

（2）新建项目：项目名称为“春日味蕾奇遇，字幕美食欣喜”，位置指向“春日味蕾奇遇，字幕美食欣喜-日期”文件夹。

（3）新建序列：尺寸为 1920px×1080px，像素长宽比为方形像素 1.0，帧速率为 25 帧/秒。

（4）导入素材：将剪辑用到的素材按照文件夹导入新建项目中。

步骤二：观察样片总结剪辑要点

（1）根据样片画面特点，首先需要给各个镜头添加字幕，而且字幕下方有色块衬托。

（2）字幕和色块都是从左到右展开显示，需要用蒙版来实现。

（3）各个镜头的画面最上方有滚动的弹幕，需要用到新建字幕的“滚动/游动选项”来进行参数设置。

步骤三：根据样片剪辑视频并添加音乐

（1）使用剃刀工具：在工具栏中选择剃刀工具（快捷键“C”），在时间轴上点击分割视频片段，选择不需要的片段，按“Delete”键删除。

（2）拖入音乐：将音乐文件拖入时间轴的音频轨道（通常为 A1 轨道）。

（3）调整音量：右键点击音频轨道，选择“音频增益”，调整音量大小。

（4）剪辑音乐：使用剃刀工具分割音乐，删除多余部分。

步骤四：添加字幕并制作色块

（1）新建字幕：在菜单栏选择“文件→新建→旧版标题”，点击“确定”。

（2）输入文字：在字幕面板中输入文字（如“放入牛腩块”），调整字体、大小、颜色和位置，如图 6-27 所示。

图 6-27　输入文字

（3）拖入时间轴：将字幕文件拖入时间轴，放在视频上方轨道；调整时长：拖动字幕边缘，调整显示时长。

（4）新建矩形色块，填充为白灰色，调整不透明度和大小后，将其放置在文字下方，如图 6-28 所示。

（5）按照以上步骤制作其他画面的文字和衬托色块。

图 6-28　新建矩形色块

步骤五：使用蒙版制作淡入效果

（1）选择刚制作完成的字幕素材，点击“效果控件”，给不透明度参数添加蒙版。

（2）将蒙版放到字幕左侧，并给蒙版路径打关键帧，如图 6-29 所示。

（3）向后移动时间线，然后向右拖曳蒙版的位置，使字幕完全显示，如图 6-30 所示。

（4）根据样片调整字幕的长短，以及蒙版路径关键帧之前的距离，使文字持续时间和出现的播放速度合理。

（5）按照以上步骤制作其他画面的位置、色块和蒙版淡入效果。

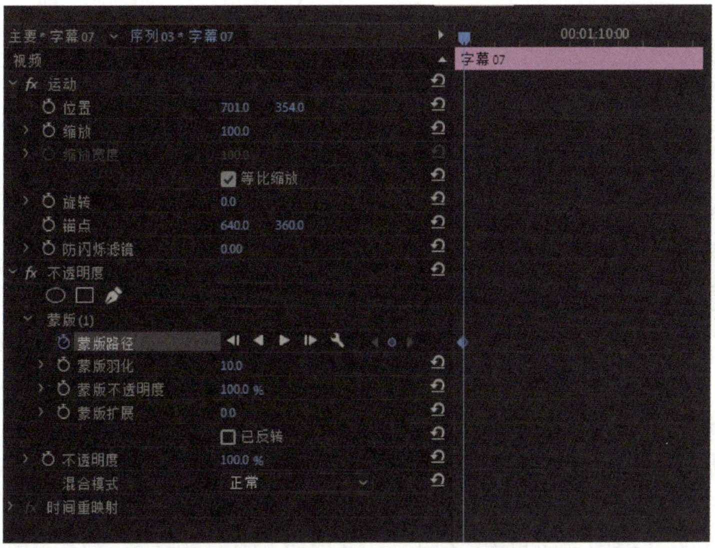

图 6-29　给蒙版路径打关键帧

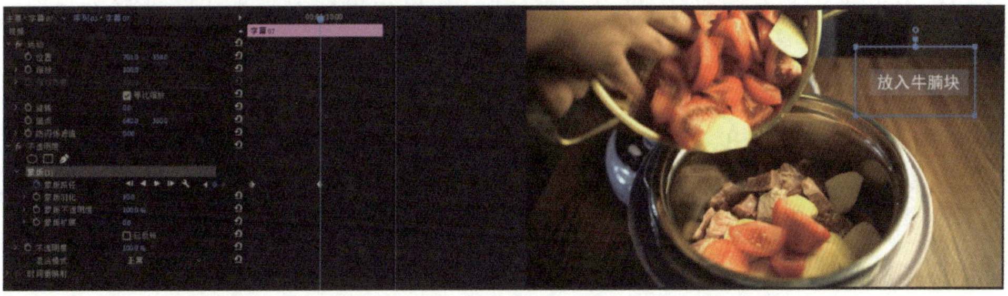

图 6-30　移动时间线，调整蒙版位置

步骤六：制作滚动弹幕

（1）新建字幕：在菜单栏选择“文件→新建→旧版标题”，点击“确定”。

（2）按样片字幕内容在编辑器的最上方输入相关文字，调整文字大小和间距，使之更符合弹幕文字排列规则，如图 6-31 所示。

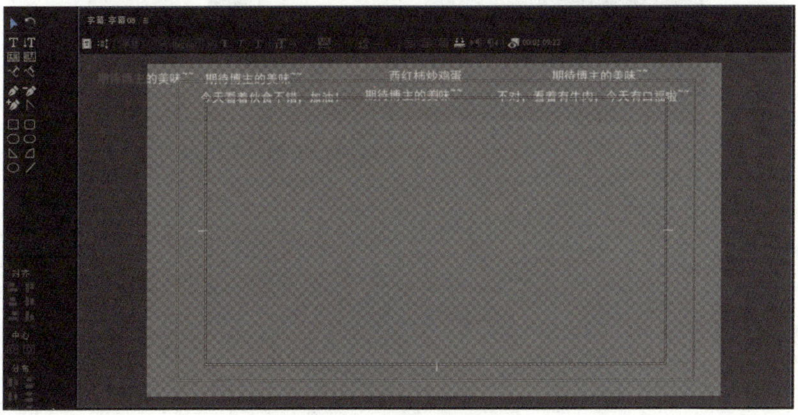

图 6-31　输入相关文字

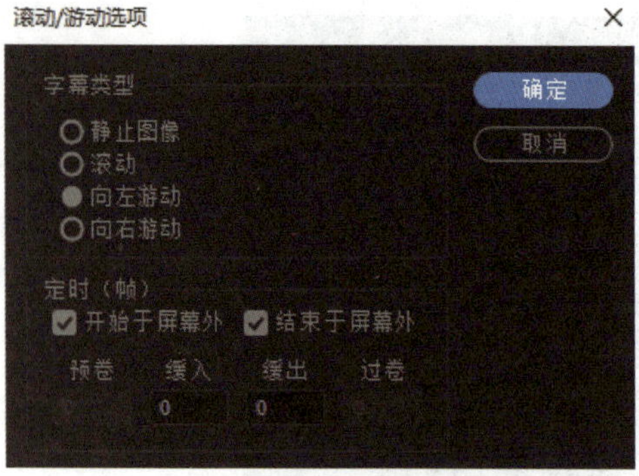

图 6-32　调整字幕

（3）打开“滚动/游动选项”对话框，将字幕类型选择为“向左游动”，并根据实际情况勾选“开始于屏幕外”和“结束于屏幕外”，如图 6-32 所示。

（4）直接用选择工具调整字幕素材的长短，可以控制字幕游动的速度，素材越长滚动的速度越慢，反之越快，根据样片效果进行调整。

（5）按照以上步骤制作第二屏滚动字幕，本屏滚动字幕结束接第二屏，调整素材位置让两段字幕无缝衔接。

步骤七：保存文件并提交作业

（1）完成所有镜头剪辑，检查总时长和内容是否与样片一致，如果有问题仔细检查，并进行细节调整和修改。

（2）在制作的过程中，不断按“Ctrl+S”键保存剪辑的视频，制作步骤会保存在源文件中。

（3）导出设置：点击“文件→导出→媒体”，在导出设置对话框中，选择 H. 264 格式，制作完成后提交作业。

步骤八：学生讲解任务完成情况

组长抽取序号，并选出一名代表讲解本组的作业完成情况。

步骤九：师生点评

每个小组选出一名评委，对任务完成情况进行打分，小组间互评，最后由教师进行点评，如图 6-33 所示。

图 6-33　字幕运用效果图

小资料卡片

1. 快捷键。空格键：播放/暂停；J/K/L：倒放/暂停/快放；M：添加标记。
2. 保存项目。定期按“Ctrl+S”保存项目，避免数据丢失。

【任务书】

任务书

任务内容	为“春日味蕾奇遇，字幕美食欣喜”添加字幕
实训过程	
理论知识梳理	
实训过程总结	
教师记录、点评：	

【巩固提高】

一、选择题

1. 如区域文字有定界框后有(　　)，说明有文字被隐藏，没有显示完整。

A. [+]　　B. [-]　　C. [,]　　D. [;]

2. 建立(　　)，所有文字不会超出区域框，可以控制一行里文字的个数。

A. 文本框　　B. 定界框　　C. 蒙版　　D. 轨道

3. (　　)可以选中新建的文字。

A. 移动工具　　B. 选择工具　　C. 文字工具　　D. 缩放工具

4. 在使用移动工具移动文字位置时，若在操作过程中同时按住(　　)键，可以实现文字的复制。

A. Alt　　B. Shift　　C. Ctrl　　D. 空格

5. 使用移动工具选择文字素材时，同时按住(　　)键，可以实现加选文字。

A. Alt　B. Shift　C. Ctrl　D. 空格

6. (　　)根据所绘制的路径排列，选中之后先绘制路径，点击空格键输入文字。

A. 路径文字工具　B. 段落文字工具　C. 点文字工具　D. 钢笔工具

7. 钢笔工具按(　　)键可以切换圆角尖角。

A. Alt　B. Shift　C. Ctrl　D. 空格

8. 形状工具可绘制形状，按住(　　)键画正圆或正方形。

A. Alt　B. Shift　C. Ctrl　D. 空格

9. 形状工具可绘制形状，按住(　　)键以起点为中心点画正圆或正方形。

A. Alt　B. Shift　C. Ctrl　D. Shift+Alt

10. (　　)在指定的开始点之前有多少秒停止播放，单位是帧。

A. 滚动字幕　B. 预卷　C. 过卷　D. 制表符标记

二、填空题

1. 在视频编辑软件中，使用直线工具绘制直线时，配合(　　　　)键拖动，可将直线约束在水平、垂直或与水平呈 45 度方向。

2. 在字幕样式设计中，通过设置填充下的(　　　　)选项，可使文字表面出现一道白色闪光效果。

3. 在视频编辑软件的基本图形面板中，支持绘制矩形、椭圆、(　　　　)等基本形状。

4. 在 Arctime 软件中，修改文字样式，如字体、颜色等的操作在(　　　　)面板中进行。

5. 在字幕编辑器中，利用钢笔工具绘制曲线后，从字幕工具面板选择(　　　　)按钮，可在曲线上拖曳拉出锚点控制曲线，将曲线上的尖角变成圆角。

6. 在字幕编辑器中，“滚动字幕”是指文字(　　　　)的运动。

7. 在视频编辑软件中，在字幕的字体名称前输入@，可使文字(　　　　)。

8. 在 Arctime 软件中，完成字幕后，通过导出(　　　　)操作，可生成带字幕的 MP4 视频文件。

9. 在视频编辑软件中，字幕属性面板的(　　　　)选项下，可设置文字的内描边和外描边效果。

10. 在视频编辑软件中，新建字幕时，通过菜单栏中的新建字幕标签，或使用快捷键(　　　　)，可创建新字幕文件。

三、判断题

1. 在视频编辑软件中，只能通过菜单栏的“文件→新建→旧版标题”命令来新建字幕。(　　)

2. 在字幕编辑器中，区域文字工具创建的文字会自动换行，不会超出定界框范围。(　　)

3. 在视频编辑软件中，为字幕添加阴影效果后，无法调整阴影的透明度。(　　)

4. Arctime 软件不支持将视频文件直接拖曳到界面中进行导入。(　　)

5. 在视频编辑软件的基本图形面板中创建的图形元素，不能自动适配不同分辨率和画面比例。(　　)

6. 在视频编辑软件中，使用路径文字工具时，需先绘制路径，再点击空格键输入文字。（　）

7. 在视频编辑软件的字幕样式中，填充类型只有实色这一种。（　）

8. 在 Arctime 软件中，快速添加文字只能使用“快速拖曳创建工具”。（　）

9. 在视频编辑软件中，排版面板可控制字幕文本的格式和布局，如对齐方式、分布方式等。（　）

10. 在视频编辑软件中，对字幕样式进行设置后，不能将其保存为预设样式。（　）

第 7 章　流畅连贯镜头组接——转场的世界

【知识框图】

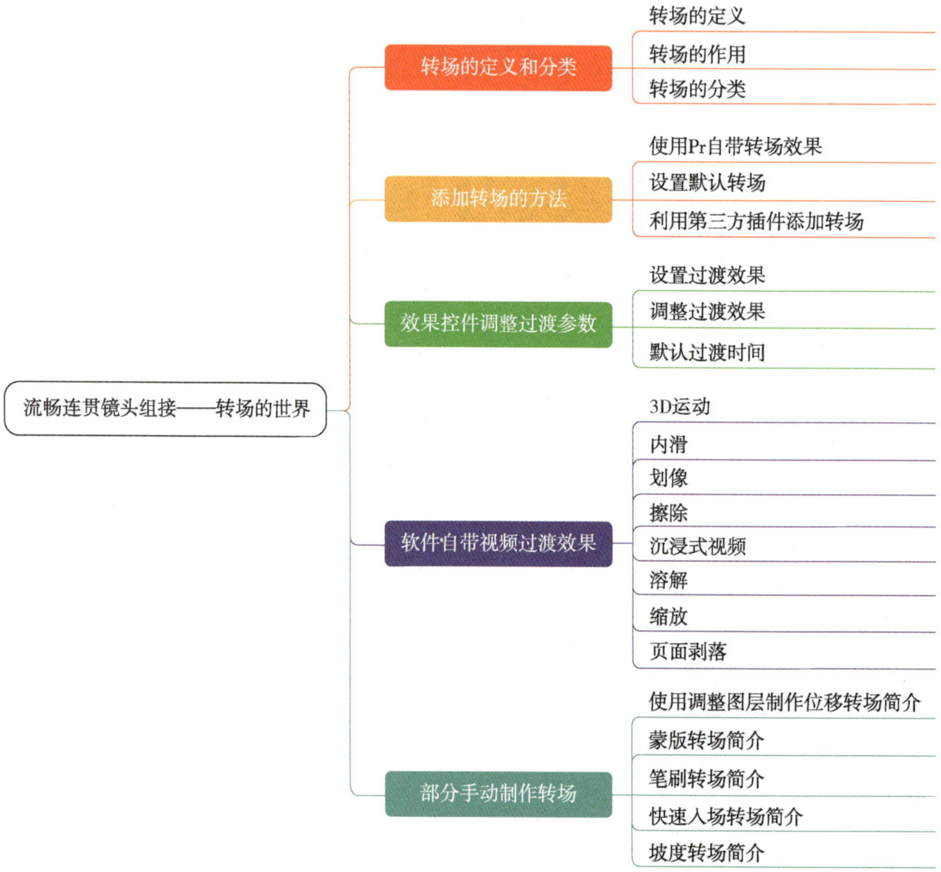

图 7-1　流畅连贯镜头组接——转场的世界

【项目简介】

本章主要学习 Pr 软件中转场的定义、作用和分类。在很多情节下我们需要为视频添加转场效果。为了画面的流畅或者情感表达的需要，转场效果可以通过设置调整效果控件中的参数进行操作，设置默认过渡效果和过渡时间。效果控件中有 3D 运动、内滑、划像、擦除、沉浸式视频、溶解、缩放、页面剥落等多种转场效果，以及相关的功能。Pr 软件自带的转场效果比较有限，我们可以通过安装插件或者使用调整图层为视频添加更多炫酷的转场。通过本章的学习，同学们可以详细学习视频过渡的各种设置方法、技巧以及常用转场案例，在以后进行视频剪辑时，可以在素材和素材之间设置各种转场效果，使剪辑的视频画面富有变化，更加生动多彩，为后续的课程打下良好的知识基础。

【学习目标】

知识目标

了解 Pr 中转场的定义、作用、分类，熟练掌握添加及设置转场的操作方法；

掌握效果控件调整过渡参数的方式，掌握软件自带转场效果及手动制作转场的技巧。

能力目标

能够依据视频素材特性与风格，精准选择适配转场效果并熟练调整其各项参数；

熟练运用调整图层等工具，手动制作多种创意转场，实现视频流畅且独特的过渡等。

素养目标

通过为不同镜头创造不同转场的过程，培养学生创造最佳效果的创新思维；

通过对转场效果和细节的不断调整，最大限度地激发学生精益求精的职业理念。

【任务描述】

视频过渡是在镜头中加入的过渡效果，它被广泛应用于视频制作中，是很常见的技术手段。各素材之间加入过渡效果后会使视频更有表现力，本章中同学们将通过对视频过渡中不同转场的学习，掌握效果控件中各视频过渡的基础操作。除了学习效果面板自带的转场，我们还要重点练习利用视频效果和调整图层等手动制作转场效果，无论是软件自带效果还是手动制作，都要利用预览窗口实时查看效果，若不满意及时返回修改参数，直至转场自然流畅。本章中运用“闪耀转场特效 酷炫视觉狂欢”项目实训，旨在通过手动制作光效转场、高光渐变转场等 7 种转场效果掌握制作技巧，让转场完美契合视频整体风格，为观众带来舒适的视觉体验。

案例一　视频添加转场后，转场持续时间需不需要调整？怎么调整？

1. 情景设计

校园视频制作小达人彬彬和子博本周接到 XW 公司给视频添加转场的兼职任务，要求根据素材的特点给视频添加合适的转场，这个任务相对比较简单，两人胸有成竹地打开电脑按部就班且非常熟练地开始制作。只见他们的手指在键盘与鼠标间快速舞动，转场特效被飞速添加到各个素材之间，眨眼间原本零散的素材便衔接得自然且流畅，整个工作流程高效有序地向前推进。在最后的检查环节，彬彬觉得子博的视频转场有些别扭，反复观看后问了一句：你调整转场持续时间了吗？子博一拍脑门，怎么把这么重要的事情给忘了？

2. 任务描述

彬彬拉住子博，语重心长地叮嘱道，转场时间的精准把控直接影响视频的流畅度。当转场时间过短，画面切换会很突兀，让观众在视觉上产生不适感，破坏视频整体的连贯性；相反，若转场时间过长，会导致节奏拖沓，使观众注意力分散，降低视频的吸引力。合理的转场时间能让场景过渡自然，引导观众的视线平稳转移，增强观看体验，所以一定要引以为戒。两人并肩作战，将子博的转场持续时间调整完毕后发送至公司指定邮箱。为了巩固本知识点，在学习上孜孜不倦的二人完成任务后并没有离开机房，而是对修改转场持续时间的方法进行了总结。

3. 任务提升——总结修改转场持续时间的方法

方法一：使用鼠标直接拖动

(1) 将时间轴上的播放指针移动到需要调整转场的位置，确保转场效果已添加到两个相邻的视频片段之间。

(2) 选中转场效果，在时间轴上，转场效果会显示为一个带有一定长度的图标，位于两个视频片段的交接处。

(3) 将鼠标指针移动到转场图标的边缘，鼠标指针会变成双向箭头形状。

(4) 按住鼠标左键并左右拖动转场图标的边缘，向左拖动可缩短转场持续时间，向右拖动则可延长转场持续时间。拖动时，会看到时间轴上的刻度变化，以帮助精确调整到所需的持续时间。

方法二：通过效果控件面板调整

(1) 在时间轴上选中包含转场效果的视频片段(如果转场效果是添加在两个片段之间，可点击转场图标来选中)。

(2) 打开效果控件面板，如果没有显示，可以通过选择“窗口→效果控件”来调出。

(3) 在效果控件面板中，找到“持续时间”选项，该选项通常显示为一个时间数值，例如“00：00：03：00”，表示当前转场的持续时间为3s。

(4) 点击“持续时间”数值框，使其处于可编辑状态，然后直接输入想要的转场持续时间数值。也可以通过点击数值框右侧的上下箭头来微调持续时间，向上箭头增加时间，向下箭头减少时间。

方法三：批量调整转场持续时间

(1) 若视频中有多个转场需调整为相同的持续时间，可先选中第一个转场效果，按住“Shift”键，依次点击其他需要调整的转场效果，从而实现多个转场的同时选中。

(2) 选中所有需要调整的转场后，按照上述“方法二”中通过效果控件面板调整持续时间的步骤进行操作。此时，在效果控件面板中对“持续时间”所做的更改将同时应用到所有选中的转场效果上，从而实现批量调整。

案例二 怎样利用调整图层制作快速入场出场转场?

1. 情景设计

在视频制作课堂上，小顾接到老师发放的手动制作快速入场出场的转场任务。对于Pr软件自带的转场效果小顾已经完全掌握，但是对于手动制作转场的部分还不熟练，本来就心虚的小顾硬着头皮开始剪辑。小顾依次完成了光效转场、高光渐变转场和位移转场，信心逐渐得以重塑。可刚萌生出些许得意情绪，就被泼了一盆冷水，因为快速入场的转场在数据调整和画面效果上，怎么都达不到样片的水准。

2. 任务描述

只见小顾紧盯着屏幕，眉头紧锁，鼠标在时间轴上快速滑动，试图精准定位转场的起始与结束，他选中两段素材按照步骤添加快速入场转场，可在预览时画面切入生硬，如同突然刹车般突兀。小顾赶忙向队友求助。笑泽反复观看视频后发现，在复制调整图层时，有一段未添加关键帧的空白部分被置于第二段中，致使画面变形、效果欠佳，需将这部分调整图层裁剪删除。他俩经过不断尝试、调整，最初因转场效果不理想而唉声叹气，最后转为看着画面炫酷流畅的转场而欣喜。并肩作战的小伙伴趁热打铁，总结实训步骤，提升并巩固视频制作的核心知识技能点。

3. 任务分解

步骤一：新建项目并导入素材

新建序列：尺寸为1920px×1080px，像素长宽比为方形像素1.0，帧速率为25帧/秒。

步骤二：制作转场

(1) 从转场素材中选择两个视频镜头，尽量选择动态的镜头，以获得更好的转场效果，然后将其放置在时间轴上。

(2) 给第一个镜头添加第一个调整图层，给调整图层添加“变换”效果，在转场开始的位置，为“变换”效果中的“缩放”属性打关键帧，调整时间线位置至转场结束位置，观察节目监视器效果，调整“缩放”数值，直至效果符合要求，同时取消勾选“使用合成的快门角度”选项，将快门角度调整到360度，如图7-2所示。

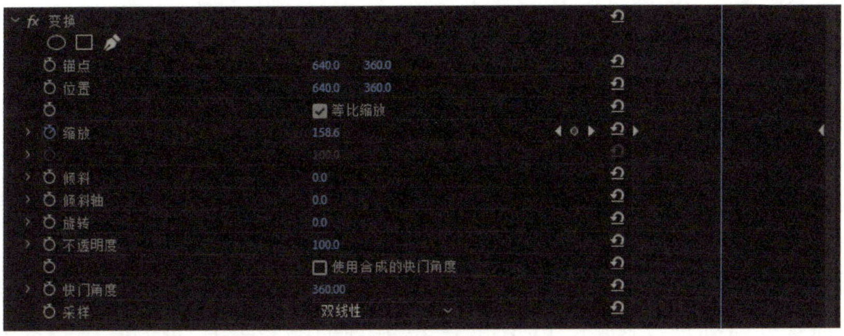

图7-2　给“变换”效果的“缩放”打关键帧

（3）给第一个镜头添加第二个调整图层，添加“镜头扭曲”视频效果，将时间线放在转场开始的地方，开启“曲率”数值的关键帧，拉动时间线至转场结束位置，观察节目监视器效果，调整“曲率”数值，直至效果符合要求，如图7-3所示。

图7-3　给“镜头扭曲”的“曲率”打关键帧

（4）按“Alt”键复制两段调整图层到转场的第二个镜头上，分别调换两个调整图层中“缩放”和“曲率”关键帧的前后位置，至此，快速入场出场转场制作完成，反复观看并调整数值，直至效果满意，如图7-4所示。

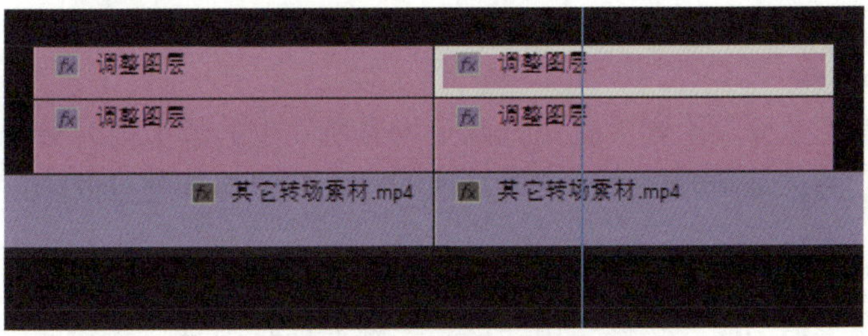

图7-4　复制调整图层并调换关键帧位置

步骤三：导出设置

（1）在菜单栏中选择“文件→导出→媒体”命令。

（2）设置导出格式为H.264格式。

步骤四：保存文件并提交作业

（1）在制作的过程中不断按“Ctrl+S”键对剪辑视频进行保存，此时制作过程步骤会保存在已经存储的源文件中。

（2）制作完成后提交作业。

请结合案例一和案例二所给资料，预习课件内容，分析并讲述视频转场的特点和快速入场出场的制作步骤，以及调整视频转场持续时间的方法。

【知识准备】

视频转场作为视频编辑中连接不同镜头或场景的关键手段，在塑造影片流畅性与控制叙事节奏上扮演着举足轻重的角色。它绝非简单的画面切换，而是通过巧妙设计，引导观众视线自然过渡，强化情节逻辑关联，赋予影片独特的艺术表现力。常见转场方式丰富多样，诸如淡入淡出、闪切、溶解、滑动、旋转等，每种皆有其独特视觉效果与适用情境，或营造舒缓氛围，或制造紧张节奏，或实现时空跳跃，为创作者构建故事世界提供了多种可能，极大地提升了视频的观赏性与感染力，成为视频制作中不可或缺的核心元素。

每部影片都存在着大量的转场处理，时间、空间随着剧情的发展一定会有所变化，与此同时就会需要一些场景转换。一般情况下 90 分钟的电影会有 30～50 次转场处理，并不是每个镜头的衔接都需要增加转场。

1. 转场的定义和分类

从本质上讲，转场并非简单的画面更替，而是精心策划的视觉与叙事桥梁，当一段视频从一个画面跳转到另一个画面时，转场负责确保这个过程自然、流畅，避免突兀感，让观众能毫无障碍地跟上影片节奏。转场一方面服务于叙事，通过特定的转场方式暗示时间推移、空间转换或情节发展，强化故事的逻辑性与连贯性，帮助我们更好地理解剧情；另一方面具备强大的情绪引导功能，不同风格的转场能营造出不同的氛围，或舒缓，或紧张，或神秘，极大提升了影片的感染力与艺术价值。无论是电影大片、网络短剧，还是广告宣传片，转场都是塑造优质视频不可或缺的核心要素，深刻影响着观众的观看体验。

1.1 转场的定义

一部影片一般会有成百上千个素材镜头，这些镜头中的画面和视角大都有所区别，如果直接将镜头连接起来，会使影片显示不连续，因此，在编辑影片时就需要在各素材镜头之间加入视频过渡，也就是转场。转场就是一种特殊的滤镜效果，它是在两个图像或视频之间创建某种过渡效果。“转”代表转换，“场”代表场景，所以转场的意思就是场景转换或时空转换。

1.2 转场的作用

转场的作用首先是分隔内容，就是把两个场景所发生的情节内容分隔开，避免观众在剧情上产生混淆；其次是画面过渡，场景转换的时候，添加某种过渡来渲染气氛，使画面看起来更加连贯。

转场在视频制作中有着举足轻重的作用，是构建优质视频的关键环节。在叙事层面，转场是串联情节的无形丝线。巧妙运用转场，能精准地暗示时间的流逝，如通过缓慢的淡入淡出，展现角色从少年到中年的岁月变迁；也能清晰地实现空间转换，如利用旋转转场，瞬间从热闹都市切换至静谧乡村，助力观众轻松跟上故事发展脉络，让剧情逻辑严谨、环环相扣。

1.3 转场的分类

视频转场主要分为技巧转场与无技巧转场两大类别。技巧转场借助后期软件特效达成；无技巧转场靠镜头自然组接，利用相似元素、动作连贯性或逻辑关联达成，两种方式为视频创作提供不同表现路径。

1.3.1 技巧转场

技巧转场依赖于后期软件特效实现，手段丰富多样。像淡入淡出，通过画面透明度的渐变，平稳地展现时间推移或场景转换，常用于段落间的过渡；闪回转场，快速回溯画面，常用来唤起回忆，增添故事层次感；还有旋转、翻页等转场特效，能以新奇的视觉形式实现场景衔接，多用于广告、创意短片，制造吸睛效果。

技巧转场是指利用简单的动画效果来完成场景过渡。使用前提为：两个素材前后镜头差异过大，素材比较平庸，制作时间有限，缺乏剪辑经验。

1.3.2　无技巧转场

无技巧转场凭借镜头的自然组接，巧妙利用相似元素、动作连贯性、逻辑关联等达到转场效果。例如，从前一个画面中人物扔出的球，自然衔接到下一个球入网的画面场景，这便是利用相似动作转场。或是借助光影、色调的相似性，不着痕迹地切换场景。无技巧转场更强调内容本身的逻辑性与流畅性，为影片赋予质朴而真实的观感，在纪录片、写实类剧情片中广泛应用。

无技巧转场是指通过单纯的剪辑来实现场景转换，使用前提是对素材拍摄要求比较高，需要剪辑人员的工作经验和技巧，可以利用动作或镜头的相似性来制作转场。

两种转场方式各有千秋，共同为视频创作赋能。

2. 添加转场的方法

2.1　使用 Pr 自带转场效果

2.1.1　基础操作流程

在 Pr 软件中，为视频添加转场效果的操作相对直观。首先，确保已将所需的视频片段按顺序排列在时间轴上。随后，打开效果面板，该面板如同一个琳琅满目的素材库，其中“视频过渡”文件夹内汇聚了 Pr 自带的丰富转场效果，涵盖溶解、滑动、擦除等多种类型，前文已对这些效果的视觉呈现做过详细介绍，如图 7-5 所示。

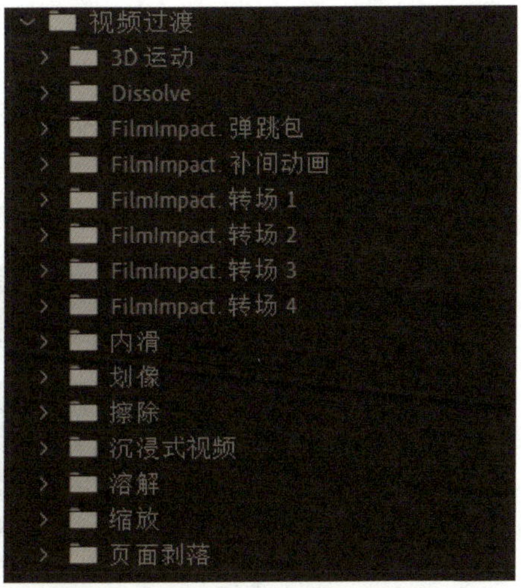

图 7-5　Pr 软件自带视频过渡效果

例如，若要在两个相邻的视频片段间添加一个简单的“淡入淡出”转场效果，可直接从“视频过渡”文件夹的“溶解”转场组中，将需要的效果选中，然后按住鼠标左键，将其拖曳至时间轴上这两个视频片段的衔接处，即编辑点位置。松开鼠标后，转场效果便成功添加，此时在时间轴上该编辑点处会出现相应的转场图标，代表已应用的转场效果，如图 7-6 所示。

图 7-6　视频过渡溶解文件夹效果

2.1.2　单侧与双侧转场添加

添加单侧转场时，操作更为灵活，如仅希望在某个视频片段的开头或结尾处添加特定转场效果，可直接将选择的转场效果拖至该片段的起始端或结束端，实现单侧转场。以一段介绍旅游景点的视频为例，若想在每个景点视频片段的开头，使用“旋转”转场效果来吸引观众注意力，就可将“旋转”转场从效果面板拖至每个片段的起始位置。

2.1.3 调整转场参数

成功添加转场后，可对其参数进行个性化调整，以契合视频的具体需求。在时间轴上单击选中已添加的转场效果图标，随后在效果控件面板中，会出现该转场效果的相关参数设置选项。以“交叉溶解”转场为例，在此面板中可设置其持续时间，即画面过渡的快慢程度，通过直接修改时间数值，或者拖动时间滑块来调整。还能设置对齐方式，如居中对齐，可使前后两个镜头在交叉溶解时，重叠部分均匀分布；若选择开始对齐，则前一个镜头的淡出先开始，后一个镜头的淡入稍晚；结束对齐则相反。此外，部分转场效果还设有其他独特参数，如“百叶窗”转场可设置叶片数量、方向等，我们可根据视频风格与创意需求灵活设定。

2.2 设置默认转场

2.2.1 选择默认转场效果

Pr 允许用户将常用的转场效果设置为默认选项，从而大大提高剪辑效率。在效果面板的“视频过渡”文件夹中，浏览众多转场效果，找到希望设为默认的转场。例如“溶解”转场组中的“交叉溶解”效果。右键单击该转场效果，在弹出的菜单中，选择“将所选过渡设置为默认过渡”选项，此时该转场效果便被设置为视频默认转场，如图 7-7 所示。

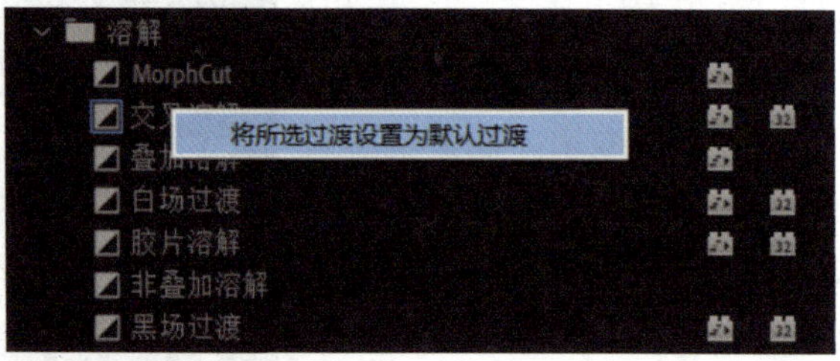

图 7-7 将所选过渡设置为默认过渡

2.2.2 快速应用默认转场

设置好默认转场后，在剪辑过程中，若要在多个编辑点快速应用此转场，操作十分便捷。选中时间轴上需要添加转场的一个或多个编辑点，然后按下快捷键“Shift+D”，即可一次性为选中的编辑点添加默认视频转场效果。若仅希望为视频片段添加默认转场，而不涉及音频，可使用快捷键“Ctrl+D”；若仅针对音频添加默认过渡效果，则使用“Ctrl+Shift+D”。例如，在制作一个包含大量图片切换的相册视频时，提前将“交叉溶解”设为默认转场，然后选中所有图片片段间的编辑点，按下“Shift+D”，瞬间所有图片切换处都应用了流畅的“交叉溶解”转场，大大节省了逐个添加转场的时间。

2.3 利用第三方插件添加转场

2.3.1 插件安装流程

为了获取更丰富、独特的转场效果，许多创作者会选择使用第三方插件。以著名的 FilmImpact 插件为例，首先要确保下载的插件版本与当前使用的 Pr 软件版本兼容。下载完成后，双击安装包文件，启动安装程序。在安装向导的指引下，逐步完成安装过程，特别要注意选择正确的 Pr 软件安装目录，以保证插件能被 Pr 正确识别和加载。安装完成后，重新启动 Pr 软件，使插件生效。

2.3.2　插件转场应用

再次打开 Pr 并新建或打开已有项目后，在效果面板中，展开“视频过渡”文件夹，此时会看到新安装的 FilmImpact 插件文件夹。展开该文件夹，可看到一系列丰富多样、极具创意的转场效果预设，如独特的“3D 旋转门”转场、充满科技感的“光线扫描”转场等。要应用这些转场效果，操作与使用 Pr 自带转场类似，只需将选择的插件转场效果从效果面板拖至时间轴上视频片段的编辑点处，如图 7-8 所示。

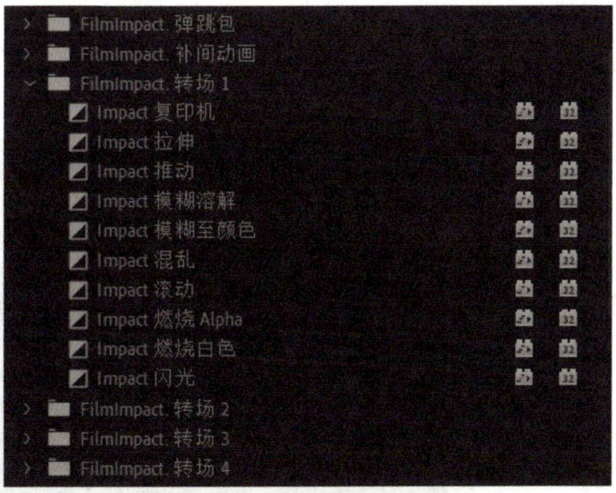

图 7-8　视频过渡插件文件夹

然后在效果控制面板中，可针对该插件转场的持续时间、方向、特效强度等参数进行细致调整，利用插件自带的实时预览功能，快速查看调整后的效果，直至达到满意的视觉呈现。例如，在制作科技主题的视频时，使用 FilmImpact 插件中的“数字矩阵”转场，从一个数据界面切换到另一个界面，通过调整参数，让转场的速度、数字闪烁效果等与视频节奏和风格完美契合，为视频增添炫酷的科技氛围。

3. 效果控件调整过渡参数

为了让用户能够创作出富有创意的过渡效果，在 Pr 中可以对影片素材设置过渡效果，并通过调整参数来修改该过渡效果，还能进行设置默认过渡等相关操作。

3.1　设置过渡效果

在 Pr 中可以使用效果控件中的过渡效果来设置素材的转场效果。一般情况下，过渡效果会使用在同一轨道的两个相邻素材之间，也可以给单独一个素材添加过渡效果，当为一个素材添加过渡效果后，素材与它下方轨道的素材进行过渡，但是下方轨道的素材只作为背景使用，并不能被过渡控制。

3.2　调整过渡效果

当两段视频添加过渡效果后，在时间轴上会出现一个重叠区域，即发生过渡效果的区域，可以通过效果控件面板或时间轴面板对过渡效果进行调整。

效果控件是一个非常重要的功能区域，主要用于调整应用到剪辑上的各种效果参数。一般包括效果预览、持续时间、对齐方式等信息，如图 7-9 所示。

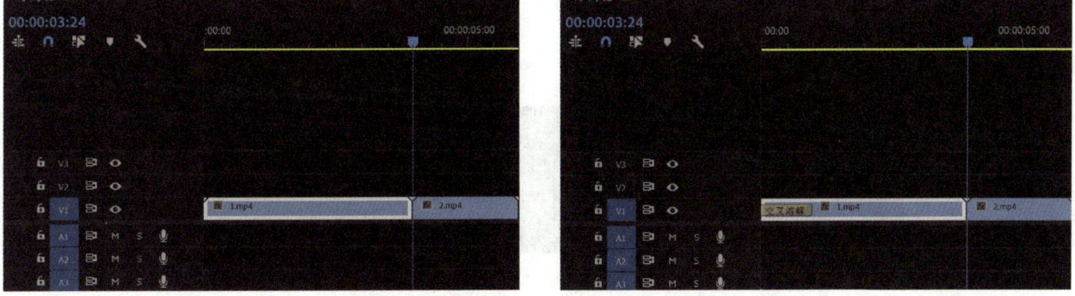

图 7-9　为单个素材添加转场效果

同一轨道的两个素材之间可以使用切换效果，也可以单独为一个素材添加切换效果。在时间轴面板上双击“切换效果”，打开“效果控件”对话框，可以对切换效果进行调整，如图 7-10所示。

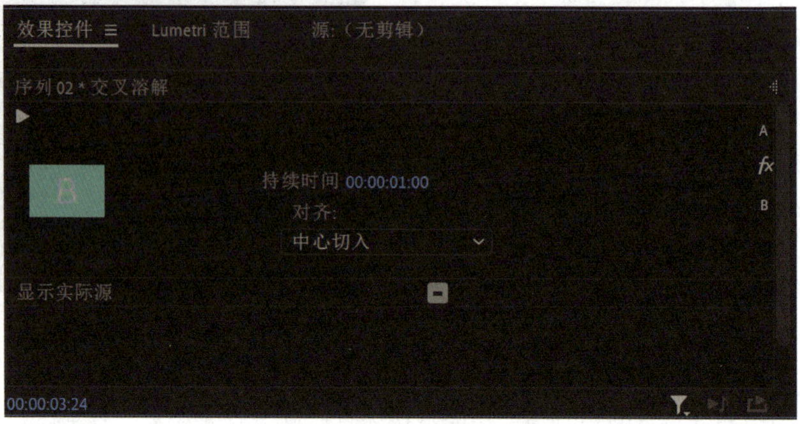

图 7-10　效果控件调整转场参数

（1）播放过渡▶：单击效果控件左上方小三角按钮，将在缩略图上预览转场效果，并可以反复播放。对某些具有方向性的过渡效果来说，可以在缩略图上单击小三角形来改变过渡方向，如图 7-11 所示。

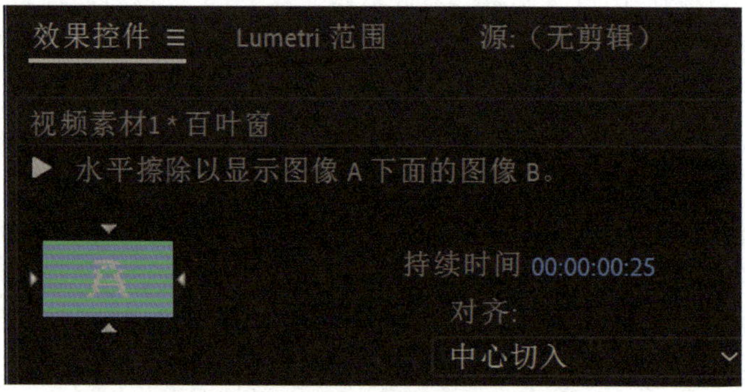

图 7-11　效果控件调整过渡方向

（2）持续时间：用来调整切换持续时间，输入数值进行调整；也可以在时间轴上，拖动鼠标进行调整，向左滑动为缩小时间值，向右滑动为放大时间值。在时间轴面板上，双击切换效果也可以设置过渡持续时间，如图 7-12 所示。

图 7-12　效果控件调整过渡持续时间

（3）对齐方式：在下拉列表中有四种对齐方式，分别为中心切入、起点切入、终点切入和自定义起点。

中心切入将切换添加至两个剪辑的中间处，如图 7-13 所示。

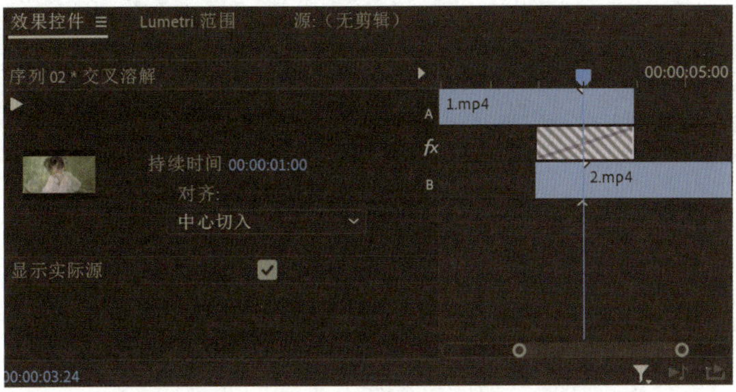

图 7-13　视频转场中心切入

起点切入将切换添加于第二个素材的起始位置，如图 7-14 所示。

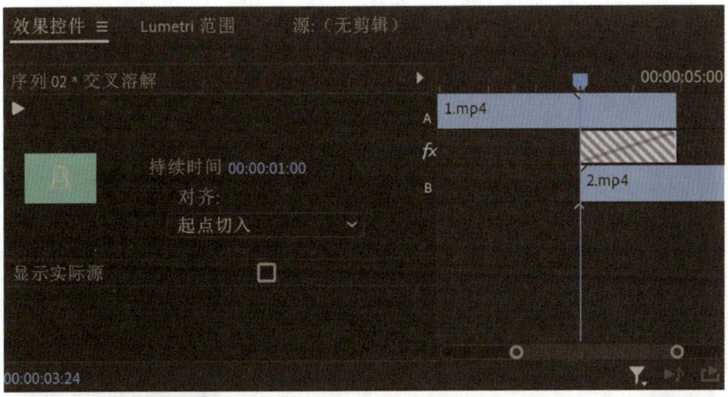

图 7-14　视频转场起点切入

终点切入将切换添加于第一个素材的末尾位置，如图 7-15 所示。

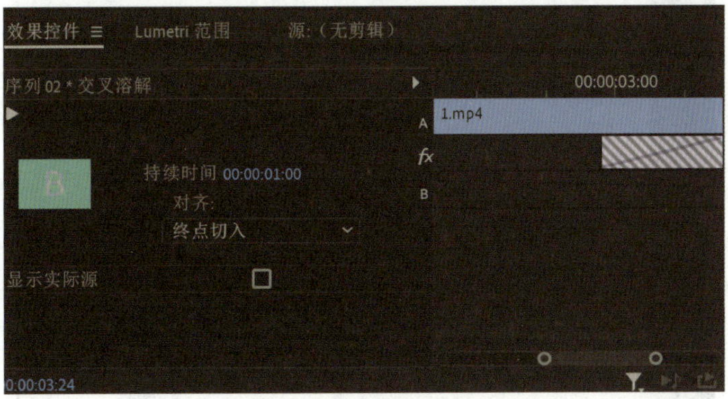

图 7-15　视频转场终点切入

自定义起点表示可以通过自定义添加设置。用鼠标拖动切换的边缘，可以改变切换的长度，对齐方式变为自定义起点，如图 7-16 所示。

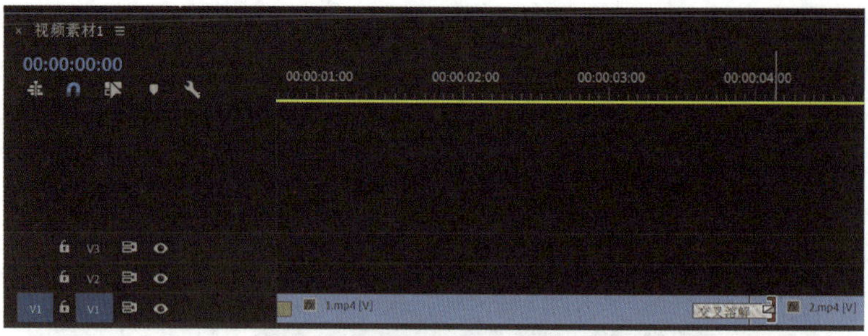

图 7-16　视频转场自定义起点

（4）显示实际源：在切换设置中，默认切换是从 A 到 B 过渡完成。当勾选“显示实际源”复选框时，将在缩略图上预览实际素材切换效果；如果不勾选，将用 A 和 B 来代替素材，预览切换效果。

其他选项的设置会根据切换特效的不同而有不同的变化。

3.3　默认过渡时间

添加默认过渡效果和设置默认过渡时间能提升视频流畅性、提高效率、保持风格一致，并减少重复操作，是提升剪辑效率的有效方法。

设置默认过渡时间：选择“编辑”菜单下“首选项”中的“时间轴”命令，在弹出的“首选项”对话框中，可设置视频和音频过渡的默认持续时间，如图 7-17 和图 7-18 所示。

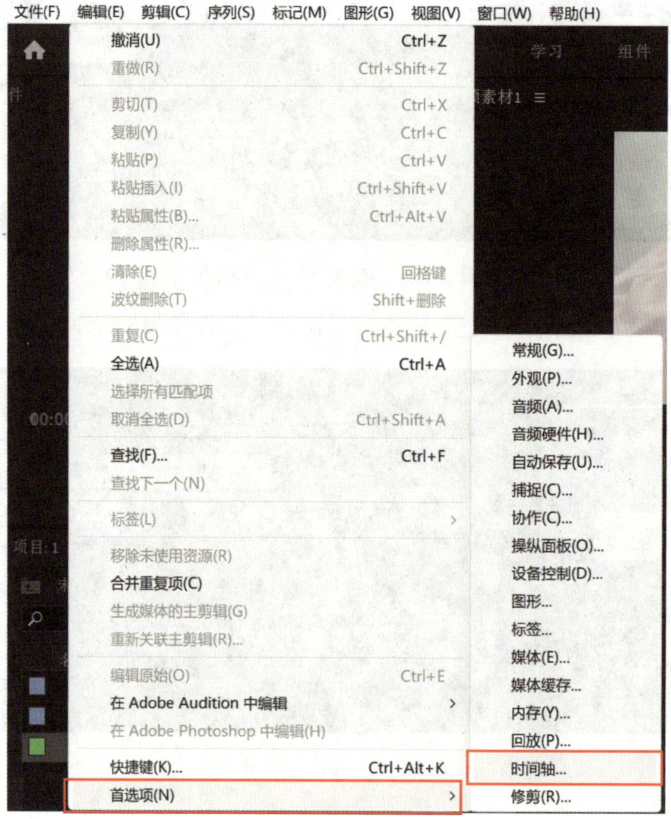

图 7-17　首选项设置

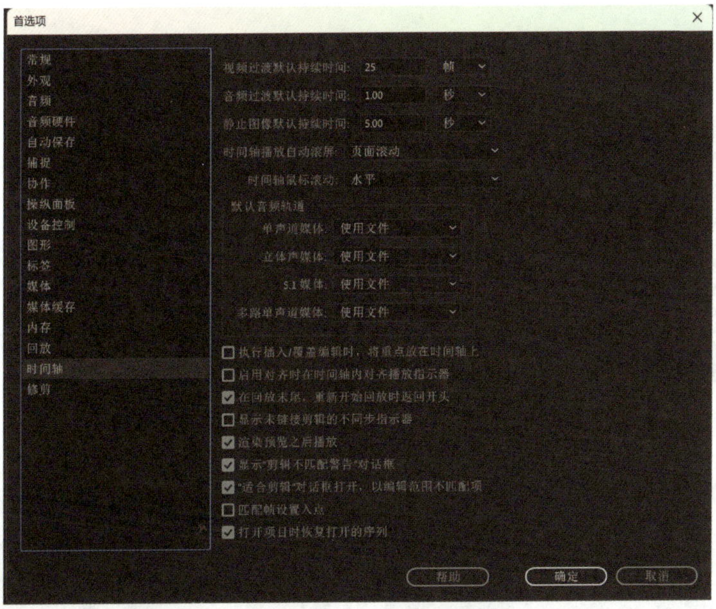

图 7-18　首选项时间轴设置默认转场参数

4. 软件自带视频过渡效果

Pr 作为一款功能强大的视频编辑软件，在处理视频过渡效果方面有着极为精细的分类管理体系，在其操作界面的效果面板中，“视频过渡”文件夹堪称一个庞大且有序的过渡效果资源库，这里面详细划分出了多种不同类型的转场效果，有 3D 运动、内滑、划像、擦除、沉浸式视频、溶解、缩放、页面剥落等，这些丰富多样的转场类型，极大地满足了视频创作者在不同风格、主题视频制作中的多样化需求。

4.1　3D 运动

3D 运动效果文件夹中包括立方体旋转、翻转两种三维运动效果，Pr 软件中的 3D 运动转场，凭借其独特魅力备受创作者喜爱，它打破二维画面局限，借助模拟物体在三维空间的运动轨迹与视角变换，营造出震撼的立体动态视觉效果，让我们仿若置身真实三维场景。通过调整持续时间、旋转方向等参数，就能契合视频节奏与风格，为视频增添专业性与震撼力，如图 7-19～图 7-21 所示。

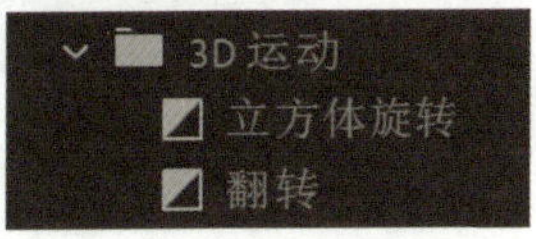

图 7-19　3D 运动效果文件夹

图 7-20　立方体旋转效果

图 7-21　翻转效果

4.2 内滑

在 Pr 软件中，内滑转场是常用且实用的转场效果。它的呈现效果十分流畅自然，原理是让一个画面如同在另一个画面之上或之下平滑进入。这一过程中，前后画面以相互重叠的形式完成过渡，给人以连贯、平稳之感。在应用场景方面，适合新闻类节目，使不同新闻片段切换自然；也常用于纪录片，让场景衔接不突兀，保持内容叙事节奏。在操作上，用户能在效果面板轻松找到内滑转场，拖到时间轴两段素材间，通过调整持续时长、滑动方向等参数，便可契合视频整体风格，提升观看体验。内滑效果文件夹中包括中心拆分、内滑、带状内滑、急摇、拆分、推 6 种效果，如图 7-22～图 7-28 所示。

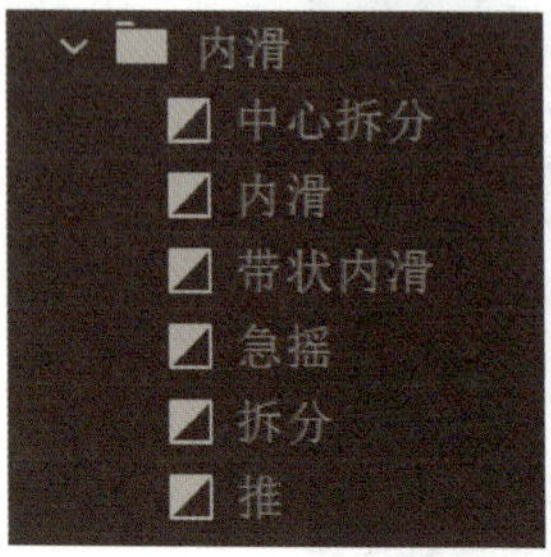

图 7-22 内滑效果文件夹

图 7-23 中心拆分效果

图 7-24 内滑效果

图 7-25 带状内滑效果

图 7-26 急摇效果

图 7-27 拆分效果

图 7-28 推效果

4.3　划像

划像是一种创意十足且极具表现力的转场方式，其效果呈现为利用各种形状的图形，如圆形、矩形、菱形等，逐步将前一个画面划开，从而显露出后续的新画面。这种转场能创造出独特的视觉分割与重组效果，使画面过渡充满节奏感，划像效果文件夹中包括交叉划像、圆划像、盒形划像、菱形划像 4 种效果，如图 7-29～图 7-33 所示。

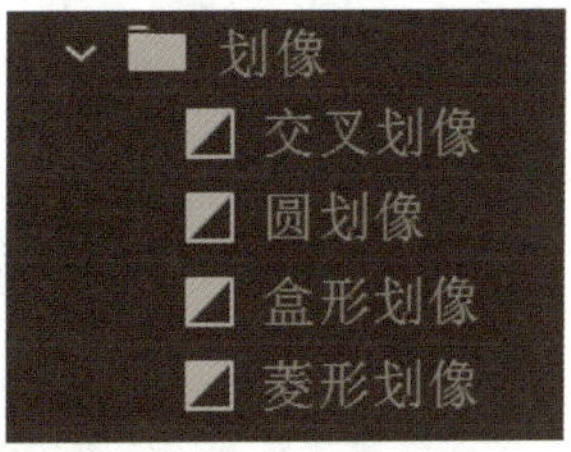

图 7-29　划像效果文件夹

图 7-30　交叉划像效果

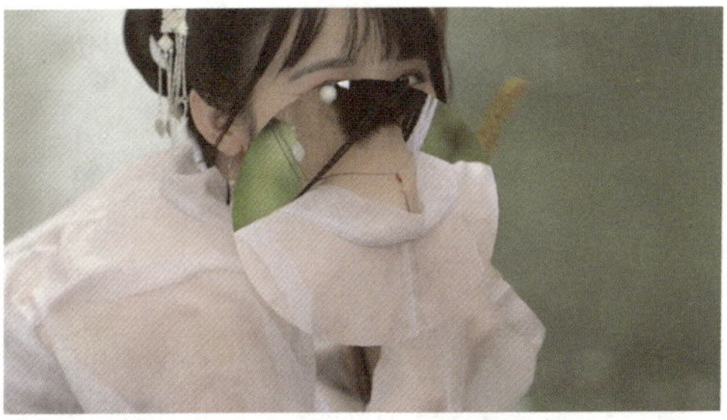

图 7-31　圆划像效果

图 7-32　盒形划像效果

图 7-33　菱形划像效果

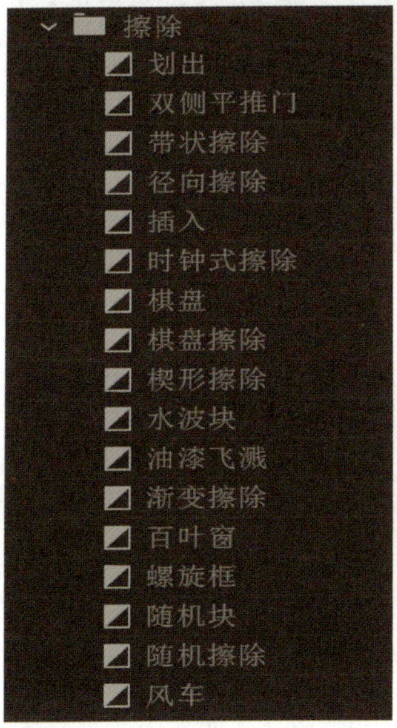

图 7-34　擦除效果文件夹

4.4　擦除

擦除效果文件夹中包括划出、双侧平推门、带状擦除、径向擦除、插入、时钟式擦除、棋盘、棋盘擦除、楔形擦除、水波块、油漆飞溅、渐变擦除、百叶窗、螺旋框、随机块、随机擦除、风车 17 种效果，如图 7-34～图 7-51 所示。

划出：移动擦除以显示剪辑 A 后面的剪辑 B，可设置开始和结束的完成度，也可反转擦除方向，还能控制抗锯齿品质。

双侧平推门：剪辑 B 由中央向外打开的方式从剪辑 A 下面显示出来，就像两扇门从中间向两边打开，逐渐露出后面的剪辑。经常用于视频开场中，调整一下方向会有不同视觉效果。

带状擦除：剪辑 B 在水平、垂直或对角线方向上呈条形扫除剪辑 A，可在“带状擦除设置”对话框中设置带数量。

图 7-35　划出效果

图 7-36　双侧平推门效果

图 7-37　带状擦除效果

图 7-38　径向擦除效果

图 7-39　插入效果

图 7-40　时钟式擦除效果

图 7-41　棋盘效果

图 7-42　棋盘擦除效果

图 7-43　楔形擦除效果

图 7-44　水波块效果

图 7-45　油漆飞溅效果

图 7-46　渐变擦除效果

图 7-47　百叶窗效果

图 7-48　螺旋框效果

图 7-49　随机块效果

图 7-50　随机擦除效果

图 7-51　风车效果

径向擦除：以左上角为圆心，径向擦除剪辑 A，以显示后面的剪辑 B，类似从一个点开始以圆形的方式逐渐擦除。

插入：对角线擦除，以显示剪辑 A 下面的剪辑 B，有右上到左下、右下到左上、左下到右上三种方向可选，边框可自定义。

时钟式擦除：从剪辑 A 的中心开始，以时钟式的方式擦除，显示剪辑 B，如同以中心为原点，按照时钟指针的运动轨迹进行擦除。

棋盘：两组棋盘方块交替擦除，以显示剪辑 A 后面的剪辑 B，通过方块的交替消失来展现出后面的剪辑。

棋盘擦除：以棋盘样式显示剪辑 A 后面的剪辑 B，可在“棋盘擦除设置”对话框中设置“水平切片”以及“垂直切片”的值。

楔形擦除：从剪辑 A 的中心开始楔形擦除，以显示剪辑 B，像是从中心向四周以楔形进行擦除。

水波块：通过块状来回擦除的方式，以显示剪辑 A 后面的剪辑 B，块状区域来回移动擦除，呈现出水波般的效果。

油漆飞溅：以油漆飞溅效果、随机形状擦除的方式显示剪辑 A 后面的剪辑 B，模拟油漆泼溅后逐渐覆盖的效果。

渐变擦除：按照用户选定图像的渐变柔和擦除，利用一个灰度渐变图层，使剪辑根据该图层的明暗值逐步变得透明或不透明。

百叶窗：以百叶窗样式从顶部擦除，显示剪辑 A 后面的剪辑 B，类似百叶窗打开的效果，从上往下一条一条地擦除。

螺旋框：以螺旋框逐步扩展的方式擦除，以显示剪辑 A 后面的剪辑 B，由中心向外以螺旋状的框逐渐扩大来进行擦除。

随机块：以随机出现的块状区域，显示剪辑 A 后面的剪辑 B，通过块状区域随机出现和消失来展现后面的剪辑。

随机擦除：以随机形状的边缘，逐步从一侧擦除剪辑 A，显示剪辑 B，擦除的边缘形状是随机的，从一边逐渐向另一边擦除。

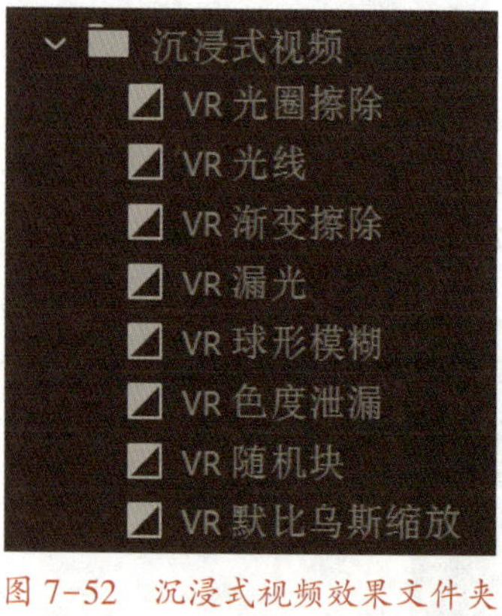

图 7-52　沉浸式视频效果文件夹

风车：从剪辑 A 的中心位置进行多次扫掠的风车式擦除，以显示剪辑 B，如同风车转动般从中心向四周进行擦除。

4.5　沉浸式视频

沉浸式视频效果文件夹中包括 VR 光圈擦除、VR 光线、VR 渐变擦除、VR 漏光、VR 球形模糊、VR 色度泄漏、VR 随机块、VR 默比乌斯缩放 8 种效果，如图 7-52～图 7-60 所示。

VR 光圈擦除：通过模拟相机光圈大小的变化来实现场景切换，光圈由小变大逐渐覆盖整个画面，可调整光圈中心、大小和速度等参数，使转场呈现出渐进的视觉效果。

图 7-53　VR 光圈擦除效果

图 7-54　VR 光线效果

图 7-55　VR 渐变擦除效果

图 7-56　VR 漏光效果

图 7-57　VR 球形模糊效果

图 7-58　VR 色度泄漏效果

图 7-59　VR 随机块效果

图 7-60　VR 默比乌斯缩放效果

VR 光线：可以为 VR 视频增加动感，提升视觉冲击力，常被用于光线转场，如“强光淡入”效果，能让画面以光线变化的方式进行过渡。

VR 渐变擦除：以渐变的方式使画面从一个场景平滑过渡到另一个场景，可调整擦除方向、速度等属性。

VR 漏光：模拟摄影中镜头漏光现象，在画面中添加柔和的彩色光斑，为视频营造出梦幻、浪漫或神秘的氛围，使整个画面更有氛围感和电影质感，常用于人物特写、日落等场景以增强效果。

VR 球形模糊：能使画面以球形的方式进行模糊处理，在场景过渡时，可让过渡更加平滑，如从室内场景过渡到室外场景时，运用该效果能给观众带来身临其境的体验，也可用于镜头拉近等创意场景。

VR 色度泄漏：适用于希望在 VR 视频中增加色彩分散效果的场景转换。可调整水平和垂直方向的色彩分离强度、泄漏角度、亮度阈值、泄漏宽度、泄漏饱和度以及与原始画面的混合因素等参数，创造出具有独特视觉效果的过渡。

VR 随机块：常用于创造旋转效果、增加画面动感，使过渡效果更具变化性和随机性。

VR 默比乌斯缩放：通过模拟默比乌斯带的特性，对画面进行独特的缩放效果处理，使画面在缩放过程中产生一种扭曲、循环或独特的空间变化效果。

4.6 溶解

溶解效果文件夹中包括 MorphCut、交叉溶解、叠加溶解、白场过渡、胶片溶解、非叠加溶解、黑场过渡 7 种效果，如图 7-61～图 7-68 所示。

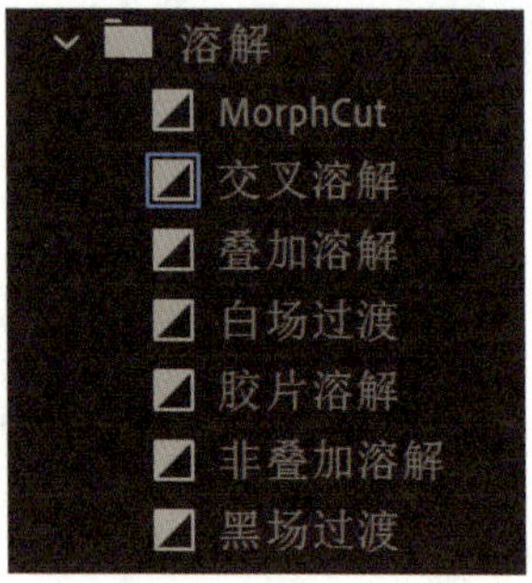

图 7-61 溶解效果文件夹

图 7-62 MorphCut 效果

图 7-63 交叉溶解效果

图 7-64 叠加溶解效果

图 7-65 白场过渡效果

图 7-66 胶片溶解效果

图 7-67 非叠加溶解效果

图 7-68 黑场过渡效果

MorphCut：主要用于解决视频剪辑间因跳帧或断帧而产生的突兀现象。特别适用于带有单一背景和单一人物的采访视频，当从中剪去一段后，它能通过分析视频中人物的特征和动作，生成无缝衔接的过渡效果，保持视频中面部表情和姿态的连贯性。

交叉溶解：是 Pr 默认的视频过渡效果。它通过同时淡出剪辑 A 和淡入剪辑 B 来实现平滑的过渡，非常适合用于剪辑的开头或结尾，尤其是淡入或淡出到黑色的场景，能使视频的衔接自然流畅，给观众一种柔和的视觉感受。

叠加溶解：将剪辑 B 的颜色信息叠加到剪辑 A 上，然后从剪辑 B 中减去剪辑 A 的颜色信息，创建一种混合效果。这种效果常用于增强色彩或亮度对比，适合需要增强视觉冲击力的场景，但在色彩复杂的画面中可能会显得过于强烈。

白场过渡：使剪辑 A 淡化到白色，然后从白色淡化到剪辑 B，创建出一种明亮、柔和的过渡效果。此效果适用于表现梦境、回忆或闪回等场景，为过渡增加柔和的光亮感，能够营造出一种梦幻、空灵的氛围。

胶片溶解：在混合的过程中模拟传统胶片溶解效果，使用线性色彩空间来进行过渡，确保灰度值不被改变(灰度系数为 1.0)。此效果更接近真实胶片的视觉效果，适合增强影片质感的场景，提供更自然的溶解效果，让视频具有复古、怀旧的风格。

非叠加溶解：将剪辑 A 的亮度信息映射到剪辑 B，强调了亮度变化而不改变色彩信息。适用于对比度高的场景，可以在保持色彩稳定的同时进行亮度过渡，在复杂场景中具有更好的控制效果，能使画面的过渡更加自然、和谐。

黑场过渡：使剪辑 A 淡化到黑色，然后从黑色淡化到剪辑 B，常用于剪辑的开头或结尾，特别适合营造沉稳的转场效果，给人一种正式、庄重的感觉，也可用于分割不同的视频段落，让观众在视觉上有明显的停顿和转换。

4.7　缩放

缩放效果文件夹中有交叉缩放 1 种效果，如图 7-69 和图 7-70 所示。

图 7-69　缩放效果文件夹

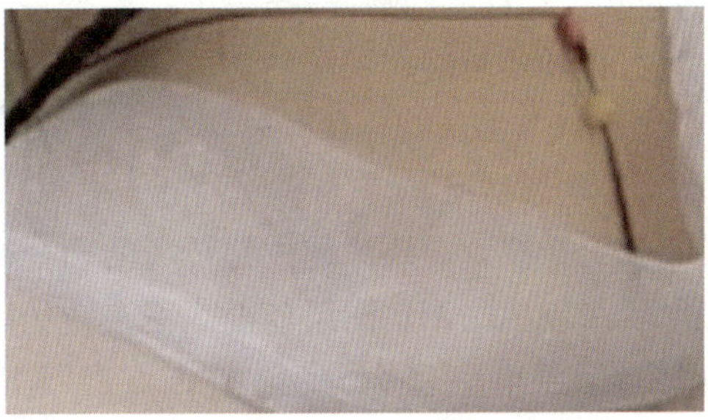

图 7-70　交叉缩放效果

交叉缩放：可以让前一个画面逐渐放大或缩小，同时后一个画面相应地缩小或放大，实现两个场景之间的平滑过渡。

4.8　页面剥落

页面剥落效果文件夹中包括翻页、页面剥落 2 种效果，如图 7-71～图 7-73 所示。

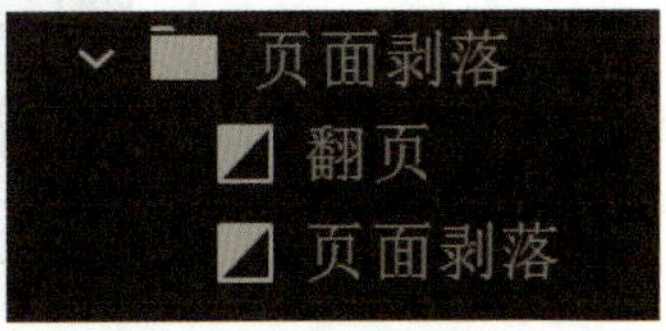

图 7-71　页面剥落效果文件夹

翻页：能模拟书页、纸张等的翻页动作，让剪辑 A 的一角开始卷曲并逐渐翻起，从而显示出后面的剪辑 B，使视频在场景转换时就像在翻阅书籍或文档一样，为观众呈现一种直观、形象的视觉过渡效果。

页面剥落：与翻页效果类似，但增加了背面阴影的效果。在剪辑 A 的页面卷曲剥落并逐渐露出后面的剪辑 B 的过程中，翻页边缘会产生柔和的阴影。

图 7-72　翻页效果

图 7-73　页面剥落效果

小资料 卡片

在过渡转场视频镜头时，除了视频过渡样式会影响过渡效果，视频过渡持续时间也会对转场效果产生作用。视频过渡的持续时间，可以在效果控件面板内进行调整，也可以用在时间轴面板内直接拖曳过渡效果两侧端点的方法进行调整。

5. 部分手动制作转场

在 Pr 视频编辑流程中，调整图层作为一种功能强大且灵活的工具，为制作别具一格的转场效果开辟了新路径。简单来说，调整图层是一种特殊的图层，它虽不会包含实际的视频画面内容，却能将施加于它的各种特效、色彩调整等属性，应用到其下方的所有视频图层，就如同给下方的视频片段披上了一层统一的“效果外衣”。另外我们可以使用蒙版、笔刷以及其他视频效果制作炫酷的转场效果。

5.1　使用调整图层制作位移转场简介

5.1.1　创建调整图层

在时间轴上，找到需要添加位移转场的两个视频片段的衔接处。将时间指针定位在该位置，确保后续创建的调整图层能准确覆盖转场区域。

点击“图层”菜单，选择“新建”，再点击“调整图层”选项。此时，一个新的调整图层就会出现在时间轴上，默认位于所有视频图层的上方。调整图层在时间轴上显示为一个灰色的矩形条，没有实际的画面内容，但它具备强大的功能，能将施加于它的特效应用到下方的所有视频图层，如图 7-74 所示。

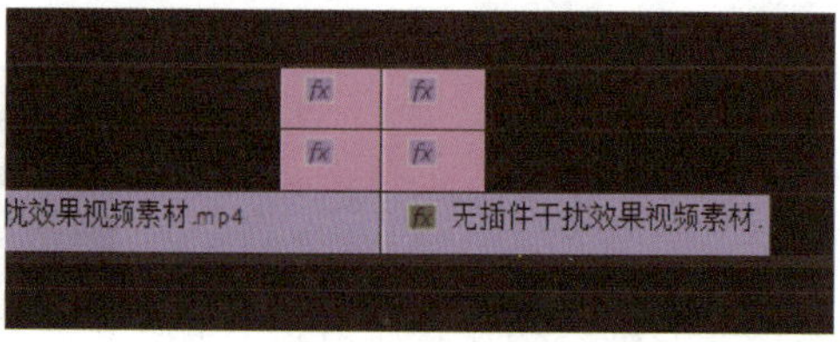

图 7-74　创建调整图层制作位移转场

选中新建的调整图层，通过鼠标拖动其边缘，使其长度覆盖需要转场的两个视频片段的衔接部分，确保调整图层的时长足够实现预期的转场效果。如果希望转场效果持续1秒，那么调整图层的长度应设置为1秒左右。

5.1.2 加位移特效

打开效果面板，在搜索框中输入“位移”，此时会出现与位移相关的特效选项。在Pr中，常用的位移特效有“变换”特效组中的“位置”属性，或者专门的位移特效(不同版本Pr可能特效名称和位置略有差异)。

选择合适的位移特效，将其拖动到时间轴上的调整图层上。此时，该特效会应用到调整图层，并且在效果控件面板中显示出相应的参数设置选项。

5.1.3 设置位移参数与关键帧

初始关键帧设置：在效果控件面板中，找到位移特效的参数设置区域。以“位置”属性为例，它通常有“X位置”和“Y位置”两个参数，分别控制画面在水平和垂直方向上的位移。在调整图层的起始位置(即转场开始的地方)，点击“位置”属性前面的秒表图标，创建一个初始关键帧。此时，记录下当前画面的初始位置坐标，这是转场开始时的画面位置。

结束关键帧设置：将时间指针移动到调整图层的结束位置(即转场结束的地方)。根据想要实现的位移方向和距离，调整“位置”属性的“X位置”和“Y位置”参数值。如果希望画面从左向右位移，可增大“X位置”的值；若要向下位移，则增大“Y位置”的值。设置好参数后，效果控件面板会自动在该时间点创建一个关键帧，记录下转场结束时的画面位置，如图7-75所示。

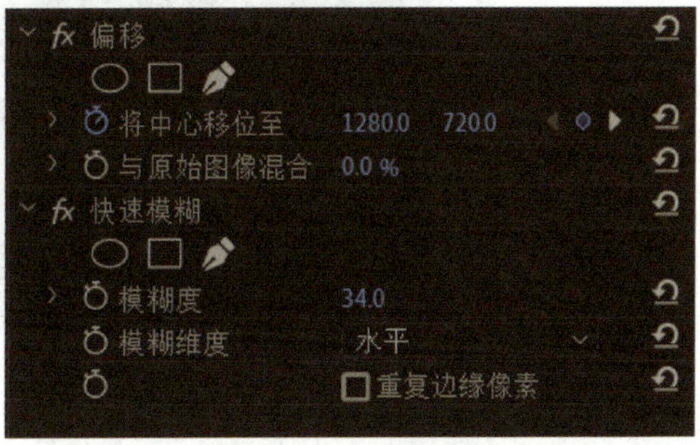

图7-75 效果控件面板设置位移转场参数

调整位移路径与速度：在效果控件面板中，两个关键帧之间会显示一条表示位移路径的曲线。通过点击并拖动关键帧，可以调整位移的路径和速度。若将关键帧之间的曲线拉得更平缓，位移速度会相对较慢，转场效果更柔和；若将曲线拉得更陡峭，位移速度则会加快，转场更迅速。此外，还可以在曲线上添加额外的关键帧，进一步精准调整位移过程中的速度变化，实现更复杂、独特的位移效果。

5.2 蒙版转场简介

5.2.1 蒙版转场原理

蒙版转场是一种利用蒙版来控制视频画面显示与隐藏区域，从而实现片段间过渡的创意手法。其核心原理在于，通过在时间轴上创建蒙版，将不同视频片段的部分画面选择性地遮挡或露出，随着时间推移，改变蒙版形状、位置或透明度，让前一个片段画面逐渐被后一个片段画面取代，营造出流畅自然且独具特色的转场效果。这种转场方式赋予了创作者极大的创作空间，能制作出多种风格迥异的过渡，满足不同视频主题与叙事需求。

5.2.2 创建蒙版基础操作

在Pr中开启蒙版转场制作，首先需将参与转场的视频片段依序放置于时间轴。假设要在片段A与片段B之间创建蒙版转场，先选中片段A(或片段B，取决于从哪段画面开始构建蒙版过渡)。在效果控件面板内，找到“不透明度”属性，点击其右侧的“钢笔工具”图标，即可进入蒙版绘制模式。运用钢笔工具，在节目监视器窗口的画面上勾勒蒙版形状，比如绘制圆形、矩形，或是依据画面主体轮廓创建不规则形状。绘制完成后，蒙版区域以外的画面将被遮挡，只显示蒙版内画面。同时，在效果控件面板的蒙版设置区域，可调整蒙版羽化值，让蒙版边缘虚化，使转场过渡更柔和自然，避免生硬边界。

5. 2. 3　关键帧设置实现转场变化

为达成动态的蒙版转场效果，关键帧的设置不可或缺。在时间轴上，将时间指针定位在蒙版转场起始处，在效果控件面板的蒙版属性前点击秒表图标，创建初始关键帧，记录此时蒙版的状态，如图 7-76 所示。

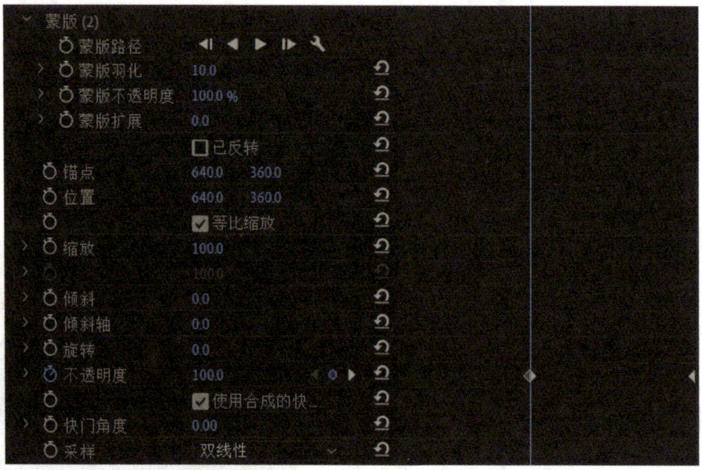

图 7-76　关键帧设置转场参数

接着，将时间指针移至转场结束处，调整蒙版相关属性，如移动蒙版顶点改变形状、增大羽化值使边缘更虚化、降低不透明度让画面逐渐显露等，Pr 会自动在该时间点生成新关键帧。随着视频播放，蒙版会依据关键帧记录的状态变化，实现从一个片段到另一个片段的过渡。

5. 3　笔刷转场简介

在 Pr 视频编辑中，笔刷转场是一种极具创意与艺术感的画面过渡方式。它模拟真实绘画笔触动作，以画笔涂抹、擦除等动态效果，实现视频片段间的切换，为视频增添独特魅力，深受创作者青睐，常用于文艺片、创意短片等风格化作品。

笔刷转场制作核心流程为，在时间轴按序排列视频片段，于上方新建调整图层。利用钢笔工具在调整图层“不透明度”蒙版绘制模式下，参考笔刷形状勾勒蒙版，调整 10～30 像素羽化值柔化边缘。通过在转场起始与结束关键帧，改变蒙版形状、羽化值等属性，驱动笔刷动画，实现涂抹或擦除效果。之后，将笔刷素材拖至对应轨道，设置“正片叠底”“叠加”等混合模式，强化融合效果。

后期优化也很关键，通过再次添加遮罩控制笔刷显示区域，调整羽化值使过渡更细腻。添加“运动模糊”特效，设置 90～180 度快门角度，模拟真实笔触运动。经反复预览、微调参数，让笔刷转场自然融入视频，实现精彩画面过渡，提升视频专业品质与视觉吸引力。

5.4 快速入场转场简介

在 Pr 视频编辑中，快速入场出场转场是一种高效且富有冲击力的画面过渡技巧。它能在短时间内实现视频片段间的切换，吸引观众注意力，增添视频的动感与活力，常应用于快节奏的视频类型，如广告、音乐视频、游戏视频等。

实现快速入场出场转场，可借助 Pr 丰富的特效与功能。如使用“闪切”效果，直接将前一个片段画面瞬间切换为后一个，如同眨眼间场景转换，干脆利落，适合强调画面突变，营造紧张氛围。也能利用“快速滑动”转场，让后一个片段从屏幕边缘迅速滑入，覆盖前一个片段，制造出强烈的视觉冲击感，在展示一系列产品或快速切换场景时效果极佳。

这种转场方式优势明显，能有效加快视频节奏，使内容紧凑连贯，避免拖沓。在广告中，快速入场出场转场可快速展示产品特点，抓住观众瞬间注意力；在音乐视频里，契合音乐节拍的快速转场，能增强视听同步感，提升观赏体验。制作时，需依据视频整体风格与节奏需求，精准设置转场时长，一般控制在 0.1~0.5 秒。同时，要确保前后片段内容有一定逻辑关联，否则突兀的转场会让观众感到困惑。经合理运用，快速入场出场转场能为视频带来简洁明快的视觉效果，提升视频的传播力与吸引力。

5.5 坡度转场简介

在 Pr 软件的视频编辑领域中，坡度转场是一种独特且实用的转场方式。它通过模拟画面沿着一定坡度进行渐变过渡，实现视频片段间的自然衔接，为观众带来别具一格的视觉感受。

坡度转场的特点鲜明，其过渡过程平滑且富有层次感。在转场时，前一个片段画面像是沿着一个虚拟的坡度缓缓滑落，逐渐被后一个片段画面取代。这种转场方式不会像一些剧烈转场那样带来强烈冲击，而是以一种柔和、细腻的方式引导观众视线，使场景转换显得连贯自然。

在 Pr 中实现坡度转场，通常可借助“渐变擦除”等特效。先在时间轴上的两个视频片段间添加调整图层，将“渐变擦除”特效应用到该调整图层。在效果控件面板中，选择具有坡度特性的渐变类型，如线性渐变，并通过设置渐变的方向、起始位置和结束位置等参数，精准控制坡度转场的方向与范围。例如，要从左至右进行坡度转场，就将渐变方向设置为水平，起始位置在画面左侧，结束位置在右侧。

坡度转场适用于多种视频场景，在风景纪录片中，可用于不同景色之间的过渡，展现自然环境的变化；在情感类短片里，帮助主角从一个情绪状态过渡到另一个状态，辅助情节推进。合理运用坡度转场，能提升视频的整体质感，让观众沉浸在流畅的视频叙事之中。

【任务实施】

根据班级人数将学生分成若干实训活动小组，每组设组长 1 名，负责安排、协调、督促小组完成实训任务，同时做好实训活动记录。

项目实训 闪耀转场特效 酷炫视觉狂欢

根据案例的具体要求，分析完成实训任务的操作步骤和知识要点，主要是手动制作光效转场、高光渐变转场、位移转场、蒙版转场、笔刷转场、快速入场出场转场和坡度转场 7 个效果，如图 7-77 所示。

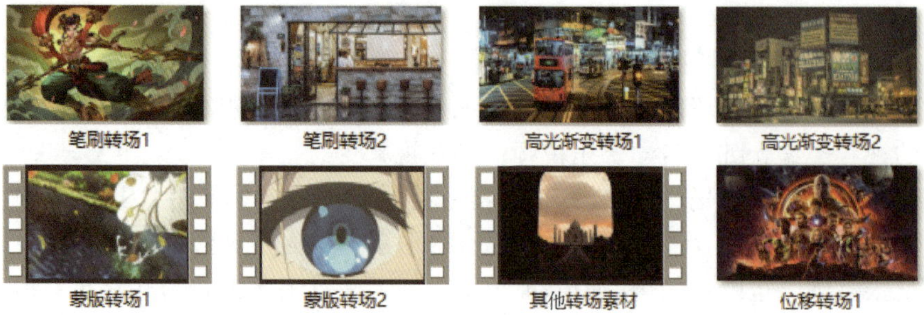

图 7-77 “闪耀转场特效 酷炫视觉狂欢”剪辑素材

步骤一：新建项目并导入素材

（1）新建文件夹：命名为“闪耀转场特效 酷炫视觉狂欢-日期”，将剪辑用到的素材分类整理放入文件夹。

（2）新建项目：项目名称为“闪耀转场特效 酷炫视觉狂欢”，位置指向“闪耀转场特效 酷炫视觉狂欢-日期”文件夹。

（3）新建序列：尺寸为 1920px×1080px，像素长宽比为方形像素 1.0，帧速率为 25 帧/秒。

（4）导入素材：将剪辑用到的素材导入新建项目中。

步骤二：分析样片总结剪辑要点

（1）导入样片文件，反复观看以总结剪辑要点。

（2）样片包括 7 个转场效果，依次是光效转场、高光渐变转场、位移转场、蒙版转场、笔刷转场、快速入场出场转场和坡度转场。

（3）镜头 1 和镜头 2 的光效转场素材尺寸和序列尺寸不匹配，需要在效果控件中对“缩放”和“位置”属性进行设置，使其匹配序列尺寸。

步骤三：制作光效转场

（1）将光效转场的素材拖入时间轴，全部选中缩放为帧大小，执行完此操作序列的两侧依然有黑边，需要选中素材在效果面板中调整缩放值，使素材完全匹配序列大小，如图 7-78 所示。

（2）将光效转场的两个素材放在时间轴上，选中一个光效素材调整时长，放在两个素材交接处的上方，修改混合模式为滤色，如图 7-79 所示。

图 7-78 调整参数使素材完全适配序列

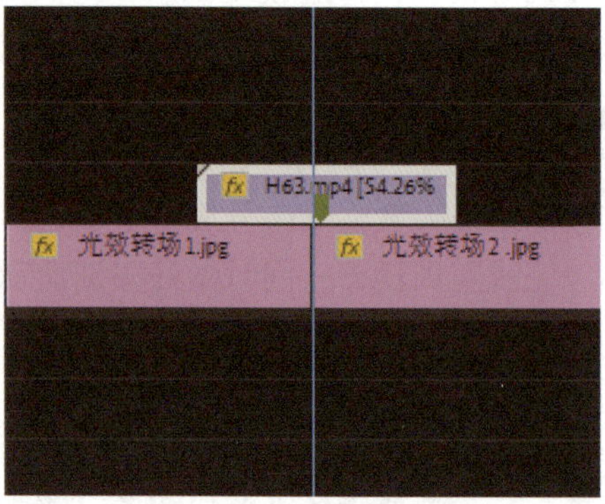

图 7-79 选择光效素材放在两段素材的中间

（3）使用比率拉伸工具修改光效素材的持续时间，以达到最好的转场效果。

步骤四：制作高光渐变转场

（1）利用画面的明暗信息制作转场，画面的明暗信息反差越大，制作出的转场效果越佳。高光渐变转场在默认情况下阴影部分会先消失，然后高光部分再消失，点击翻转渐变可实现相反效果。

（2）将高光渐变转场的两个素材放置到时间轴上，使两段素材重叠 15 帧左右，如图 7-80 所示。

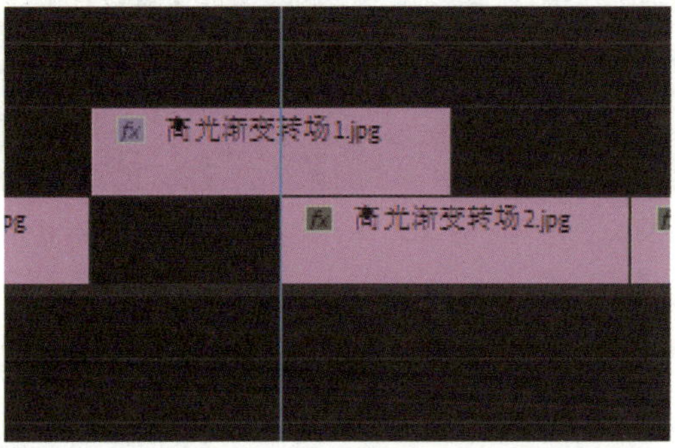

图 7-80　转场素材重叠 15 帧

（3）给上方素材添加视频效果“过渡”中的“渐变擦除”，转场开始的时候给“过渡完成”打关键帧调整数据为 0%，转场结束给“过渡完成”再次打关键帧调整数据为 100%，此转场效果制作完成，如图 7-81 所示。

图 7-81　添加渐变擦除效果并给“过渡完成”打关键帧

步骤五：制作位移转场

（1）将制作位移转场的两个素材放在时间轴上，新建 16 帧的调整图层，放在两个素材交接处的中间位置，如图 7-82 所示。

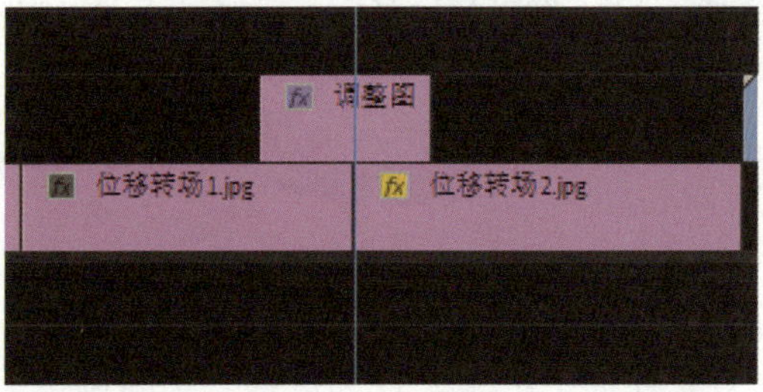

图 7-82　新建 16 帧调整图层放在中心位置

（2）给调整图层添加位移（偏移）视频效果，为“将中心位移至”属性添加关键帧，通过设置关键帧数值，使素材在垂直方向产生 3~4 次的上下滚动效果，如图 7-83 所示。

图 7-83　给调整图层添加“偏移”效果并调整参数

（3）给调整图层添加“快速模糊”效果，更改模糊维度以符合偏移方向，此转场中模糊维度选“垂直”方向，调整“模糊度”数值，转场制作完成，如图 7-84 所示。

图 7-84　给调整图层添加“快速模糊”效果并调整参数

步骤六：制作蒙版转场

（1）将蒙版转场的两个素材放在时间轴上，眼睛素材放在风景素材的上方，素材 2 的播放速度有点快，使用比率拉伸工具对其进行慢放处理，如图 7-85 所示。

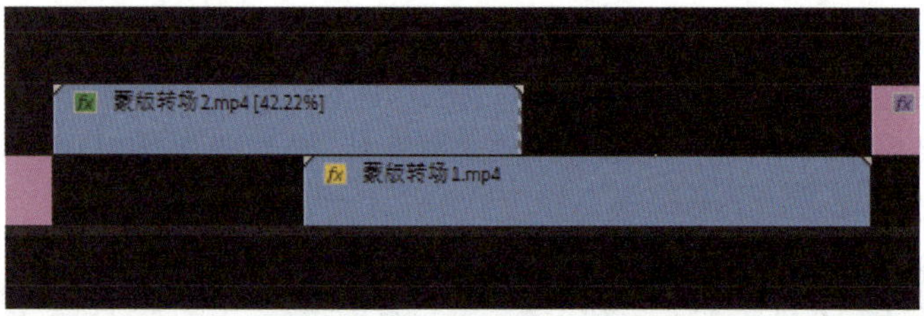

图 7-85　放置素材并调整重合持续时间

（2）给素材 2 添加变换效果，给眼睛加蒙版，给变换中的不透明度打关键帧，开始关键帧为 100%，结束关键帧为 0%，如图 7-86 和图 7-87 所示。

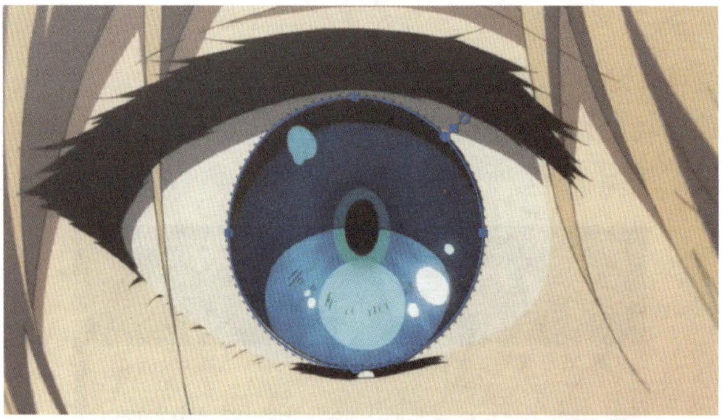

图 7-86　给变换效果添加蒙版并调整边缘完全和眼睛重合

（3）选中素材 2，在效果控件中给缩放打关键帧，不断调整缩放关键帧与步骤（2）中不透明度的关键帧，使眼睛缩放至只剩蒙版部分，此时变换中的不透明度正好为 0%。

（4）因为素材 2 执行了缩放效果，为了让画面更加和谐，给素材 1 的缩放也打关键帧，但数值变化不宜过大，至此蒙版转场制作完成，如图 7-88 所示。

图 7-87　给变换中的不透明度打关键帧

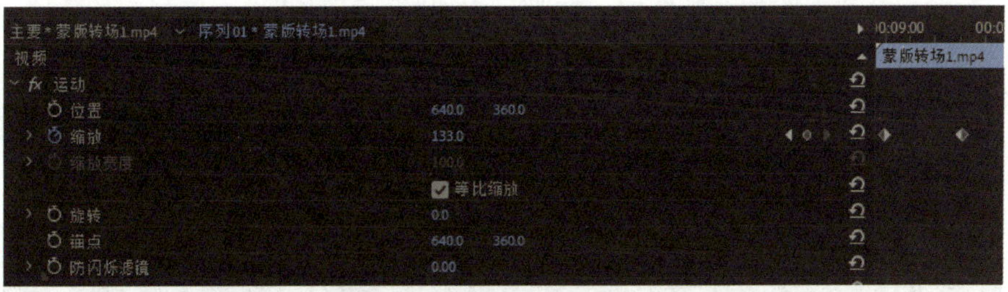

图 7-88　给素材 2 调整缩放数值并打关键帧

步骤七：制作笔刷转场

（1）将笔刷转场的两个短素材分别放在两个视频轨道上，从笔刷素材中选择一段完整的笔刷，使两段素材重合的时长与笔刷持续时间一致，如图 7-89 所示。

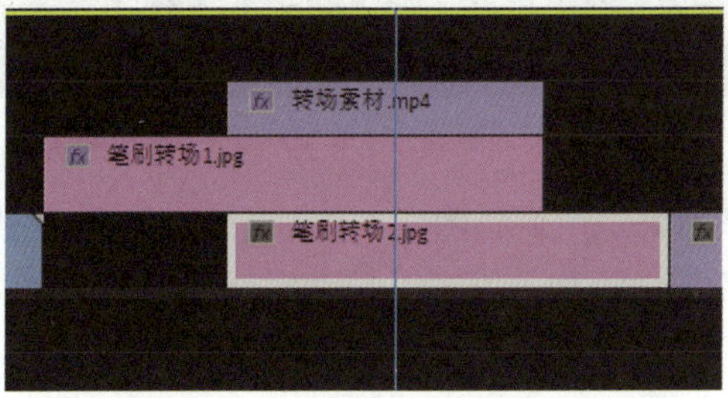

图 7-89　按要求放置笔刷转场素材

（2）给最上方的笔刷转场素材添加“颜色键”效果，用小吸管吸取笔刷周围绿色，继续调整“颜色容差”和“羽化边缘”等参数，直至笔刷中的绿色彻底消失，如图 7-90 所示。

图 7-90　给笔刷素材添加“颜色键”效果并调整参数

（3）给轨道 2 转场素材添加“轨道遮罩”效果，遮罩选择“视频 3”，合成方式选择“Alpha 遮罩”，笔刷转场效果制作完成，如图 7-91 所示。

图 7-91 给转场素材加“轨道遮罩”效果并调整参数

步骤八：制作快速入场出场转场

（1）选择两个都是动态的镜头，这样转场效果会比较好，然后将其放在时间轴上。

（2）给第一个镜头添加调整图层，并为其添加“变换”效果。在转场起始位置，为调整图层“变换”效果中的“缩放”属性添加关键帧；将时间线移至转场结束位置，依据节目监视器中的显示效果，调整“缩放”数值，直至达到满意效果。同时，取消勾选“使用合成的快门角度”选项，将快门角度设置为 360 度，如图 7-92 所示。

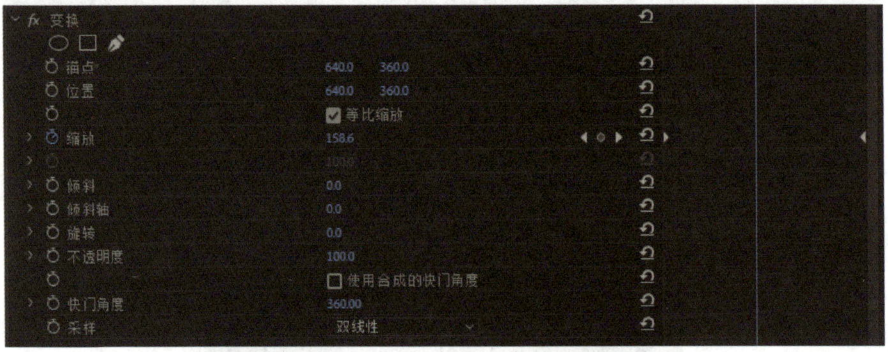

图 7-92 给“变换”效果的“缩放”打关键帧

（3）给第一个镜头添加第二个调整图层，添加“镜头扭曲”视频效果，将时间线放在转场开始的地方，为“曲率”属性添加关键帧，拉动时间线至转场结束位置，观察节目监视器效果，调整“曲率”数值，直至效果符合要求，如图 7-93 所示。

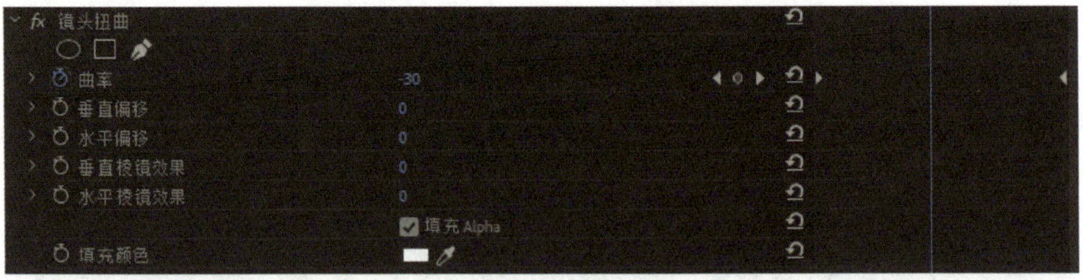

图 7-93 给“镜头扭曲”的“曲率”打关键帧

（4）按“Alt”键复制两段调整图层到转场的第二个镜头上，分别调换两个调整图层“缩放”和“曲率”关键帧前后的位置，至此，快速入场出场转场制作完成，反复观看并调整数值，直至效果满意，如图 7-94 所示。

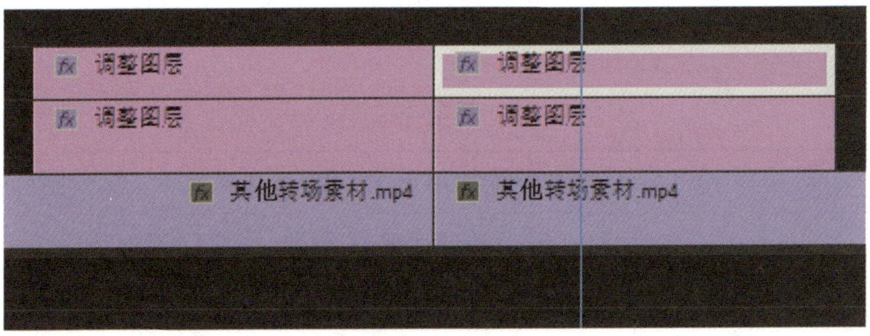

图7-94　复制调整图层并调换关键帧位置

步骤九：制作坡度转场

（1）选择两个都是动态的镜头，这样转场效果会比较好，然后将它们放置在时间轴上。

（2）将制作坡度转场的两段素材的 *fx* 均设置为时间重映射-速度，利用钢笔工具在直线上打关键帧，时间重映射的关键帧和其他关键帧有所不同，它可以拆分，如图7-95所示。

（3）使用钢笔工具将时间重映射关键帧一分为二，然后切换为移动工具，将直线往上拖动，操作效果如图7-96所示。

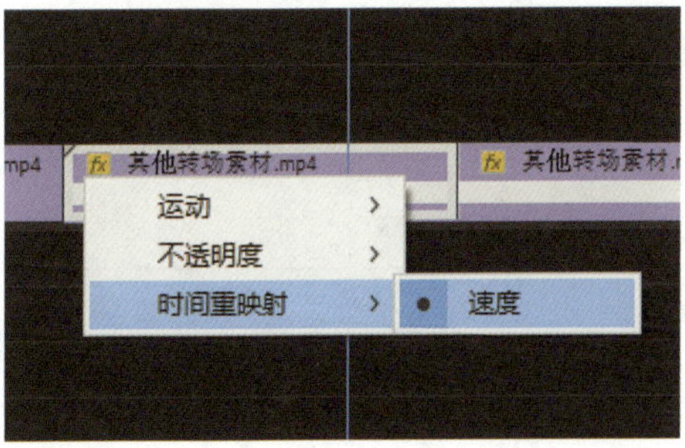

图7-95　调整 *fx* 为时间重映射-速度

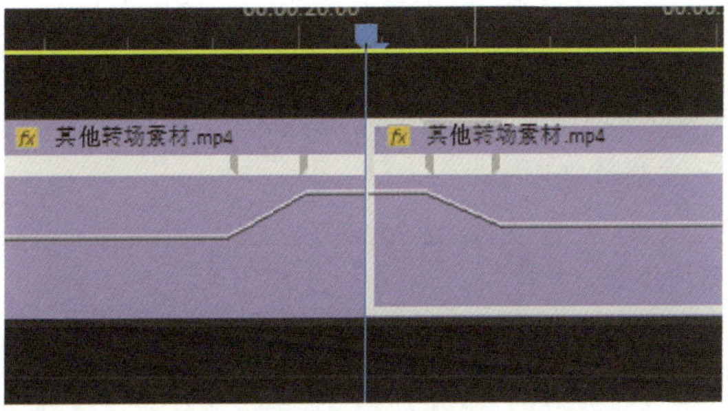

图7-96　调整关键帧并改变视频播放速度制作坡度转场

（4）第二个镜头素材重复以上操作，让两段素材的转场持续时间和转场速度都保持一致，至此坡度转场制作完成。

步骤十：保存文件并提交作业

（1）完成所有转场制作后，需反复查看是否存在瑕疵。若存在需调整之处，对相关数值细节进行修改，直至转场效果完全符合要求。

（2）使用调整图层制作的转场，调整图层不要动，直接替换下方转场素材，可以快速完成其他镜头转场的制作，在完成作业提交后可以进行替换练习。

（3）在制作的过程中，不断按“Ctrl+S”键保存剪辑的视频，制作步骤会保存在源文件中。

（4）导出设置：点击“文件→输出→媒体”，在导出设置对话框中，选择H.264格式，制作完成后提交作业。

步骤十一：学生讲解任务完成情况

组长抽取序号，并选出一名代表讲解本组的作业完成情况。

步骤十二：师生点评

每个小组选出一名评委，对任务完成情况进行打分，小组间互评，最后由教师进行点评。

【任务书】

任务书

任务内容	“闪耀转场特效　酷炫视觉狂欢”视频制作
实训过程	
理论知识梳理	
实训过程总结	
教师记录、点评：	

【巩固提高】

一、选择题

1. 在 Pr 中，若要添加一个从画面中心向四周展开的转场效果，应选择以下哪种转场类型？(　　)

A. 3D 运动-立方体旋转　　B. 划像-盒形划像

C. 擦除-径向擦除　　D. 页面剥落-翻页

2. 当需要在多个视频片段的开头都添加同一种转场效果时，为提高效率，最佳操作方法是(　　)。

A. 逐一将转场效果拖到每个片段开头

B. 设置默认转场效果，然后使用快捷键“Shift+D”添加

C. 先复制一个已添加转场的片段，再粘贴到其他片段开头

D. 使用第三方插件批量添加

3. 利用调整图层制作位移转场时，主要通过设置以下哪个属性的关键帧来实现位移效果？(　　)

A. 不透明度　　B. 缩放　　C. 位置　　D. 旋转

4. 在制作视频时，若希望实现从一个热闹的城市街道场景平滑过渡到一个宁静的乡村田野场景，以下哪种转场效果较为合适？(　　)

A. 闪切　　B. 交叉溶解　　C. 随机块　　D. 百叶窗

5. 在 Pr 中，若要改变转场效果的方向(如从左向右改为从右向左)，应在以下哪个面板中进行操作？(　　)

A. 效果面板　　B. 项目面板　　C. 时间轴面板　　D. 效果控件面板

6. 以下关于无技巧转场的描述，正确的是(　　)。

A. 无技巧转场只能用于纪录片

B. 无技巧转场不需要考虑镜头间的逻辑关系

C. 无技巧转场可以利用相似元素、动作连贯性等实现

D. 无技巧转场就是直接将两个镜头拼接在一起，没有任何过渡

7. 制作笔刷转场时，为了使笔刷素材与下方视频更好地融合，通常会设置笔刷素材的混合模式，以下哪种混合模式较为常用？(　　)

A. 正常　　B. 正片叠底　　C. 溶解　　D. 差值

8. 在设置默认转场效果后，若只想为视频片段添加默认转场，而不涉及音频，应使用以下哪个快捷键？(　　)

A. Shift+D　　B. Ctrl+D　　C. Ctrl+Shift+D　　D. Alt+D

9. 以下哪种转场效果常用于表现梦境、回忆等场景，能营造出一种梦幻、空灵的氛围？(　　)

A. 黑场过渡　　B. 白场过渡　　C. 交叉缩放　　D. 叠加溶解

10. 利用第三方插件添加转场效果时，安装插件后，在 Pr 的哪个面板中可以找到新安装的插件转场效果？(　　)

A. 项目面板　　B. 效果面板-视频过渡文件夹

C. 时间轴面板　　D. 效果控件面板

二、填空题

1. 在 Pr 中，视频过渡文件夹内的转场效果主要分为(　　　　)和(　　　　)两大类。

2. 若要让转场效果从画面的左上角开始，应在转场效果的对齐方式设置中选择(　　　　)，并调整相关参数。

3. 在制作高光渐变转场时，通常会给素材添加“过渡”中的(　　　　)视频效果，并通过设置过渡完成属性的关键帧来实现转场。

4. 无技巧转场是凭借镜头的自然组接，利用相似元素、(　　　　)或逻辑关联等实现场景转换。

5. 若要批量调整多个转场的持续时间，应先同时选中多个转场效果，再在(　　　　)面板中进行设置。

6. 利用调整图层制作转场时，调整图层的特效会应用到其(　　　　)。

7. 页面剥落转场中的(　　　　)效果能模拟书页翻起的动作，而(　　　　)效果在此基础上增加了背面阴影。

8. 制作坡度转场时，常借助(　　　　)特效，并通过设置关键帧来改变视频播

放速度实现转场。

9. 交叉溶解转场通过同时(　　　　　　)和(　　　　　　)来实现平滑过渡。

10. 在制作转场效果时，为了使转场更加自然，通常会调整转场的(　　　　　　)和(　　　　　　)等参数。

三、判断题

1. 技巧转场一定比无技巧转场效果好，所以在视频制作中应尽量使用技巧转场。(　　)

2. 为单个素材添加转场效果后，该素材会与它下方轨道的素材进行过渡，且下方轨道素材会受到过渡效果的影响。(　　)

3. 调整转场效果的持续时间，通常可通过在效果控件面板中输入数值来实现。(　　)

4. 在制作蒙版转场时，通过设置蒙版的关键帧，可以实现蒙版形状、位置或透明度的动态变化，从而完成转场。(　　)

5. 所有的转场效果都适用于任何类型的视频，无须根据视频风格和内容进行选择。(　　)

6. 安装第三方插件后，无须重启 Pr 软件，插件即可生效。(　　)

7. 无技巧转场对素材拍摄要求较低，任何素材都能轻松实现无技巧转场。(　　)

8. 在制作转场时，为了突出转场效果，将转场持续时间设置得越长越好。(　　)

9. 利用调整图层制作转场，调整图层的长度应覆盖需要转场的两个视频片段的衔接部分。(　　)

10. 不同类型的转场效果在效果控件面板中的参数设置完全相同。(　　)

第 8 章　换个颜色看世界——短视频调色

【知识框图】

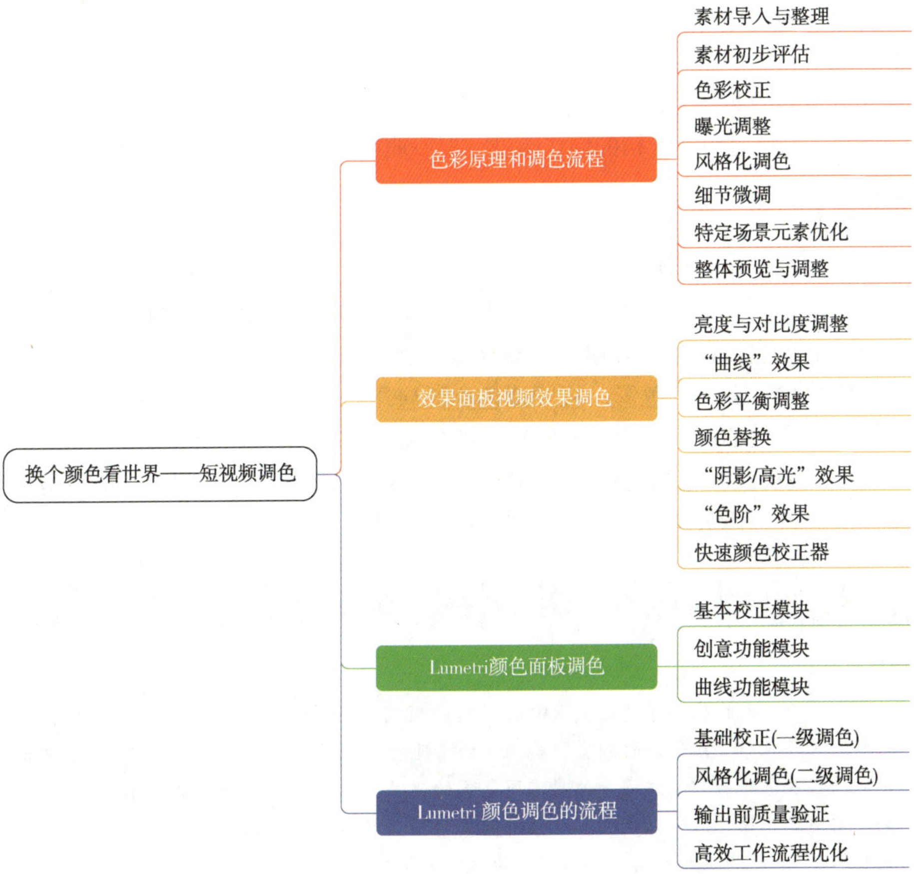

图 8-1　换个颜色看世界——短视频调色

【项目简介】

本章的学习即将踏入充满魅力的调色世界。调色堪称视频制作领域里的“魔法棒”，有着化腐朽为神奇的力量，能够巧妙营造出或温暖治愈、或神秘深邃的情感氛围，极大地提升了视频的感染力与吸引力。首先讲解光的三原色(红、绿、蓝)和三补色(青、品红、黄)原理，有助于实现色彩平衡与创意表达；其次讲解 Lumetri 颜色范围和 Lumetri 颜色面板这两个重要调色工具，Lumetri 范围堪称一个精准的“色彩定位仪”，能够帮助我们在复杂多样的视频画面中精准无误地锁定特定的色彩区域，通过色彩识别功能迅速且准确地圈定色彩范围，为后续的精细调整提供了极大的便利。无论是调整局部色彩的亮度、饱和度，还是改变其色调，都可以在这个精准定位的区域内进行，而不会影响画面的其他部分，帮助全方位把控视频色彩。

【学习目标】

知识目标

熟知短视频调色的基本流程，理解调整图层在调色中的关键作用及创建运用方法；
掌握光的三原色、三补色原理，熟悉 Lumetri 颜色面板等重要调色工具的使用。

能力目标

熟练运用 Lumetri 颜色范围与 Lumetri 颜色面板，精准调整参数，实现色彩的精细校正；
能够依据视频主题与风格，灵活运用调色技巧，独立完成短视频的风格化调色。

素养目标

激发学生对短视频调色的探索热情，培养主动运用调色技巧提升视频品质的意识；
培育学生在调色时精益求精的创作态度，以专业审美打造和谐、富有感染力的视觉效果。

【任务描述】

视频调色是对视频素材色彩进行调整和优化的过程，它不只是改变颜色，更是一项能赋予视频全新生命力与独特风格的关键技术。原始拍摄的视频素材受拍摄环境、设备性能等多种因素影响，往往存在色彩偏差、曝光不准确等问题，调色能够校正这些基础问题，让画面呈现出自然、真实的色彩。视频调色广泛应用于影视制作、广告拍摄、短视频创作等多个领域。在广告拍摄中，调色能够突出产品特点，吸引消费者注意力。本章我们将以“魅唇光韵，口红视频调色”为例，分析样片，明确调色要点，对视频分镜头裁剪后，通过新建调整图层完成各镜头调色，通过高饱和度、明亮的色彩来展现产品的魅力。

案例一　Pr 软件如何快速对视频进行分镜头裁剪?

1. 情景设计

校园视频制作小达人彬彬和子博接到 XW 公司的视频调色抠图任务，需要对一批完整的视频进行调色处理。为提高工作效率，他们一收到素材就马不停蹄地打开电脑开始制作。子博将素材拖入时间轴后，便开始对不同的镜头进行裁切，这样方便对不同色调的镜头分门别类地进行处理，有点焦头烂额逐帧寻找裁切点的子博看到彬彬已经开始调色，赶紧询问怎么这么快就完成了准备工作，彬彬看着忙到晕乎的子博，呵呵一乐：“我有镜头裁切的独门秘籍，速速过来传授于你!”

2. 任务描述

不同场景的光线、色彩基调等往往差异较大。分场景裁切视频后，可依据各场景特点与需求针对性调色，无须统一调整，避免了反复调整参数的烦琐，大幅提升了调色效率。彬彬以“场景编辑检测”为例，向子博传授裁剪不同场景镜头的“独门秘籍”。两人分场景裁剪后分别进行调色，这样便于对每个场景单独进行校正和调整，使各场景在整体上呈现出统一的视觉效果，确保了视频观看时的流畅性与舒适性，也保障了为 XW 公司兼职制作视频的综合质量。为了加深对“场景编辑检测”功能的理解，彬彬和子博完成项目后又进行了知识点的总结与梳理，不但能对视频分场景进行裁切，而且学会了自动生成素材箱和仅添加剪辑标记的功能。

3. 任务分解

Pr 中的“场景编辑检测”功能，主要作用是智能分析视频素材。当面对一段较长的视频时，它能自动识别场景转换的位置，并对素材进行裁切，还可以选择仅添加剪辑标记这一操作，助力创作者快速梳理素材结构，优化剪辑流程，具体操作要点总结如下。

步骤一：对素材进行自动检测和剪辑

（1）添加到时间轴：将素材拖曳至时间轴面板中。

（2）打开“场景编辑检测”对话框：在时间轴面板中的素材上右击鼠标，在弹出的快捷菜单中选择“场景编辑检测”选项。

（3）设置检测选项：在弹出的“场景编辑检测”对话框中，勾选“在每个检测到的剪切点应用剪切”复选框。

（4）分析素材：单击“分析”按钮，Pr会自动分析视频场景，并根据检测到的剪切点将视频剪辑成多个片段。

步骤二：自动生成素材箱

（1）在项目面板中导入一段视频素材，将其拖曳至时间轴面板中。

（2）打开“场景编辑检测”对话框：在素材上右击鼠标，选择“场景编辑检测”选项，打开“场景编辑检测”对话框。

（3）设置检测选项：勾选“在每个检测到的剪切点应用剪切”和“从每个检测到的修剪点创建子剪辑素材箱”复选框。

（4）分析素材：单击“分析”按钮，Pr会自动剪辑视频片段，并在项目面板中自动生成一个素材箱，用于存放剪辑后的视频片段。

（5）查看素材箱：双击该素材箱，打开素材箱面板，可查看视频片段的缩略图。

步骤三：仅添加剪辑标记

（1）打开项目和视频：打开Pr和要编辑的视频项目。

（2）打开“场景编辑检测”对话框：在时间轴的视频素材上右击，选择“场景编辑检测”。

（3）选择标记选项：在“场景编辑检测”对话框中，选择“在每个检测到的剪切点生成剪辑标记”复选框。

（4）分析并查看标记：单击“分析”按钮，完成后可在时间轴上的素材中看到添加的剪辑标记，展开素材即可查看。

案例二 如何使用色相饱和度曲线，对视频中单一颜色进行调整？

1. 情景设计

在视频制作课堂上，小顾接到老师发放的口红拍摄场景视频调色任务，第一次接触综合调色任务的小顾有点发怵，尤其担心对二级调色掌握得还不是很扎实的自己能不能完成老师要求的色彩还原。虽然内心忐忑不安，但小顾手中的鼠标并未停下操作，凭借扎实的基础知识，没过多久便完成了一级调色。然而，面对不同需要还原色彩的镜头时，他还是遇到了一直担忧的“拦路虎”，无论怎样调整，都无法达到样片中的效果。身边的笑泽看到手忙脚乱的小顾，善意提醒“曲线”二字，小顾表示已用曲线调过光线，现在需调整颜色，笑泽继续提醒“色相饱和度曲线”，小顾恍然大悟，视频调色效果如图8-2所示。

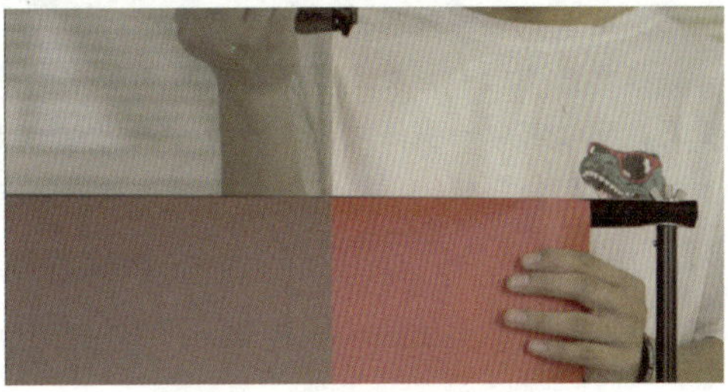

图8-2 视频调色效果

2. 任务描述

以前视频制作课程学到调色部分都是给素材让学生按给定样片进行剪辑，本次项目实训老师直接给已经剪辑好的视频，让大家对视频不同的镜头进行调色处理，主要处理曝光过度以及颜色昏暗的问题，涉及一级调色的光线调整和二级调色的色相恢复。小顾对于一级调色的理论知识和实训步骤都已经熟练掌握，但是对于二级调色的颜色调整不是很熟悉，笑泽利用“色相饱和度曲线”命令教给小顾调色的方法，同时两人总结Pr软件色相饱和度曲线调色方法，提升对软件使用的熟练程度。

3. 任务分解

Pr软件可以使用色相饱和度曲线调整特定颜色鲜艳度，通过吸管工具在画面上点选想调整的颜色，曲线上会生成控制点，向上拖动控制点可提升对应参数，如增加所选颜色的饱和度，反之则降低相应参数。还能添加更多控制点，精准调控不同颜色范围，实时观察节目面板画面，直至调出满意的色彩效果，具体操作细节总结如下。

步骤一：打开素材与 Lumetri 颜色面板

（1）将需要调色的素材导入 Pr，拖放到时间轴上。

（2）点击“窗口”菜单，选择“Lumetri 颜色”，打开 Lumetri 颜色面板，调色主要在此面板中进行。

步骤二：选择色相饱和度曲线类型

（1）在 Lumetri 颜色面板的“曲线”模块中，有多种色相饱和度曲线可供选择。

（2）色相与饱和度曲线：用于根据色相调整饱和度，如可以单独提高或降低画面中红色、绿色等特定颜色的饱和度。

（3）色相与色相曲线：能根据色相调整色相，可将某种颜色调整为其他颜色，如让黄色偏橙，或者让橙色偏红。

（4）色相与亮度曲线：可根据色相调整亮度，如使画面中的蓝色部分更亮或更暗。

（5）亮度与饱和度曲线：依据亮度来调整饱和度，如降低暗部区域或提高亮部区域的饱和度。

（6）饱和度与饱和度曲线：根据已有饱和度来调整饱和度，用于对画面中不同饱和度范围的颜色进行再调整。

步骤三：使用吸管工具选取颜色

（1）选择好曲线类型后，点击曲线面板中的“吸管”工具。

（2）在节目面板的画面上点击想要调整的颜色，软件会自动在曲线上添加三个控制点。默认情况下，吸管工具会对 5px×5px 的区域进行采样并取平均值；按下“Ctrl”键的同时使用吸管工具，可对 10px×10px 的更大区域进行采样。

步骤四：拖动控制点调整曲线

（1）中心控制点对应选取的颜色，向上拖动中心控制点，可提高所选颜色的相关参数值。如在“色相与饱和度曲线”中，会提高所选颜色的饱和度；在“色相与亮度曲线”中，会提高所选颜色的亮度。向下拖动则降低相应参数值。

（2）按下“Shift”键可将控制点锁定在 X 轴上，使其只能上下移动，便于精确调整。

（3）可通过点击曲线直接添加更多控制点，根据需要对不同颜色范围或参数区间进行细致调整。若要删除某个控制点，按“Ctrl”键单击该控制点即可，双击空白处可重置曲线。

步骤五：观察效果并微调

在调整过程中，要不断观察节目面板中的画面效果是否达到预期。如果某些地方调整过度或效果不理想，可返回上一步继续微调曲线，或者结合 Lumetri 颜色面板中的其他功能，如基本校正、色彩平衡等，进行综合调整，以达到更好的调色效果。

请结合案例一和案例二所给资料，预习课件内容，分析并讲述 Pr 软件视频调色的方法，重点阐述 Lumetri 颜色面板调色的方法和流程。

【知识准备】

色彩校正与调色是赋予视频独特风格与情感表达的关键环节，Pr 作为一款广泛应用的专业视频编辑软件，其内置的 Lumetri 颜色调色功能为创作者提供了全面且强大的工具集，能够精准地塑造视频的视觉效果。接下来我们将详细讲解色彩原理和调色流程、效果面板视频调色，以及 Lumetri 颜色调色的各项功能、操作流程以及实际应用技巧，帮助同学们掌握调色这一核心技术，提升视频制作的品质。

1. 色彩原理和调色流程

光的三原色为红(Red)、绿(Green)、蓝(Blue)，这三种颜色是无法通过其他颜色混合调配出来的，但它们能够以不同比例混合出几乎所有其他颜色。在 Pr 调色过程中，这一原理被广泛应用，例如，在调整画面整体色彩时，若需要增加某种颜色的强度，可通过调整对应的原色通道来实现，如想让画面更偏红色，可适当提高红色通道的数值，如图 8-3 所示。

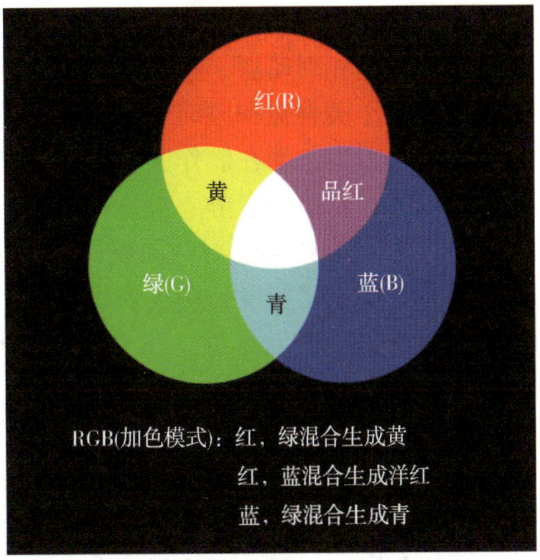

图 8-3　光的三原色

三补色分别是青(Cyan)、品红(Magenta)、黄(Yellow)，青色是红色的补色，品红是绿色的补色，黄色是蓝色的补色。当三原色中的一种颜色与它对应的补色混合时，会得到白色。在 Pr 调色中，利用补色关系可以校正色彩偏差。若画面因拍摄环境等因素导致整体偏红，可通过增加青色来中和，使画面色彩恢复平衡。这种补色原理在“基本校正”模块的“色温”与“色调”参数调整中有着直观体现。往蓝色方向调整色温，本质上就是在增加蓝色(红色的补色)，减少红色，从而校正偏红的色调。

色彩三要素之色相(Hue)：色相是色彩的首要特征，即各种颜色的名称，如红色、黄色、蓝色等。在 Pr 调色中，改变色相能够从根本上改变视频的整体风格，通过在 Lumetri 颜色面板中调整色相参数，或使用“创意”选项卡中的“LUT 预设”功能(不同 LUT 预设具有不同的色相倾向)，可以轻松实现色相的调整。例如，在制作复古风格短视频时，将画面主色调的色相往橙黄色方向微调，就能模拟出老照片的色彩风格，给人一种怀旧的感觉，如图 8-4 所示。

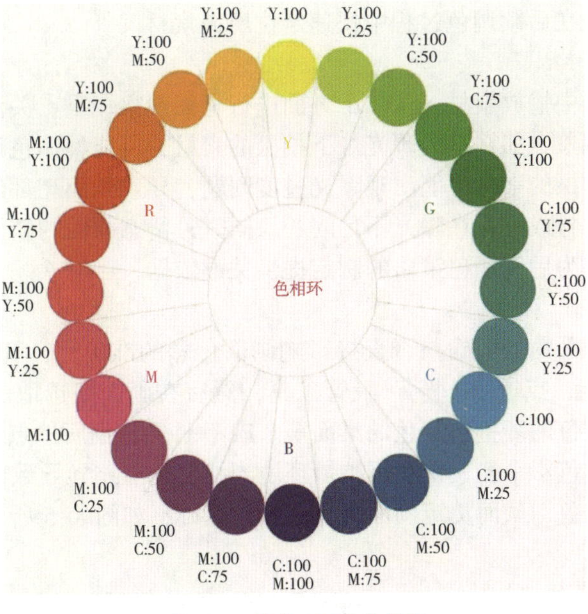

图 8-4　色相环 24 色搭配

色彩三要素之饱和度：饱和度代表色彩的鲜艳程度，高饱和度的色彩鲜艳夺目，低饱和度的色彩则相对暗淡、接近灰色。在 Pr 调色中，饱和度的调整对画面表现力有着重要影响。在制作美食短视频时，适当提高食物颜色的饱和度，可让食物看起来更加诱人，增强视频的吸引力；而在制作文艺清新风格短视频时，适当降低饱和度，能让画面色彩更加柔和、淡雅，营造出宁静、舒适的氛围。在 Lumetri 颜色面板的“基本校正”中，通过拖动“饱和度”滑块即可实现对画面整体或特定颜色范围饱和度的调整。

色彩三要素之明度：明度表示色彩的明亮程度，提高明度，颜色变亮接近白色；降低明度，颜色变暗接近黑色。在 Pr 调色中，利用“基本校正”中的“曝光度”“高光”“阴影”“白色”“黑色”等参数可以调整画面的明度。当处理夜景素材时，若画面过暗，可通过提高“曝光度”数值，并适当提升“阴影”参数，让画面细节更清晰；而在制作神秘氛围短视频时，可降低“曝光度”，结合压低“高光”参数，营造出压抑、神秘的氛围。通过对明度的精准控制，能够有效塑造画面的光影效果，增强视频的视觉冲击力。

掌握色彩三要素是短视频调色的基础，接下来就要进入调色环节。短视频调色的流程至关重要，它能帮助我们快速定位所需操作的视频片段，精准把握原始素材问题，为后续调色指明方向，极大提高创作效率。色彩校正环节白平衡调整确保色彩准确；曝光及对比度、饱和度的合理调节将素材从瑕疵状态转变为符合视觉习惯的基础画面；风格化调色依据主题赋予视频独特氛围，无论是旅行的欢快、科技的冷峻还是复古的韵味，都能精准塑造；细节微调则对人物肤色、特定场景元素精雕细琢，提升画面质感；整体预览调整从全局审视，保证色彩过渡自然、风格统一。每一步紧密相连，共同为短视频打造出色彩视觉效果，吸引观众目光，传递创作者意图。

1.1 素材导入与整理

在开始调色工作前，需将拍摄好的短视频素材导入软件。在项目面板中，依据素材的主题、拍摄场景、拍摄时间等维度进行细致分类整理。例如，将所有记录旅行中自然风光的素材归为一类，室内人物访谈类素材归为另一类。如此有条理的整理，不仅能使项目管理更加清晰，还方便在后续调色过程中快速定位所需素材。

1.2 素材初步评估

逐一在源监视器中播放素材，从多个方面进行全面观察。重点关注画面的原始色彩呈现，是否存在偏色现象，如在室内暖光灯下拍摄的素材，可能整体色调偏红；检查曝光情况，在户外强光下拍摄的素材可能出现曝光过度问题，导致画面亮部细节丢失，而在光线较暗环境下拍摄的素材或许存在曝光不足问题。同时，留意画面的整体对比度和色彩饱和度，这些初始特征将为后续调色策略的制定提供关键依据。

1.3 色彩校正

白平衡调整：白平衡的准确与否直接影响画面色彩的准确性，利用 Lumetri 颜色面板中的“基本校正”功能，点击“白平衡”吸管工具，然后在画面中选取一个理论上应为白色或灰色的物体，如白色的墙壁、灰色的桌面等。Pr 软件会依据所选点的颜色信息，自动计算并调整整个画面的色彩平衡，校正因拍摄环境光线、色温差异导致的偏色问题，使白色物体呈现出纯净的白色，从而奠定画面真实色彩的基础，如图 8-5 所示。

1.4 曝光调整

1.4.1 曝光过度处理

针对曝光过度的素材，在“基本校正”模块中，首先降低“曝光”数值，让画面整体亮度回归正常范围。其次，通过降低“高光”参数，恢复过亮区域丢失的细节，如让曝光过度而变白的天空重新展现出云彩的纹理。同时，适当调整“白色”参数，对画面中最亮部分的亮度进行精细控制，避免出现毫无细节的死白现象，确保亮部区域既明亮又有丰富的细节表现，如图 8-6 所示。

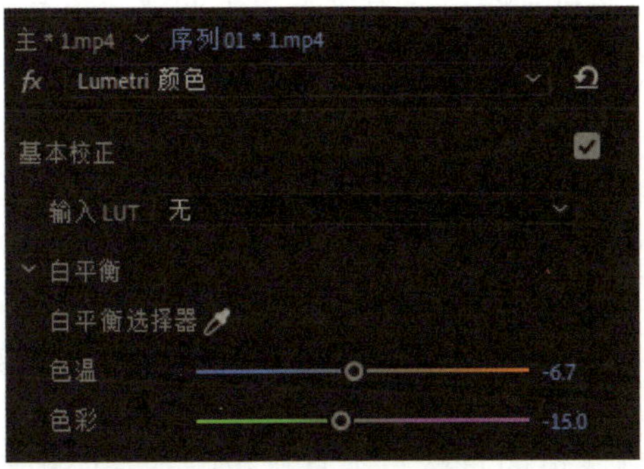

图 8-5　白平衡调整面板

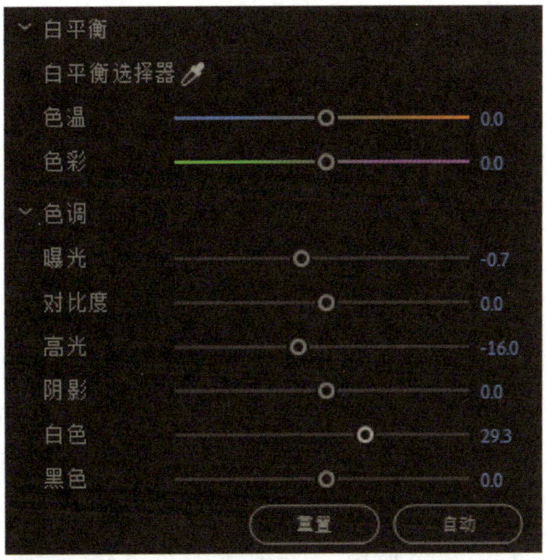

图 8-6　曝光过度处理参数参考

1.4.2　曝光不足处理

当素材曝光不足时，提高“曝光”数值可以使画面变亮。但单纯提高曝光度可能导致画面整体灰暗且缺乏层次感，此时需提升“阴影”参数，展现暗部细节。不过，过度提升阴影可能引入噪点，影响画面质量，所以可适当降低“黑色”参数，在提升暗部亮度的同时，平衡暗部的纯净度，使画面在整体提亮的情况下，依然保持良好的画质。

对比度与饱和度调整：调整对比度能够增强或减弱画面中亮部与暗部之间的差异程度。提高对比度，亮部更亮，暗部更暗，画面层次感得以增强；降低对比度，亮部与暗部的界限变得模糊，画面趋于柔和、平淡。在调整对比度后，需根据画面效果适当调整饱和度。对于大多数正常素材，适度提高饱和度可使色彩更加鲜艳生动，增强画面的视觉吸引力；但对于一些本身色彩过于浓烈或需要营造特定风格(如复古、文艺)的素材，可能需要降低饱和度，使色彩更加柔和、淡雅。

小资料卡片

在 Pr 中处理曝光不足，可先调 Lumetri 颜色面板里的曝光、对比度参数。运用曲线工具，精准提亮暗部和中间调，添加色彩平衡改善色调，还能使用“亮度与对比度”效果快速调整，局部曝光不足用径向滤镜等处理，或复制图层设“滤色”混合模式来增亮。

1.5　风格化调色

短视频调色可以依据视频主题选择色彩风格。

1.5.1　旅行主题

在制作旅行短视频时，为突出风景的壮美与旅途的愉悦氛围，在 Lumetri 颜色面板的

“基本校正”中，适当提高饱和度，让天空更湛蓝、草地更翠绿、花朵更鲜艳。同时，在“创意”选项卡中，通过调整“色温”往黄色方向偏移，增加暖色调，营造出温暖、欢快的氛围。此外，还可应用一些具有增强色彩效果的LUT(Look Up Table)预设，如“风景增强”类预设，进一步强化画面的色彩表现力，使旅行中的风景更加迷人。

1.5.2 科技感主题

若制作科技感短视频，在“基本校正”中，降低饱和度，使画面色彩趋于简洁、冷静。在“创意”选项卡中，调整“色温”往蓝色方向偏移，增加蓝色和青色的比例，营造出科技感十足的冷色调氛围。同时，利用曲线工具，对蓝色和绿色通道进行单独调整，提升画面中蓝色和青色的强度，进一步突出科技的未来感与神秘感。

1.5.3 复古主题

对于复古主题的短视频，可在 Lumetri 颜色面板中，将画面主色调的色相往橙黄色方向微调，模拟老照片的色彩风格。适当降低饱和度，使色彩呈现出柔和、褪色的质感。同时，通过调整“阴影”和“高光”参数，营造出类似老照片的光影效果，如增加阴影的厚重感、降低高光的亮度，让画面更具复古韵味。

1.6 细节微调

人物肤色调整：若视频中有主体人物，人物肤色的自然与否直接影响观众的观看体验。利用 Pr 的 HSL 辅助工具，使用吸管工具在人物肤色区域点击，软件会自动选取肤色相近的色相范围。然后，在“基本校正”中，微调“色相”参数，让肤色更符合正常肤色色调；适当调整“饱和度”，避免肤色过艳或过淡；通过“阴影”和“高光”参数，调整肤色在不同光照下的亮度，使其看起来更加自然健康，与整体画面的光影和色彩风格相协调。

1.7 特定场景元素优化

对于画面中的天空、水面等特定场景元素，可根据需要进行单独优化。例如，若想让天空更湛蓝、云朵更洁白，可再次使用 HSL 辅助工具选取天空的蓝色范围。在“基本校正”中，提高蓝色的“饱和度”，让天空颜色更鲜艳；降低“明度”，使蓝色更浓郁。同时，通过调整“对比度”参数，增强天空与云朵之间的明暗对比，突出云朵的立体感，提升画面的层次感和视觉效果。对于水面，可通过调整色彩和反射效果，使其看起来更加清澈、生动。

1.8 整体预览与调整

完成上述调色步骤后，需在时间轴上对整个视频进行完整预览，从全局角度审视调色效果。检查画面色彩是否在不同场景和片段之间过渡自然，是否存在色彩跳跃或不协调的地方。若发现问题，返回相应的调色步骤进行微调，确保整个视频的色彩风格统一、协调，达到预期的视觉效果。

小资料卡片

在 Pr 里调整人物肤色有不少小技巧，首先可在 Lumetri 颜色面板的“基本校正”中调节色温、色调，再微调饱和度让肤色更健康，还能利用曲线工具，针对红绿通道操作，提升红色调，降低绿色杂色；HSL 辅助工具也很实用，选中肤色，对色相、饱和度和亮度精准调整，修正偏色，使肤色自然有光泽，打造满意的视觉效果。

2. 效果面板视频效果调色

Pr 软件效果面板中的视频效果调色功能丰富且强大，在亮度与对比度调整方面，“亮度与对比度”效果可直观拖动滑块调控画面明亮度与层次感，“曲线”效果既能通过 RGB 通道综合调整亮度色彩，又能对单个颜色通道进行微调。色彩平衡调整方面，“颜色平衡（HLS）”通过改变色相、亮度、饱和度，调整色彩倾向、明亮度与鲜艳度；“三路色彩校正器”利用阴影、中间调、高光色轮，分区域精细调控色彩平衡。颜色替换与调整，“改变颜色”能精准选定颜色范围，对色相、亮度、饱和度单独修改；“改变为颜色”则可将指定颜色替换为目标色，并通过参数控制范围与程度。特殊调色效果方面，“阴影/高光”能有效恢复因光线问题导致的暗部和亮部细节，使画面更平衡；“色彩匹配”可分析参考图像色彩特征，将目标素材色调调整得与之相似，在统一素材色调或模仿特定风格时极为便捷。添加方式简单：在 Pr 中，只需在“效果”栏找到需要添加的效果，既可通过双击添加，也可将其拖动到时间轴中的目标视频素材上。

2.1　亮度与对比度调整

在效果面板中，沿着“视频效果→颜色校正”的路径，能轻松找到“亮度与对比度”这一基础调色工具。将其拖曳至时间轴上的视频素材上，随即在效果控件面板中，“亮度”与“对比度”参数便呈现在眼前。通过简单拖动滑块，就能对画面整体的明亮程度进行精准调控。若想让画面更明亮，可适当增大亮度数值；若要增强画面的层次感，提高对比度数值是个不错的选择。但需注意，调整幅度要适度，避免过度调整导致画面失去细节，如图 8-7 和图 8-8 所示。

图 8-7　效果面板亮度与对比度效果

图 8-8　效果控件面板亮度与对比度效果参数调整

2.2　“曲线”效果

同样在“视频效果→过时”分类下的“亮度曲线”，或者“RGB 曲线”功能更为强大。在效果控件中，RGB 曲线能对画面整体的亮度和色彩进行综合调整。向上拖动曲线，画面会变得更加明亮；向下拖动，则使画面逐渐变暗。此外，还能针对红、绿、蓝单个颜色通道的曲线进行操作，通过调整曲线形状，不仅能改变亮度，还能对色彩进行微调，实现丰富多样的调色效果，如图 8-9 和图 8-10 所示。

图 8-9 效果面板亮度曲线与 RGB 曲线效果

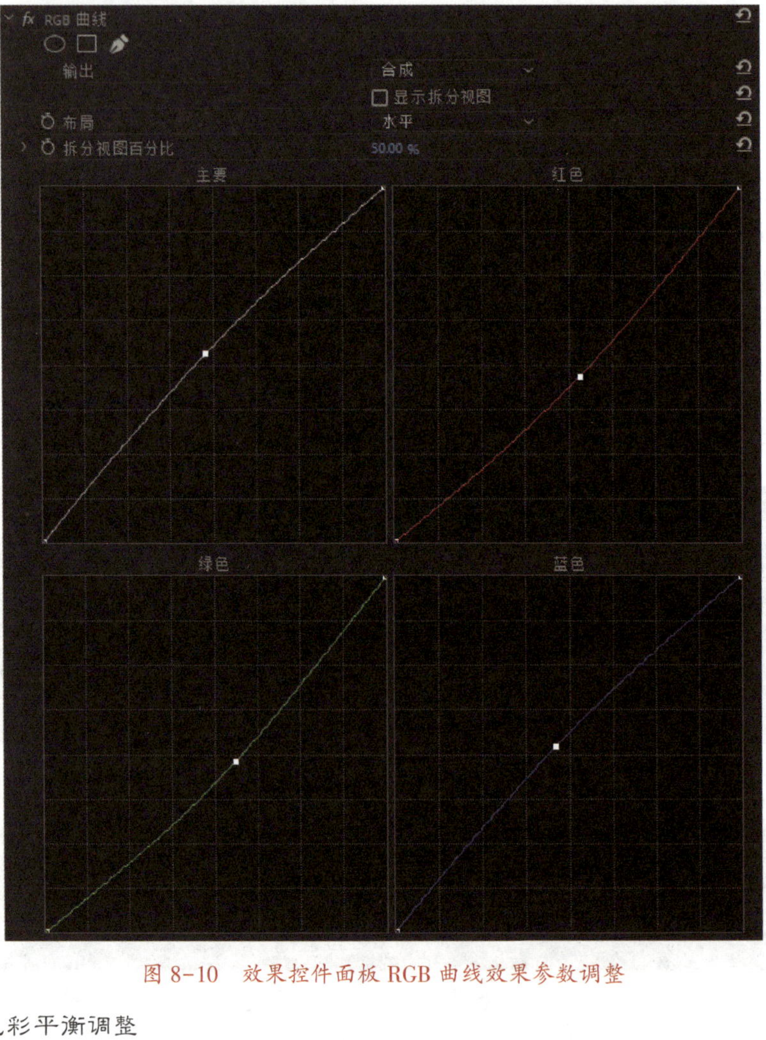

图 8-10 效果控件面板 RGB 曲线效果参数调整

2.3 色彩平衡调整

在效果面板的调色工具库里，“颜色平衡(HLS)”效果是调整色彩的一把利器。将其应用到素材后，在效果控件面板中，“色相”“亮度”“饱和度”三个关键参数映入眼帘。调整色相参数，能改变画面的整体色彩倾向，让画面呈现出不同的色调风格；通过调整亮度参数，可进一步优化画面的明亮程度；而饱和度参数的调整，决定了颜色的鲜艳度，适当增加饱和度可让颜色更加鲜艳夺目，但饱和度过高则可能导致颜色失真，如图 8-11 和图 8-12 所示。

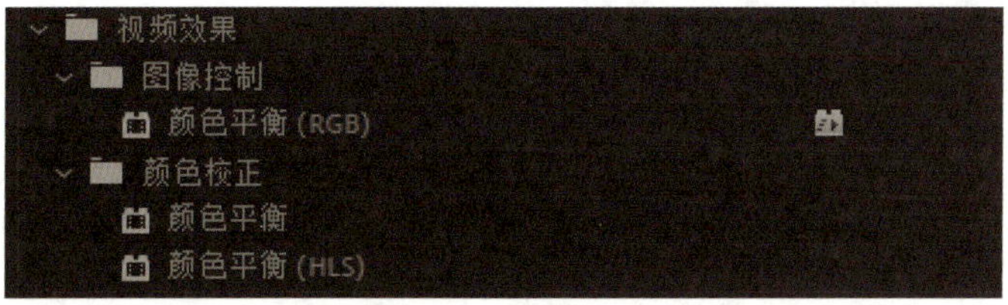

图 8-11 效果面板颜色平衡(HLS)效果

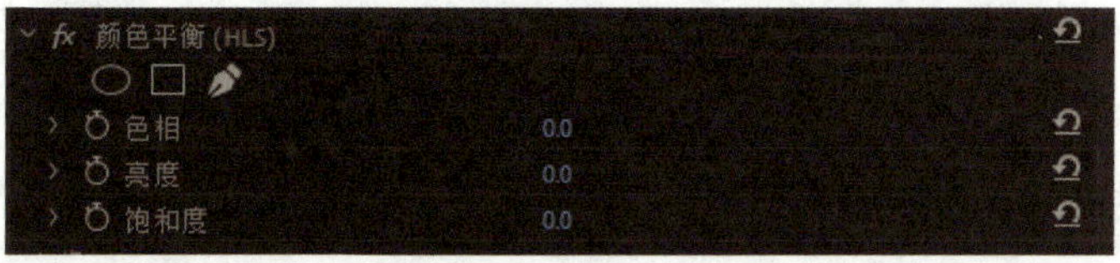

图 8-12 效果控件面板颜色平衡(HLS)效果参数调整

2.4 颜色替换

在效果面板的“视频效果→图像控制”分类中，“颜色替换”效果能实现对特定颜色的精准调整。将其添加到素材后，在效果控件面板中，首先通过“目标颜色”选择想要调整的颜色，通过调整容差改变目标选择颜色的范围，软件会自动识别画面中与所选颜色相近的区域。其次，选中的颜色区域就会被替换为“替换颜色”，通过以上操作，就能精准地完成视频颜色的调整与替换，如图 8-13 和图 8-14 所示。

图 8-13 效果面板颜色替换效果

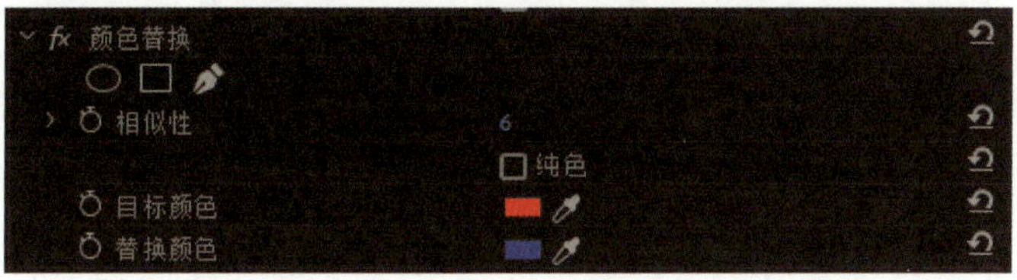

图 8-14 效果控件面板颜色替换效果参数调整

小资料卡片

在 Pr 中进行颜色替换时，可通过“颜色替换”或“更改颜色”特效实现精准调整。使用吸管工具选取需替换的目标颜色后，通过色轮或色块修改为所需颜色，适用于单一色块替换(如服装、物体)；若需局部精细调整，可结合调整图层与 Lumetri 颜色工具，利用 HSL 辅助限定色彩范围并优化边缘过渡，避免影响其他区域。动态替换可借助关键帧控制色相、饱和度参数，实现颜色渐变效果。

2.5 “阴影/高光”效果

“阴影/高光”效果位于“视频效果→颜色校正”中，它在恢复画面细节方面表现出色。当应用到素材后，在效果控件面板中，通过调整“阴影数量”和“高光数量”参数，能分别对画面的阴影部分和高光部分进行提亮或压暗处理。对一些拍摄时因光线问题导致暗部过暗或亮部过曝的素材，利用这个效果，可将暗部细节显现出来，同时让亮部不过于刺眼，使画面整体更加平衡、自然，如图8-15和图8-16所示。

图8-15　效果面板“阴影/高光”效果

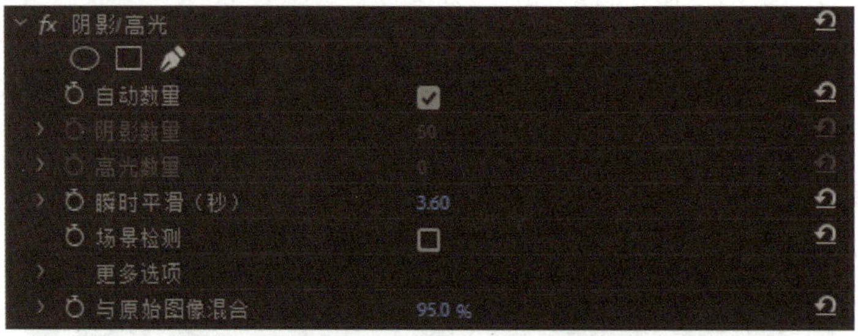

图8-16　效果控件面板“阴影/高光”效果参数调整

2.6 “色阶”效果

给素材添加色阶效果，虽然参数比较多，但是最常用的是前五个。“输入黑色阶”是将更多的画面像素信息输入到暗部，数值越高，暗部像素就越多，画面就越暗；“输入白色阶”是将更多的画面像素信息输入到亮部，数值越小，亮部信息就越多，画面就会变得越亮；“输出黑色阶”将所有像素偏移到白色，画面变亮，对比度低；“输出白色阶”将所有像素偏移到黑色，画面变黑，对比度低；“灰度系数”控制阴影和高光的范围，调节像素点往哪个区域偏移，如图8-17所示。

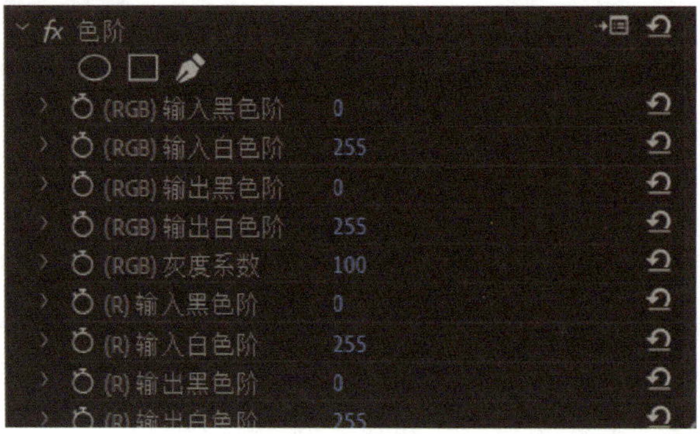

图8-17　效果控件面板“色阶”效果

2.7　快速颜色校正器

2.7.1　色相角度

通过改变色相角度，能使画面整体颜色在色轮上进行转动切换，如可以让画面从偏红色调快速转换为偏黄色调或其他色调，实现对画面主色调的快速调整。

2.7.2　平衡数量级

用于调整画面中不同颜色区域的平衡程度。数值增大时，会增强画面中某种颜色的主导地位；数值减小时，颜色之间的平衡感会增强，画面颜色过渡会更自然。比如在一个暖色调画面中，增加红色的平衡数量级，画面会更偏向红色调。

2.7.3　饱和度

控制画面颜色的鲜艳程度。数值越高，颜色越鲜艳浓烈；数值越低，颜色越暗淡发灰。可以根据需要将饱和度调高，使画面色彩更绚丽；或将饱和度调低，营造出复古、低饱和度的艺术效果。

2.7.4　自动黑白灰色阶调整

能让软件自动分析画面中的黑白灰部分，对画面的亮部、暗部和中间调进行快速的自动校正，使画面的明暗层次和色彩平衡更趋于合理，如图 8-18 所示。

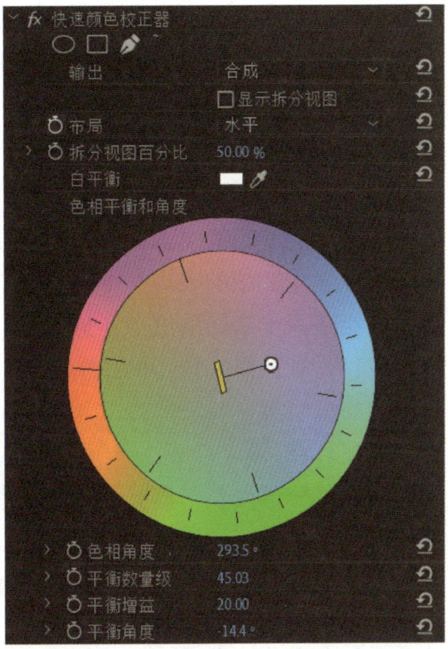

图 8-18　效果控件面板快速颜色校正器

3. Lumetri 颜色面板调色

Lumetri 颜色面板是 Pr 中进行色彩调整的核心区域，它整合了一系列功能模块，涵盖了从基础的曝光、对比度调整到复杂的色彩匹配与风格化处理等多个方面。通过该面板，用户能够对视频素材的每一个颜色细节进行精细控制，实现多样化的调色需求。

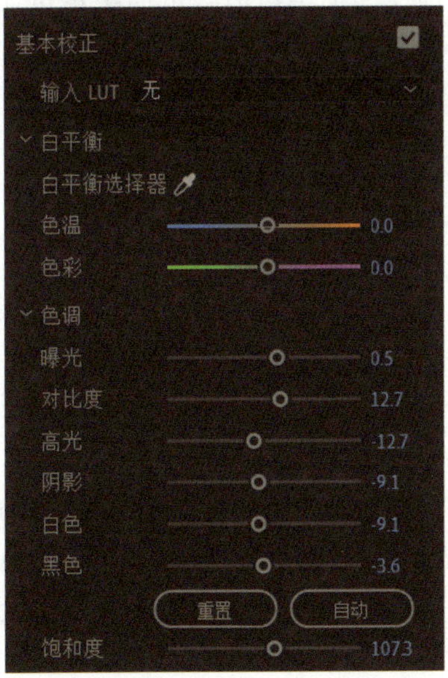

图 8-19　Lumetri 颜色面板基本校正

3.1　基本校正模块

“基本校正”模块，能够对视频的白平衡、色调、饱和度等基础参数进行调整，快速使画面色彩贴近真实场景或契合创作预期，如利用“色温”和“色调”滑块有效校正偏色问题。曲线工具则提供了 RGB 曲线与亮度曲线，可精准调控画面亮度与色彩，通过在曲线上添加并拖动控制点，针对特定亮度区间进行色彩和对比度的精细调节。“色轮和匹配”部分，三个色轮分别对应阴影、中间调、高光，能独立对不同亮度区域的色彩精修，匹配功能还能统一不同镜头间的色彩风格。此外，颜色平衡（HSL）辅助功能可针对特定色相、饱和度和亮度范围操作，便于单独处理画面中某一类颜色，极大提升画面色彩的层次感与表现力，如图 8-19 所示。

3.1.1　曝光

曝光控制决定了画面整体的明亮程度。在 Lumetri

颜色面板中，通过拖动“曝光”滑块，可以轻松地使画面变亮或变暗。正值增加曝光，使画面更明亮；负值减少曝光，让画面趋于黑暗。合理调整曝光是确保画面信息完整呈现的基础，过度曝光可能导致亮部细节丢失，而曝光不足则会使暗部细节难以分辨。

3.1.2 对比度

对比度用于增强或减弱画面亮部与暗部之间的差异。提高对比度能让画面更加生动、鲜明，去除灰蒙蒙的感觉；降低对比度则使画面趋于柔和、平淡。例如，在风景视频中适当增加对比度，可以让天空更湛蓝、山脉更具层次感；而在一些表现温馨氛围的视频中，适度降低对比度能营造出柔和的视觉感受。

3.1.3 高光

高光功能专门针对画面中最亮的部分进行调整。通过调节高光的亮度和颜色，可以控制画面中强光区域的表现。如在拍摄雪景时，可能会出现雪面过亮的情况，此时降低高光亮度，能够恢复雪面的细节，同时保持整体画面的亮度平衡。此外，还可以通过调整高光的颜色，为画面添加独特的色彩氛围。如在日落场景中，将高光颜色向暖色调微调，能增强夕阳的温暖感。

3.1.4 阴影

阴影部分的调整与高光相对应，主要针对画面中较暗的区域。调整阴影的亮度和颜色，可以改变暗部的细节和色彩表现。在一些夜景拍摄中，适当提高阴影亮度，能够使原本隐藏在黑暗中的物体显现出来，增加画面的信息量；而对阴影颜色的调整，可以营造出不同的环境氛围，如将阴影颜色调冷，可增强夜晚的寒冷感。

3.1.5 白色与黑色

（1）白色：该功能主要用于调整画面中已经呈现为白色的部分。通过调整白色的参数，可以使白色更加纯净，或者为其赋予一定的色调倾向。例如，在拍摄白色花朵时，画面整体偏黄，通过降低白色的黄色色调，可以让花朵看起来更加洁白。

（2）黑色：黑色调整着重于控制画面中极暗部分的表现。增加黑色值，可使黑色更加纯粹，画面的暗部更加深沉；减少黑色值，则可能会使暗部出现一些灰色调，影响画面的整体对比度和层次感。在一些需要强调庄重、神秘氛围的视频中，适当增加黑色值可以增强这种视觉效果。

3.1.6 白平衡

白平衡的作用是校正画面的颜色偏差，确保白色物体在画面中呈现出真实的白色。在Lumetri 颜色面板中，有多种方式可以进行白平衡调整。

（1）吸管工具：通过点击画面中本应是白色的区域，Pr 会自动分析该区域的颜色信息，并以此为基准调整整个画面的白平衡。例如，在室内拍摄场景中，点击白色的墙壁或桌面，软件会根据该点的颜色数据校正画面，使其他物体的颜色也恢复正常。

（2）色温与色彩滑块：手动调节“色温”滑块，可以改变画面的整体色调冷暖。较高的色温值使画面偏暖，呈现出黄色或橙色色调；较低的色温值使画面偏冷，呈现出蓝色色调。色彩滑块则用于微调画面的颜色偏移，在色温调整的基础上，进一步校正画面中可能存在的绿色或品红色偏差。

小资料卡片

Pr软件中的白平衡调色主要用于纠正因光源(如日光、荧光灯等)差异导致的画面偏色问题，通过吸管工具选取白色区域或手动调节色温/色彩参数，使白色物体真实还原并恢复场景自然色彩。同时该功能可统一不同拍摄设备或环境下素材的色温差异，消除视觉割裂感以增强视频整体连贯性。在艺术创作层面，通过增减色温值可营造冷暖调氛围，结合色彩滑块调整绿/品红色倾向，实现主观色彩表达需求。

3.2 创意功能模块

Lumetri颜色创意功能模块是Pr中实现风格化调色的核心工具，主要通过预设库与自定义参数为视频赋予艺术化视觉表达。该模块内置丰富的Look预设(涵盖电影质感、复古、黑白等风格)，支持直接加载外部LUT文件或通过预览窗口实时切换效果，如图8-20所示。

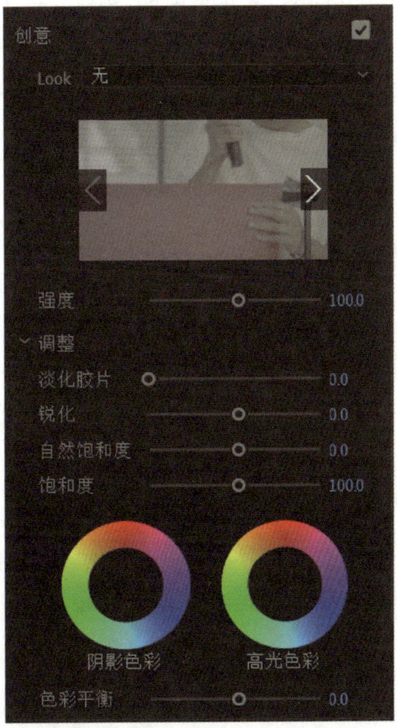

图8-20 Lumetri颜色面板创意功能

3.2.1 Look预设

Look预设是Lumetri颜色调色中的一项便捷功能，软件内置了丰富多样的预设风格，涵盖了复古、现代、清新、电影质感等多种类型。用户只需点击相应的预设，即可快速为视频素材赋予独特的色彩风格。例如，选择“复古电影”预设，画面会立即呈现出类似老电影的色彩质感，包括偏黄的色调、较低的对比度和一定程度的颗粒感。同时，通过调整“强度”滑块，可以控制预设效果的应用程度，使效果更加自然或更具冲击力。

3.2.2 淡化胶片

“淡化胶片”功能主要用于为画面添加颗粒感，模拟传统胶片拍摄的效果。在数字视频时代，虽然数字拍摄能够提供清晰、细腻的画面，但往往缺少了胶片那种独特的颗粒感所带来的艺术氛围。通过调整“淡化胶片”的参数，如颗粒大小、密度等，可以根据实际需求为视频添加适量的颗粒，增强画面的复古感和艺术表现力。在一些复古风格的音乐视频或艺术短片中，这种颗粒效果能够很好地营造出特定的时代氛围。

3.2.3 锐化

锐化功能可以提高画面的清晰度，使图像的边缘和细节更加明显。在Lumetri颜色面板中，通过调整锐化参数，可以增强画面中物体的轮廓和纹理。需要注意的是，过度锐化可能会导致画面出现噪点、色彩色块等问题，影响画面质量。因此，在使用锐化功能时，要根据视频素材的原始质量和实际需求，谨慎调整锐化程度，以达到既增强画面清晰度，又不破坏画面整体美感的效果。

3.2.4 饱和度与自然饱和度

(1) 饱和度：饱和度用于调整画面中所有颜色的鲜艳程度。增加饱和度会使画面中的色彩更加鲜艳夺目，而降低饱和度则会使颜色逐渐变淡，直至变为灰度图像。在一些需要突出视觉冲击力的视频中，如广告片或音乐视频，可以适当提高饱和度，使画面色彩更加丰富、吸引人；在一些追求真实感或柔和氛围的视频中，可能需要适度降低饱和度。

（2）自然饱和度：自然饱和度是一种更智能的色彩调整方式。它在增加色彩鲜艳度时，会优先增加那些原本不饱和的颜色的饱和度，而对于已经很鲜艳的颜色则限制其过度饱和，从而使画面的色彩更加均衡、自然。例如，在拍摄人物时，使用自然饱和度可以在不使肤色过于鲜艳失真的前提下，提升整体画面的色彩活力。

3.3 曲线功能模块

Lumetri 颜色面板曲线模块是 Pr 实现专业级调色的核心工具，由 RGB 曲线和色相饱和度曲线两大功能组构成。

3.3.1 RGB 曲线

RGB 曲线是 Lumetri 颜色调色中用于精确调整色彩通道的强大工具。在 RGB 曲线面板中，分别有红、绿、蓝三条曲线，通过在曲线上添加控制点并拖动这些点，可以改变对应颜色通道的亮度和色彩分布，如图 8-21 所示。

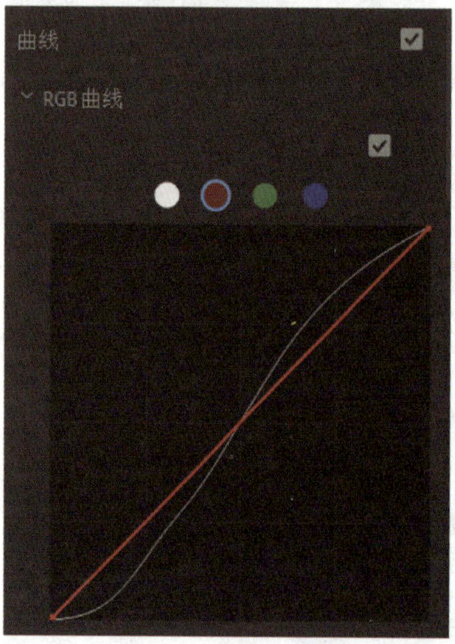

图 8-21 Lumetri 颜色面板 RGB 曲线

色彩校正：如果画面整体偏红，可以在红色曲线上降低高光部分的亮度，减少红色在亮部的含量，从而校正色彩偏差。通过对三条曲线的综合调整，可以实现各种复杂的色彩校正效果，使画面色彩更加准确、自然。

创意调色：除了色彩校正，RGB 曲线还可以用于创造独特的色彩风格。通过巧妙地调整曲线形状，可以改变画面的色彩基调，营造出奇幻、梦幻等各种创意效果。比如，将红色曲线的暗部提升，同时降低蓝色曲线的暗部，画面的暗部会呈现出偏红的色调，为视频增添神秘氛围。

3.3.2 色相饱和度曲线

色相饱和度曲线是 Pr 中 Lumetri 颜色面板曲线模块的核心工具之一，主要用于对画面色彩进行精细化控制，包含以下核心功能组。

（1）色相与饱和度。

功能：针对特定色相调整饱和度。例如，降低橙色饱和度可优化人物肤色，避免过艳；增强绿色饱和度可突出自然场景。

操作：使用吸管工具在画面中选取目标颜色，曲线自动定位对应色相范围，拖动控制点调整饱和度曲线，向圆心方向降低饱和度，向外则增强饱和度。

（2）色相与色相。

功能：改变某一色相的颜色属性。例如，将黄色偏移为橙色以营造暖调画面，或将蓝色调整为青色增强风格化效果。

操作：在目标色相区域添加控制点，拖动曲线实现色相偏移，支持多节点调整，平滑过渡相邻色相，如图 8-22 所示。

(3) 色相与亮度。

功能：调节特定色相的明暗层次。例如，提亮橙色区域优化肤色亮度，或压暗背景冷色调强化主体对比。

操作：通过吸管定位目标色相，向上拖动控制点提亮，向下拖动控制点压暗。

(4) 亮度与饱和度。

根据亮度范围调整饱和度。例如，降低暗部饱和度以减少画面“脏”感，如图 8-23 所示。

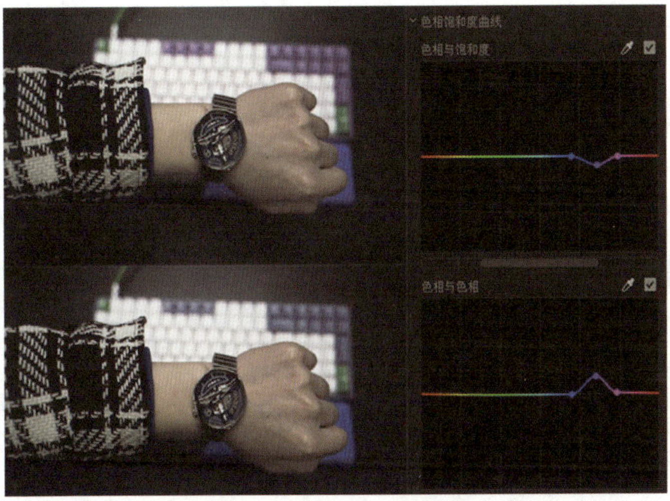

图 8-22　Lumetri 颜色面板色相饱和度曲线

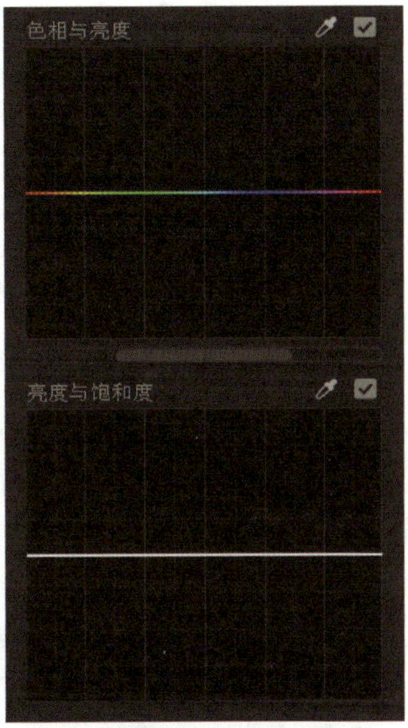

图 8-23　Lumetri 颜色面板色相与亮度、亮度与饱和度曲线

(5) 饱和度与饱和度。

针对高/低饱和度区域二次调整。例如，降低高饱和颜色浓度，避免视觉溢出。

(6) 精准选区与蒙版配合。

使用吸管工具定位颜色后，结合蒙版限定调整范围，避免影响非目标区域。

4. Lumetri 颜色调色的流程

4.1　基础校正（一级调色）

4.1.1　白平衡校准

白平衡选择器：点击画面中应为中性灰或纯白的区域（如白纸、瓷砖），自动校正色温偏差。若自动校正效果不佳，可手动调节。

色温滑块（冷蓝→暖黄）：修正环境光色偏（如阴天偏蓝时右移增加暖调）。

色彩滑块（绿→品红）：消除肤色或环境中的异常色调（如荧光灯下的绿色偏移）。

验证工具：观察矢量示波器，确保中性灰区域位于圆心附近，避免色彩倾向失衡。

4.1.2　动态范围控制

(1) 曝光与对比度。

曝光：通过波形图调节整体亮度，确保高光不超过 100IRE（避免过曝）。

对比度：拉大中间调与阴影/高光差异，消除画面“灰雾感”（参考波形图中波形分布）。

（2）分阶调整。

高光：恢复过亮区域细节（如云层纹理）。

阴影：提亮暗部死黑区域（如头发、背景阴影）。

白色/黑色：定义画面最亮/最暗点阈值，避免“发灰”或“死黑”。

4.1.3 技术 LUT 应用与色彩还原

输入 LUT 加载：根据拍摄格式（如 SLOG3、CLOG2）选择匹配的 LUT，还原灰片色彩。

饱和度微调：全局增强或减弱色彩浓度，避免高饱和区域溢出（如霓虹灯过艳）。

4.2 风格化调色（二级调色）

4.2.1 创意 LUT 与滤镜叠加

（1）风格化 LUT 选择。

在创意功能模块加载电影感预设（如 Teal & Orange、复古胶片），通过强度滑块控制效果程度（建议 30%~70%）。

（2）辅助效果。

淡化胶片：降低颗粒感（适合商业广告）。

锐化：增强细节（如人物面部、产品纹理），数值控制在 10~20，避免噪点。

4.2.2 曲线精细化调整

（1）RGB 曲线。

主曲线：创建 S 形曲线增强动态对比度（提亮中间调，压暗阴影）。

分通道曲线：修正色彩偏移（如绿色偏黄时下压绿通道高光）。

（2）色相饱和度曲线。

色相与饱和度：抽离干扰色（如降低背景绿色饱和度突出人物）。

色相与色相：风格化偏移（如将蓝天由浅蓝色改为青蓝色）。

4.2.3 局部优化与蒙版控制

（1）HSL 辅助功能。

选区：用吸管选取目标颜色（如肤色），通过降噪（10~15）和模糊（5~10）平滑边缘调整；局部修正色相/饱和度/亮度（如提亮肤色、降低服装饱和度）。

（2）蒙版应用。

径向蒙版：提亮主体（如人物面部），设置羽化值（50~100）自然过渡。

线性蒙版：压暗背景（如天空、地面），配合反向选项限定调整范围。

4.3 输出前质量验证

4.3.1 技术标准检测

波形图：确认亮度分布均匀，无大面积过曝（>100IRE）或死黑（<0IRE）。

矢量示波器：验证肤色是否落在“肤色线”（橙色至红色区域）。

4.3.2 动态范围测试

场景过渡：拖曳时间轴播放，检查不同光照场景下色彩一致性（如逆光到室内过渡是否自然）。

极端亮度测试：观察高光细节（如灯光、金属反光）是否保留完整。

4.3.3 跨设备适配

导出测试文件：生成低码率预览文件，在手机/投影仪验证色彩表现(避免屏幕色差导致偏差)。

4.4 高效工作流程优化

(1) 调整图层：将调色效果应用于独立调整图层，便于全局修改。

(2) 预设保存：将常用参数组合(如电影感预设、广告风格)保存为自定义预设，提升复用效率。

小资料卡片

Pr 调色流程核心技巧：以基础校正→风格化 LUT→曲线微调→局部优化→跨设备验证为主线，优先使用白平衡选择器校准中性色，加载技术 LUT 还原灰片色彩，通过 S 形 RGB 曲线增强动态对比度，利用 HSL 辅助+蒙版实现局部色彩/亮度修正，最后结合波形图与矢量示波器验证亮度分布与肤色准确性，并建议在调整图层操作以保留原始素材。

【任务实施】

根据班级人数将学生分成若干实训活动小组，每组设组长 1 名，负责安排、协调、督促小组完成实训任务，同时做好实训活动记录。

项目实训 魅唇光韵，口红视频调色

根据案例的具体要求，分析完成实训任务的操作步骤和知识要点，如图 8-24 所示。

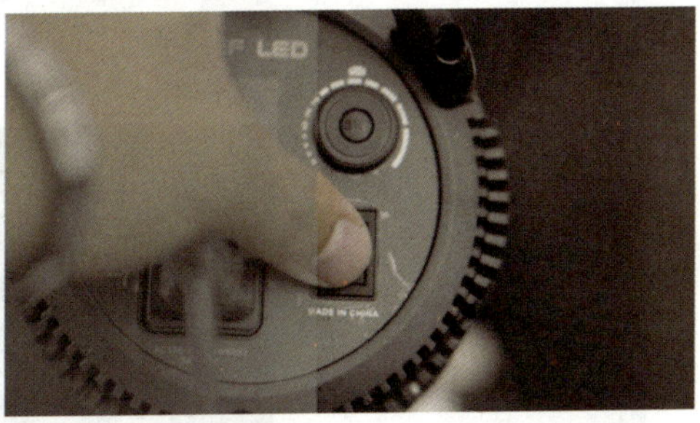

图 8-24 魅唇光韵，口红视频调色案例

步骤一：新建项目并导入素材

(1) 新建文件夹：命名为“魅唇光韵，口红视频调色-日期”，将剪辑用到的素材分类整理放入文件夹。

(2) 新建项目：项目名称为“魅唇光韵，口红视频调色”，位置指向“魅唇光韵，口红视频调色-日期”文件夹。

(3) 新建序列：尺寸为 1920px×1080px，像素长宽比为方形像素 1.0，帧速率为 25 帧/秒。

(4) 导入素材：将剪辑用到的素材按照“视频素材”和“配音素材”分类，导入新建项目中。

步骤二：分析样片总结调色要点

(1) 根据调色后的样片对比来看，原片的基础曝光度不够，整体画面比较平，给人的感觉比较昏暗。

(2) 样片大部分镜头对比度不够，亮的地方不够亮，暗的地方没有暗下来。

(3) 样片整体色彩饱和度比较低，需要对部分素材的颜色进行处理。

步骤三：对调色样片进行分镜头裁剪处理

（1）调色素材是一个完整的视频，因为不同镜头的调色需求和数值不可能相同，所以在调色之前需要对素材进行分镜头裁剪。

（2）将调色原片拖进时间轴中，右击调色原片，选择“缩放为帧大小”，再次右击选中的调色原片，选择“场景编辑检测”，弹出的对话框中，在“在每个检测到的剪切点应用剪切”前方打勾。

（3）通过“场景编辑检测”将调色原片的镜头分开，如图 8-25 和图 8-26 所示。

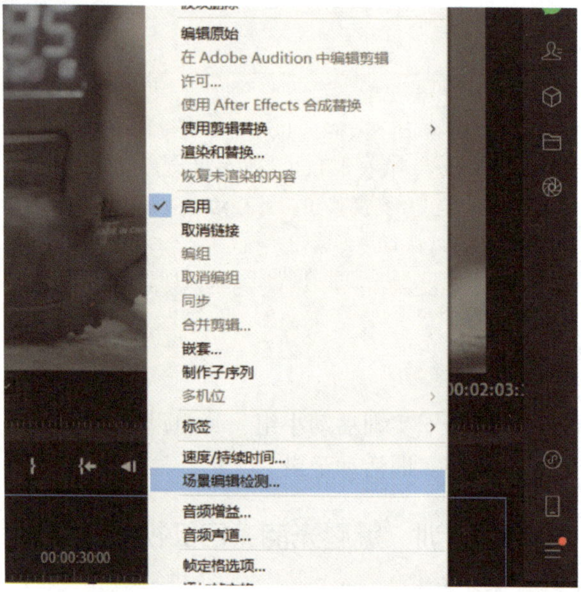

图 8-25　使用“场景编辑检测”功能分切镜头

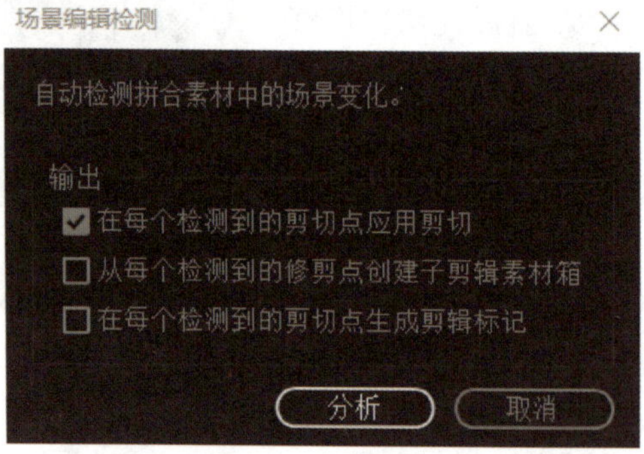

图 8-26　场景编辑检测对话框选择输出项

步骤四：分镜头进行调色处理

（1）为了不破坏原有素材，本案例所有调色均新建调整图层，在调整图层上进行调色处理，如图 8-27 所示。

（2）对以下镜头进行一级调色，首先增加一点曝光，同时加大对比度，调整基本校正的数值，同时利用 RGB 曲线进行对比度的增强，拉大画面的层次感，如图 8-28～图 8-30 所示。

（3）根据样片对以上镜头的红色分别进行处理，使用色相饱和度小的吸管吸取画面中红色卡纸的颜色，使用鼠标将选择范围拉大，将选中的红色色相的饱和度数值升高，具体操作及效果如图 8-31 所示。

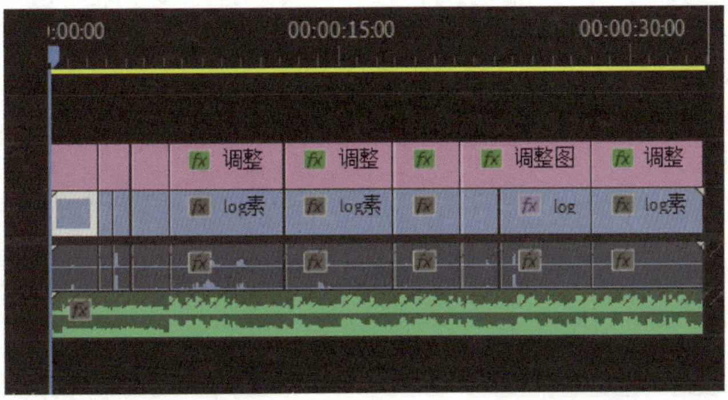

图 8-27 分镜头使用调整图层对视频进行调色

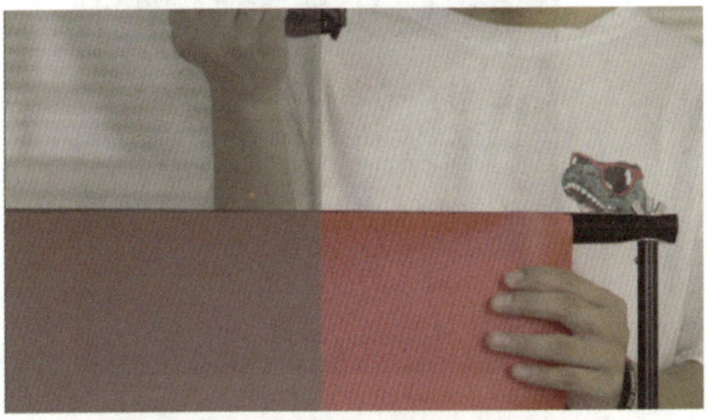

图 8-28 对第一个镜头进行调色处理

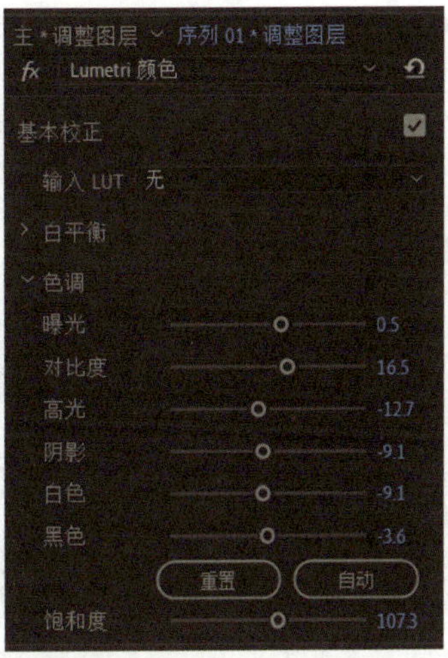

图 8-29 使用基本校正对镜头进行一级调色

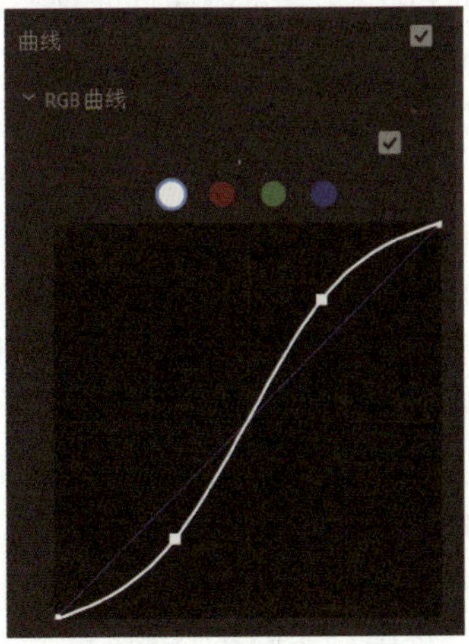

图 8-30 使用 RGB 曲线对镜头进行一级调色

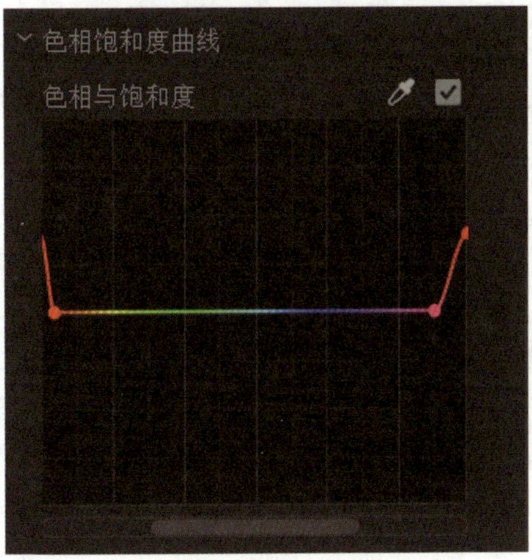

图 8-31 使用色相饱和度对镜头进行二级调色

（4）选择如下镜头进行调色处理，一级调色思路参考上面镜头，主要是增强对比，提升画面的对比度，如图 8-32～图 8-34 所示。

图 8-32　对此镜头进行调色处理

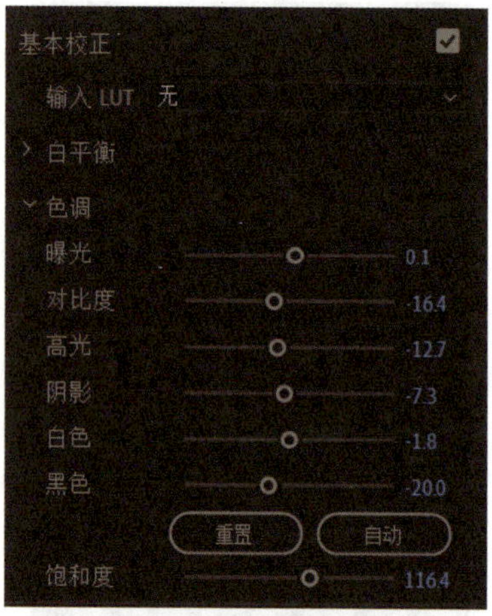

图 8-33　使用基本校正对镜头进行一级调色

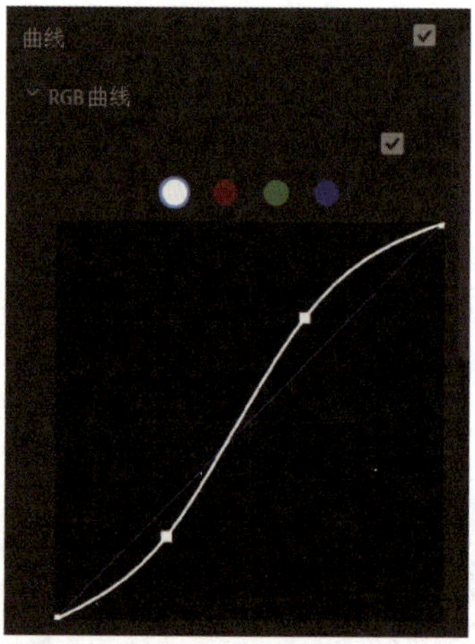

图 8-34　使用 RGB 曲线对镜头进行一级调色

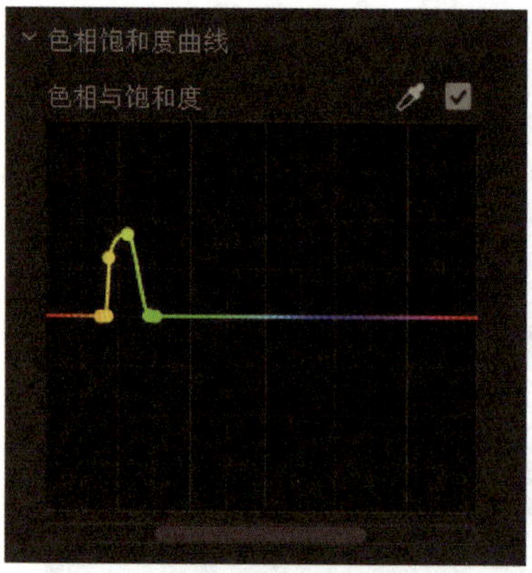

图 8-35　使用色相饱和度曲线对镜头进行二级调色

（5）根据样片对以上镜头分别进行处理，使用色相饱和度小的吸管吸取画面中黄绿色背景墙的颜色，通过鼠标操作将选择范围拉大，然后将选中的黄绿色的饱和度数值升高，具体操作及效果如图 8-35 所示。

步骤五：对其他镜头进行调色处理

（1）参照以上步骤对素材的其他镜头进行调色处理。

（2）初步调色完成后，需要在 Pr 软件中对调色完成的素材反复播放进行观看，检测是否有漏掉的镜头。

（3）统一视频色调：再次播放观察视频，检测是否存在色调不和谐的镜头，如果有则需要进一步处理。

步骤六：视频的保存并提交作业

（1）在制作的过程中，不断按“Ctrl+S”键保存剪辑的视频，制作步骤会保存在源文件中。

（2）剪辑制作完成按“Ctrl+M”键导出MP4格式的视频提交作业。

步骤七：学生讲解任务完成情况

组长抽取序号，并选出一名代表讲解本组的作业完成情况。

步骤八：师生点评

每个小组选出一名评委，对任务完成情况进行打分，小组间互评，最后由教师进行点评。

小资料卡片

在Pr中，色相饱和度曲线的灵活运用可大幅提升调色效率，通过吸管工具点击画面目标区域（如服装或背景），曲线会自动生成3个锚点精准锁定色域范围，随后在色相与色相曲线中水平拖动锚点即可实现色彩替换（如将绿叶调整为青蓝色），而色相饱和度曲线的垂直调整则能局部增强特定色彩的鲜艳度（如突出花朵颜色），操作时按住“Shift”键可锁定横向位置仅调整纵向参数，避免色相偏移。

【任务书】

任务书

任务内容	魅唇光韵，口红视频调色
实训过程	
理论知识梳理	
实训过程总结	
教师记录、点评：	

【巩固提高】

一、选择题

1. 调色之前首先分析素材有没有严重的(　　)，是否有严重的环境色。

A. 偏色　　B. 超时　　C. 卡顿　　D. 偏镜

2. 光圈快门感光度数值调节不准确，会出现严重的(　　)或阴影特黑的情况。

A. 画面过渡　　B. 分隔内容　　C. 视频特效　　D. 曝光过度

3. 评判视频调色效果的一个标准是视频像素的还原程度，为了更好地还原颜色，如今很多视频在拍摄时会采用(　　)。

A. 灰度模式　　B. 彩色内容　　C. 黑白特效　　D. 常规模式

4. 色彩还原第一步是矫正(　　)，调整整体画面色彩、亮度等，把素材画面调整到一个正常的状态。

A. 基本参数　　B. 技巧转场　　C. 不确定　　D. 随机

5. 通过单纯的剪接来实现场景转换是(　　)。

A. 无技巧转场　　B. 技巧转场　　C. 不确定　　D. 随机

6. 影响色彩的三要素为(　　)。

A. 三原色　　B. 三补色

C. 红绿蓝　　D. 色相、饱和度、明度

7. 摄影三原色为(　　)。

A. 青品黄　　B. 三补色

C. 红绿蓝　　D. 色相、饱和度、明度

8. 摄影三补色为(　　)。

A. 青品黄　　B. 三原色

C. 红绿蓝　　D. 色相、饱和度、明度

9. (　　)观察画面的亮度信息，从上往下，分别是画面素材的高光、中间调和阴影。

A. 矢量示波器 YUV　　B. I 线

C. Q 线　　D. 直方图

10. (　　)将所有像素偏移到白色，画面变亮，对比度低。

A. 输出黑色阶　　B. 输出白色阶　　C. 灰度系数　　D. 输入黑色阶

二、填空题

1. Lumetri 颜色面板的创意功能模块中，通过调整(　　　　)滑块，可以控制预设效果的应用程度。

2. 在利用 RGB 曲线进行调色时，若要校正画面整体偏绿的问题，可在绿色曲线上适当(　　　　)亮度或调整曲线形状以减少绿色含量。

3. 在 Pr 中，利用效果面板中的“阴影/高光”效果，可以对画面的(　　　　)和(　　　　)分别进行提亮或压暗处理。

4. 在对旅行主题短视频进行调色时，在 Lumetri 颜色面板的基本校正模块中，适当提高(　　　　)，能够使风景色彩更加鲜艳。

5. 若要使用色相饱和度曲线功能对视频中特定颜色的亮度进行调整，应选择

(　　　　　　)类型。

6. 在 Lumetri 颜色面板的基本校正模块中，色轮和匹配部分的三个色轮分别对应(　　　　)、(　　　　)和(　　　　)。

7. 使用 Pr 调色时，通过窗口菜单选择(　　　　　　)，可打开 Lumetri 颜色面板进行调色操作。

8. 在效果面板中，亮度与对比度效果位于视频效果的(　　　　)分类下。

9. 利用 Lumetri 颜色面板完成风格化调色后，在输出视频前需要进行质量验证，其中通过观察(　　　　)，能够确认画面的亮度分布是否均匀，有无大面积的过曝或死黑现象。

10. 在进行视频调色时，若要把画面中的某种颜色替换成另一种颜色，可以使用效果面板中的(　　　　　　)效果。

三、判断题

1. Lumetri 颜色面板中的所有预设效果都无法进行参数调整，只能直接应用。(　　)

2. 在使用色相饱和度曲线调整颜色时，只能对画面中已有的颜色进行调整，无法创造新的颜色。(　　)

3. 利用效果面板中的“曲线”效果，并非只能调整画面的亮度，也可以对色彩进行调整。(　　)

4. 在对视频进行调色时，为了使画面色彩更鲜艳，应将饱和度调整得越高越好。(　　)

5. Lumetri 颜色面板中的“白平衡”调整只能通过吸管工具点击画面中的白色物体来实现。(　　)

6. 在制作复古风格短视频调色时，降低画面的对比度有助于营造复古韵味。(　　)

7. 在 Pr 中，对视频素材应用调整图层进行调色时，调整图层的效果并非只会影响其下方紧邻的一个视频图层。(　　)

8. 利用效果面板中的“快速颜色校正器”，可以快速对画面的色相、饱和度、亮度等进行综合调整。(　　)

9. 在 Lumetri 颜色面板的曲线功能模块中，不同类型的曲线(如 RGB 曲线、色相饱和度曲线)不能同时使用，只能选择一种进行调色。(　　)

10. 当视频素材曝光过度时，在 Lumetri 颜色面板的基本校正模块中，只需降低“曝光”数值，无须调整其他参数即可恢复正常。(　　)

第 9 章　行业实战——视频拍摄及调色剪辑

【知识框图】

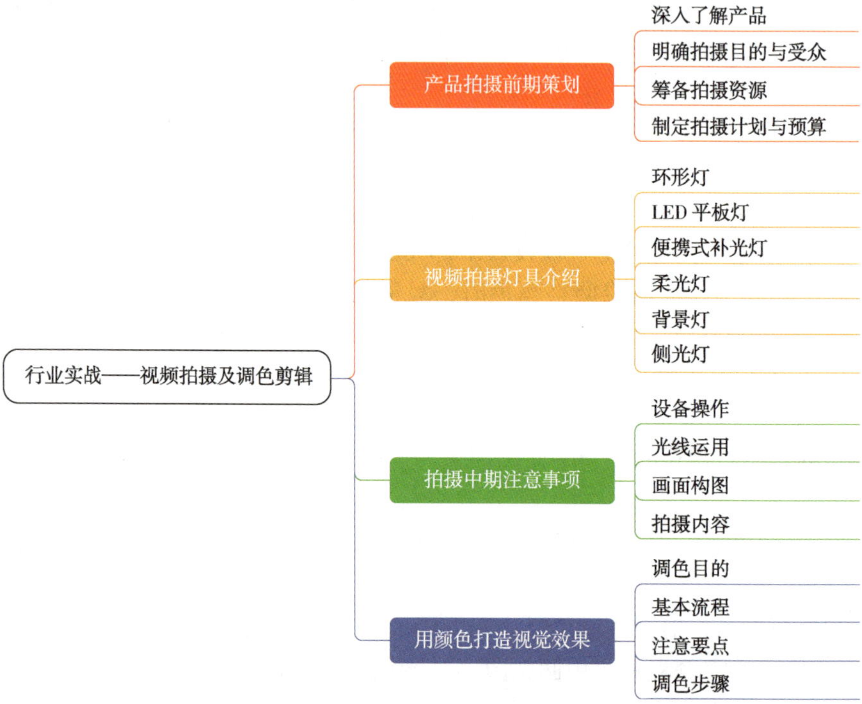

图 9-1　行业实战——视频拍摄及调色剪辑

【项目简介】

在本章的学习进程中，我们把焦点精准地汇聚于商品近距离拍摄的手法研习。近距离拍摄商品时，往往会遇到一系列棘手的问题，诸如画面畸变、对焦困难、光线不均致使阴影过重等，因此我们主要学习商品近距离拍摄的手法，内容包括近距离拍摄会遇到的各种问题以及解决方法，如何远离物体拍摄实现微距功能。只有熟悉产品卖点、功能和适用人群，才能根据商品的特点拍摄素材并进一步做好视频，进而吸引消费者购买。同时本章学习音频和视频的精准对接，让背景音乐、产品音效与画面节奏完美契合，在这个过程中培养反复调整声画的习惯，树立精益求精的职业理念，力求每一个视频都能达到最佳的呈现效果。通过本章全面而深入的学习，我们将为后续视频剪辑工作打下坚实的基础，无论是制作商品推广视频，还是其他类型的创意视频，都能凭借所学的知识和技能，创作出高质量、富有吸引力的作品。

【学习目标】

知识目标

深度剖析产品的卖点、作用及适用人群，为视频拍摄与创作明确精准方向；

系统掌握视频拍摄、调色、剪辑的核心技巧，打造贴合产品风格的优质视频。

能力目标

能够根据产品特性精准调试拍摄设备，巧妙布局光线，把控构图与拍摄内容；

熟练操作视频制作软件，实现调色、剪辑及声画完美融合，完成专业视频创作。

素养目标

养成在视频创作中对细节反复打磨、追求极致的习惯，树立精益求精的职业理念；

强化视频制作团队成员间的协作与沟通能力，共同打造吸睛带货的优质视频作品。

【任务描述】

深入学习如何远离物体拍摄实现微距功能。远离物体拍摄，要达成微距效果并非易事，需要我们深度了解相机的镜头参数、光圈设置以及拍摄距离之间的微妙关系。通过调整镜头焦距，精准控制光圈大小，在合适的拍摄距离下，拍摄者便能捕捉到商品那些细微却关键的细节，如电子产品的精致纹理、化妆品的细腻质地等，这些细节对于凸显商品卖点、吸引消费者目光起着举足轻重的作用。本章通过“商韵腕华，手表光影重塑”项目实训，进行镜头选择和调色，然后对画面粗剪，接着配合音乐精简视频、添加音效，制作文字生长动画，最后再对视频调色。我们需要依据商品的特点重构镜头并调色，进而为后续制作出引人入胜的视频筑牢根基。

案例一 熟悉产品功能对视频拍摄有什么作用？拍摄之前为什么要明确拍摄主题和风格定位？

1. 情景设计

校园视频拍摄小达人彬彬和子博接到XW公司视频拍摄任务，对给定的商务风格的手表进行拍摄，要求符合产品的市场定位。两人为了不耽误上课，接到任务后就马不停蹄地前往摄影室动手拍摄视频。子博一面动手搭建拍摄场景一面喊彬彬赶紧来帮忙，彬彬却坐在桌前拿笔写着什么，并叮嘱子博不要着急，磨刀不误砍柴工。子博赶紧上来一探究竟，原来彬彬在收集资料研究手表的功能，明确拍摄主题和风格定位，这些有用吗？

2. 任务描述

以商务风格手表拍摄任务为例，子博第一次面对这么多知识点，有些紧张。此前他在视频剪辑和配音方面练习较多，但对视频调色不太熟悉，不知道如何调出样片中的背景色。彬彬便以该任务为例，给子博传授熟悉产品功能和明确拍摄主题的“独门绝技”，告诉他只有熟悉产品功能才能让拍摄者准确把握产品的核心卖点和独特之处，在拍摄时可以有针对性地对这些功能进行特写、慢动作等处理，将产品的优势清晰地展示给目标客户。拍摄前需清晰界定视频的主题和风格，围绕手表的目标受众、品牌形象以及产品特色来确定整体风格。两人一拍即合，当即决定，产品面向商务精英，所以采用简洁、大气、高端的商务风格。于是两人携手熟悉产品功能，并在拍摄主题的指导下，高效率完成任务并发送到了公司指定邮箱，同时整理熟悉产品功能对拍摄视频的作用。

3. 任务提升

熟悉产品功能对视频拍摄有着多方面的重要作用，主要体现在以下几个方面。

(1) 突出产品特点。

精准展示：熟悉产品功能能让拍摄者准确把握产品的核心卖点和独特之处，在拍摄时可以有针对性地对这些功能进行特写、慢动作等处理，将产品的优势清晰地展示给观众。例如，拍摄一款智能手表，若了解其具备精准的心率监测功能，就可以在视频中通过特写镜头展示手表监测心率的界面，以及数据的实时变化，让观众更直观地感受到这一功能的便捷与精准。

深度挖掘亮点：深入了解产品功能还能帮助拍摄者发现一些隐藏的、不那么显而易见但却很有价值的亮点功能，通过巧妙的拍摄手法将其呈现出来，给观众带来惊喜，从而增加产品的吸引力。

（2）制定拍摄方案。

规划内容：产品功能决定了视频内容的重点和方向。拍摄者可以根据不同功能的重要性和特点，规划视频的结构和流程，使视频内容更有条理。例如，对于一款多功能的厨房电器，可按照功能的使用频率或复杂程度，安排拍摄顺序，先展示最常用的烹饪功能，再介绍一些特色的辅助功能。

设计创意：熟悉产品功能有助于激发创意，为视频增添独特的视觉效果和故事情节。同时，也能让观众更直观地感受到产品的实用性。

（3）提升拍摄效果。

选择合适场景：不同的产品功能需要在相应的场景中才能更好地展现其价值。了解产品功能后，就需要选择最适合的拍摄场景，增强产品与场景的关联性和可信度。如拍摄户外探险背包，就可以选择在山林、沙漠等户外环境中，展示背包的大容量、耐用性以及各种便于户外使用的功能。

运用合适手法：掌握产品功能可以让拍摄者运用更合适的拍摄手法来突出功能特点。例如，为了展示产品的快速充电功能，可以使用时间 Lapse（延时摄影）的手法，压缩充电时间，让观众直观地看到充电速度之快。

（4）满足用户需求。

增强用户理解：在拍摄产品视频时，从用户角度出发，依据对产品功能的了解，以通俗易懂的方式拍摄和讲解，能帮助用户更好认识产品，快速判断其是否符合自身需求。

增加用户信任：当视频能够全面、准确地展示产品功能，解答用户可能存在的疑问时，会让用户觉得品牌专业、可靠，从而增加对品牌和产品的信任度，为购买决策提供有力支持。

案例二 Pr 软件如何快速对视频中单一颜色进行调色？

1. 情景设计

在视频制作课堂上，小顾接到老师布置的商务风格手表视频剪辑任务，第一次面对这么多知识点，小顾多少有点紧张，因为前面视频剪辑和配音部分以前练习得比较多，但对于视频调色，他不太熟悉该如何调出样片中的背景色。一面嘀咕一面操作速度自然比较慢，等小顾回过头，发现笑泽已经提交了作业，便问道：“你是怎么做到的？这么多调色镜头，怎么能完成得这么快？”看着手足无措的小顾，笑泽胸有成竹地说：“可以用蒙版，也可以用色相饱和度曲线，一键即可完成”，经过点拨的小顾恍然大悟，原来如此。

2. 任务描述

得到思路的小顾，只觉得眼前的迷雾瞬间消散，心中豁然开朗，双手在键盘和鼠标上快速舞动，他全神贯注地盯着屏幕不放过任何一个细节，争分夺秒地进行剪辑。配音结束便进入了调色阶段，面对背景颜色比较复杂、颜色互相影响的视频，小顾熟练地运用蒙版工具。他小心翼翼地绘制蒙版区域，精准地选中需要调整的颜色。通过细致的参数调节，颜色之间的过渡更加自然和谐，成功消除了颜色干扰带来的视觉混乱。而对于那些没有干扰因素只需调整背景颜色的视频，小顾则直接运用色相饱和度曲线进行调整。他轻轻拖动曲线的控制点，根据视频的整体风格和需求，灵活地改变背景颜色的色相、饱和度和亮度，使画面的色彩更加鲜明生动，最终，他快速且出色地完成了课堂任务。小顾长舒一口气，脸上露出了满意的笑容，心中满是成就感。

3. 任务总结：使用色相饱和度曲线调色步骤

（1）导入素材并添加效果：打开 Pr 软件，在项目面板中导入要调色的视频素材，将其拖到时间轴上。然后在效果面板中找到 Lumetri 颜色效果，将其添加到时间轴的视频素材上。

(2) 打开曲线调整界面：在效果控件面板中展开 Lumetri 颜色效果，找到“曲线”部分，点击“色相饱和度曲线”。

(3) 选择颜色范围：在曲线图表中，横坐标代表原始色相值，纵坐标代表调整后的色相值。图表下方有颜色条，将鼠标指针放在颜色条上，会变成吸管工具，点击要调整的单一颜色，如蓝色，此时曲线上会出现对应的控制点，且该颜色在颜色条上会被选中。

(4) 调整颜色：通过拖动曲线上的控制点来改变颜色。向上拖动控制点，可增加该颜色的饱和度；向下拖动控制点则降低该颜色饱和度。若要改变色相，可左右拖动控制点。例如，向左拖动蓝色对应的控制点，可使蓝色偏向青色；向右拖动则偏向紫色。同时，观察视频预览窗口，根据实际效果进行调整。

(5) 优化效果：若调整后的颜色范围不准确或过渡不自然，可以适当调整 Lumetri 颜色中的 HSL 辅助选项。使用吸管工具在画面中点击要调整的颜色，然后通过色相、饱和度、亮度滑块微调选区范围，使颜色调整更加精确。

(6) 预览与微调：按空格键预览视频，根据预览效果对曲线和其他参数进行微调，直到达到满意的调色效果。

请结合案例一和案例二所给资料，预习课件内容，分析并讲述熟悉产品功能对视频拍摄有什么作用，拍摄之前为什么要明确拍摄主题和风格定位，熟悉产品功能对视频拍摄的作用，以及针对背景颜色复杂、颜色相互影响的视频，运用蒙版工具精准选中并调整颜色的方法。

【知识准备】

在视频剪辑实战中各环节对最终呈现效果都影响很大，关乎产品市场推广成效，拍摄筹备时摄影师要和客户充分交流，明确品牌形象塑造、产品卖点突出等核心需求，敲定预算和交付时间。然后规划拍摄方案，选好场地，室内注意空间和光线，室外留意天气与场地权限，安排好拍摄时段。拍摄时依据商品特性选设备，拍珠宝用高像素带微距功能相机和微距镜头，拍大型家具用广角镜头。LED 灯提供稳定光线，闪光灯打造特殊光影，构图技巧多样。调色剪辑时先筛选优质素材，根据商品类型和预期风格定色调，用专业软件调整色彩、对比度和亮度，保证颜色准确，增强视觉效果。

画面色调中的高调有通透、明快、干净的感觉，中间调有平稳中庸、有内涵、温暖、不容易出错的感觉，低调有神秘、优雅、高贵、奢华、有内涵的感觉。了解产品后通过背景的搭建和选择，配合合适的灯光进行短视频的拍摄，打造最适合产品的画面色调。

我们需要对视频进行调色，不同商品调色有别，服装按材质风格、食品突出色泽、电子产品营造科技感。剪辑时依据商品特性和受众喜好把控节奏，快消品快剪配动感音乐，奢侈品慢剪搭舒缓音乐。构建清晰叙事逻辑，开头吸睛，中间展示商品，结尾引导消费。

1. 产品拍摄前期策划

产品拍摄前期策划是一项系统性工程，各环节紧密相扣，对最终拍摄成果的质量起着决定性作用，是确保产品价值得以精准传达的关键所在。

1.1 深入了解产品

了解产品是制作产品展示视频的基石，在制作产品展示视频前，透彻了解产品是至关重要的一步，它能为后续的拍摄与视频制作奠定坚实基础。可以从产品卖点、产品作用和适用人群这几个关键维度深入剖析产品，如图 9-2 所示。

图 9-2 深入了解产品的关键维度

1.1.1 深挖产品卖点

功能优势提炼：全面梳理产品功能，不仅要区分核心功能与附加功能，还要找出每个功能的独特优势。以智能空气净化器为例，除甲醛、$PM_{2.5}$等污染物是核心功能，而智能互联、自动调节风速则是附加功能。在除甲醛功能上，若该产品采用了新型的复合滤网，相较于传统滤网，对甲醛的吸附和分解效率提高了 30%，这就是极具吸引力的卖点，如图 9-3 所示。

图 9-3 产品功能优势提炼

材质工艺展现：关注产品的材质和制作工艺。例如，一款高端手表，采用了 904L 不锈钢材质，这种材质相比普通不锈钢，具有更强的耐腐蚀性和耐磨性，而且经过精细的拉丝和抛光工艺处理，表身质感细腻、光泽度高，这些材质和工艺细节都能成为产品的独特卖点，彰显产品的高品质和独特魅力。

设计创新凸显：分析产品在设计上的创新之处。如某款无线耳机，采用了独特的入耳式贴合设计，经过大量的人体工程学研究和测试，确保长时间佩戴也能舒适，同时还具备出色的隔音效果。只有了解产品之后，才能有针对性地定制视频的调性，对于后期的拍摄手法、视频色调、音乐的使用和剪辑节奏有精准的定位，如图 9-4 所示。

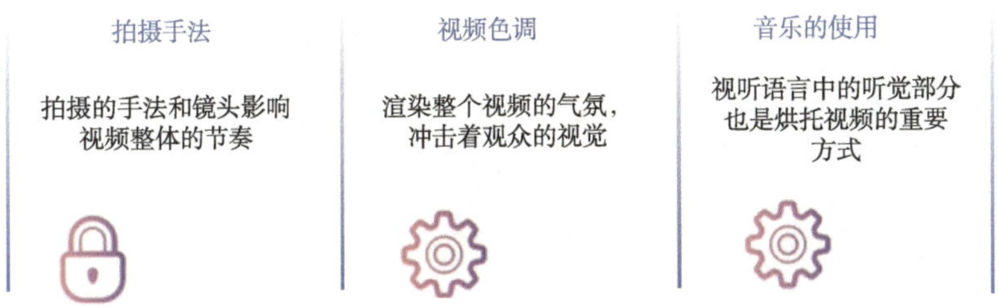

图 9-4 定制视频调性的出发点

1.1.2 明晰产品作用

实际使用场景还原：通过模拟产品在不同场景下的使用过程，清晰展现产品作用。以运动相机为例，在户外运动场景中，如骑行、登山时，相机的防抖功能能够确保拍摄画面稳定，不会因为剧烈运动而模糊，让用户可以记录下精彩的运动瞬间。在水下场景中，防水功能使相机能够正常工作，拍摄美丽的水下世界。这些实际使用场景充分体现了运动相机的多场景适用性和实用价值，如图 9-5 所示。

图 9-5 水下场景中展示相机防水功能

解决用户痛点：深入了解用户在使用同类产品时遇到的问题，明确产品如何解决这些痛点。如传统的电动剃须刀在使用过程中容易出现夹须、刮伤皮肤的情况，而某款新型剃须刀采用了浮动刀头设计和锋利的刀片，能够更好地贴合面部轮廓，减少夹须现象，同时刀头的特殊涂层处理降低了对皮肤的刺激，有效解决了用户的痛点，这也是产品的重要作用体现。

1.1.3　精准定位适用人群

用户画像构建：从年龄、性别、职业、兴趣爱好、消费能力等多个维度构建详细的用户画像。以一款专业的摄影相机为例，其适用人群可能主要是摄影爱好者和专业摄影师。摄影爱好者年龄分布较广，以年轻人居多，他们对摄影充满热情，追求拍摄出高质量的照片，消费能力中等偏上；专业摄影师则具有丰富的摄影经验，对相机的性能和专业性要求极高，消费能力较强。通过构建这样详细的用户画像，能够更精准地把握适用人群的需求和喜好，如图 9-6 所示。

图 9-6　构建用户画像精准定位适用人群

市场细分调研：对市场进行细分调研，了解不同细分市场的需求特点。例如，在健身器材市场，可细分为家庭健身用户、健身房专业用户、减肥塑形人群、增肌人群等。家庭健身用户更注重器材的小巧便携、操作简单和价格适中；健身房专业用户对器材的耐用性、功能性和稳定性有较高要求；减肥塑形人群关注器材的减脂效果和运动强度调节；增肌人群则看重器材对肌肉锻炼的针对性和专业性。通过市场细分调研，能够明确产品在不同细分市场中的定位，更好地满足适用人群的需求。

通过以上从产品卖点、产品作用和适用人群出发的全面深入了解，我们能够准确把握产品的核心价值和独特之处，为后续拍摄设备的选择、团队的组建以及拍摄方案的制定提供有力依据，确保产品展示视频能够精准传达产品价值，吸引目标受众。

小资料卡片

在商品拍摄与视频剪辑的行业实战中，每一个环节都关乎最终呈现效果，直接影响着产品在市场中的推广成效。从前期拍摄筹备说起，摄影师需要与客户展开深度沟通，明确客户对于商品展示的核心诉求，如品牌形象的塑造、产品独特卖点的突出等，同时敲定拍摄预算与交付时间。

1.2 明确拍摄目的与受众

1.2.1 确定拍摄目的

根据产品定位和推广需求，明确拍摄的核心目的至关重要。对于科技产品，如智能手机，拍摄的重点可能在于突出其先进的功能，如高像素拍摄、快速充电、强大的处理器性能等，通过展示这些功能，吸引追求科技感和高性能的消费者；而时尚产品，如服装、饰品等，更注重展示其独特的外观设计、时尚的款式以及品牌所传达的风格理念，以吸引目标受众的关注，塑造品牌的时尚形象。

1.2.2 分析目标受众

深入研究目标受众的消费习惯、审美偏好、兴趣爱好等特征，是制定合适拍摄风格的关键。针对年轻时尚群体，他们追求潮流、个性，对新鲜事物充满好奇，拍摄风格可以活泼、大胆、富有创意，运用鲜明的色彩、独特的构图和动感的画面，展现产品的时尚感和青春活力，如图9-7所示。例如，在拍摄潮流服饰时，可以选择时尚街区或艺术工作室作为拍摄场地，搭配时尚的模特和流行的音乐，营造出充满时尚氛围的视觉效果。

图9-7 动感时尚风格的拍摄场景

面向商务人士，他们注重专业和品质，拍摄风格应简洁、大气、专业，突出产品的质感和实用性。例如，拍摄商务笔记本电脑，可采用简洁的背景，运用柔和的光线突出产品的金属质感和精致工艺，通过展示其高效的办公功能和稳定的性能，吸引商务人士的关注，如图9-8所示。

1.3 筹备拍摄资源

1.3.1 设备选型

依据产品特点和拍摄需求选择合适的拍摄设备是确保拍摄质量的基础。对于拍摄细节要求极高的珠宝产品，高像素相机搭配专业微距镜头是不二之选。高像素相机能够捕捉到珠宝的每一个细微之处，如钻石的切割面、宝石的纹理和色泽等，微距镜头则可以实现近距离拍摄，将珠宝的精致细节清晰地呈现在消费者眼前，如图9-9所示。

图 9-8　商务风格的拍摄场景

拍摄大场景产品，如大型家具或建筑材料，广角镜头能够获取更广阔的视野，完整地展示产品的整体外观和空间布局。在灯光方面，LED 灯以其光线稳定、色温准确的特点，成为常用的持续光源，适合需要长时间稳定光线的拍摄场景。如拍摄静物产品时，可利用 LED 平板灯提供均匀、柔和的光线，展现产品的真实色彩和质感。闪光灯则常用于创造特殊的光影效果，如在拍摄汽车时，利用闪光灯的瞬间强光，可以突出汽车的线条和光泽，营造出强烈的视觉冲击力，如图 9-10 所示。

图 9-9　近距离拍摄微距镜头展示

图 9-10　视频拍摄灯具展示

图 9-11　拍摄沙发场景展示

1.3.2　场地选择

场地的选择直接影响拍摄的氛围和效果。室内场地需要关注空间大小、光线条件以及场景布置的便利性。拍摄家居用品时，选择真实的家居环境作为拍摄场地，能够让消费者更直观地感受产品在家中的实际效果，增强产品的代入感。例如，拍摄沙发时，可以将沙发放置在布置温馨的客厅中，搭配合适的茶几、地毯和窗帘，营造出舒适的家居氛围，如图 9-11 所示。

室外场地则要留意天气变化、场地使用许可和环境适配性。拍摄户外用品，如登山装备，选择自然的山区或户外探险场地，能够更好地展现产品在实际使用场景中的性能和特点，增强产品的真实感和吸引力。但在选择室外场地时，要提前关注天气情况，避免因恶劣天气影响拍摄进度和效果。

1.4　制定拍摄计划与预算

1.4.1　规划拍摄流程

制定详细的拍摄计划是确保拍摄进度和质量的重要环节。拍摄计划应包括拍摄时间安排、拍摄顺序和进度控制。合理安排拍摄时间，充分考虑光线变化、场地使用时间等因素。例如，拍摄需要充足自然光的产品，选择在 10：00—16：00 进行拍摄，此时光线柔和均匀，能够获得最佳的拍摄效果。确定拍摄顺序时，要根据产品特点和拍摄需求，先拍摄整体场景，再拍摄细节特写，确保拍摄内容的完整性和逻辑性。

1.4.2　编制拍摄预算

拍摄预算涵盖设备租赁、人员费用、场地租赁、道具采购、后期制作等各项开支。设备租赁费用，根据拍摄需求选择合适的设备，并了解市场上的租赁价格，合理控制租赁成本。人员费用根据团队成员的专业水平和市场行情进行计算，确保人员薪酬合理且具有竞争力。场地租赁费用根据场地的位置、面积和使用时间等因素确定，选择性价比高的场地。后期制作费用包括剪辑、调色、特效等环节，根据制作的复杂程度和质量要求进行预算。

2. 视频拍摄灯具介绍

在制作高质量短视频的过程中，灯光器材扮演着至关重要的角色。一个好的布光不仅能够显著提升视频的清晰度和质感，还能增强视频的视觉效果，从而吸引更多的流量和关注。灯光器材的选择对于短视频的质量有着直接的影响，不同的灯光器材能够产生不同的光线效果，从而营造出不同的氛围和视觉效果，如图 9-12 所示。

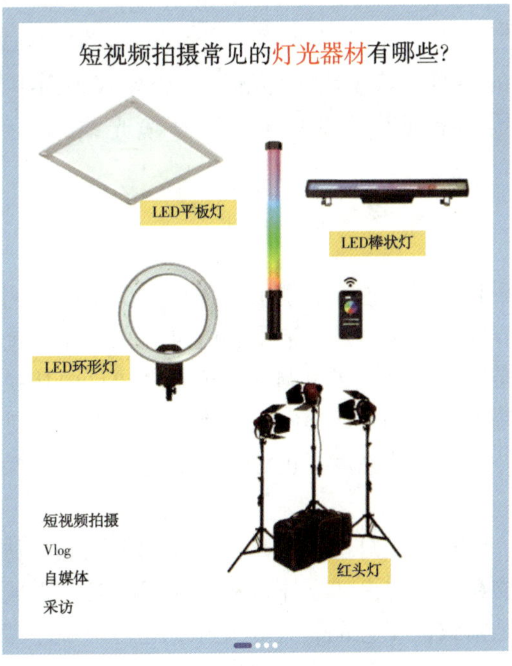

图 9-12　短视频拍摄常用灯具

柔光能够有效地减少阴影，让人物的脸部轮廓更柔和，适合拍摄人像类的视频；硬光则能制造出明显的阴影效果，让画面更加立体。在布置灯光时，通常采用“三点照明”的方法，即主光源、副光源和背景光，以营造出更加立体的视觉效果，灯具瓦数越大价格越贵，在预算有限的情况下，可以购买多台瓦数较小的摄影灯，而不是一台瓦数大的摄影灯。

综上所述，制作高质量短视频时，灯光器材的选择和布置是至关重要的，通过合理选择灯光器材、考虑色温、调节灯光强度和精心布置灯光，我们可以显著提升视频的清晰度和质感，从而制作出更加专业、吸引人的短视频作品。

2.1 环形灯

2.1.1 特点

作为短视频拍摄领域备受青睐的灯具之一，环形灯的构造独特，其发光体呈环形分布，这一设计使光线能够从各个角度均匀地照射到被拍摄主体上。光线柔和是它的一大显著优势，这种柔和的光线能巧妙地避免在面部形成恼人的阴影，在拍摄人像时，可让人物肌肤看起来光滑细腻，仿若自带“磨皮”效果。环形灯通常设计得十分轻便，无论是外出拍摄还是日常在室内使用，都能轻松携带，毫无负担。

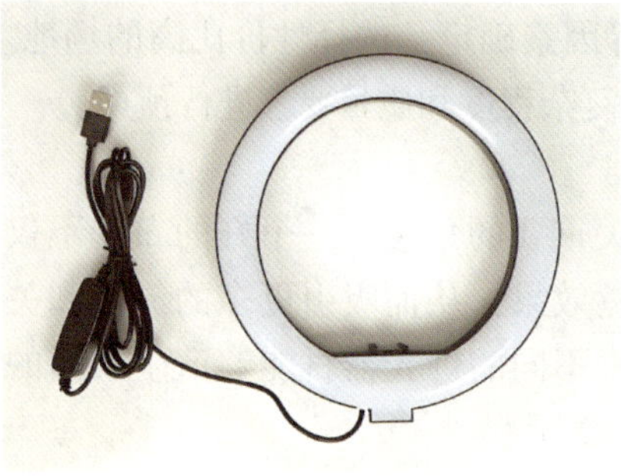

图 9-13　短视频拍摄环形灯具

2.1.2 适用场景

环形灯简直是美妆、时尚类视频创作者的“得力助手”。在美妆教学视频里，环形灯能将模特面部的每一个细节都清晰呈现，从眼影的色彩过渡到睫毛的卷翘程度，都能让观众看得清清楚楚，同时又能让人物肤色显得自然健康，如图 9-13 所示。

2.1.3 局限性

尽管环形灯优点众多，但它也并非十全十美。比如拍摄一个大型活动现场或者宽敞的室内空间时，它难以提供足够大范围的照明，若仅依靠环形灯，会导致画面中部分区域过暗，影响整体视觉效果。此时，就需要搭配其他灯具来补充环境光线，以确保画面的完整性和均匀度。

2.2 LED 平板灯

2.2.1 特点

LED 平板灯发光面平整宽阔，这使它能够提供更大范围的照明。在亮度调节方面，它拥有从低到高的多档调节选项，无论是营造柔和的氛围光，还是提供明亮的主光源，都能轻松实现。色温调节同样丰富，可在暖色调到冷色调之间自由切换，以适应不同的拍摄场景和创作需求。部分高端的 LED 平板灯还支持无线控制功能，创作者可以通过手机 App 或者遥控器在一定距离外对灯具的亮度、色温等参数进行调整，操作便捷高效。

2.2.2 适用场景

在拍摄全身场景时，LED 平板灯能将人物的全貌均匀照亮，从头部到脚部都不会出现明显的光线差异，使人物在画面中更加立体自然。在产品展示视频中，它可以将产品的各个细节完整呈现，无论是精致的工艺品，还是复杂的电子产品，都能通过平板灯的照明，清晰地展示其材质、结构和特色，如图 9-14 所示。

2.2.3 局限性

LED 平板灯的光线相对比较直，在没有经过特殊处理的情况下，容易在被拍摄物体上产生强烈的阴影，这在一定程度上会影响画面的美观度和表现力。为了克服这一缺点，通常需要配合柔光屏一起使用，通过柔光屏对光线进行散射和柔化，减少阴影的产生，使光线更加柔和自然。

图 9-14 短视频拍摄 LED 平板灯具

2.3 便携式补光灯

2.3.1 特点

便携式补光灯是为了满足随时随地拍摄的需求而设计的，它的最大特点就是体积小巧、质量轻，通常可以轻松地放入背包或者口袋中，方便创作者在外出时携带。其电源一般采用内置电池，这使它摆脱了电源线的束缚，即使在没有电源插座的户外环境下，也能正常工作。在功能方面，它的亮度和色温调节功能十分完善，创作者可以根据实际光线情况，快速调整补光灯的参数，以达到最佳的补光效果。

图 9-15 短视频拍摄便携式补光灯

2.3.2 适用场景

对于经常外出拍摄的创作者来说，便携式补光灯是必不可少的装备。在探店时，餐厅内的光线可能比较昏暗，便携式补光灯可以瞬间照亮美食和店内环境，让拍摄的画面更加生动诱人。在街头采访时，它能为被采访者提供充足的光线，确保人物面部清晰明亮。无论是旅游 Vlog、街头纪实拍摄还是生活记录，便携式补光灯都能随时随地为拍摄提供补光支持，如图 9-15 所示。

2.3.3 局限性

虽然便携式补光灯方便实用，但它的亮度相对较低，在光线条件极差的环境下，如夜晚的黑暗小巷或者没有灯光的室内，仅靠一台便携式补光灯可能无法提供足够的照明。此时，可能需要多台便携式补光灯叠加使用，或者搭配其他大功率灯具，才能满足拍摄需求。

2.4 柔光灯

2.4.1 特点

柔光灯的核心设计在于其采用了特殊的扩散材料，这种材料能够有效地将光线进行散射和柔化。当光线通过扩散材料时，原本集中、强烈的光线变得均匀分散，从而减少了在被摄对象上产生的阴影，其光线柔和自然，就像清晨透过薄云的阳光，能够细腻地展现被摄物体的细节和质感。而且，柔光灯的光线分布均匀，不会出现局部过亮或过暗的情况，让整个画面的层次感更加丰富。

2.4.2 适用场景

人像拍摄是柔光灯的主要应用场景之一，无论是艺术写真、生活自拍还是视频通话中的人像美颜，柔光灯都能发挥出巨大的作用，让人物在画面中更加美丽动人。在产品展示领域，尤其是对于那些需要突出细节和质感的产品，如珠宝首饰、陶瓷工艺品、化妆品等，柔光灯能够将产品的精致之处完美呈现，吸引观众的注意力，如图 9-16 所示。

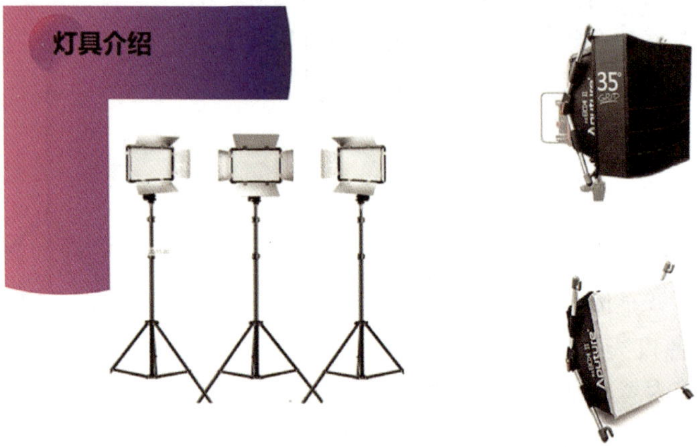

图 9-16 短视频拍摄柔光灯

2.4.3 局限性

柔光灯通常需要搭配灯架等设备使用，以确保其能够稳定地放置在合适的位置。这就导致整体的体积和质量相对较大，便携性较差。在外出拍摄时，携带柔光灯及其配套设备会比较麻烦，需要耗费较多的精力和空间。

2.5 背景灯

2.5.1 特点

背景灯的主要作用是照亮拍摄背景，它通过调节背景的亮度和色彩，为整个画面营造出丰富多样的氛围和效果。背景灯的亮度调节范围广泛，可以根据拍摄主体的亮度和画面的整体需求，将背景调整为明亮、适中或暗淡的状态，从而实现背景与主体之间的层次感和立体感。

2.5.2 适用场景

在各种类型的短视频拍摄中，背景灯都发挥着重要的作用。例如，在访谈节目中，通过背景灯照亮背景，可以营造出专业、舒适的访谈环境，让嘉宾和观众都能感受到良好的氛围；在生活记录类视频中，调整背景灯的亮度和色彩，可以突出生活场景的特色和氛围，如温馨的家庭场景、热闹的聚会场景等。

2.5.3 局限性

背景灯的使用需要与拍摄主体和其他灯具相互配合，如果搭配不当，可能会导致背景过于突出，反而喧宾夺主，影响拍摄主体的表现力。而且，在调整背景灯的亮度和色彩时，需要对画面的整体效果有准确的把握，否则可能会出现画面色彩不协调、明暗对比失衡等问题，影响视频的质量。

2.6 侧光灯

2.6.1 特点

侧光灯是从被摄对象的侧面进行照射的灯具，这种独特的照射角度能够产生丰富的光影变化。当侧光灯亮起时，被摄物体的一侧被照亮，另一侧则处于阴影之中，从而形成鲜明的明暗对比，突出物体的轮廓和立体感。

2.6.2 适用场景

侧光灯在拍摄需要突出立体感和质感的物体或人物时具有独特的优势。在拍摄人物的侧身照时，侧光灯可以清晰地勾勒出人物的面部轮廓、鼻梁、嘴唇等特征，使人物的面部线条更加立体、优美，同时还能在人物面部形成自然的阴影，增加面部的层次感和立体感。

2.6.3 局限性

侧光灯的使用对拍摄角度和光线强度的控制要求较高，如果角度选择不当，可能会导致阴影部分过多或过暗，影响画面的整体效果；如果光线强度不合适，可能会使被照亮的一侧过于明亮，与阴影部分形成过大的反差，破坏画面的平衡。而且，在多人拍摄场景中，使用侧光灯可能会导致部分人物的面部光线不均匀，影响整体的画面协调性。

小资料卡片

影室闪光灯功率强大，搭配多种控光附件可精准塑造光线，部分还有频闪功能，多用于专业棚拍。特殊效果灯方面，RGB 灯色彩表现丰富，可实现多种色彩变换效果，部分支持联动与远程控制，为创意拍摄增添氛围；聚光灯能集中光线，产生强烈光影对比，部分有图案投射功能，用于突出主体、强化细节与营造特定氛围。

3. 拍摄中期注意事项

视频拍摄中期设备操作与光线运用是关键环节，在设备操作上，需精细调整光圈、快门速度、ISO 等参数，依据商品特性与拍摄环境确保曝光准确、画面清晰。同时，密切监控设备状态，定期检查存储空间和电量，提前准备备用存储卡和电池，并保证设备稳定，合理使用三脚架、稳定器等辅助工具。

3.1 设备操作

3.1.1 参数精细调整

光圈不仅控制进光量，还决定景深。拍摄小件精致商品，大光圈可虚化背景，突出主体；拍摄大型商品全貌时，小光圈确保画面整体清晰。快门速度需根据商品运动状态设定，拍摄动态展示的商品，高速快门凝固瞬间动作；拍摄静态商品则可选择更灵活的快门速度配合光圈调整曝光。ISO 设置要谨慎，低 ISO 画面纯净但需充足光线，高 ISO 虽可在暗光下拍摄，但噪点会增多，要依据实际光线环境和对画质的要求权衡。例如，拍摄高反光的珠宝首饰，降低曝光补偿的同时，还需结合较小光圈，保证珠宝细节和整体清晰度，避免因反光导致局部过曝丢失细节。

3.1.2 设备状态监控

每隔一段时间就检查相机存储空间，预估剩余拍摄量与存储空间的匹配度。电量方面，除了准备备用电池，还可考虑使用外接电源，特别是在固定场景长时间拍摄时，使用外接电源能确保设备持续稳定供电。同时，拍摄前对备用存储卡进行格式化和兼容性测试，防止出现读写错误。

3.1.3 稳定保障措施

使用三脚架时，要确保其稳固放置，根据拍摄高度和角度调整好三脚架伸展程度和云台方向。稳定器则需提前校准，熟悉其操作模式，如航向跟随、全锁定等模式，依据不同拍摄需求灵活切换。对于手持动态拍摄，提前练习手臂发力和移动节奏，保持匀速、平稳的移动，还可借助辅助设备如手腕稳定器，进一步减少抖动。

3.2 光线运用

3.2.1 光线类型适配

针对不同材质商品，光线选择至关重要。拍摄金属制品如手表，硬光可勾勒出表壳的硬朗线条和表盘的光泽；而拍摄丝绸围巾这类柔软纺织品，柔光箱或漫反射光可营造出柔和、顺滑的质感，避免出现生硬的反光。对于彩色商品，光线色温要与商品颜色相协调，暖色调商品在低色温光线下更显温馨，冷色调商品则在高色温光线下更突出清新感。

3.2.2 光线布局优化

主光源位置决定商品的主要受光面和阴影方向，一般将主光源置于商品前侧 45 度左右，可产生自然的明暗过渡。辅光源用于填充阴影，减少暗部细节丢失，通过调整反光板的角度和距离，精准控制补光强度。遮光板则用于遮挡不必要的光线，避免产生干扰性反光或杂乱阴影。例如，拍摄带有复杂纹理的木质家具，合理布置光源，让光线顺着纹理方向照射，能更好地展现木材的天然质感和纹理细节。

3.2.3 光线稳定性维护

如果使用的是常亮灯，要确保电源稳定，避免电压波动导致灯光闪烁或亮度变化。若是在户外自然光下拍摄，要密切关注天气和时间变化，如云层移动可能瞬间改变光线强度和色温，可利用渐变滤镜等工具进行适当调整，保证视频画面光线的一致性。

小资料卡片

在摄影创作中，当我们面对比较扁平的物体，如精致的邮票、细腻的画作、小巧的工艺品，又或是需要进行俯视拍摄时，如拍摄餐桌上摆满美食的全貌、城市街道的鸟瞰图、大型活动现场的俯瞰场景等，光线的运用就显得尤为关键。在这类情况下，顶光堪称绝佳选择。顶光，即光线从被拍摄物体的正上方垂直照射而下。它之所以备受青睐，是因为能够显著降低画面中影子的长度。想象一下，若采用侧光或逆光，长长的影子可能会投射在被拍摄物体上，破坏画面的完整性和美感。

3.3 画面构图

3.3.1 构图方法运用

三分法构图时，将商品主体放置在画面的四个交叉点上，可吸引观众视线。如拍摄一款智能音箱，将其关键操作区域放在交叉点，突出产品功能。对称构图适合展示具有对称美感的商品，如对称设计的花瓶，可营造出稳定、庄重的视觉效果。此外，还可运用引导线构图，利用线条元素引导观众视线聚焦商品，如拍摄一辆汽车，利用道路线条引导观众看向汽车，如图 9-17 所示。

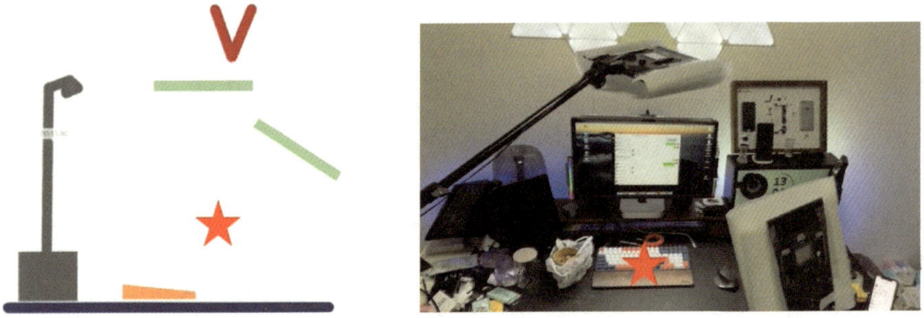

左视图　　　　正视图

图 9-17　左视图和正视图情景展示

3.3.2　景别组合策略

特写镜头用于捕捉商品的细微之处，如手机摄像头的细节、化妆品的质地等；中景展示商品整体外观和主要结构，让观众对商品有初步整体认知；全景则将商品置于使用场景中，如拍摄健身器材，展示其在健身房中的摆放和使用空间，增强商品的代入感。通过不同景别有序切换，构建丰富的视觉层次。

3.3.3　画面整洁把控

拍摄现场要清理与商品无关的杂物，背景布置简洁，避免过于花哨分散观众注意力。选择与商品颜色、风格相搭配的背景，如拍摄简约风格的电子产品，选择纯色背景板；拍摄复古风格的饰品，搭配木质或皮质背景道具，提升画面整体协调性和专业性。

3.4　拍摄内容

3.4.1　全方位细节展示

按照商品的结构和特点，有序拍摄各个角度。从正面展示商品全貌和主要特征，侧面呈现其厚度和轮廓线条，背面展示接口、标识等信息。对于独特设计部位，如服装的独特剪裁、包包的精美五金配件，要进行重点特写拍摄，确保观众能清晰看到商品的每一处细节。拍摄特写画面时，应尽量使镜头与物体保持一定距离，因为镜头离物体太近往往会导致画面畸变。在拍摄比较扁平物体或者俯视拍摄的时候，最好使用一个顶光，顶光能够很好地降低画面中影子的长度，使拍摄出来的画面更加整洁。

3.4.2　功能演示拍摄

在拍摄商品使用过程时，要注意操作步骤的连贯性和清晰性。如果是电子产品，展示开机、操作界面切换、功能使用等流程；若是食品，展示烹饪、食用过程，让观众直观感受商品的实用性和优势。同时，可添加一些辅助元素，如使用说明字幕、操作手势特写，增强观众对商品功能的理解。相机镜头可以远离物体通过调整焦距来实现特写，或者用软件后期放大处理。

3.4.3　脚本遵循与灵活调整

严格按照拍摄脚本拍摄，确保每个镜头都能准确传达商品信息，涵盖预定的拍摄主题和内容。但在实际拍摄中，若发现商品在某个角度或光线条件下展示效果更佳，或是突发灵感想到更具创意的拍摄方式，可在不影响整体逻辑的前提下，灵活调整拍摄内容和顺序，提升视频的表现力和独特性。

总之，画面构图与拍摄内容同样不容忽视，构图时巧妙运用三分法、对称构图、引导线构图等方法，合理组合特写、中景、全景等不同景别，同时保持画面整洁，选择适配的背景，增强视觉吸引力。拍摄内容上全方位展示商品细节，完整呈现各个角度和独特设计，清晰演示商品使用过程，添加辅助元素帮助观众理解商品功能，并在遵循拍摄脚本的同时，根据实际情况灵活调整，提升视频表现力。

小资料卡片

拍摄视频时，设备参数设定是基础。可将光圈设为 f/8~f/16 获取清晰画面，快门速度保持在帧速率的两倍，以避免画面卡顿。在光线运用上，巧用自然光，早晨或傍晚时分光线柔和，利于营造氛围；室内则用反光板和遮光板，改善光线效果。

4. 用颜色打造视觉效果

Pr 软件视频调色在提升视频质量和视觉效果方面至关重要，调色不仅是简单的颜色改变，更是一个系统性的修整过程，它涉及调整曝光、对比度、饱和度等多个元素，以增强画面的视觉效果和情感表达。在商品展示视频中，恰当的调色可以使商品更加突出、生动，吸引观众的注意力，从而提升视频的吸引力和传播效果。通过调色，可以修正拍摄过程中的色彩偏差，确保视频的整体色彩平衡，优化明暗关系。

4.1 调色目的

4.1.1 突出商品特性

通过调色，能够将商品的独特属性淋漓尽致地展现出来。例如，在拍摄珠宝首饰时，提升色彩饱和度，可以让宝石的色泽更加鲜艳夺目，增强其视觉冲击力，而蓝宝石的深邃蓝色、红宝石的浓郁红色，经过调色后能更加纯正且富有层次感，使观众一眼便能被其吸引。对于金属制品，增强对比度可凸显其硬朗的线条和光泽，不锈钢材质的厨具，在高对比度的调色下，反光与阴影的对比更加明显，不仅能展现出其精湛的工艺，还能让观众直观感受到金属的质感。

4.1.2 营造氛围

根据商品的定位和目标受众，营造与之相符的氛围至关重要。对于儿童玩具视频，采用明亮、活泼的色调，如鲜艳的红、黄、绿等色彩搭配，能够传递出欢乐、童趣的感觉，激发孩子们的兴趣；高端电子产品则运用简洁、冷峻的色调，如以银灰色、黑色为主色调，搭配少量的蓝色或绿色点缀，展现出科技感与品质感，吸引追求高品质生活的消费者。

4.1.3 统一风格

若有多组商品展示视频，通过调色统一色调风格，能使系列视频具有连贯性和品牌辨识度。例如，某品牌的一系列美妆产品展示视频，都以暖色调的粉色系为主，搭配柔和的光线，无论观众观看哪一款产品的视频，都能立刻识别出这是该品牌的风格，加深对该品牌的印象。这种统一的风格有助于品牌在市场中树立独特的形象，增强品牌的影响力。

4.2 基本流程

4.2.1 粗调

首先要调整视频的曝光、对比度、色温等基础参数。根据商品本身的颜色和光线条件，合理增加或降低曝光。如果拍摄的是白色的瓷器，曝光过度可能会导致瓷器失去细节，而曝光不足则无法展现其洁白的质感，因此需要精准调整，使商品细节清晰可见。调整对比度，能够突出商品与背景的层次感，让商品在画面中更加突出。校正色温也是关键步骤，确保商品颜色还原准确。如在室内灯光下拍摄的水果，若不校正色温，可能会使水果的颜色偏黄或偏红，失去原本的新鲜色泽。

4.2.2 色彩校正

针对商品的主色调进行精细调整，让商品颜色更纯正、鲜艳。利用色彩平衡工具，在不同色彩通道上进行微调。例如，拍摄绿色蔬菜时，增强绿色通道的饱和度和明度，让蔬菜看起来更加新鲜翠绿；拍摄红色的草莓，通过调整红色通道的参数，使红色更加鲜艳诱人，同时避免颜色过于夸张而失真。

4.2.3 添加风格化滤镜

根据视频想要营造的氛围，选择合适的滤镜或 LUT。复古风格的商品展示可添加棕黄色调的复古滤镜，这种滤镜能够营造出一种怀旧的氛围，适合展示具有历史感的商品，如复古相机、老唱片等。现代时尚的商品则可使用高对比度、冷色调的滤镜，进一步强化视频风格。如时尚的运动装备，在这种滤镜下，能够展现出其时尚、动感的特点。

4.2.4 局部调色

对于商品的关键部位或细节，进行局部调色处理。例如拍摄化妆品时，对膏体部分进行单独调色，使其色彩更加诱人。口红的膏体颜色经过调色后，能够更加真实地呈现出上唇后的效果，吸引消费者购买。拍摄汽车时，对轮毂、车灯等部位进行调色，突出其精致感。轮毂的金属光泽、车灯的明亮效果，通过局部调色能够更加引人注目。

4.3 注意要点

4.3.1 保持商品真实感

调色过程中要避免过度处理，确保商品颜色和质感真实可信，不能让观众产生与实物不符的视觉感受。过度增加饱和度可能会使商品颜色过于鲜艳而失真，过度调整对比度可能会导致细节丢失。因此，在调色时要时刻以实物为参照，保持商品的真实特性。

4.3.2 考虑观看平台

不同平台对视频色彩的显示可能存在差异，调色时需参考平台的色彩标准和推荐设置。例如，在手机端观看的视频，由于手机屏幕的色域和亮度等参数不同，可能会导致视频色彩显示与电脑端有所差异。在上传视频到不同平台时，要根据平台的特点进行适当调整，确保视频在各平台都能呈现出最佳效果。

4.3.3 与品牌形象一致

调色风格要与品牌的整体形象和定位相契合，不能偏离品牌一贯的视觉风格。一个以自然、环保为理念的品牌，其商品展示视频的调色风格应该偏向清新、自然的色调，而不能采用过于艳丽、夸张的色彩。只有保持与品牌形象一致，才能维护品牌的统一性和专业性，增强消费者对品牌的认同感。

4.4 调色步骤

4.4.1 导入视频素材

打开 Pr 软件，导入需要调色的商品展示视频素材，并将其拖入时间线编辑窗口中。

4.4.2 基础色彩校正

在 Pr 的颜色面板中，使用基本校正模块对视频进行基础色彩校正。调整曝光、对比度、白平衡等参数，确保商品颜色准确、画面明亮。这一步是调色的基础，对于商品展示视频尤为重要，因为准确的色彩能够真实反映商品外观。

4.4.3 应用调色预设或手动调色

使用调色预设：为了快速达到理想的调色效果，可以选择 Pr 内置的调色预设，或者导入自己制作的 LUT 文件。在创意选项卡中，选择合适的预设并应用，然后根据需要进行微调。

手动调色：如果希望进行更精细的调色，可以使用“曲线”“色轮和匹配”等高级工具。

例如，通过调整 RGB 曲线来改变视频的亮度分布，或使用色轮来调整特定颜色的色相、饱和度和亮度，以突出商品特点或营造特定氛围。

4.4.4 局部色彩调整

针对商品展示视频中的特定区域或商品本身，可以使用 HSL 辅助工具进行局部色彩调整。例如，增加商品的饱和度，使其更加鲜艳夺目；或者调整背景色彩，以突出商品主体。

4.4.5 检查导出

在完成调色后，仔细检查视频的色彩是否均匀、过渡是否自然，以及商品是否突出显示。确认无误后，导出视频文件，以便在电商平台或其他渠道使用。

小资料卡片

在商品展示视频调色时，先利用直方图精准把控曝光，让画面亮部不过曝、暗部有细节；使用曲线工具调整对比度，S 形曲线可强化反差，突出商品主体；进行色彩校正时，借助吸管工具吸取商品中性色来校正偏色问题；做局部调色，用蒙版工具圈选商品关键部位，像拍摄鞋子时圈出鞋面和鞋底，分别调整色彩，避免整体调色导致细节丢失 。

【任务实施】

根据班级人数将学生分成若干实训活动小组，每组设组长 1 名，负责安排、协调、督促小组完成实训任务，同时做好实训活动记录。

项目实训　商韵腕华，手表光影重塑

根据案例的具体要求，分析完成实训任务的操作步骤和知识要点，如图 9-18 所示。

步骤一：新建项目并导入素材

(1) 新建文件夹：命名为“商韵腕华，手表光影重塑-日期”，将剪辑用到的素材分类整理放入文件夹。

(2) 新建项目：项目名称为“商韵腕华，手表光影重塑”，位置指向“商韵腕华，手表光影重塑-日期”文件夹。

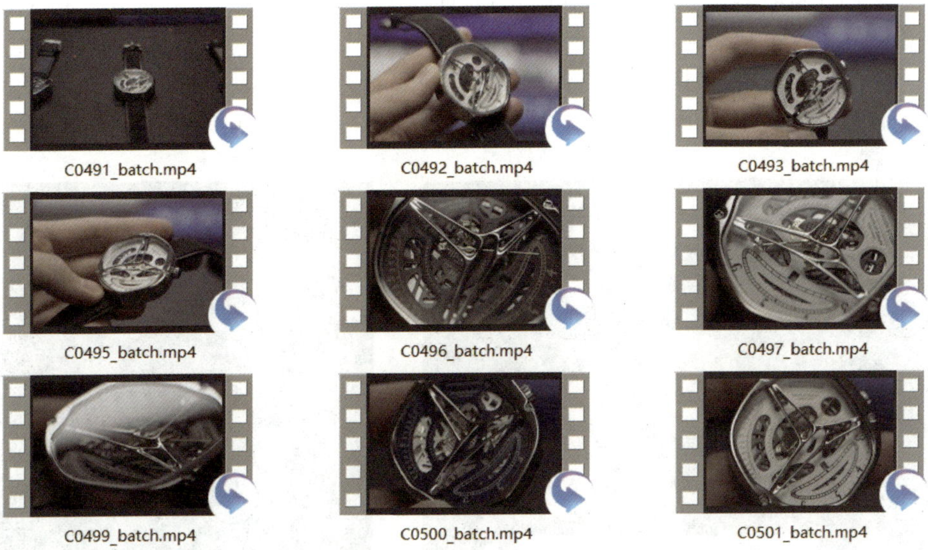

图 9-18 “商韵腕华，手表光影重塑”剪辑素材

（3）新建序列：尺寸为 1920px×1080px，像素长宽比为方形像素 1.0，帧速率为 25 帧/秒。

（4）导入素材：将剪辑用到的素材按照“视频素材”和“配音素材”分类，导入新建项目中。

步骤二：分析样片总结剪辑要点

（1）拍摄出符合产品展示要求、稳定且流畅的镜头并不容易，剪辑前需要反复观看样片和剪辑素材，找出符合要求的镜头。

（2）反复聆听背景音乐，熟悉音乐的节奏，背景音乐前 4 秒 15 帧左右裁剪不用。

（3）裁剪注意音乐的卡点，卡点节奏不必过于死板，应根据样片效果灵活选择定格画面。

（4）样片最后手表放置的镜头分析，需要用“倒放”功能完成。

步骤三：按照样片对视频画面进行粗剪

（1）按照样片中镜头出现的顺序将需要用到的素材拖进时间轴中，并全部右击“缩放为帧大小”。

（2）根据样片的镜头开始和结束的画面对素材进行大致的修改。

（3）为提高剪辑效率使用快捷键进行处理，英文状态下”Q”键删除素材前部分，”W”键删除素材后部分。

（4）剪辑过程中注意删除镜头晃动的素材，同样去掉同一动作过于冗余的素材。

（5）最后产品展示镜头制作，将素材按照时间展示剪辑完成后，点击“Ctrl+R”键调出“剪辑速度/持续时间”对话框，将“倒放速度”前面打勾，如图 9-19 所示。

（6）拍摄过程中，将产品放置到指定位置的镜头较难完成，因此都是将产品从指定位置拿走，剪辑中将素材进行倒放即可完成。

步骤四：配合音乐对画面进行剪辑并配音

（1）将背景音乐拖入时间轴，前 4 秒 15 帧左右裁剪不用，对照样片进行精细调整。

(2) 配合音乐对照样片镜头对视频进行精简，使用方向键逐帧进行对比并调整，使制作视频和样片完全一致。

(3) 将手表放置音、指针滴答音和星芒音等配套音效拖入时间轴，裁剪掉多余的部分，反复调整位置直至实现声画同步，如图 9-20 所示。

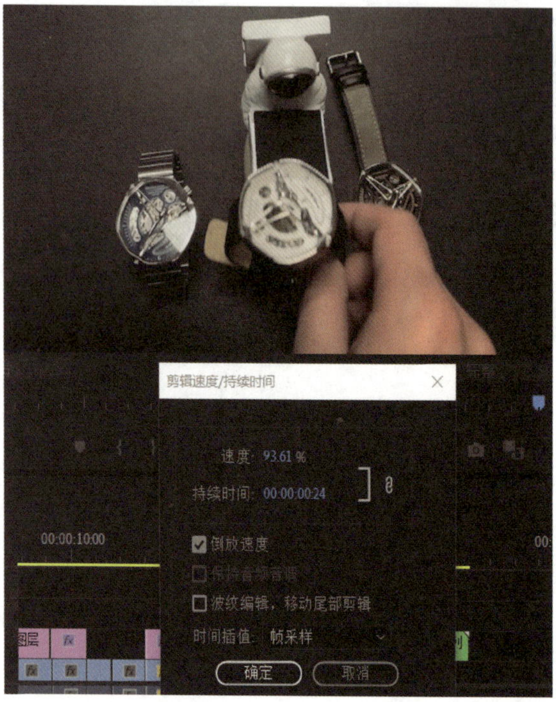

图 9-19 “剪辑速度/持续时间”对话框调整素材播放顺序

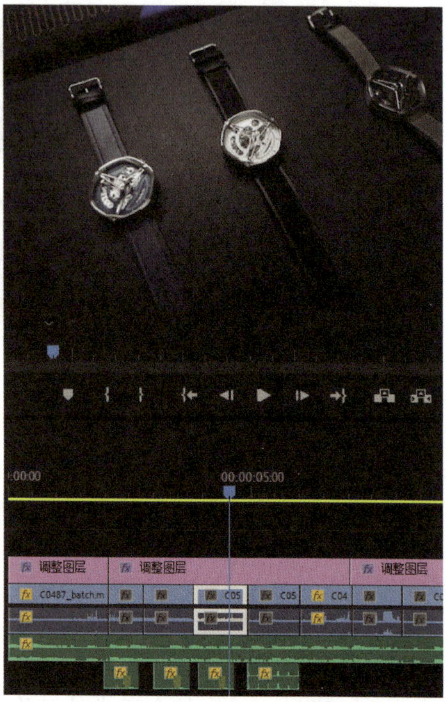

图 9-20 对视频进行配乐

(4) 在调整声音位置时，往往难以一蹴而就，需要反复尝试才能确定最合适的位置。我们应秉持精益求精的理念，将声画调整至最佳状态。

图 9-21 制作文字生长动画

步骤五：制作文字生长动画

(1) 在菜单栏中点击“文件”，选择“新建旧版标题”，利用新建字幕功能分别制作一条横线和两行文字，具体内容如图 9-21 所示。

(2) 在两行文字的位置属性上添加关键帧，使上方文字移动至下方，下方文字移动至上方，具体位置参照样片。

(3) 为横线素材添加裁剪效果，并在右侧的相关参数上添加关键帧，从而形成如样片所示的生长动画。

(4) 给原始位置在上方的文字添加裁剪效果，同时在顶部相关的参数上添加关键帧，具体如图 9-22 所示，以制作出如样片所示的文字效果。

(5) 给原始位置在下方的文字添加裁剪效果，同时在底部相关的参数上添加关键帧，具体如图 9-23 所示，从而制作出如样片所示的文字效果。

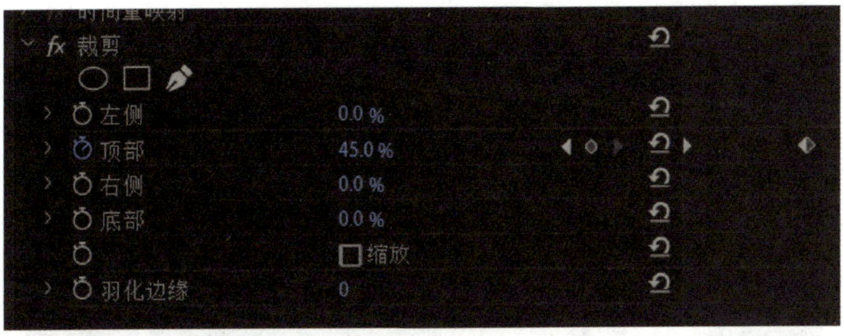

图 9-22 使用裁剪效果制作生长动画(一)

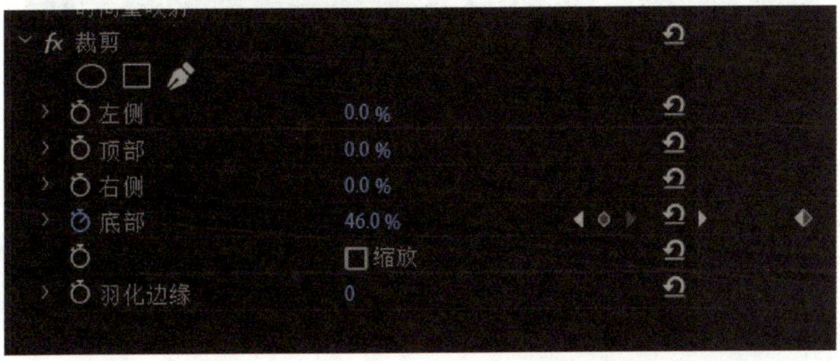

图 9-23 使用裁剪效果制作生长动画(二)

步骤六：对视频进行调色处理

(1) 由于整个画面是商务风格，色调偏低调，且素材镜头颜色发灰，所以需要进行一级基础调色，通过调出曲线，提高亮部、压低暗部来增强对比，如图 9-24 所示。

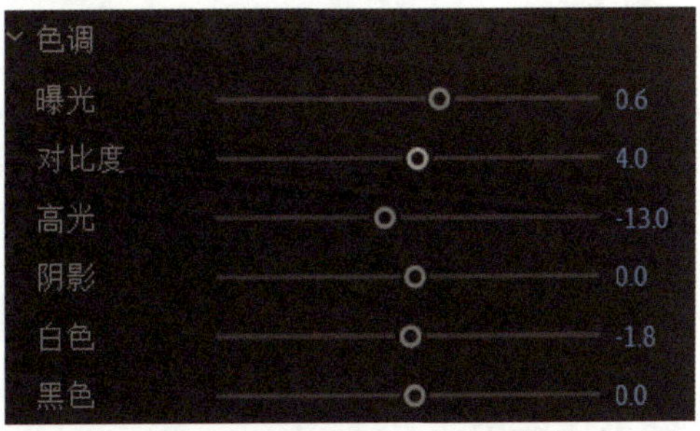

图 9-24 对视频进行一级基础调色

(2) 一级基础调色完成之后，需要对细节进行二级调色。因为视频整体是商务风格，因此需要对视频背景中颜色比较艳的部分进行弱化处理。

(3) 选择如图 9-25 所示素材，调整前键盘为高饱和的紫色，与视频整体的商务风格不搭，使用色相饱和度曲线进行调色，用吸管吸取键盘紫色，将所选范围稍微调大一些，按图 9-25 右侧所示进行参数调整，调整完成后键盘颜色如图 9-25 下方所示。

(4) 用同样的方法调整其他镜头，降低背景物品的饱和度，增强主体商品的饱和度，使整体画面更具商务风格质感。

步骤七：保存视频并提交作业

(1) 完成所有镜头剪辑，检查总时长和内容是否与样片一致，如果有问题，仔细检查，并进行细节调整和修改。

(2) 在制作的过程中，不断按“Ctrl+S”键保存剪辑的视频，制作步骤会保存在源文件中。

(3) 剪辑制作完成按“Ctrl+M”键导出 MP4 格式的视频提交作业。

步骤八：学生讲解任务完成情况

组长抽取序号，并选出一名代表讲解本组的作业完成情况。

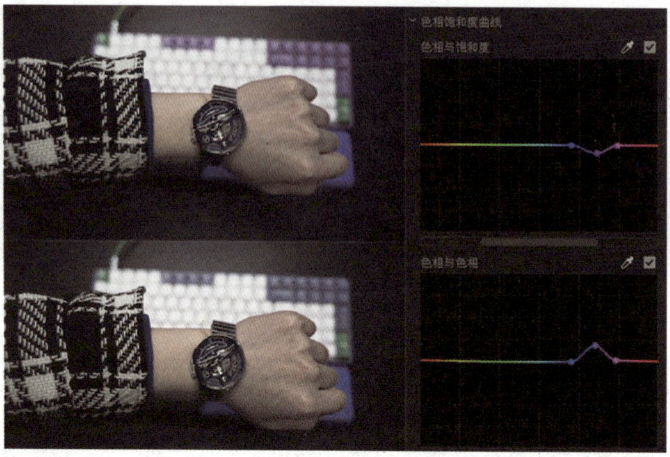

图 9-25　对视频背景素材进行细节调色

步骤九：师生共同点评

每个小组选出一名评委，对任务完成情况进行打分，小组间互评，最后由教师进行点评。

小资料卡片

当处理高分辨率、大码率的素材时，直接剪辑可能会导致电脑性能不足，处理速度缓慢甚至出现卡顿、崩溃的情况。这时可以创建代理文件，代理文件是低分辨率、低码率的素材副本，在剪辑过程中使用代理文件进行操作，能大大提高剪辑效率。导出时再切换回原始素材，这样既能保证剪辑的流畅性，又能确保导出视频的高质量。

【任务书】

任务书

任务内容	“商韵腕华，手表光影重塑”视频制作
实训过程	

续表

任务内容	“商韵腕华，手表光影重塑”视频制作
理论知识梳理	
实训过程总结	
教师记录、点评：	

【巩固提高】

一、选择题

1. 只有了解产品的卖点功能和(　　)，才能更好地展示产品。

A. 产品价格　B. 目标地域　C. 适用人群　D. 市场要求

2. (　　)和特写画面，体现着项目案例中手表的细节和质感。

A. 固定镜头　B. 产品说明　C. 样品　D. 功能介绍

3. 项目案例中视频色调以(　　)为主，体现着产品高端的感觉。

A. 高调　B. 低调　C. 中间调　D. 特效

4. 项目案例中配合音乐的鼓点和(　　)，剪辑出有节奏的画面。

A. 灯光　B. 产品大小　C. 视频色调　D. 呼吸感

5. 拍摄特写画面的时候尽量离远一点，镜头离物体太近经常(　　)。

A. 特写太明显　B. 形成畸变　C. 细节太明显　D. 影响节奏

6. 相机镜头可以远离物体通过(　　)来实现特写，或者用软件后期放大处理。

A. 视听语言　B. 背景　C. 画面色调　D. 调整焦距

7. 画面色调中的(　　)有通透、明快、干净的感觉。

A. 高调　B. 低调　C. 中间调　D. 特效

8. 画面色调中的(　　)有平稳中庸、有内涵、温暖、不容易出错的感觉。

A. 高调　B. 低调　C. 中间调　D. 特效

9. 画面色调中的(　　)有神秘、优雅、高贵、奢华、有内涵的感觉。

A. 高调　B. 低调　C. 中间调　D. 特效

10. 在预算有限的情况下，可以购买(　　)瓦数较小的摄影灯，而不是一台瓦数大的摄影灯。

A. 一台　B. 承载台　C. 多台　D. 灯光

二、填空题

1. 拍摄前对备用存储卡进行(　　　　　　)，可防止出现读写错误。

2. 拍摄商品时，利用线条元素引导观众视线聚焦商品的构图方法称为(　　　　)。

3. 在拍摄人物侧身照时，(　　　　)可清晰勾勒出人物面部轮廓，增加面部层次感和立体感。

4. 对于经常外出拍摄的创作者，(　　　　　　)因其体积小巧、可摆脱电源线束缚等特点，成为必不可少的装备。

5. 在商品展示视频调色时，为了突出商品特性，对于金属制品可通过增强(　　　　)来凸显其硬朗线条和光泽。

6. 拍摄现场要清理与商品无关的杂物，背景布置应(　　　　)，避免分散观众注意力。

7. 视频拍摄中期，设备操作需精细调整光圈、快门速度、(　　　　)等参数，确保曝光准确、画面清晰。

8. 拍摄小件精致商品，为突出主体，应使用(　　　　)以虚化背景。

9. 在 Pr 软件调色时，利用色彩平衡工具，在不同(　　　　)上进行微调，可使商品颜色更纯正。

10. 拍摄商品时，全景将商品置于(　　　　)中，增强商品的代入感。

三、判断题

1. 在拍摄商品时，只要使用高端的拍摄设备，就能拍出高质量的视频，无须考虑其他因素。（　）

2. 明确拍摄目标与受众对拍摄计划的制定和拍摄风格的选择具有重要指导意义。（　）

3. 环形灯在拍摄大型活动现场时，因其光线柔和，能提供良好的整体照明效果。（　）

4. 在拍摄过程中，严格按照拍摄脚本进行拍摄，不能有任何灵活调整。（　）

5. 在视频调色时，过度增加对比度不会导致商品细节丢失。（　）

6. 了解产品的适用人群有助于构建用户画像，精准把握其需求和喜好，从而制定合适的拍摄策略。（　）

7. 在拍摄时，使用遮光板可以增加不必要的光线，使画面更明亮。（　）

8. 在拍摄食品时，展示食品的外观即可，无须展示其烹饪、食用过程。（　）

9. 在商品展示视频调色时，调色风格应与品牌形象和定位相契合。（　）

10. 在拍摄电子产品的功能演示时，操作步骤的连贯性和清晰性并不重要。（　）

第 10 章　行业实战——炫酷黑中黑产品剪辑

【知识框图】

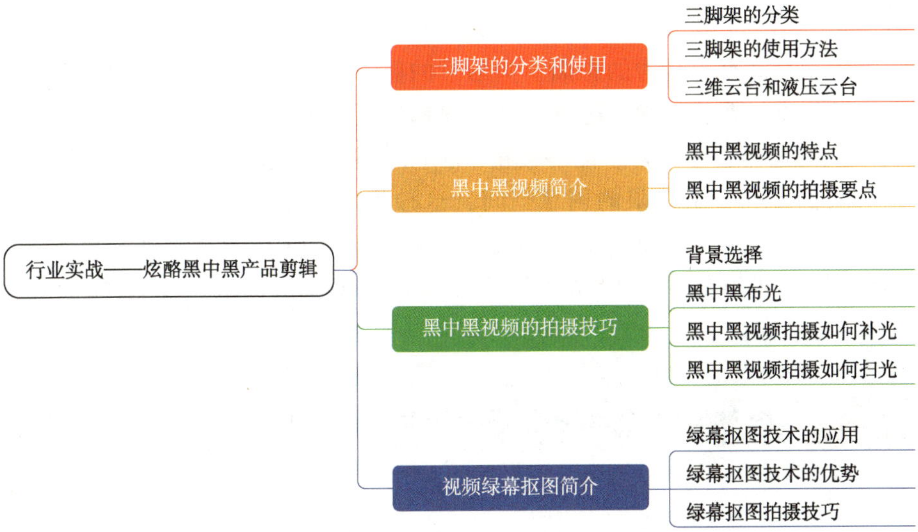

图 10-1　行业实战——炫酷黑中黑产品剪辑

【项目简介】

本章将深入探究三脚架的相关知识，包括其分类、使用方法以及不同类型之间的差异。同时介绍了多种实用的拍摄与剪辑技巧，如黑中黑拍摄技巧、前期拍摄与后期剪辑的融合、360 度拍摄布景、拍摄物体的扫光处理、绿幕抠图特效应用，以及基于给定样片的相机镜头案例剪辑，着重讲解了蒙版使用和曲线调整的技巧。黑中黑拍摄技巧，作为一种能够在暗光环境下营造独特氛围与质感的拍摄方法，不仅要求在前期拍摄时精准控制光线和曝光，还需要在后期剪辑中进行专业的调色处理，绿幕抠图特效的应用则为后期剪辑灵活处理画面元素提供了便利。通过对这些内容的学习，同学们将获得全面的视频剪辑技术指导，并从中汲取丰富的创意灵感。

【学习目标】

知识目标

了解三脚架的分类、使用方法，学会挑选适配视频拍摄需求的器材；

掌握黑中黑拍摄技巧，理解前期拍摄与后期剪辑结合的要点及绿幕抠图特效原理。

能力目标

熟练运用 360 度拍摄布景技巧，精准操作特效软件完成绿幕抠图；

依据给定样片，灵活运用蒙版、曲线等工具打造黑中黑炫酷视频特效。

素养目标

深刻体会蒙版在精准把控画面局部效果中的强大功能，激发学习专业技能的热忱；

于行业实战中通过反复调整参数实现抠图特效，树立追求极致的职业理念。

【任务描述】

在当今多元化的视频创作领域，黑中黑视频以其独特的风格与创意逐渐崭露头角。创作者需从熟悉拍摄工具开始，凭借对光线、构图、人物情感及场景氛围的精准把控，捕捉每一个生动且富有表现力的画面，为后续的剪辑工作积累丰富而优质的素材。剪辑环节更是一场创意与技艺的深度融合，其中绿幕抠图技术扮演着至关重要的角色，通过Pr软件与细致的操作，绿幕背景能够被精准去除，主体从原本的拍摄环境中脱颖而出。成功抠图后我们便拥有了无限的创意空间，这种将现实与虚拟巧妙结合的方式，不仅为视频增添了奇幻色彩，更极大地拓展了视频的叙事维度与视觉表现力。本章我们将以"黑中黑秘境，解锁酷炫相机密码"为例，学习视频抠图和产品炫酷展示的剪辑技巧。

案例一　Pr软件如果绿幕抠图后有环境色怎么办?

1. 情景设计

校园中素有视频制作小达人之称的彬彬与子博，近日接到了XW公司关于视频绿幕抠图的任务。该任务要求将一批带有绿幕的视频，处理为带透明通道的MOV格式。为了不耽误上课时间，两人一收到素材就争分夺秒地打开电脑，投入紧张的制作中。工作时，子博留意到彬彬敲击键盘的频率格外快，那噼里啪啦的声响，仿佛带着独特的韵律，促使视频快速生成。反观自己，握着鼠标在界面上不断来回设置各种数值，进展却不尽如人意。子博心中焦急，终于忍不住向彬彬求助："奇怪了，为何我抠完的主体部分，始终残留着环境色，怎么都去不掉呢?"

2. 任务描述

彬彬以相机视频抠图素材为例，向子博传授使用超级键抠图的"独门绝技"，同时，两人梳理绿幕抠图的整体思路。本次任务聚焦对特定视频素材进行精细化处理，核心目标是运用专业的绿幕抠图技术，精准提取原始视频中以绿幕为背景的主体内容，去除绿色背景，为后续与多样化虚拟元素或场景的合成奠定基础，助力达成富有创意和视觉冲击力的视频创作愿景。为达成此目标，需要对超级键的参数进行细致调整。随后，两人齐心协力调整参数完成抠图，并将作品发送至公司指定邮箱。

3. 任务提升

视频抠图后如果有环境色，主要参考以下方法进行处理。

方法一：使用超级键效果

应用超级键：在效果面板中找到"超级键"，并应用到需要抠图的视频轨道上。

吸管选取颜色：用吸管工具点击视频中的背景环境色，选取要去除的颜色。

调整参数：通过调整"容差"和"基值"来优化抠图效果，使背景去除得更干净。在"超级键"的"输出"设置中，选择"强效"可获得更理想的抠图。利用"遮罩生成"功能、"遮罩清除"功能和"溢出抑制"参数进一步优化抠图边缘，去除残留的环境色。

方法二：利用颜色键效果

导入素材与应用颜色键：将视频导入 Pr 项目中，并将其拖到时间轴上。在效果面板中搜索“颜色键”，将其拖到视频上。

选取背景色与调整容差：在效果控件面板中找到颜色键，使用吸管工具点击背景环境色，然后增加颜色容差以去除更多相似颜色，但要注意避免影响前景物体的边缘。

边缘处理：使用“边缘细化”和“羽化”来平滑抠图边缘，使其更自然，减少环境色的影响。

方法三：结合手动蒙版

对于复杂边缘或残留环境色，仅依靠键控效果可能无法完全解决问题，需结合蒙版工具手动调整。在时间轴上选择带有抠图效果的视频片段，在效果控件面板中找到“蒙版”选项，使用蒙版工具在视频画面中绘制蒙版，精确抠出主体，擦除或遮盖残留的环境色。

方法四：调色辅助处理

如果视频中的环境色不均匀或含有杂质，可以先对整体视频进行调色，使其颜色更加统一，然后再进行抠图操作，这样能提高抠图的准确性，减少边缘环境色的出现。在效果面板中找到“Lumetri 颜色”效果，将其应用到视频上，通过调整“基本校正”“曲线”“颜色轮”等参数，对视频的颜色进行校正和调整。

案例二 如何利用同一视频，制作项目实训中开关自动打开镜头？

1. 情景设计

在视频制作课堂上，小顾接到老师发放的黑中黑炫酷视频剪辑任务。面对众多知识点，小顾有些发怵，尤其是对开关自动打开镜头为何要用蒙版感到疑惑，心里想着直接衔接照片难道不行吗？正当小顾不知所措时，看到身边的笑泽已经完成了视频的剪辑和制作，只需完成最后配音就能提交作业。小顾急忙向笑泽请教开关自动打开镜头的制作方法，笑泽告知小顾：“老师强调过必须用蒙版。”看着一脸茫然的小顾，笑泽耐心地提醒：“你忘了之前学过要统一光影吗？你再看看用照片衔接的效果。”小顾反复查看后，恍然大悟。

2. 任务描述

在本次视频剪辑任务中存在相机开关自动打开的关键镜头，小顾对着素材发愁，因为前后两张照片的光影状况截然不同。要是直接把这两张照片衔接起来，会产生强烈的违和感，严重影响视频的整体视觉效果。笑泽告诉他得把已经打开开关的图片放置在未打开开关图片的上方，在效果控件中找到不透明度选项，运用其中的蒙版功能抠出已经打开的开关部分。在这个过程中要精准地调整蒙版的边缘，确保抠取的开关轮廓自然流畅、与周边画面完美融合。完成抠图后还需仔细调整两张图片的位置，让它们在视觉上达到最佳的衔接状态，如此便能成功制作出样片中那种令人眼前一亮的炫酷镜头，让整个视频瞬间提升档次。

3. 任务分解

步骤一：素材导入与放置

(1) 导入照片：打开 Pr 新建项目，通过“文件”菜单的“导入”选项，将未打开和已打开开关的照片导入项目面板。

(2) 放置到时间轴：在项目面板中，依次把未打开开关的照片拖到 V1 轨道，已打开开关的照片拖到 V2 轨道，起始位置对齐。

步骤二：用蒙版抠取开关

(1) 打开蒙版：选中 V2 轨道上已打开开关的照片剪辑，在效果控件面板的“不透明度”下方，点击钢笔图标，选择合适的蒙版形状，不规则开关可选“自由绘制贝塞尔曲线”。

（2）调整蒙版：在节目监视器中围绕开关绘制蒙版。矩形、椭圆形蒙版绘制后拖动控制点调整；贝塞尔曲线则通过添加锚点、拖动控制手柄勾勒形状，确保覆盖准确。

（3）优化边缘：在效果控件面板中找到“蒙版羽化”，拖动滑块或输入数值，一般设 3~5 像素，让开关边缘柔和过渡。

步骤三：光影调整

（1）分析差异：在节目监视器同时查看两张照片，找出亮度、对比度、色彩等光影差异。

（2）调整光影：选中上层照片剪辑，利用“Lumetri 颜色”的“基本校正”参数，如曝光、对比度等，调整至与下层照片光影匹配。色彩有偏差时，在“颜色校正”调整色相、饱和度、色温等。

步骤四：图片位置调整与加音乐

（1）微调位置：检查时间轴上照片位置，节目监视器中若开关位置有偏差，在效果控件面板的“运动”里调“位置”参数，或直接拖动上层照片，让开关位置重合。

（2）添加音乐：导入合适的音乐素材到项目面板，拖到 A1 轨道，按视频节奏氛围调整起始和持续时间，注意音量大小。

通过这些步骤，就能做出相机开关自动打开的炫酷镜头，实现照片光影统一与自然衔接。

请结合案例一和案例二所给资料，预习课件内容，分析并讲述 Pr 软件进行绿幕抠图的参数设置和抠图技巧，以及黑中黑炫酷视频拍摄和剪辑的要点，明确就绿幕抠图而言，在参数设置上，“主要颜色”精准选取绿幕色，“颜色容差”依素材调整范围，“边缘细化”优化轮廓。了解在抠图技巧方面，巧用“溢出抑制”功能消除反光，针对复杂画面搭配使用蒙版工具，这些都是实现优质抠图效果的关键。

【知识准备】

三脚架是产品展示、视频拍摄不可或缺的重要工具，其主要功能是为相机提供稳定的支撑，尤其是在低光环境下或使用长焦镜头时，三脚架的作用尤为明显。黑中黑视频效果是一种在暗光环境下创造独特氛围和质感的拍摄方法，通常结合前期拍摄时的光线和曝光控制，以及后期剪辑中的专业调色处理来实现。在暗光环境下通过精确控制光线和曝光，可以突出画面的主体，同时营造出一种神秘、深邃的氛围。后期剪辑时，通过调色处理进一步增强这种效果，使画面更加符合创意意图，呈现出独特的视觉效果。绿幕抠图是一种常用的后期剪辑技术，它允许摄影师在后期处理中灵活处理画面元素，拍摄时在背景上放置一块绿色或蓝色的布，后期剪辑中使用软件将绿色或蓝色背景从画面中抠除，替换为其他背景或特效。这种技术广泛应用于产品展示领域，尤其是科技类和电子类产品的展示，能够有效提高产品的质感，提升客户购买的欲望。

1. 三脚架的分类和使用

在电商行业蓬勃发展的今天，产品展示拍摄已成为商家吸引消费者、提升销售额的重要手段。三脚架作为拍摄过程中的重要辅助工具，其稳定性和实用性对于拍摄出高质量的产品展示视频至关重要，它不仅能够为相机提供稳定的支撑，避免拍摄过程中的晃动和模糊，还能够通过调整高度和角度，满足我们对拍摄画面的多样化需求。在选择三脚架时，云台的选择至关重要，三脚架主要起固定作用，而相机的运动与调整则依赖云台。云台作为三脚架顶部的关键组件，不仅负责固定相机，更重要的是它允许我们自由调整相机的水平和俯仰角度，从而实现各种构图拍摄，云台的类型和功能直接影响到拍摄的灵活性和稳定性，如图 10-2 所示。

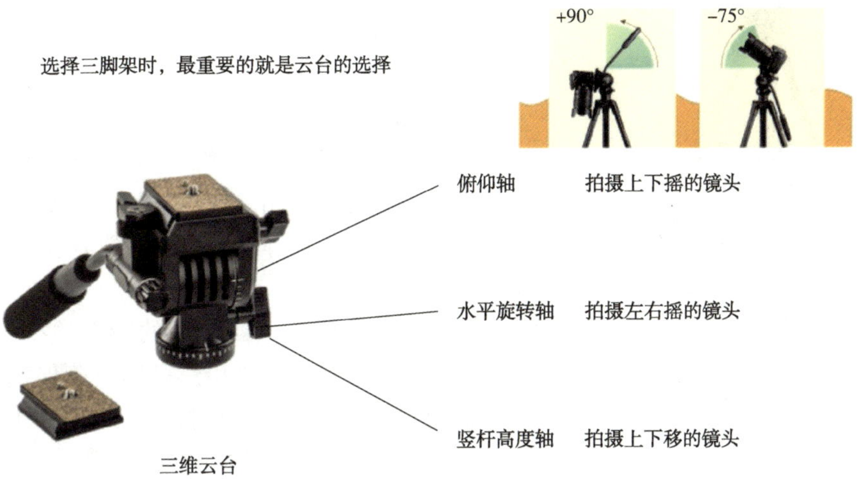

图 10-2　三脚架与云台

1.1　三脚架的分类

三脚架根据用途、材质和结构的不同，可以分为多种类型。在电商产品展示拍摄中，常见的三脚架分类如下。

1.1.1　桌面三脚架

特点：小巧灵活，便于携带和放置，特别适合桌面或低角度拍摄。其轻便的设计使摄影师能够轻松地在不同位置进行拍摄，无须担心设备的质量和体积问题，如图 10-3 所示。

图 10-3　桌面三脚架

适用场景：直播、自媒体拍摄等需要灵活调整拍摄角度和位置的场景。无论是在家中、办公室还是户外，桌面三脚架都能为摄影师提供稳定的拍摄平台。

1.1.2　专业三脚架

特点：高度通常在 1.5m 以上，脚管三节或四节设计，承重能力强，稳定性极佳。专业三脚架通常采用高强度材质制作，能够承受重型相机和镜头的质量，确保拍摄过程中的稳定性。

适用场景：拍摄大型电商产品，如家具、家电等。在这些场景中，摄影师需要固定相机和配件，确保拍摄画面的清晰度和稳定性。专业三脚架的高度和承重能力能够满足这一需求。

1.1.3　旅拍三脚架

特点：高度适中，稳定性强且轻便易携带。旅拍三脚架的设计考虑了户外拍摄的需求，既保证了稳定性又方便携带。

图 10-4　摄影三脚架

适用场景：适用于户外电商产品拍摄，如户外装备、运动器材等。摄影师可以在不同环境下利用旅拍三脚架提供稳定的拍摄平台，拍摄出具有户外特色的产品展示画面。

1.1.4　摄影三脚架

特点：高度更高，抓地稳定性更强，承重能力更好。摄影三脚架通常采用专业级的设计和高强度材料制作，能够满足影棚摄影等高标准场景的需求，如图 10-4 所示。

适用场景：影棚内电商产品的精细拍摄，如珠宝、化妆品等。在这些场景中，摄影师需要确保拍摄画面的高精度和稳定性，摄影三脚架能够提供可靠的支撑。

小资料卡片

三脚架使用要点包括：正确展开伸缩节、调整支腿补偿地面不平、指向拍摄对象、锁紧脚腿、灵活调整高度并增重以增加稳定性。正确从上到下展开三脚架的伸缩节，根据需求选择合适的脚架角度档位；必要时，调整支腿的伸展长度或角度，使中柱垂直，确保相机质量均匀分布。

1.2　三脚架的使用方法

1.2.1　安装与调试

安装步骤：首先，将三脚架展开至合适高度，确保三条腿稳固支撑地面。其次，将云台安装在三脚架顶部，并根据需要调整云台的角度和松紧度。最后，将相机安装在云台上，确保相机稳固不晃动，如图 10-5 所示。

调试：在拍摄前，摄影师需对三脚架进行细致的调试。通过调整云台的角度和松紧度，确保相机处于水平位置，避免拍摄画面出现倾斜或扭曲。同时，检查三脚架的稳固性，确保在拍摄过程中不会发生晃动或倾倒。

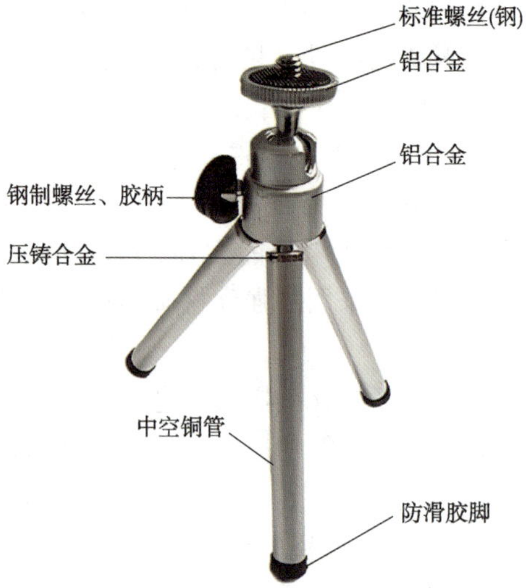

图 10-5　三脚架的结构

1.2.2　拍摄技巧

稳定拍摄：利用三脚架提供的稳定平台，摄影师可以拍摄出清晰、稳定的电商产品展示画面。在拍摄过程中，要注意避免触碰三脚架或相机，以免产生晃动影响画面质量。

多角度拍摄：通过调整云台的角度，摄影师可以实现多角度拍摄，全面展示电商产品的不同细节和特点。这有助于消费者更全面地了解产品，提高购买意愿。

光线利用：结合自然光和人工光源，摄影师可以利用三脚架的稳定支撑，拍摄出光影效果俱佳的电商产品展示画面。通过调整光源的位置和强度，营造出不同的氛围和效果，提升产品的吸引力。

1.2.3　注意事项

安全性：在使用三脚架时，摄影师需时刻关注其稳固性，确保三脚架稳固支撑地面，避免倾倒造成相机和产品的损坏。同时，在拍摄过程中要注意保护相机和镜头，避免碰撞或摔落。

便携性：选择轻便易携带的三脚架对于摄影师来说至关重要，不仅方便摄影师在不同拍摄场地之间移动和携带，还能减轻摄影师的负担，提高拍摄效率。

维护保养：定期对三脚架进行清洁和维护保养也是必不可少的，可以延长三脚架的使用寿命，保持其稳定性和拍摄效果。同时，检查三脚架的各个部件是否完好，如有损坏或磨损应及时更换或维修。

1.3　三维云台和液压云台

云台类型的选择直接影响操作体验和拍摄效果，球形云台灵活多变可快速调整角度，适合多变的拍摄环境和快速抓拍；液压云台更加平稳，适合视频拍摄和需要精确控制的场景；三维云台定位准确，有三根调节手柄因此操作稍显烦琐，但适合商业拍摄等需要高精度的场合。我们在选择时应根据具体使用场景和个人拍摄习惯来决定。在视频拍摄领域，三维云台和液压云台是两种备受摄影师青睐的云台类型，它们具有不同的特点和适用场景，如图 10-6 所示。

球形云台　　三维云台　　液压云台

图 10-6　云台的分类

1.3.1　三维云台

特点：三维云台提供三个方向的独立调节功能，包括水平旋转、垂直旋转和侧倾角度。这种设计使摄影师能够更精确地控制相机的位置和角度，适用于需要定格或微调相机位置的情况。此外，三维云台在水平、俯仰和竖拍时都能提供很好的稳定性，确保拍摄画面的清晰度，如图 10-7 和图 10-8 所示。

适用场景：由于三维云台能够提供精细的调节和精确的构图，因此非常适合全景、风光和长焦镜头的拍摄。同时，它也适合对拍摄精度有较高要求的摄影者。

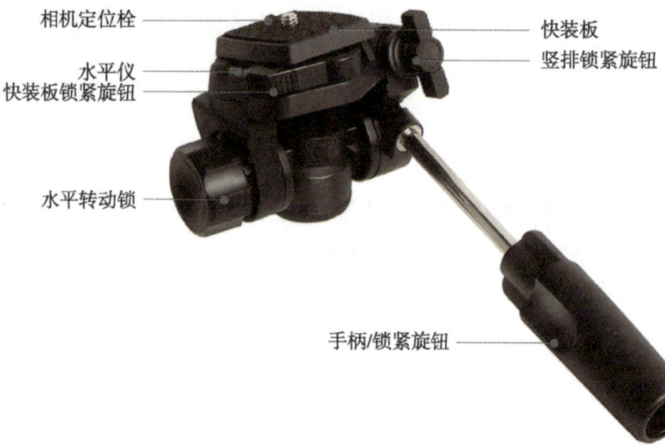

图 10-7　三维云台的按钮功能展示

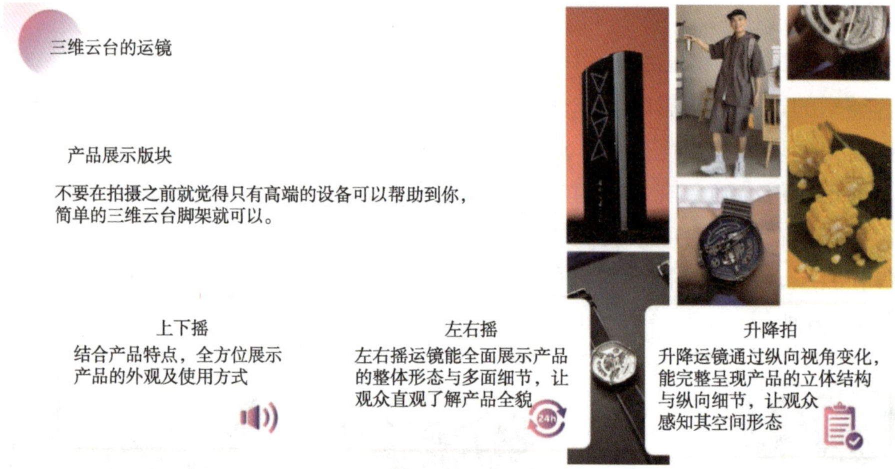

图 10-8　三维云台运镜方法

图 10-9　液压云台

1.3.2　液压云台

特点：液压云台采用液压阻尼系统，能够提供流畅的摄影运动，有效减少晃动和振动。这种设计使液压云台特别适合需要进行平滑追踪和移动拍摄的场景，如视频创作和生态体育摄影。此外，液压云台承重量大、稳定性好，能够为摄像设备提供左右和仰俯运动，帮助摄像师完成精确的构图拍摄，如图 10-9 所示。

适用场景：液压云台常用于电影制作、电视节目拍摄以及需要高质量视频输出的场合。由于它能够保持画面的稳定性和清晰度，因此也是拍鸟、天文观测等需要长时间曝光和精细构图的摄影领域的首选。

综上所述，三维云台和液压云台在视频拍摄中各有千秋，三维云台以其精确的调节和稳定性适用于静态和动态视频的拍摄；液压云台则以其流畅的摄影运动和承重量大的特点，成为视频创作和高质量视频拍摄的首选，我们在选择时，应根据具体拍摄需求和场景进行权衡，选择最适合自己的云台类型。

小资料卡片

正确安装与调节是液压云台使用的基础，确保云台与三脚架的连接稳固，设备要牢固地固定在云台上，调节时注意云台的水平和平衡，可以通过调整云台上的平衡旋钮来实现，确保设备在云台上处于稳定状态，不会自动倾斜；在拍摄移动镜头时，可以利用云台的阻尼特性，通过缓慢而平稳地移动云台来实现丝滑的运镜效果。

2. 黑中黑视频简介

黑中黑视频，作为一种独特而引人入胜的视觉艺术形式，以其深沉的色调、精妙的光影处理、细腻的质感表现以及简洁而富有力量的构图著称。这种风格不仅挑战了传统的视觉审美，更通过一系列高超的拍摄技巧与后期处理，将观众带入一个充满神秘与深邃的视觉世界。下面是对黑中黑视频特点及其拍摄技巧的详细解析，旨在为创作者提供全面的指导与灵感。

2.1　黑中黑视频的特点

2.1.1　色调的极致运用

深色调主宰：黑中黑视频的核心在于其对黑色及深色系的极致运用，整个画面以黑色或接近黑色的色调为主，营造出一种深沉、稳重且略带神秘的氛围，如图10-10所示。

图10-10　稳重且略带神秘的黑中黑效果

色彩对比：在深沉的色调中，巧妙地运用色彩对比，如黑色与白色、深色与亮色的对比可以产生强烈的视觉冲击，使画面更加生动有力。

2.1.2　光影的魔法

光影交织：光影是黑中黑视频的灵魂。通过精确控制光源的位置、强度、角度和颜色，可以创造出丰富而细腻的光影效果，使画面层次分明、立体感强。

轮廓光与阴影：利用轮廓光勾勒物体的边缘，增强物体的立体感；同时，通过阴影的巧妙运用，可以隐藏或突出画面的某些部分，吸引观众的眼球。

2.1.3　质感的细腻呈现

微观世界：黑中黑视频注重质感的细腻呈现，无论是物体的表面纹理、皮肤的毛孔还是衣物的纤维，都力求通过镜头捕捉并放大其细节，使观众感受到真实的触感。

光影质感：通过光影的变化，可以进一步增强质感的表达，使画面更加生动、立体，如图10-11所示。

图10-11　黑中黑质感的细腻呈现

2.1.4 构图的简洁与力量

少即是多：在黑中黑视频中，构图追求简洁而有力。通过精心选择的元素和线条，以及巧妙的布局，可以营造出强烈的视觉冲击力，同时使画面更加易于理解和记忆。

视觉引导：利用构图中的线条、形状和色彩对比，引导观众的视线在画面中流动，从而增强画面的叙事性和吸引力。

2.2 黑中黑视频的拍摄要点

2.2.1 光线的精准控制

光源选择：选择适合的光源类型，如聚光灯、柔光灯或 LED 灯等，根据拍摄需求调整光源的强度和颜色。

光线布局：根据拍摄对象的形状、质感和需求，设计合理的光线布局，如三点布光法、侧光、逆光等，以营造出所需的光影效果，如图 10-12 所示。

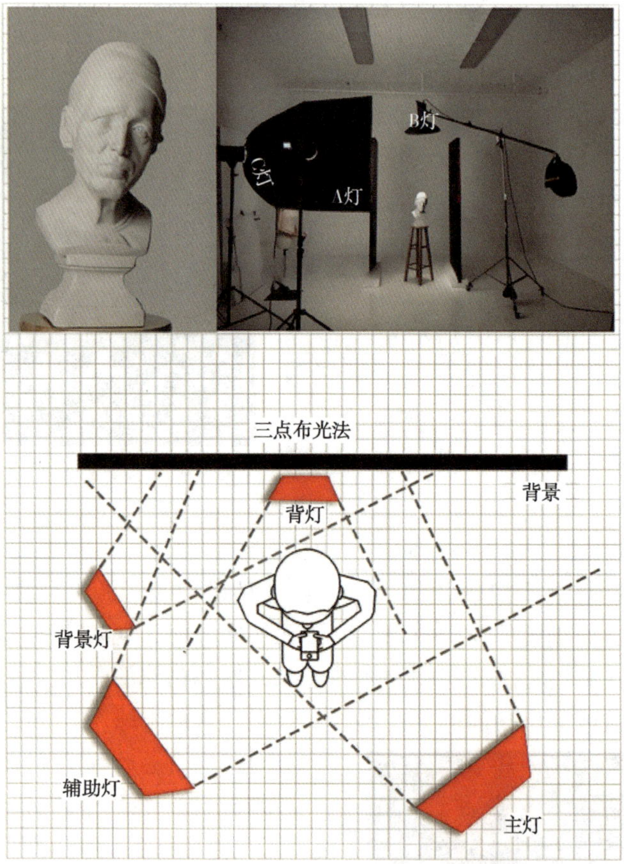

图 10-12 三点布光法

光比控制：精确控制主体与背景之间的光比，通过调整光源的强度、距离或添加反光板、遮光罩等辅助工具，使主体突出而不失细节、背景深沉而不失层次。

2.2.2 相机的专业设置

低 ISO 与高动态范围：选择较低的 ISO 值以减少噪点，同时利用相机的 HDR 功能或后期处理软件来扩展画面的动态范围，使亮部和暗部的细节都能得到很好的保留。

手动对焦与测光：在黑中黑视频中，由于光线较暗且对比强烈，自动对焦和自动测光可能不够准确。因此，建议采用手动对焦和手动测光方式，确保画面的清晰度和曝光准确。

RAW 格式拍摄：RAW 格式能够保留更多的画面信息和细节，为后期处理提供更大的空间。同时，RAW 格式还可以记录更丰富的色彩和动态范围，使画面更加细腻、真实。

2.2.3　构图的创意与实践

简洁构图原则：遵循"少即是多"的原则，通过精心选择的元素和线条来构建画面。避免过多的干扰元素，使主体更加突出、清晰。

视角与角度：尝试不同的拍摄视角和角度，如低角度、高角度、倾斜角度等，以找到最具表现力的构图方式。同时，也可以利用反射、倒影等手法来增强画面的层次感和趣味性。

构图法则运用：如三分法、黄金分割法、对角线构图等构图法则在黑中黑视频中同样适用。通过合理运用这些法则，可以使画面更加平衡、和谐且富有美感。

2.2.4　后期的精细处理

色彩调整：在后期处理中，可以对色彩进行微调，以增强画面的对比度和层次感。但要保持整体的黑色调风格不变，避免过度调整导致色彩失真。

细节增强：通过锐化、降噪等处理手段来增强画面的细节表现。但要注意保持画面的自然和真实感，避免过度处理导致画面失真或过于生硬。

光影优化：进一步调整光影效果，如加强轮廓光、调整阴影的深浅和形状等，以使画面更具立体感和视觉冲击力。同时，也可以利用滤镜或特效来增强画面的艺术感和氛围。

2.2.5　道具与布景的巧妙运用

黑色背景的选择：选择高质量的黑色背景纸、布料或卡纸作为背景，以确保画面的深沉和统一。同时，也可以利用黑色背景的吸光特性来减少反光和干扰。

道具的创意使用：根据拍摄主题和需求，选择适合的道具来增强画面的层次感和故事性。如利用珊瑚沙、反光板、烟雾等道具来营造出不同的氛围和效果。

布景的设计与搭建：根据拍摄需求设计合理的布景方案，并搭建出符合主题的拍摄环境。通过布景的巧妙运用，可以使画面更加生动、有趣且富有创意。

3. 黑中黑视频的拍摄技巧

3.1　背景选择

为了淋漓尽致地展现黑中黑视频所追求的高端与神秘氛围，每一个细节都需精心雕琢，确保相机视野内的所有元素沉浸在纯粹的黑色之中。因此背景的选择至关重要，传统的大块黑色背景纸虽看似便捷，却容易因光线反射而产生不必要的亮斑或光泽，破坏整体的深邃感。推荐采用黑绒布作为背景材料，其细腻的绒面结构能有效吸收光线，减少反光，营造出一种无懈可击、深邃且均匀的黑色背景。这样，无论是拍摄物体的轮廓、质感还是光影的微妙变化，都能在黑绒布的映衬下得到最纯粹的展现，让黑中黑的视觉体验更加极致、更加引人入胜，如图 10-13 所示。

- 大块黑绒布作为背景
- 小块黑绒布铺满转盘
- 黑色的桌子

图 10-13 拍摄背景的选择要点

3.2 黑中黑布光

在拍摄产品并为其布光时，首要任务便是巧妙地展现出产品的三维体积感，让其在二维的画面中跃然而出，尤其是对于追求极致黑中黑风格的作品而言，这一点的实现尤为重要。为了凸显并精准塑造产品的边缘，我们需要精心布置光源，通常采用侧光或斜侧光的方式，让光线以一定的角度斜射在产品上。这样，产品的一侧会被光线轻柔地照亮，形成明亮的亮部，而另一侧则自然落入阴影之中，形成鲜明的明暗对比，如图 10-14 所示。

在黑绒布的背景下，这种对比不仅不会被削弱，反而会因为背景的深邃与吸光特性而得到进一步增强。光线在产品边缘勾勒出的轮廓线，如同雕刻师手中的刻刀，细腻而精确地刻画出产品的每一个曲线和转折，使其在深沉的黑色背景中脱颖而出，既凸显了产品的体积感，又赋予了画面层次和深度，完美诠释了黑中黑风格所追求的高端与精致，如图 10-15 所示。

图 10-14 用侧光或斜侧光的方式布光

图 10-15 拍摄黑绒布背景展示

3.3 黑中黑视频拍摄如何补光

在黑中黑视频的拍摄中，补光技巧至关重要，以确保画面既能保持深沉的神秘感，又能凸显出产品的细节与轮廓。一种有效的补光方法是，在正前方巧妙地放置一个小光源，这样既能提供必要的光线来照亮产品，又不会破坏整体的黑中黑氛围。这个小光源应当柔和且方向性明确，以便在产品上形成细腻的光影过渡，增强立体感。另外，虽然使用白纸直接补光在黑中黑风格中可能因反光过于明显而不推荐，但可以考虑使用具有漫反射特性的材料，如白布或专业的反光板，并将其放置在合适的位置以间接反射光线至产品上，这样既能补充光线，又能保持背景的深邃与统一，避免直接反光造成的亮度不均或破坏整体风格的问题，如图 10–16 所示。

3.4 黑中黑视频拍摄如何扫光

在黑中黑视频拍摄中，扫光是一种有效的布光技巧，能够增强产品的立体感和动态效果。为了实现这一效果，可以巧妙地转动柔光箱，使其光线以一定的速度和角度在产品表面移动，从而形成一条流畅而富有动感的光线轨迹。这种扫光方式不仅能够凸显产品的轮廓和细节，还能在黑中黑的背景下营造出一种神秘而吸引人的视觉效果。通过精确控制柔光箱的转动速度和角度，以及光线的强度和方向，可以创造出符合视频风格和主题需求的扫光效果，如图 10–17 所示。

图 10–16 使用白纸进行布光拍摄

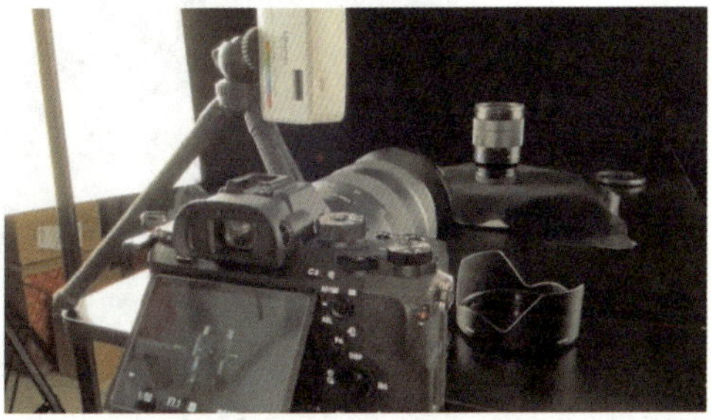

图 10–17 黑中黑扫光拍摄示例

小资料卡片

黑中黑视频拍摄技巧主要包括：使用柔和光线营造立体感，选择深色背景布形成纯黑背景，以及精确控制曝光和白平衡确保细节呈现。使用柔和光线，如八角柔光箱，以营造立体感和质感。选择深色背景布，如黑布，利用其吸光特性形成纯黑背景，增强视觉效果。

4. 视频绿幕抠图简介

产品展示过程中绿幕抠图是一种利用绿幕技术和抠图软件，将产品从绿色背景中精确分离出来，再与其他背景或特效结合，以实现丰富多样的展示效果的图像处理技术。它广泛应用于电商直播、产品宣传等领域，能够提升视觉效果、增强产品吸引力，如图 10–18 所示。

图 10–18 绿布背景拍摄

绿幕抠图技术的核心在于颜色选择和后期处理。绿色通常被用作抠图技术的背景色，因为它与人类的肤色和常见服装颜色差异较大，在后期处理中更容易与前景对象分离。此外，绿色在 RGB 色彩空间中具有更高的亮度，这有助于减少拍摄时的光线需求，降低拍摄成本。在后期制作中，通过精确的算法和精细的调整，可以确保抠去的绿色背景边缘平滑、自然，不产生噪点或伪影。

4.1 绿幕抠图技术的应用

影视制作：在科幻大片或特效电影中，绿幕抠图技术被广泛应用于实现各种震撼的视觉效果。演员在绿幕前表演，后期再将绿幕替换为虚拟的背景或特效，从而创造出逼真的场景和氛围。

直播行业：随着网络技术的不断发展，绿幕抠图技术也逐渐应用于直播领域。主播可以在绿幕前进行直播，并通过实时抠图技术将绿幕替换为虚拟背景，从而创造出丰富多样的直播场景。这不仅提升了直播的观赏性，还降低了直播成本，如图 10-19 所示。

图 10-19　绿布拍摄场景示例 1

广告宣传：在广告宣传中，绿幕抠图技术也被广泛应用。通过抠图技术，可以将产品从绿色背景中分离出来，再与其他背景或特效结合，以实现更加生动、吸引人的宣传效果。

4.2 绿幕抠图技术的优势

成本低廉：相比传统的实景拍摄，绿幕抠图技术可以大大降低拍摄成本。它不需要搭建复杂的场景，也不需要花费大量的时间和金钱来布置道具和灯光。

灵活多变：绿幕抠图技术可以实现背景的灵活替换，创作者可以自由地选择想要的背景或特效。大大增加了创作的灵活性和多样性。

高效便捷：随着技术的不断发展，绿幕抠图技术已经变得越来越高效和便捷。许多专业的软件和工具都可以实现实时的抠图效果，大大提高了工作效率。

4.3 绿幕抠图拍摄技巧

4.3.1 前期准备

选择合适的绿幕：绿幕的颜色应纯正且无杂质，以确保抠图的准确性，颜色过浅或有杂质的绿幕会增加抠图的难度；绿幕应足够大，以便拍摄对象有足够的空间进行表演，同时减少绿幕边缘对抠图的影响；绿幕的材质应平整、不反光，以避免在抠图时产生不必要的干扰，如图 10-20 所示。

合理布置灯光：使用多个光源均匀照亮绿幕和拍摄对象，确保光线分布均匀，减少阴影和反光；调整光线角度，避免直射绿幕或拍摄对象，以减少光线对抠图效果的影响；绿幕的光不宜过亮，以免加重绿色反射，同时确保绿幕没有明显的暗角或亮斑。

拍摄对象选择：拍摄对象应避免穿着与绿幕颜色相近或相同的衣物，以降低抠图时的难度；抠图主体颜色应鲜艳、对比度高，以便在抠图时更好地与绿幕分离。

图 10-20　绿布拍摄场景示例 2

4.3.2　拍摄技巧

保持绿幕平整：在拍摄过程中，确保绿幕平整无褶皱，以减少抠图时的难度和误差。

合理控制拍摄距离：拍摄对象与绿幕之间应保持适当的距离，一般建议 1.5m 以上，以避免拍摄对象的边缘染上绿色或产生阴影。

注意光线变化：在拍摄过程中，注意光线的变化对抠图效果的影响。如果光线发生变化，应及时调整灯光或重新进行抠图处理。

4.3.3　软件设置与抠图技巧

调整色度键参数：在抠图软件中，使用色度键功能来去除绿幕。调整色度键的相似度、容差等参数，以便更精确地去除绿幕；自定义抠图参数，用吸取功能采集画面中绿幕的色值，因为软件默认的绿色和吸取的绿色可能有偏差，使用吸取的绿色色值会抠图更精确。

使用蒙版或遮罩：对于复杂场景或需要精细抠图的部分，可以使用蒙版或遮罩功能来手动调整抠图区域。

后期处理：在抠图完成后，使用软件的后期处理功能对边缘进行平滑处理，以减少边缘的锯齿感或不平整现象；可以使用边缘修复工具或滤镜来进一步改善抠图效果，使边缘更加自然、流畅。

4.3.4　注意事项

在抠图过程中，确实需要耐心细致地调整参数，这是达到最佳抠图效果的关键步骤。抠图是一个复杂且精细的过程，涉及多个参数的调整，如色度键的相似度、容差、边缘亮度等，这些参数会直接影响到抠图结果的准确性和自然度。为了确保抠图效果，当抠图结果不理想时，可以尝试调整抠图参数。

在 Pr 软件中进行绿幕抠图时，参数设置的技巧主要包括统一色温、曝光，调整超级键参数以及使用遮罩和蒙版进行精细调整。首先，统一色温、曝光是基础步骤，确保拍摄时的光线条件一致，有助于后续抠图的准确性。其次，调整超级键参数是关键。在 Pr 中，打开效果面板，搜索“超级键”，然后将效果拖到绿幕素材上，如图 10-21 所示。

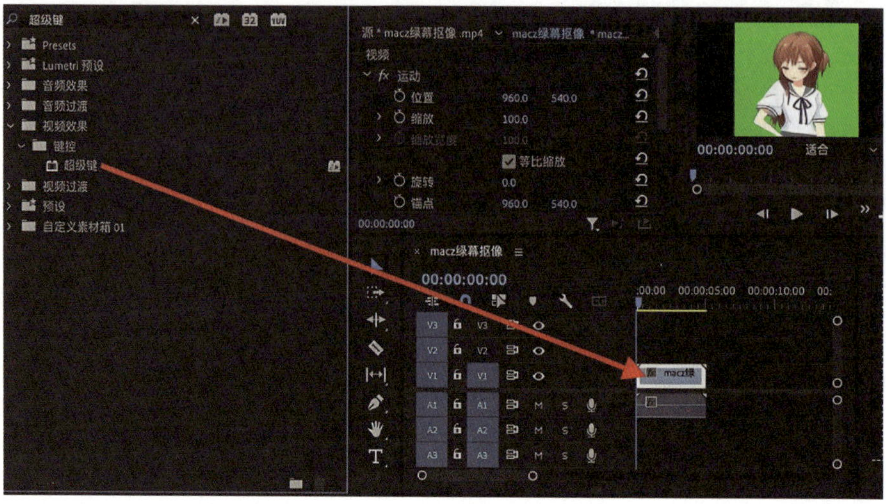

图 10-21　超级键抠图使用方法

使用吸管工具吸取画面中的绿色，这一步通常可以完成大部分的抠图工作。接下来的参数调整是为了让抠图效果更加完美。可以调整阴影和高光，以及控制溢出，这些都是为了让抠图的分界更加明显。同时，注意在 Alpha 通道中，黑透白不透，即黑色部分是透明的，下方的素材可以露出来，因此需要确保绿幕部分在 Alpha 通道中变成黑色，如图 10-22 所示。

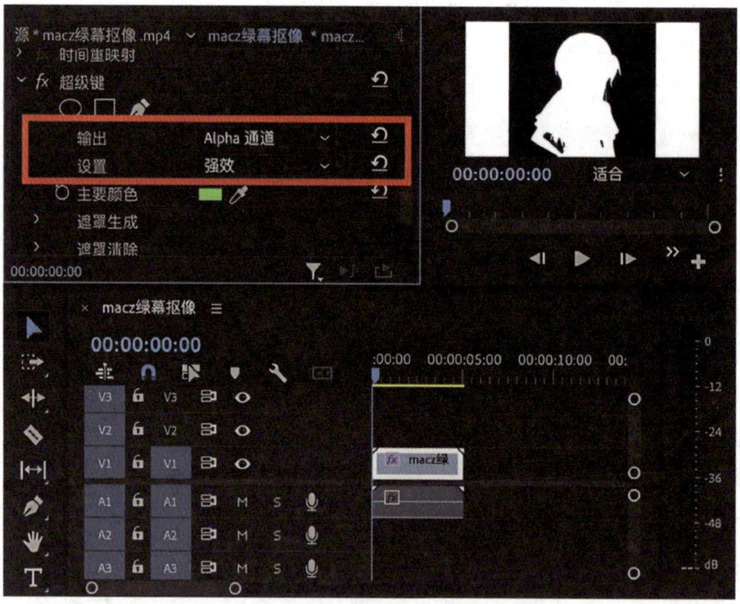

图 10-22　超级键抠图参数设置

最后，使用遮罩和蒙版进行精细调整。如果抠图后仍有部分绿色边缘或黑色噪点，可以使用遮罩或蒙版进行手动调整。例如，可以使用 16 点遮罩进行多次抠图，或者使用轨道蒙版来隐藏不需要的部分。此外，还可以调整“screen matte”选项中的“clip black”和“clip white”参数，让背景抠得更干净，同时把半透明部分变成不透明。在实际操作中，这些参数的设置需要根据具体的绿幕素材和拍摄环境进行调整，以达到最佳的抠图效果。同时，耐心和细致也是抠图成功的关键。

综上所述，绿幕抠图技术是一种高效、灵活且成本低廉的图像处理技术，在电商产品展示、直播、广告宣传等领域发挥着重要作用。随着技术的不断进步和应用场景的不断拓展，绿幕抠图技术将会在未来发挥更加广泛和深入的作用，帮助我们做出更符合产品调性的炫酷视频效果。

小资料卡片

Pr 软件如果抠图素材的光线条件不佳，或者绿幕颜色不够均匀，可能会导致抠图效果不理想。在这种情况下，可以尝试使用 Pr 中的其他工具或效果进行辅助处理，如色彩校正、图像修复等，以改善抠图素材的质量。

【任务实施】

根据班级人数将学生分成若干实训活动小组，每组设组长 1 名，负责安排、协调、督促小组完成实训任务，同时做好实训活动记录。

项目实训一　相机素材抠图镜头制作

根据案例的具体要求，分析完成实训任务的操作步骤和知识要点。

步骤一：新建项目并导入素材

（1）新建文件夹：命名为“相机素材抠图-日期”，将剪辑用到的素材分类整理放入文件夹。

（2）新建项目：项目名称为“相机素材抠图”，位置指向“相机素材抠图-日期”文件夹。

（3）新建序列：尺寸为 1920px×1080px，像素长宽比为方形像素 1.0，帧速率为 25 帧/秒。

（4）导入素材：将剪辑用到的素材导入新建项目中。

步骤二：绿幕抠图制作

（1）相机素材整体比较长，为了降低抠图的难度，首先裁掉不需要的部分。

（2）从“视频效果”中找到“超级键”添加到素材上，用小吸管吸取相机边缘的绿色，吸取完成后如图 10-23 所示，虽然大部分背景已经去掉，但是相机边缘会有绿色的环境色，机身和镜头衔接处出现了橙色。

（3）为提升抠图效果，通过调整“超级键”中“溢出抑制”的“降低饱和度”和“颜色矫正”的“明亮度”等参数，使相机的抠图效果趋于完美，如图 10-24 和图 10-25 所示。

图 10-23　超级键一键抠图的有环境色和杂色效果

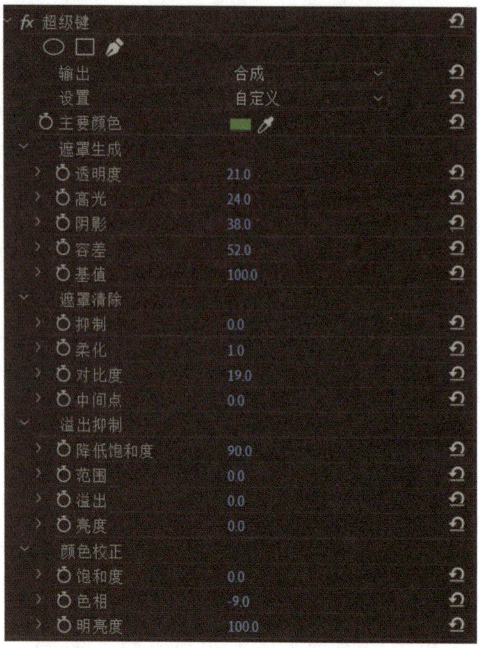

图 10-24　超级键抠图参数设置

图 10-25　超级键参数设置净化颜色后效果

步骤三：抠除相机支架

（1）新建黑场视频作为观察层，将时间指针调到视频开端第一帧，用不透明度中的钢笔工具大体框选相机主体，对支架部分进行精细抠图，操作如图 10-26 所示。

图 10-26　钢笔工具抠除相机支架

（2）给蒙版路径打关键帧：开启蒙版路径的关键帧，往后慢慢地移动指针，并不断地调整蒙版路径，必要时使用钢笔工具添加锚点控制路径，使之贴合相机和背景之间衔接的边缘，如图 10-27 所示。

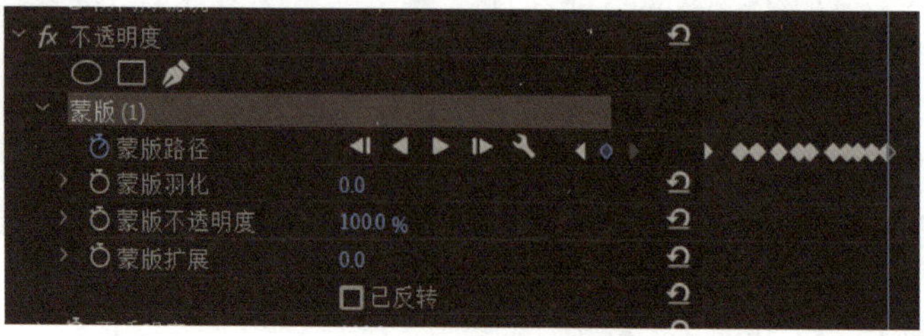

图 10-27　给蒙版路径打关键帧

（3）圆角转换：当相机旋转至圆角部分时，使用钢笔工具，绘制过程中按住“Alt”键点击锚点并拖动手柄，调整曲线弧度，使其贴合相机边缘，如图 10-28 所示。

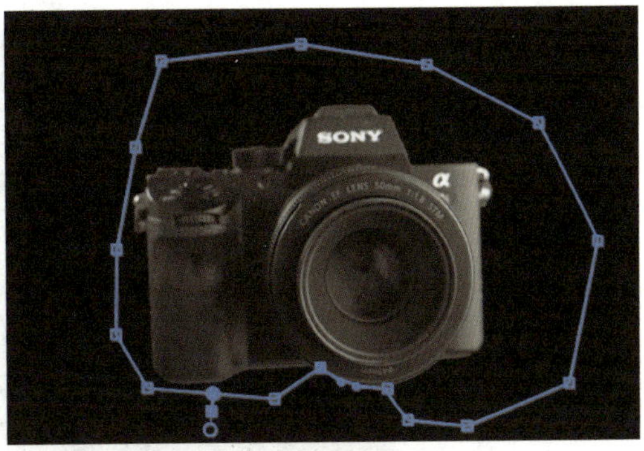

图 10-28　使用钢笔工具抠图

步骤四：视频的保存并提交作业

（1）在制作的过程中不断按“Ctrl+S”键对剪辑视频进行保存，此时制作过程步骤会保存在已经存储的源文件中。

（2）导出设置：为了保留透明通道，关闭观察层的黑场视频，导出设置选择“QuickTime”标签，可以导出 MOV 格式，也就是带透明通道的视频，如图 10-29 所示。

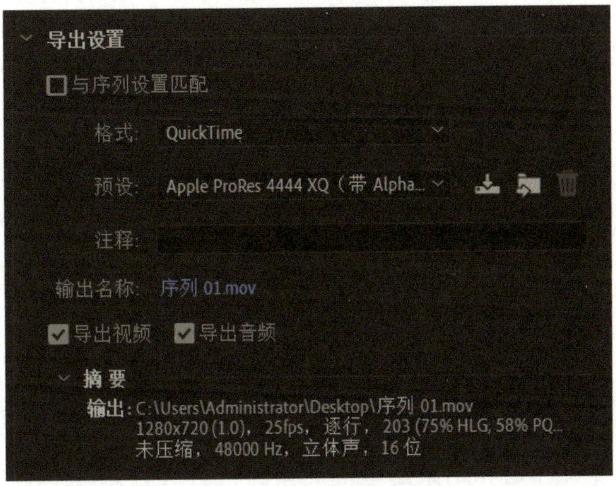

图 10-29　导出设置

步骤五：学生讲解任务完成情况

组长抽取序号，并选出一名代表讲解本组的作业完成情况结果。

步骤六：师生点评

每个小组选出一名评委，对任务完成情况进行打分，小组间互评，最后由教师进行点评。

项目实训二　黑中黑秘境，解锁酷炫相机密码

根据案例的具体要求，分析完成实训任务的操作步骤和知识要点，如图 10-30 所示。

步骤一：新建项目并导入素材

（1）新建文件夹：命名为“黑中黑秘境，解锁酷炫相机密码-日期”，将剪辑用到的素材分类整理放入文件夹。

（2）新建项目：项目名称为“黑中黑秘境，解锁酷炫相机密码”，位置指向“黑中黑秘境，解锁酷炫相机密码-日期”文件夹。

（3）新建序列：尺寸为 1920px×1080px，像素长宽比为方形像素 1.0，帧速率为 25 帧/秒。

图 10-30　炫酷效果相机展示视频

（4）导入素材：将剪辑用到的素材按照“视频素材”和“配音素材”分类，导入新建项目中。

步骤二：分析样片总结剪辑要点

（1）要拍摄出符合产品展示要求的稳定且流畅的镜头并非易事，剪辑前需反复观看样片等素材，从中挑选出符合要求的镜头。

（2）样片大部分镜头要用到抠图，需要进一步熟悉钢笔工具抠图的步骤。

（3）样片相机开关自动打开的镜头，需要用到视频相片帧导出，为了统一光影需要再次用到蒙版。

步骤三：按照样片对视频画面进行粗剪

（1）按照样片中镜头出现的顺序将需要用到的素材拖进时间轴中，并全部右击选择“缩放为帧大小”。

（2）根据样片的镜头开始和结束的画面对素材进行大致修改。

（3）为提高剪辑效率使用快捷键进行处理，英文状态下按“Q”键删除素材前部分，按“W”键删除素材后部分。

（4）剪辑过程中注意删除镜头晃动的素材，同样去掉同一动作过于冗余的素材。

步骤四：打造炫酷效果对素材进行抠图

（1）利用不透明度的蒙版对镜头 1 进行抠图，并按照图 10-31 中所示调整路径位置。

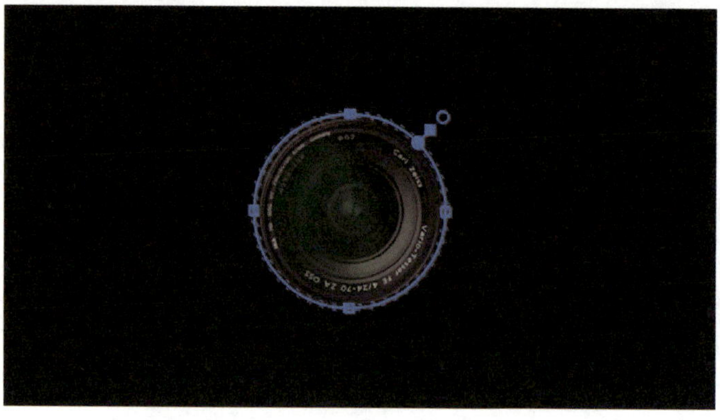

图 10-31　使用蒙版对镜头 1 进行抠图

（2）为了打造最佳炫酷效果，抠图完成后使用曲线调整参数，如图 10-32 所示，稍微压低黑色部分，同时加强亮部区域。

（3）根据样片分别对其他的镜头进行如上的抠图和调色处理。

步骤五：制作开关自动打开镜头

（1）将如图 10-33 所示视频导入时间轴，分别导出一张开关打开的照片，命名为“1”，导出一张开关关闭的照片，命名为“2”。然后删除视频素材，将导出的两张照片导入项目并拖入时间轴。

（2）观察两个素材，由于直接使用会因光影效果不同而效果不佳，所以将两个素材在时间轴中叠放，如图 10-34 所示。

（3）对上方素材的开关部分使用不透明度进行抠图，调整蒙版路径使之正好覆盖开关区域，至此两张素材完成融合。

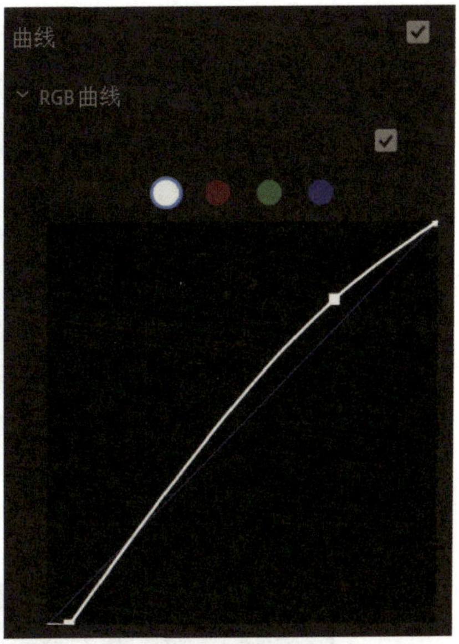

图 10-32　使用曲线对镜头 1 进行调色

图 10-33　使用导出帧制作相机开关镜头

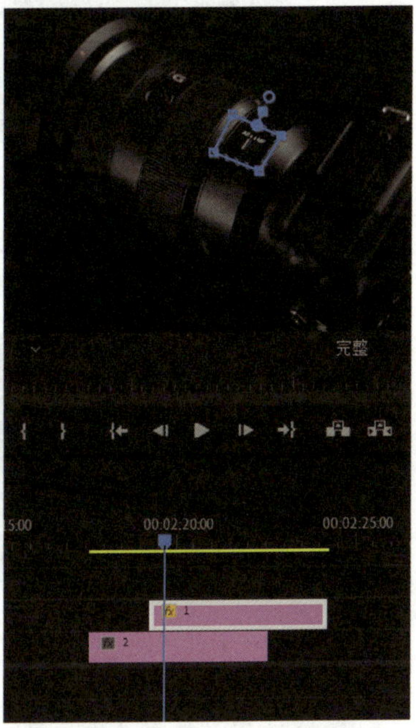

图 10-34　使用蒙版对两个镜头进行光影统一

步骤六：制作相机推出镜头

（1）使用 Pr 软件制作类似样片中三维空间的产品推出镜头，需要给位置、缩放和旋转同时打关键帧，如图 10-35 所示。

（2）将时间指针放到本镜头第一帧，打开位置、缩放和旋转的关键帧，缩放到比较小的状态，同时调整旋转数值。

图 10-35　样片相机推出镜头展示

（3）往后拖动时间线，更改位置、缩放和旋转的数值，并不断地调整直至达到比较流畅的满意效果，如图 10-36 所示。

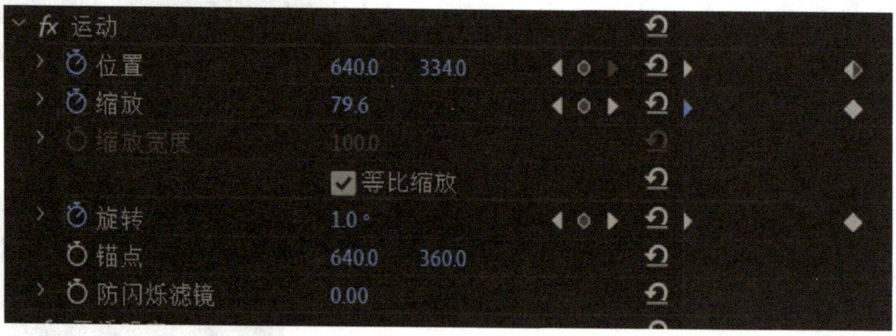

图 10-36　使用关键帧对相机参数进行设置

（4）更改变化的速度：点开缩放左侧的小三角，可以调出速度曲线，通过拉动和调整手柄的长短，可以改变动画的速度，打造更加炫酷的视觉效果，如图 10-37 所示。

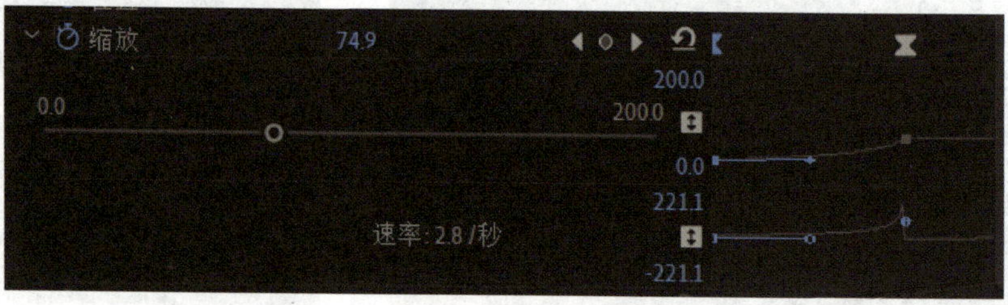

图 10-37　拉动手柄调整动画速度

步骤七：配合音乐对声画进行精简并配音效

（1）将背景音乐拖入时间轴，对照样片进行精细调整。

（2）配合音乐，参照样片镜头对视频进行精简，通过使用方向键逐帧对比并调整，让制作的视频与样片尽可能一致。

（3）将相机开关自动打开镜头等的配音加上，裁剪掉多余的部分，反复调整位置直至实现声画同步。

步骤八：视频保存并提交作业

（1）完成所有镜头剪辑后，检查总时长和内容是否与样片相符，如有问题，进行细节调整和修改。

（2）在制作的过程中，不断按“Ctrl+S”键保存剪辑的视频，制作步骤会保存在源文件中。

（3）剪辑制作完成后，按“Ctrl+M”键导出 MP4 格式的视频提交作业。

步骤九：学生讲解任务完成情况

组长抽取序号，并选出一名代表讲解本组的作业完成情况。

步骤十：师生点评

每个小组选出一名评委，对任务完成情况进行打分，小组间互评，最后由教师进行点评。

小资料卡片

在 Pr 软件中调整关键帧速度的小技巧主要包括使用“时间重映射”和“速度”选项，以及通过关键帧差值设置来控制动画的流畅性和节奏。选中想要调整速度的素材片段，右键依次选择“显示剪辑关键帧”“时间重映射”“速度”选项。在这个界面中可以看到关键帧的图形表示，通过按住“Ctrl”键并控制关键帧之间的区域，可以调整视频的快慢。直接拖动关键帧的小手柄(呈上下坡状)还可以实现视频的倒放或加速转场效果。

【任务书】

任务书

任务内容	“黑中黑秘境，解锁酷炫相机密码”视频制作
实训过程	
理论知识梳理	
实训过程总结	
教师记录、点评：	

【巩固提高】

一、选择题

1. 选择三脚架的时候，最重要的是(　　)的选择。

A. 摇臂　　B. 材质　　C. 云台　　D. 承重

2. 三脚架只是固定相机，相机(　　)靠的是云台。

A. 固定　　B. 拍摄　　C. 对焦　　D. 运动

3. 球形云台更适合(　　)的拍摄，固定角度来辅助拍摄。

A. 视频　　B. 图片　　C. 美食　　D. 特效

4. (　　)不太适合视频的拍摄，在摇动的时候不稳定，比如上下左右运动会受影响。

A. 球形云台　　B. 三维云台　　C. 液压云台　　D. 三脚架

5. (　　)比较适合视频的拍摄，性价比比较高，比液压云台要便宜，能实现上下运动。

A. 球形云台　　B. 三维云台　　C. 液压云台　　D. 三脚架

6. (　　)是三维云台的升级版，阻力比较均匀，相机可以固定在摇动的任意位置。

A. 球形云台　　B. 三维云台　　C. 液压云台　　D. 三脚架

7. (　　)主要用于拍专业广告和电影，因为能够支撑起比较重的摄像设备。

A. 球形云台　　B. 三维云台　　C. 液压云台　　D. 三脚架

8. 画面既然想要展现黑中黑的高端感觉，就要求出现在相机中的所有部分都是(　　)的。

A. 高调　　B. 彩色　　C. 白色　　D. 黑色

9. 当拍摄给产品布光的时候，应该首先考虑如何表现出产品的(　　)。

A. 体积　　B. 面积　　C. 功能　　D. 特效

10. (　　)可以转动柔光箱，在产品表面即可形成一条移动的光线。

A. 静止灯光　　B. 扫光　　C. 闪光　　D. 对焦

二、填空题

1. 三脚架根据用途、材质和结构的不同，常见类型有(　　　　)、专业三脚架、旅拍三脚架和摄影三脚架。

2. 云台类型中，(　　　　)灵活多变可快速调整角度，适合多变的拍摄环境和快速抓拍。

3. 黑中黑视频注重质感的细腻呈现，通过镜头捕捉并放大物体表面纹理等细节，使观众能感受到真实的(　　　　)。

4. 黑中黑视频拍摄时，为营造所需光影效果，可根据拍摄对象的形状、质感和需求，设计合理的(　　　　)。

5. 绿幕抠图技术的核心在于(　　　　)和后期处理。

6. 在影视制作中，演员在绿幕前表演，后期将绿幕替换为虚拟的背景或特效，从而创造出逼真的(　　　　)。

7. 绿幕抠图技术相比传统实景拍摄，具有成本低廉、(　　　　)、高效便捷等优势。

8. 选择绿幕时，其颜色应(　　　　)，以确保抠图的准确性。

9. 在绿幕抠图拍摄过程中，要注意光线变化对(　　　　)的影响。

10. 在 Pr 软件中进行绿幕抠图时，使用吸管工具吸取画面中的(　　　　)，可完成大部分抠图工作。

三、判断题

1. 桌面三脚架因其小巧灵活，适用于各种场景的电商产品拍摄，包括大型家具拍摄。(　　)

2. 黑中黑视频的构图追求简洁有力，通过精心布局元素和线条，可营造强烈视觉冲击力。(　　)

3. 在拍摄黑中黑视频时，黑绒布比传统大块黑色背景纸更能营造深邃均匀的黑色背景。(　　)

4. 在绿幕抠图过程中，绿幕光并非越亮越好，过亮的光可能会导致颜色溢出等问题，影响抠像效果。(　　)

5. 三维云台操作简单便捷，能快速调整相机角度，适合所有类型的视频拍摄。(　　)

6. 在拍摄黑中黑视频时，自动对焦和自动测光在光线较暗且对比强烈的环境中也能准确工作。(　　)

7. 绿幕抠图技术只能应用于影视制作和广告宣传领域，在直播行业中无法使用。(　　)

8. 选择轻便易携带的三脚架对提高拍摄效率至关重要，可减轻摄影师负担，方便在不同场地移动。(　　)

9. 在黑中黑视频后期处理中，为增强画面艺术感，应适度调整色彩和光影，需考虑保持画面自然真实感。(　　)

10. 在绿幕抠图时，对于复杂场景或需要精细抠图的部分，可使用蒙版或遮罩功能手动调整抠图区域。(　　)